U0370411

· 5G移动通信关键技术研究丛书 ·

湖北省学术著作出版专项资金资助项目

OPNET
物联网仿真

——基于5G通信与计算的物联网智能应用

陈 敏 缪一铭 胡 龙/主编

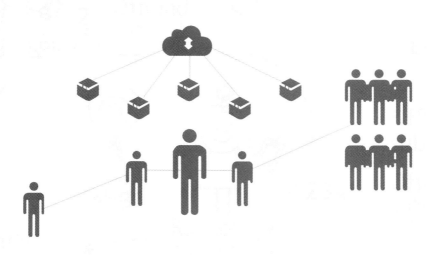

华中科技大学出版社
http://www.hustp.com
中国·武汉

内 容 简 介

　　本书是基于物联网 OPNET 仿真的一本学习参考书,本书阐述了物联网的演进过程,介绍了 OPNET物联网仿真的基本模型,并对网络层基本路由算法、绿色物联网、智能物联网、宽带物联网、半实物仿真、窄带物联网、无线网络缓存等进行了建模与仿真。全书共分为 11 章。不仅介绍了经典的算法,还包括作者最新的研究成果。

　　本书侧重于实际的模型仿真,可作为学习物联网仿真和OPNET 的进阶参考书。

　　本书可作为物联网和通信专业高年级本科生或研究生的教材或学习参考书,也可供相关专业工程人员或研究人员参考。

图书在版编目(CIP)数据

OPNET 物联网仿真:基于 5G 通信与计算的物联网智能应用/陈敏,缪一铭,胡龙主编.—武汉:华中科技大学出版社,2018.11
(5G 移动通信关键技术研究丛书)
ISBN 978-7-5680-4755-5

Ⅰ.①O⋯　Ⅱ.①陈⋯　②缪⋯　③胡⋯　Ⅲ.①互联网络-应用　②智能技术-应用　Ⅳ.①TP393.4
②TP18

中国版本图书馆 CIP 数据核字(2018)第 265116 号

OPNET 物联网仿真——基于 5G 通信与计算的物联网智能应用

OPNET Wulianwang Fangzhen—Jiyu 5G Tongxin yu Jisuan　　　陈　敏　缪一铭　胡　龙　主编
de Wulianwang Zhineng Yingyong

策划编辑:王红梅
责任编辑:王红梅
封面设计:刘　卉
责任校对:张会军
责任监印:赵　月
出版发行:华中科技大学出版社(中国·武汉)　　　电话:(027)81321913
　　　　　武汉市东湖新技术开发区华工科技园　　　邮编:430223
录　　排:武汉市洪山区佳年华文印部
印　　刷:武汉科源印刷设计有限公司
开　　本:787mm×1092mm　1/16
印　　张:30.5　插页:2
字　　数:740 千字
版　　次:2018 年 11 月第 1 版第 1 次印刷
定　　价:128.00 元

前言

　　无线通信技术以及嵌入式、微电子机械系统、超大规模集成电路等领域取得的快速发展，使得"微型化""智能化"和"网络化"的新型传感器的设计、开发和实现成为可能，从而为推动物联网时代信息世界向物理世界的全面渗透铺平了道路；另一方面，随着云计算、大数据技术及新一代通信和网络技术的发展，毫无疑问，物联网的持续演化势必在不久的将来对人们生活的方方面面产生巨大影响。

　　物联网是在传感器网的基础上演变而来的，并不断向核心网延伸，实现更加智能化的应用。所以说传感器网是物联网的基石，或者说是其重要组成部分。由于终端设备的数量不断增大，长期和大规模传感器网部署在实际运用中具有极高的难度。在多数情况下，虽然许多研究人员并非缺乏条件来部署真实的传感器节点，但是可利用的节点数量往往较少，根本无法发挥传感器网长期和大规模部署的优势，因此他们所设计的算法和协议很难在真实环境中得到验证。

　　因此，网络仿真不失为物联网实验的另一种途径，可以解决大多数研究人员因没有条件搭建对部署环境及硬件成本有很高要求的大规模传感器网所带来的困扰。虽然物联网近几年取得了较大的发展，也产生了一些成功的示范应用，但是仍然面临很多技术问题需要研究人员解决，在大规模部署物联网应用前必须对相关理论和算法进行验证和评估，这就迫切需要搭建物联网的仿真平台，尤其是为了满足面向大范围规模化感知的要求，而需要搭建大规模传感器网仿真平台。

　　由于物联网涵盖了复杂的网络与通信系统，因此，优秀的网络仿真软件 OPNET Modeler 成为一个很好的选择。虽然 OPNET 几乎内置了目前所有最新网络通信协议的仿真模型，但是这些模型主要是针对标准化了的协议和算法，并没有自带物联网和大规模传感器网仿真模块，需要重新搭建一个庞大的仿真系统，这又对广大物联网研究者提出了难题。

　　为了帮助广大物联网研究人员跨越这个挑战，笔者在书中详细讲解了一个成熟的基于 OPNET Modeler 的基本物联网仿真模型 IoT_Simulation，以及基于该模型的其他扩展仿真模型，还提供了各模型的源码供广大物联网研究者下载学习。

　　全书共分为 11 章。第 1 章描述物联网的发展历程，以及和以移动互联网、云计算、大数据、软件定义网络、5G 等为代表的新技术的共融与演进。同时也提出了物联网仿真的必要性。第 2 章介绍 OPNET 仿真的基础知识，包括常用函数和一个基本的包交换例程；第 3 章详细介绍基于 OPNET 的一个物联网基本仿真模型 IoT_Simulation，介绍了作为基本模型的网络模型、节点模型、结果收集模型、能量模型和动画模型的实现，第 3 章是本书的核心。后续章节基于第 3 章的基本模型展开。第 4 章介绍 OPNET 的模型调试，列举读者在使用模型中可能遇到的问题和解决方法。第 5 章介绍基于地理路由、移动多媒体地理位置路由、定向扩散路由以及 Zigbee 网络层路由算法的实现和仿真。第 6 章绿色物联网仿真主要介绍了 REER 和 KCN 两个协作通信模型。第 7 章智能物联网仿真介绍了移动代理。第 8 章宽带物联网仿真介绍了多路路由模型以及物联网骨干网模型。第 9 章介绍半实物仿真的入门实验、仿真基础及半实物仿真实例。第 10 章介绍窄带蜂窝仿真的发展、搭建及实例。第 11 章介绍无线网络缓存仿真的模型建立、结构及分析。

本书内容由笔者多年的研究工作整理而成，在成书的过程中得到华中科技大学出版社王红梅编辑的大力支持，在此表示诚挚的感谢。在本书编写过程中广泛参考了许多专家、学者的文章、著作以及相关技术文献，笔者在此一并表示衷心感谢。

由于水平有限，书中的缺点、错误在所难免，恳请广大读者批评指正。

陈　敏

2018 年 10 月

目　　录

1

物联网的演进

随着信息技术的发展，信息技术的应用已经从人扩展到围绕人类生活的物体，物联网则是将人类所需的各种"物"的状态通过各种传感设备和智能感知转化为数据，并通过无线或有线网络传输，以及通过云计算对数据进行存储、分析和处理。

学术界、工业界及各国政府对物联网的发展均给予极大关注。各国政府纷纷制定物联网发展的相关战略和产业政策，希望在这一新兴产业中占据制高点，推动产业创新和刺激经济发展。很多国家已经将发展物联网技术上升为重要的国家战略。目前，物联网并不是新事物，它是传感器网、互联网、移动通信、云计算以及智能信息处理等网络及信息技术发展到一定阶段后相互融合的产物。

与以往人与人、人与机器对话的互联网概念不同，物联网将互联的范围扩展到了机器与机器、机器与物理世界，不仅在规模上更大，而且在语义上更丰富。传统的互联网和电信网均是以信息传送为中心的，而物联网是以信息服务为中心的，通过将各种终端网络与核心网异构相连，把对物理世界的感知、认识、影响和控制与计算机系统进行融合，实现了物理世界、数字虚拟世界和人类感知的统一。

随着与其他 ICT(信息、通信、技术)技术的不断结合，包括目前热门的大数据技术、移动云计算技术、SDN(软件定义网络)、5G(第五代移动通信)等，物联网正加速向智能化与人本化(human-centric)演进。

1.1 物联网的发展历程

物联网的概念最早出现于比尔·盖茨在 1995 年发表的《未来之路》一书中。在《未来之路》中，比尔·盖茨已经提及 IoT(internet of things)的概念，只是当时受限于无线网络、硬件及传感设备的发展，并未引起世人的重视。

1.1.1 国内外发展历程

1. 国际发展历程

物联网的前身实际上是物流网。1998 年，美国麻省理工学院提出了当时被称为 EPC(electronic product code)系统的"物流网"的构想，即把所有物品通过射频识别等传感设备与互联网相连接，以实现智能化的识别和管理；1999 年，美国 Auto-ID 实验室首先提出"物联网"的概念,称物联网主要建立在物品编码、RFID 技术和互联网的基础上;2005 年,ITU 发布了《ITU 互联网报告 2005:物联网》,正式提出"物联网"的概念,其包括了所有物品的联网和应用。ITU 在报告中详细介绍了物联网的特征、相关技术、面临的挑战以及未来的市场机遇,并指出"我们正站在一个新的通信时代的边缘,信息与通信技术(ICT)的目标已经从满足人与人之间的沟通,发展到实现人与物、物与物之间的连接,无所不在的物联网通信时代即将来临"。物联网为人类在信息与通信技术的世界里获得了一个新的沟通维度,将任何时间、任何地点连接任何人,扩展到连接任何物品,如图 1-1 所示。

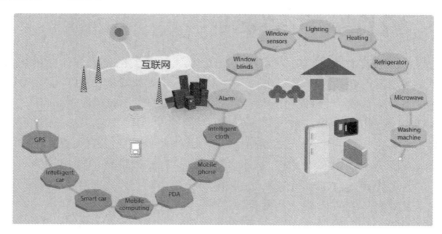

图 1-1　物联网连接的终端设备

2008 年 11 月,IBM 在美国纽约发布的《智慧地球:下一代领导人议程》主题报告中提出"智慧地球"理念,即把新一代信息技术充分运用到各行各业之中。奥巴马就任美国总统后,对 IBM 的"智慧地球"理念做出积极回应,将其纳入国家战略,并使之成为应对金融危机的新的经济增长点。

2009 年 6 月 18 日,欧盟执委会发表了"Internet of things:an action plan for Europe",描述了物联网的发展前景,在世界范围内首次系统地提出了物联网发展和管理设想,并提出了 12 项行动保障物联网加速发展,标志着欧盟已经将实现物联网提上日程。

2009 年 10 月 13 日,韩国通信委员会通过了物联网基础设施构建基本规划,将物联网市场确定为新增长动力,提出了通过构建世界最先进的物联网基础设施,打造未来广播通信融合领域超一流的信息通信技术强国的目标,并确定了构建物联网基础设施、发展物联网服务、研发物联网技术、营造物联网扩散环境等 4 大领域和 12 项详细课题。

2. 国内发展历程

以欧盟和韩国为代表的上述物联网行动计划的推出,标志着物联网相关技术和产业的前瞻布局已在全球范围内展开。我国也将物联网作为战略性新兴产业予以重点关注和推进。

2009 年 8 月 7 日,温家宝总理视察无锡时提出了"感知中国"理念,由此推动了物联网概念在国内的重视,使之成为继计算机互联网和移动通信之后引发新一轮信息产业浪潮的核心领域。

2009 年 11 月 1 日,由中关村物联网产业链上下游具有优势的 40 余家机构共同发起组建中关村物联网产业联盟,其目的在于加强企业间的协作、创新与联动,促进物联网成员单位与政府的互动,整合、协调优势资源,促进中关村地区物联网产业的发展壮大。

2010 年 3 月 5 日,温家宝总理在政府工作报告中将加快物联网的研发应用明确纳入重点产业振兴计划。国务院发展和改革委员会、工业和信息化部、科学技术部等都在研究制定促进物联网产业发展的扶持政策,由此,推动了中国物联网建设从概念推广、政策制定、配套建设到技术研发的快速发展。

2012 年 11 月,中华人民共和国住房和城乡建设部发布《国家智慧城市试点暂行管理办法》。

2012 年 12 月,中国工程院组织起草并发布的《中国工程科技中长期发展战略研究报告》将智能城市列为中国面向 2030 年的 30 个重大工程科技专项之一。

3. 物联网的 3A 连接

早在 1988 年,物联网概念提出之前,Mark Weiser 提出了普适计算的概念,他认为由于摩尔定律的作用,计算机及电子芯片将越做越小,越来越便宜,这样必将导致微型化节点的规模化部署,用户可以在不知道提供服务的机器在何地的情形下,即可享受到无所不在的服务。从这一点来看,与物联网在任何时间(anytime)、任何地点(anyplace)上对任何普适互联设备(anything)进行联通(3A 连接)的特点有共通之处,如图 1-2 所示。

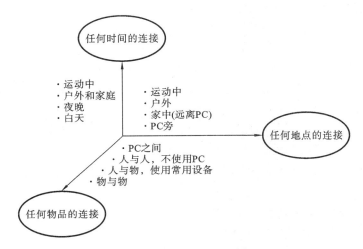

图 1-2　物联网在人机物三元空间的 3A 连接

1.1.2　从应用需求看物联网的发展

其实,物联网的兴起,何尝不是由于通信和网络领域新技术导致设备性价比急剧提升,以及人们对高品质生活不断追求所驱动的呢?看待物联网的兴起,可以从技术发展的角度去看,也可以从日益增长的应用需求去探讨。

1. 从无线传感器网说起

下面请允许笔者基于本人的研究经历来回顾。笔者的本科、硕士、博士的专业都是电子与通信工程,并不是计算机和网络,怎么会转而研究物联网呢?读硕士期间,研究的是图像处理,那时候整个行业正处于从有线向无线、从 ATM 电路交换向 IP 交换变革的大潮中。读博士的时候,笔者非常意外地被导师指派负责一个名为"移动 IP"的富士通合作项目,那时候研究的是如何从有线网到无线局域网的边缘为多媒体业务提供更好的区分服务。随后,当笔者还沉迷于改进无线局域网 802.11 协议以提高对视频传输服务质量支持的时候,却突然发现无线自组织网已经成为当时的研究热点。将笔记本电脑通过自组织形式连接,在保证移动性的同时保持不掉线,在那时是一件让人称道的事情;而从无线自组织网络到无线传感器网络的兴起,其中一个重要的推动因素,就是节点在不断缩小。微处理器及无线通信模块等芯片日趋小型化,就可以集成到一个板子上,再往上面放一些传感器,整个节点就变小了。

笔者博士毕业之后去了首尔大学做博士后,研究项目就是无线传感器网络,而在此之前,笔者甚至不知道诸如 DSR 和 AODV 之类的基本自组网协议。在这里,顺便提一下几个容易被混淆的概念,即传感器、传感器节点,以及传感器网络、无线传感器网络,弄明白它们之间的联系和区别让当时笔者这个"外行"花了较长时间。一般来讲,传感器就是"Sensor",小到测量温度或亮度的小芯片,大到测量人体内超声影像的传感器,简单来说就是一个把物理信号转化为模拟信号的模块。在传感器的基础上,还需要一个微处理器,其作用就是将模拟信号进一步转换成数字信号,转换完之后,还需要在诸如 TinyOs、Contiki 等微型操作系统上,安装一些嵌入式程序做进一步处理,再把数据包传到无线发射模块转发出去,这样合在一起的一整套器件,就形成一个独立的微型计算机,也就是通常所说的传感器节点。传感器节点的体积虽小,但它的设计却包含了很多内容,遵循了类似 OSI 七层框架体系的结构,可谓"麻雀虽小,五脏俱全"。如果放置多个这样的节点并让它们互联互通,就形成一个网络,我们称为传感器网络(简称传感网)或无线传感器网络。

设计传感器网络的初衷是用于采集各式外界信息,因此传感器常常被部署在偏远,或是人迹罕至甚至是人根本无法到达的地方,好在如今芯片成本已经大幅下降,节点置于无人管控的地方,即使丢了也没那么心疼,于是达到了以数量换取质量的效果。但比起成本,节点失效而导致网络出现空洞、阻碍任务完成才是设计者更加关心的问题,因此,关于省电节能、延长节点生命期、优化占空比等方面的算法研究,在很长一段时间里都备受关注。

传感网是用来感知信息的,获取物理信息之后有什么用途呢?首先是发给汇聚(sink)节点,Sink 节点可以看作是连接传感网和信息世界的一个桥梁和接口,在对信息做了过滤、汇聚等处理后,把信息搬运到墙上的 AP(无线接入点)或者基站,再到互联网。笔者把这一次的信息搬运称为物联网的"最后一里接入问题"。这一问题的基本原则是"可以不搬尽量别搬",因为让无线通信这一"搬运工"反复搬东西可能会引发带宽资源不足、丢包、冲突等诸多问题。具体的设计要根据应用来量身定做,比如布置在建筑物里的节点,信息传到墙上的接入点,剩下的就走 IP 联网了,如果需要超宽带可以连光纤;在没有网线但是蜂窝网能覆盖的偏远区域,就可以考虑部署一些小型基站;若是距离再远一些,在孤岛上没有基站和互联网,就只能连接价格昂贵的卫星了;或者经过各种各样的"异构网络"(见图 1-3),感知信息历经千山万水抵达一个信息处理中心后,中心就可以对它进行更加深入或者复杂地处理了,从而为应用提供真正有价值和指导意义的决策或判断。如果处理能力不够,还可以请"云计算"来帮忙。

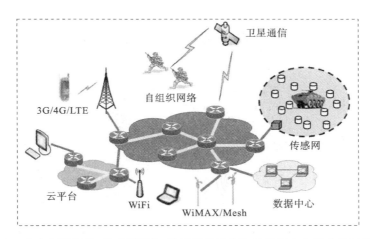

图 1-3　由自组织网络、传感器网络、移动通信网络和云数据中心组成的异构网络

因此，与物联网有关的架构都涉及这样一个流程：先通过各种手段获取信息，再进行多次搬运（当然在搬运过程中信息也可能会持续地被处理而不断进化），最后抵达一个目的地，得到先进透彻的处理而最终服务于应用。类似于目前物联网领域经典之作《物联网导论》，笔者把物联网体系架构主要分为四个部分：信息获取与感知、网络接入与传输、信息管理与处理、综合服务与应用，简言之，即感知、传输、处理、应用。另外，还有安全问题始终贯穿于这四个方面，但一般会把"隐私保护与安全"独立出来讨论。

紧接着，一个新问题被提出来：是不是被"体系架构"之后，物联网就被"标准化"了呢？问题应该没那么简单，即使将来被标准化了，也只是阶段性或者部分的标准化。认为物联网如同一个在不断发展的生命体，随着各类技术的发展和人们需求的增长而不断地进化，这也是本章探讨物联网之演进的原因。或者，从发展的角度去描述物联网更加准确：物联网的发展意味着"更透彻的感知，更广泛的互联互通，更深入的智能化"。从应用来看，物联网应当以人为本，为人服务，同时也是个性化的、智能的和绿色的。

2. 人本物联网与社会网络

以人为中心的物联网，笔者称为"人本物联网"。作为人本物联网的一种重要表现形式——人体局域网，与传感器网络相比，只不过是进一步针对人体设计的网络，因而呈现出一些新的特点。首先规模较小，放置于人体上的传感器网络数量通常只有三五个，而且对于单独人体的传感网来说，它是整体移动的。其次，由于采集的信息跟人紧密相关，对环境信息采集的传感器，又增加了两类：一类是人体传感器，用于采集人的各类生理信息；另一类为动态传感器，诸如加速度、陀螺仪、GPS 等，可用于感知人的一些特别的动作，综合人周围环境和人自身信息的感知，再通过复杂的模型分析即可从某种程度上推测出人的心理活动，如图 1-4 所示。

这是一个巨大的进步，以前的机器和网络能够处理的事情大多是物质层面的，不会涉及精神层面的分析，而人本物联网则突破了这一局限。在这个意义层面上，有些关于精神层面的问题将引起人们辩证性思考。我们知道，科技进步给人类提供了许多便利，但人类的生活方式是更加健康了吗？调查结果不尽如人意。世界健康组织的报告中指出，在互联网时代，每天久坐的生活方式导致数以百万计的人患肥胖症或慢性疾病，网

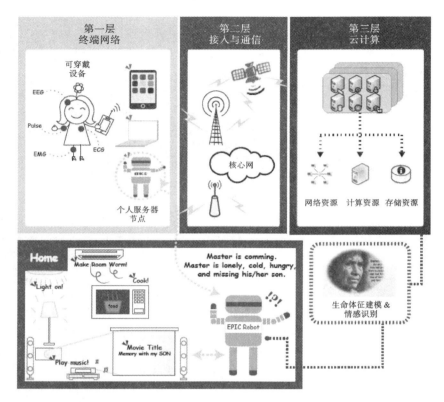

图 1-4　基于人体局域网和云计算的情感识别与反馈

络游戏正吞噬世界范围内广大青少年的身心健康。所以,要提高人类的生活质量,除了对物质世界的感知,未来更重要的一个方向是对精神世界的感知,从而引导人们的身心有一个真正健康舒适的生活。对于病患者或老人而言,人本物联网是解决其生存之迫切需求所期求的技术。以心脏病患者为例,据健康促进研究会(institute for healthcare improvement)的统计数据显示,在突然发病的情况下,没有得到监护的心脏病患者,存活率仅为 6% 左右,而通过医疗人体局域网得到监护的心脏病患者,存活率可提高到 48% 。

　　谈到和人类密切相关的人本物联网,就不得不提及社交网络了。身处今天这个浩如烟海的信息时代,社交网络为人们提供了一个很好的"选择性空间"去过滤、整合各类信息,它可以和物联网相结合,根据每个人的兴趣和需求进行个性化地推荐。在你生活学习的一个校园里,诸如你喜欢的课程的上课时间、教室安排,噱头十足的电影的开幕和票价,心仪工作的招聘活动等,社交网络会忠诚地根据你的兴趣把网络感知到的对你有用的信息发送给你,不管你身在何处都能在手机上看到,并在第一时间提醒你。所以,现在很多年轻人想干什么、想知道什么,都是先打开 Facebook、微博、Twitter 等社交网络软件浏览。可以说,他们是生活在社交网络里的一代,社交网络已经成为他们生活中不可缺少的一部分,这是时代发展的潮流。

　　互联网架构的目的,就是为了传输和共享丰富的多媒体信息,与传统互联网时代不同,社交网络已经成为现代人获取媒体信息最直接的接口。据统计数据显示,全世界使用 Facebook 的有几亿人,而腾讯微博也有 2 亿~3 亿人。现在的白领和大学生,特别是 20～30 岁的青年人是使用社交网络的主力军。很多媒体内容提供商已经被孤立出来了，因为很多用户首先接触的是社交网络。

3. 未来网络中的内容与计算共享

另一样正在悄然改变人们生活方式的东西便是智能手机，如今人们出门也许会忘了带钱包，但不会忘的多半是手机。面对功能日益强大的智能手机，物联网时代还需要传感器吗？随着无线智能移动终端的飞速发展，便携式电脑和手机的功能越来越强大了。比起传感器节点，手机简直就是一个强大的感知和计算平台，既可以外挂许多传感器，又是一个天然的可连接到世界上任何地方的通信设备，如图 1-5 所示。

图 1-5 iPhone 上的传感器和通信装置

蓦然回首，其实人本身就是一个可移动的传感器节点，关键在于人不像传感器节点那样"大公无私"，即为了一个共同的目标而努力奋斗到"没电"为止。智能手机对周围的感知是有意识的，试想，如果在手机闲置时也能"无意识地"收集信息且不会实质性干扰用户的正常使用，如果一群人的手机为了一个共同的目标去无意识地协作、感知并处理信息，就可以共同完成一些对社会有益的事情。因此，CrowdSourcing（众包）成为移动互联网领域的学术研究新的热点。Crowd 意为人群或群体，Sourcing 指的是对内容的获取或感知。比如，在地铁、大型集会、灾难现场等人群密集的场合出现突发事件时，政府很难及时、准确地了解事态的严重性，即使能调查清楚，由于花费时间过长，事故造成的损失已经无法挽回，也只能是"事后诸葛亮"。而携带手机的每一个在场者，都在无意中作为一个传感器探明身边的情况（如同摸象的盲人只看到"大象"的一小部分），如果把这些分散的信息集中起来，通过云计算进行整合分析，是不是能够更加准确、更加及时地还原一个复杂事件的本来面目呢？或是完成一个极具难度的感知任务呢？

随着科技的发展，突破了技术瓶颈和设备瓶颈之后，接下来一大瓶颈便是如何适应物质文明发展到精神层面上的理念问题。某些理念与佛家的思想有内在相通之处。例如，在《金刚经》中表述了小乘佛教和大乘佛教的区别。小乘佛教修行者通过上山打坐修炼，不断研习佛法，参悟佛道，使自己感知宇宙真相的能力不断提升，最后达到某种境界得以圆满——修行者的修炼止于个人的最终解脱。大乘佛教的修炼层面更高，在茫茫人海中，修行者不仅要"度己"，更要"普济众生"，协作感知以提升自己和身边的人对世界的认识，也就是"度己度人"。当你帮助他人之时，只要用心去体会他人的经历和痛苦，就有可能会转换为你自己的经历，就可少走弯路去重复验证一些已经被验证过的东西。从佛学的角度，"度"即乘着船把自己载到"彼岸"去，"度人"便是在途中拉有缘之人一把，送有缘人一程，一起通向彼岸。和小乘佛法与大乘佛法的关系相似，对网络和通信而言，"度"便是传输，传输自己的信息，同时也帮助别人转发，CrowdSourcing、Social Sensing、对等网 P2P 等研究方向都蕴涵了类似的思想。简单来说，P2P 的每个计算节点既是服务器又是客户端，而此前传统的互联网客户机/服务器模型（client/server，C/S）就太"小气"了，只用少量的服务器去服务大量的客户端。现在，在摩尔定律作用下,客户机处理速度已经变得非常快了,随着计算模式的巨大变革,客户机/服务器模型已受到广泛的质疑,其中数据命名网络(NDN)提出要颠覆传统互联网 IP 架构,声称亟须构建未来互联网(future internet)。

多年前,在传感器网络、自组织网络领域有一个非常热门的概念叫机会主义路由(opportunistic routing),即当你刻意去做某件事时,往往需要消耗很多的资源和精力还不一定能做好,但如果你循着事物原本的走向顺其自然地加把力,事情就做好了,精力也节省了,有时候本来的主要目的反而可能变成副产品,蕴涵的是一种"无为而治"的思想。把这个思想延伸到跟人结合的移动社交网领域,就有了容迟网 DTN(delay tolerant network)的概念。其实,这种容迟网络的思想在自然界中早已有之,比如植物的繁殖过程,树上结的果子成熟后掉在地上,可能被风吹到了河里,随着水流漂到哪里,就在哪里生长;可能被一只鸟儿叼走吃掉,鸟儿飞到荒岛上,种子随着鸟儿的粪便留在荒岛上,就生根发芽了。只要时间允许,搭顺风车是最节约能耗的方式,等时间不够或条件不允许时再做额外努力也不迟。

随着人们对媒体内容体验 QoE(quality of experience)的要求持续上升,以及网络用户的数量不断增长,TCP/IP 架构下每一次数据传送都是从源到目的地,必然会造成带宽的不足,即使借助 LTE、5G 等新一代通信技术也终有无能为力的那一天,于是人们提前想到了内容中心网络 CCN(content centric networking)。作为未来互联网基础的 CCN,提出这个概念的目的是推翻 TCP/IP 架构,和"度己度人"的理念有些类似,在拥挤的地铁上大家都在看视频,谁会关心这视频是从服务器下载的,还是从离你不远的邻居那共享过来的呢?还是那句话,能不搬就不搬,如果能够从网络的边缘、你的身边快速获取数据资源,为何还要从距离远的服务器那里获取呢?从远处的服务器获取信息,不仅会引发网络拥塞带来延时,还会造成资源和带宽浪费。

现在是一个追求低碳生活应对全球变暖的时代。2009 年 12 月 18 日,温家宝总理代表中国政府在哥本哈根全球气候大会上郑重承诺"到 2020 年中国单位国内生产总值二氧化碳排放比 2005 年下降 40%～45%"。在我国,通信行业年耗电 200 多亿度,且随着 3G 移动通信规模扩大,其能耗有逐年上升趋势。

4. 小结

众多研究领域的发展过程都是首先把系统搭建起来,解决路由、算法、连通性、可靠性等基础问题,再考虑高级应用面临的挑战,解决满足服务质量 QoS 的需求,比如传输数据量大又对实时性有要求的视频媒体,节点移动时要求会更高,因为移动难免会造成网络的中断,其他节点以为下一跳还在,而路由尝试几次才发现扑了个空。另外,节点移动也可能会到了网络边缘,跨网之后进入另一种形式的异构网络。考虑了移动之后,人们发现传感网有些任务的问题并不在于节点移动、连通性、QoS 等问题,而是数据的规模。物联网时代,数量庞大的网络传感器被嵌入现实世界的各种设备中,数据在某个时刻一个小范围内是准确的,但是从整体来看却可能是片面的。在 2013 年第四届中国物联网大会上,中国工程院邬贺铨院士以"物联网大数据"为题做主题报告。邬院士的报告指出,目前物联网的数据处理能力已经落后于所收集的数据,加快引入大数据技术以推进物联网发展已经迫在眉睫。

总之,无线通信技术以及嵌入式、微电子机械系统、超大规模集成电路等领域取得的快速发展,使得"微型化""智能化"和"网络化"的新型传感器的设计、开发和实现成为可能,为推动物联网时代信息世界向物理世界的全面渗透铺平了道路;另一方面,随着大数据技术及新一代通信和网络技术的发展,毫无疑问,物联网的持续演化必然在不久的将来对我们生活的方方面面产生巨大影响。

1.2 物联网的设计理念

物联网内涵丰富且涉及的学科领域广泛,各领域的科研工作者分别从不同的角度对物联网进行了深入的研究。物联网是指通过信息传感设备,按照约定的协议,把任何物品与互联网连接起来,进行信息交换和通信,以实现智能化识别、定位、跟踪、监控和管理的一种网络。它是在互联网基础上延伸和扩展的网络。

本书认为,狭义的物联网指连接物品到物品的物物相连网络,它的目标是实现物品的智能化识别和管理;广义的物联网是物理空间和信息空间的融合,它将一切事物数字化和网络化,在物品与物品之间、物品与人之间、人与现实环境之间实现高效的信息交互,并通过新的服务模式使各种信息技术融入社会行为,最终使信息化在人类社会综合应用中达到更高境界。

从物联网架构来看,物联网与人体是类似的,物联网感知数据的各种传感器类似人的神经末梢中的神经元和肌肉,测量和收集物体的各种数据或根据指令做出相应的动作;网络层的互联系统则类似人的神经系统,通过各种网络(Internet、WiFi、3G、WiMaX 等)传输传感数据;数据处理中心类似人的大脑,用于存储和分析数据。

1.2.1 物联网的特征

随着物联网的蓬勃发展,新的技术和标准不断出现,实际上难以给物联网确定一个标准化的概念;物联网更像是一种演进,这种演进的特征可以描述为更透彻的感知、更全面的互联互通和更深入的智能。

1. 更透彻的感知

最初一部分物体被打上条码,随着 RFID、蓝牙、ZigBee 等近场通信(near field communication,NFC)技术的发展,RFID、二维码等各种现代识别技术逐步得到推广应用,大大提高了物品识别的效率。智能移动终端的发展也拓展了物联网的感知范围。智能手机既可以充当传感器,借助手机收集群体事件中的信息,从而还原事件当时的场景;也可以充当数据处理和传输媒介,如人体传感器借助手机将数据发送到远程数据中心。

2. 更全面的互联互通

由于物联网具有泛在化的典型特征,要求物联网设备随时随地地接入和互联,物联网接入设备多样,网络标准不同。物联网通信几乎涵盖了从无线通信到有线通信的所有通信技术。在无线通信技术方面,有 GSM、CDMA、LTE、WiFi、蓝牙、ZigBee 等,这些异构无线网络分别具有各自不同的背景、目标、发展方向、系统结构等。从网络体系结构角度,可以将其分为两大类:一是有基础设施的无线网络,这类网络结构中包含基站、接入点、路由器等网络基础设施,如蜂窝移动通信网络、无线局域网等;二是以 Ad

Hoc 技术为基础和典型代表的无基础设施的无线网络,这类网络以动态性、多跳性、无中心性及自组织性为显著特点,如移动 Ad Hoc 网络、无线传感器网络等。如何在物联网网关上实现各种通信技术标准的互联互通,就成为必须要解决的问题,也是研究的重点之一。

与此同时,移动终端也向着接入规模化的方向发展,移动终端具有路由功能,可以通过无线连接构成任意的网络拓扑,这种网络可以独立工作,也可以与 Internet 或蜂窝无线网络连接。研究终端间的自组织协同技术,在通信的末梢区域实现各种终端能力、通信方式和接入手段的有机结合,并充分利用无基础设施网络的多跳和自组织特性实现与有基础设施网络的结合,是物联网发展中的研究热点之一。

3. 更深入的智能

智能化分别体现在物联网的两个部分:一个是基于大数据的智能增强化;另一个是移动终端智能化。

1)基于大数据的智能增强化

物联网在实现广泛接入时,会产生非常庞大的数据流,物联网所产生的大数据由于其采集数据的类型不同,因此与一般的大数据相比具有不同的特点,其最典型的特征是异构的、多样性的、非结构化的、有噪声的以及高增长的。这时,就需要一个非常强大的信息处理中心来处理这些数据。传统的信息处理中心是难以满足这种计算需求的,在后台需要引入云计算中心。数据存储处理管理分析的云化就是传统的物联网与云计算的共融。这样就可以更方便地建立智能的、自主的、可扩展性和数据驱动的普适服务平台,随时随地实现对收集的数据进行长期监测、分析、共享、预测和管理。

2)移动终端智能化

目前移动终端正在向着开放式、智能化的方向发展,未来移动终端在硬件平台、软件平台、操作系统等方面,可以进行丰富的拓展,集成更为强大和复杂的功能。移动智能终端在强大的操作系统的管理下,不仅拥有一般的通话功能,同时还支持数据存储功能、个人信息管理功能、多媒体播放功能、无线接入互联网功能、数据交互功能等。

"轻装上阵,畅享生活"(carry small, live large)是英特尔公司提出的一个研究项目,英特尔的研究重点在于如何使移动设备更小巧、更智能,并且具备环境感知能力。英特尔笔记本电脑上的无线显示技术,可以通过简单的无线连接,在大屏幕上轻松享受个人和在线内容。目前无线显示技术已经在采用英特尔凌动处理器平台的智能手机上得以实现。

但由于移动设备本身硬件资源的局限性,如有限的存储能力、计算处理能力和电池容量,使得移动设备无法单独完成一些高复杂度计算及大容量的存储等任务。移动云计算作为一种新的计算方式,是解决移动设备局限性的最有希望的一种方法,可以将移动设备的高复杂度的计算任务或大容量存储任务迁移到资源丰富的云端服务器上执行,云端在执行完任务时会将结果通过无线网络返回给移动设备,也称计算卸载。目前,存在大量关于移动云计算在计算卸载技术方面的研究,比如可行性方面的研究、卸载决策方面的研究以及卸载基础设施的开发研究等。

1.2.2 物联网设计理念

物联网的设计理念,第一是以人为本,"科技以人为本,为人服务",最终落实到提高人们的生活品质;第二是绿色,要节能,要实现绿色和用户需求的优化平衡;第三是智能。

Rawsthorn 在 2010 年发布的汽车的重新设计就是实现物联网设计理念的典型例子,如图 1-6 所示。未来汽车的设计将更加轻巧舒适;电力驱动;并且作为移动终端接入物联网,实时获取交通情况,规划最佳路线,实现对汽车使用的电、路面和车位的动态计费。

图 1-6　未来汽车的设计

1. 以人为本

以人为本的人本物联网,就是和人打交道,电子医疗(eHealthcare)和人体局域网(body area network,BAN),就是人本物联网的有代表性的应用的架构。BAN 也包含物联网的四层架构(请参照 1.3 节):第一层是感知层,用于采集环境信息、人的信息,动态信息如位置、加速度、陀螺仪等;第二层是网络层,用于传输数据。IEEE 802.15.6 就是 BAN 的通信标准,其定位是短距低功耗;第三层是控制层,用于数据传输到核心网之后,由医生诊断后反过来控制人的环境,用这些得到的物理数据控制现实,让病人居住的环境更好;第四层是应用和服务,很多应用和服务如老人跌倒检测(只要告诉是跌倒,不需要治疗)、慢性病的观察与预防(不是急性病,也不能马上去医院开刀)、社会福利(健康人也需要监护)、医疗应急(突发事件,车祸)等,对各种服务质量的要求都不一样,对控制的响应也不同。有些需要快速反应的,则需要云计算,云计算需要网络接入,需要根据当时的应用、场景、用户的成本,来量身定做,这就是个性化(符合人的经济情况)、智能和以人为本的原因。

2. 绿色

绿色首先是系统本身要节能,本身能给人提供绿色的环境,像碳汇、碳排放这种应用就是研究森林的绿色效应,碳汇就是森林能产生多少氧气,碳排放就是尽量减少排放。所以我国要精确测量,大规模采集数据,并进行长期观测,得到能够指导国家判定良好政策的精确的科学数据。第二是绿色生活,要求这个系统能通过精确的数据、良好的反馈,指导人把生活状态变成绿色的。帮助人更合理安排时间和金钱,合理休息,减少铺张浪费,如智能电网、智能家电识别及智能家电的用电管理等。

绿色宽带主要考虑在网络接入这一块,宽带最好是用基站,但是基站是给公共网的,可以覆盖几千上万用户。但有些特种行业如一个偏远的小型煤矿只有三五十个矿工,野外勘探只有三五个人员,这些场合使用基站则成本太高,也不现实。这就需要权衡绿色和服务质量的关系。

从通信的角度来说,因为通信都标准化了,物联网研究较多的是绿色通信。在 ICT 产业,互联网和计算技术这些领域中,通信和基站耗电较大。所以应研究如何让基站节能,实现区域之间蜂窝形状(大小)的优化。多区域之间还有一个干扰问题,就是会耗能,但是如果把有些基站关了,也会降低质量。另一个研究方向是做动态频谱分配,以前是无线电管理委员会给不同的行业规定频率,不能乱用。后来发现有些频段浪费很大,如手机经常开 WiFi,信号一直在用,但是很少真正在处理。很多时候频谱资源就空在那里,使得其他带宽变小,功率就会变大。这就是认知无线电的原理——认知无线电的核心思想就是通过频谱感知和系统的智能学习能力,实现动态频谱分配和频谱共享。就像堵车时在不影响别人行驶的情况下可以变道。这个思想还涉及博弈论,即计算系统运行最优概率。这个思想再发展下去就是无线电云平台管理无线电资源,也是通信方向的研究热点。

绿色理念,包括系统本身节能绿色、应用绿色、频谱带宽绿色,还有绿色移动网、绿色物联网等。

3. 智能

智能贯穿于物联网各个层次,如在感知层移动终端中,群智感知就是一个研究热点,通过司机和志愿者的反馈或移动终端的 GPS 判断城市的拥堵;通过群体事件现场终端的各种数据,可以再现灾难现场等。

随着物联网、信息物理系统(CPS)等新概念、新技术的出现,人机交互技术的重要性更加凸显。在真实物理世界和虚拟信息空间融合的过程中,不用学习就可以方便大众使用的人机交互界面的设计已成为中外科学家共同关注的焦点之一。人机交互是计算机科学和认知心理学相结合的产物,同时还涉及人体工效学、社会学、生理学、医学、语言学、哲学等诸多学科,是一门综合性很强的科学,对研究人员的知识结构要求较高。做人机交互需要一些核心技术,如语音、视觉、触摸式。Kinect 是微软在 2009 年公布的一种 3D 体感摄影机,它导入了即时动态捕捉、影像辨识、麦克风输入、语音辨识、社群互动等功能,Kinect 彻底颠覆了游戏的单一操作,使人机互动的理念更加彻底地展现出来。

智能家居最初的发展主要以灯光遥控、电器远程控制和电动窗帘控制为主,随着行业的发展,智能控制的功能越来越多,控制的对象不断扩展,控制的联动场景要求更高,已经延伸到家庭安防报警、背景音乐、可视对讲、门禁指纹控制等领域。

在物联网时代会产生大量的大数据,而现有的数据库系统对这些信息的处理能力有限,包括现有的计算方式和软件能力也限制了信息的过滤能力。而人工智能的目标就在于为人们提供能够有所超越的信息处理能力,提高信息采集和应用的效率。

1.3 物联网架构与关键技术

1.3.1 物联网架构

本书将物联网架构按照层次结构划分为感知层、网络层、分析层和应用层,分别实现数据感知和信息获取、网络接入与信息传输、信息管理与分析、应用与智能服务功能。图 1-7 所示的是物联网架构及各层具备的功能。

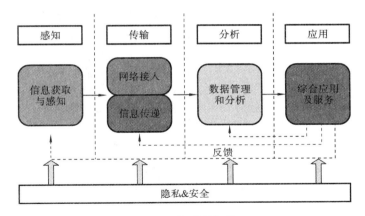

图 1-7   物联网架构

1. 感知层

从图 1-7 可以看出,感知层是整个物联网架构的基础层面,其主要功能是完成物理世界的数据感知和信息获取,并将采集到的数据上传给网络层。

感知层包括各种传感设备和智能感知系统,如各种传统的无线传感器网络(wireless sensor network,WSN)、无线多媒体传感器网络(wireless multimedia sensor network,WMSN)、射频识别(radio frequency identification,RFID)和全球定位系统(global positioning system,GPS)等。

传感器网络的感知主要通过各种类型的传感器对物体的物质属性、环境状态、行为态势等静、动态的信息进行大规模、分布式的信息获取与状态辨识。针对具体感知任务,通常采用协同处理的方式对多种类、多角度、多尺度的信息进行在线或实时计算,并与网络中的其他单元共享资源,进行交互与信息传输,可以通过执行器对感知结果做出反应,对整个过程进行智能控制。在物联网中,计算机、传感器、人、冰箱、电视、车辆、手机、衣服、食物、药品、书、护照、行李等,统称为"things",由传感器感知"things"信息。

由于在网络层可以采用 IPv6 技术,拥有海量地址空间(2^{128}),可以为任何物体分配 IP 地址,方便对物体的跟踪、查询、监控和处理。但是,目前已经部署的传感器网络大多还未采用 IPv6 技术,而且存在多种编址方式,这些编址方式往往自成体系、互不兼容,这也是感知层要解决的一个重要问题。

感知层的传感器节点和其他短距离组网设备的计算能力都有限,主要的功能和作用是完成信息采集和信号处理的工作,这类设备中多采用嵌入式系统软件与之适应。由于需要感知的地理范围和空间范围比较大,包含的信息也比较多,该层中的设备还需要通过自组织网络技术,以协同工作的方式组成一个自组织的多节点网络进行数据传递。

2. 网络层

网络层的主要功能是网络接入与信息传输,直接通过现有互联网(IPv4/IPv6 网络)、移动通信网(如 GSM、TD-SCDMA、WCDMA、CDMA、无线接入网、无线局域网等)、卫星通信网等基础网络设施,对来自感知层的信息进行接入和传输。其中的传输层主要利用了现有的各种网络通信技术,实现对信息的传输功能。

网络层主要采用能够接入各种异构网的设备,例如,接入互联网的网关、移动通信网的网关等来实现其功能。由于这些设备具有较强的硬件支撑能力,因此可以采用相对复杂的软件协议进行设计。其功能主要包括:网络接入、网络管理和网络安全等。目前的接入设备多为传感器网与公共通信网(如有线互联网、无线互联网、GSM 网、TD-SCDMA 网、卫星网等)的联通。在传输网这一层次中,网络接入的数据量约为 TB(10^{12} B) 数量级,处理能力在 10^3 MI/s 数量级。

3. 分析层

分析层进行信息管理与分析,对上层服务和应用起到支撑作用。在这一层上,需要采用高性能计算技术及大规模的高速并行计算机群对获取的海量信息进行实时的控制和管理,以便实现智能化信息处理、信息融合、数据挖掘、态势分析、预测计算、地理信息系统计算以及海量数据存储等,同时为上层应用提供一个良好的用户接口。

分析层的主要系统设备包括大型计算机群、海量网络存储设备、云计算设备等,在高性能网络计算环境下,将网络内设备通过计算整合成一个可互联互通的大型智能网络,为上层的服务管理和大规模行业应用建立一个高效、可靠和可信的网络计算超级平台。例如,通过能力超强的超级计算中心以及存储器集群系统(如云计算平台、高性能并行计算平台等)和各种智能信息处理技术,对网络内的海量信息进行实时的高速处理,对数据进行智能化挖掘、管理、控制与存储。分析层利用了各种智能处理技术、高性能分布式并行计算技术、海量存储与数据挖掘技术、数据管理与控制技术等多种现代计算机技术。这种后端应用的数据量一般可以达到 PB(10^{15} B)级,处理能力在 10^9 级别,是计算和处理速度最快的一层。

4. 应用层

在物联网中,应用层实现应用与智能服务功能,为用户提供快速的服务响应,包括各类用户界面显示设备以及其他管理设备等,是 IoT 体系结构的最高层。通过在应用程序中使用智能决策算法,根据收集到的相同的或类似的物理实体的最新信息和历史数据,对物理现象做出快速的响应。为满足业务需求创造新的机会,例如:处理紧急事件,解决环境恶化(污染、灾难、全球变暖等),监视人类活动(健康、运动等),改善基础设施的完整性(能源、交通等),提高能源效率问题(智能建筑、交通工具能源优化等)。

在应用子层,根据用户的需求,建立面向生态环境、自然灾害监测、智能交通、文物保护、文化传播、远程医疗、健康监护、智能社区等应用平台。为了更好地提供精准的信息服务,在应用子层必须结合不同行业的专业知识和业务模型,同时需要集成和整合各种各样的用户应用需求并结合行业应用模型(如水灾预测、环境污染预测等),以便完成更加精细和准确的智能化信息管理。例如,在对自然灾害、环境污染等进行检测和预警时,需要相关生态、环保等各种学科领域的专门知识和行业专家的经验。

1.3.2 关键技术

物联网涉及的技术领域众多,从不同的视角对物联网概念有不同的看法,所涉及的关键技术也不相同。本节基于物联网的实际应用,介绍物联网关键技术,内容包括传感器技术、RFID(radio frequency identification)技术、物联网通信技术、物联网安全等四个方面。

1. 传感器技术

传感器是物联网的关键组件,它的主要功能是将物理世界和电子世界连接起来,传感器捕获物理世界信息,将物理世界中的物理量、化学量、生物量转化成供处理的数字信号,为感知物理世界提供最初的信息来源。目前,传感器可以感知的物理信号包括热、力、光、电、声、位移等,为物联网系统进行处理、传输、分析和反馈功能提供最原始的信息。

如图 1-8 所示,一个传感器节点通常由传感器模块、微处理器模块、存储模块、射频模块和电源供应模块组成。传感器模块负责监测区域内信息的采集和数据转换(将物理量转化为电子信号);微处理器模块负责控制节点的数据处理;存储模块负责存储本节点采集的数据和其他节点发来的数据;射频模块由网络层、媒体访问控制层(MAC)和物理层的无线收发器组成,负责与其他传感器节点或计算机进行无线通信、交换控制信息和收发采集的数据;电源供应模块负责整个无线传感节点的能量供应。

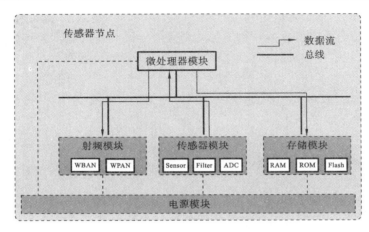

图 1-8　传感器节点架构

传感器的分类方法有很多种,目前国内外尚无统一的分类方法,常见的有如下几种。

(1) 根据输入物理量,传感器可分为位移传感器、压力传感器、速度传感器、温度传感器及气敏传感器等。

(2) 根据工作原理,传感器可分为电阻式传感器、电感式传感器、电容式传感器及电势式传感器等。

(3) 根据输出信号的性质,传感器可分为模拟式传感器和数字式传感器等两类,模拟式传感器输出模拟信号,数字式传感器输出数字信号。

(4) 根据能量转换原理,传感器可分为有源传感器和无源传感器等两类,有源传感器将非电量转换为电能量,如电动势传感器、电荷式传感器等;无源传感器不起能量转换作用,只是将被测非电量转换为电参数的量,如电阻式传感器、电感式传感器及电容式传感器等。

随着电路设计和微电子机械系统(micro-electro-mechanical systems,MEMS)的不断进步,一些新型的传感器部件还能够对信息进行格式转换、逻辑运算、数据存储和传输,传统的传感器正逐步实现微型化、智能化、信息化、网络化。同时,我们也正经历着一个从传统传感器到智能传感器再到嵌入式 Web 传感器不断发展的过程。目前,市场上已经有大量的、门类齐全且技术成熟的传感器产品可供选择。另外,随着人体局域网和可穿戴设备的兴起,用于测量人体生理信号的人体传感器也获得飞速发展。

2. RFID 技术

电子标签技术作为一种重要的新兴技术,近年受到了越来越多的关注。它是一种利用无线射频信号通过空间耦合(交变磁场或电磁场)实现无接触式信息传递,以达到识别目标物体的技术,这项技术已经广泛应用于 RFID 系统中。一个典型的 RFID 应用系统包括 RFID 标签、RFID 阅读器和后台系统。在过去十年中,RFID 系统已被纳入广泛的工业和商业体系,包括制造业与物流、项目跟踪与追踪、零售、库存监控、资产管理、防盗、电子支付、防篡改、交通票务和供应链管理等。RFID 标签由一个简单的 RF(radio frequency)芯片和一根天线组成,电子标签内存有一定格式的电子数据,作为待识别物品的标识性信息。

在实际应用中,通常将电子标签附着或内嵌到待识别物品上,成为待识别物品的电子标记。阅读器与电子标签按照约定的无线通信协议交换信息,由阅读器向电子标签发送指令,电子标签接收到阅读器指令后将内存中的标识性数据回送给阅读器,同时传送到后台系统,后台系统可以是一台计算机,用于处理此信息,从而控制其他子系统的操作。这是一种完全无接触方式的通信手段,利用交变磁场或电磁场的空间耦合及射频信号调制与解调技术实现。

电子标签根据其内部是否需要供电装置(通常是电池)将电子标签分为有源标签、无源标签和半无源标签三种类型。

1)有源标签

有源标签又称为主动标签,它的工作电源完全由标签内部的供电装置供给,同时标签供电装置的能量供应也部分地转换为标签与阅读器通信所需的射频能量。采用有源标签的 RFID 系统可以达到较远的识别距离(最大可达到 100 m),适合应用在高速公路不停车收费、车辆管理、车辆流量统计等物联网应用领域。

2)无源标签

无源标签又称为被动标签,其内部没有供电装置,当标签处于阅读器的无线覆盖范围之外时,它处于无源状态,当进入阅读器的无线覆盖范围时,电子标签从阅读器发出的射频能量中提取自身工作所需的电源。无源电子标签一般采用反射调制方式完成电子标签信息向阅读器的传送。采用无源标签的射频识别系统可以识别的距离一般较近(2 m 左右)。

3)半有源标签

半有源标签结合了有源标签和无源标签的优势,作为一种特殊的标示物。在没有激活信号时,半有源标签处于休眠状态,不向外界发送信号,当其进入低频激活器的激活信号范围时,标签被激活,进入工作状态。

3. 物联网通信技术

通信是物联网的重要基础,如果没有通信的保障,物联网所感知的大量信息将无法有效地共享和交换,物理世界和信息世界的融合将不可能实现,物联网的上层应用与服务也就无从谈起。

物联网通信几乎涵盖了从无线通信到有线通信的所有通信技术,但是由于物联网具有泛在化的典型特征,要求物联网设备随时随地地接入和互联,所以无线通信技术在物联网中作用更加突出。正是无线通信技术的飞速发展,才使得更多的物理设备与信息世界的沟通成为可能。因此,虽然在物联网中涉及大量的有线通信技术,但本节还是重点介绍无线通信技术,包括移动通信技术和短距离无线通信技术。

1) 移动通信技术

近年来,随着微电子技术、大规模集成电路、计算机技术和通信网络技术的巨大进步,移动通信技术也获得了前所未有的大发展。移动通信技术的进步和普及,在为人类生活带来便利的同时也促进了其他相关行业的发展,使过去很难实现或不可能实现的愿景成为现实。

目前,我们正处在第三代移动通信系统(3G 系统)向第四代移动通信系统(4G 系统)发展的过渡期。4G 系统是以 IP 为基础的核心网络架构,以 OFDM(正交频分调制)和 MIMO(多入多出)技术为核心。4G 系统是集 3G 系统和 WLAN 优势于一体的移动通信系统,能够实现数据、高质量音频、视频和图像的高速传输。下载速度可以达到 100 Mb/s 以上,比目前的家用宽带 ADSL(4 Mb/s)快 20 倍,并能够满足几乎所有用户对于无线服务的要求。

4G 系统标准包括 TD-LTE 和 FDD-LTE 两种制式,两个制式间只存在较小的差异,相似度达 90%。所以,TD-LTE 和 FDD-LTE 在技术上差异较少而共性更多,二者都能为移动用户提供超出以往的移动互联网接入体验。

随着 4G 系统在国内的推广、普及,及其与物联网的融合,将对物联网的发展产生极大的推动作用。物联网通信和人与人之间的通信在移动性、分组交换和安全连接等方面具有类似的特点,物联网中的设备的体积更小,通信中受到能耗、存储以及带宽等诸多因素的限制。4G 系统与物联网的融合,需要解决 LTE 网络如何适应和满足物联网的业务特点及要求的挑战,这就需要分析物联网的特殊业务模型,对移动通信网络进行优化,以适配物联网的数据业务形态。同时,研究不同的物联网应用对 QoS 的不同要求(如智能交通对高移动性、低延迟性的要求)使 LTE 能够保证其服务质量。另外,在 LTE 与物联网的融合研究中,在 LTE 终端方面要重点研究 LTE 天线与 RFID、GPS 天线的多模重构技术等,在网络层方面要重点研究无线传感器网络与 LTE 网络的异构网络融合技术,从而使网络更加稳定、高效。

2) 短距离无线通信技术

(1) 蓝牙。

蓝牙是一种短距离通信的无线通信技术,广泛地应用在连接各种个人便携设备,支持数据和语音应用的场合。作为一项无线个域网(WPAN)技术,两个或多个蓝牙设备就可以形成一个称为无线微网(piconet)的短距离网络,设备被同步到一个普通的时钟和相同的物理通道上的跳跃序列。这个普通的微网时钟被标识为蓝牙主设备(存在于微网的设备中)的时钟,所有其他同步设备作为从设备。

多个蓝牙设备构成的网络是一种星形拓扑结构。蓝牙设备工作在 2.4 GHz ISM,它在 791 MHz 之内利用跳频降低干扰。蓝牙无线网络标准指定了三类设备,它们具有不同的传输功率和相应的覆盖范围(1~100 m)。最新的蓝牙 4.0 标准在 2012 年正式批准,是蓝牙 3.0+HS 规范的补充,专门面向对成本和功耗都有较高要求的无线方案,可广泛用在卫生保健、体育健身、家庭娱乐、安全保障等诸多领域。蓝牙 4.0 将三种规格集于一体,包括传统蓝牙技术、高速技术和低耗能技术,与 3.0 版本相比,4.0 版本最大的不同就是低功耗,功率较老版本的降低了 90%。蓝牙技术正在由手机、游戏、耳机、便携电脑和汽车等传统应用领域向对低功耗的要求较高的物联网、医疗等新领域扩展。

(2) ZigBee 与 IEEE 802.15.4。

ZigBee 是目前无线传感器网络中应用最广泛的协议栈,ZigBee 设备能够工作在三种 ISM 频段,数据速率为 20～250 Kb/s。ZigBee 支持三种类型的拓扑结构:星形、簇状形(cluster)和网状形(mesh)。在簇树形(cluster tree)拓扑结构和网状形(mesh)拓扑结构中,ZigBee 有提供多跳路由的优势,可以扩大无线传感器网络的覆盖范围。

ZigBee 网络包括全功能设备(full-function devices,FFD)和简化功能设备(reduced-function devices,RFD)。简化功能设备只能充当 ZigBee 网络终端设备,全功能设备则可以充当协调器(coordinator)、路由器和终端设备。协调器负责建立、维护和管理 ZigBee 网络,在一个 ZigBee 网络中,有且只能有一个协调器。路由器负责网络路由和数据转发。终端设备则负责感知和采集数据。

ZigBee 协议栈的底层采用 IEEE 802.15.4 规范,它生成网络信标(协调器),同步网络信标,支持 MAC 关联和分解,支持 MAC 加密;对无线信道访问的 CSMA/CA 机制,以及处理保障时隙(guaranteed time slot,GTS)和管理。IEEE 802.15.4 定义了四种帧结构:信标帧(beacon frame)、数据帧、确认帧和 MAC 命令帧。对于数据传输,存在三种事务类型:从一个协调器到一个设备,从一个设备到一个协调器,以及两个对等设备。数据传输完全由设备控制,而非由协调器控制。一个设备是传输数据给协调器,还是由轮询协调器去接收数据,要根据定义的应用程序的速率来确定。这提供了 ZigBee/IEEE 802.15.4 网络的节能特性,因为设备能够在任何可能的时候睡眠,而非一直保持接收器持续活动。

IEEE 802.15.4 的多路访问方案提供两种模式:信标启用模式和非信标启用模式。信标启用模式使用一个超级帧。超级帧被分成两个部分:活动的和非活动的。在非活动部分期间,根据它的应用程序的需求,设备可能进入低功率模式。活动部分包括竞争访问期间(contention access period,CAP)和无竞争期间(contention free period,CFP)。任何 CAP 希望通信的设备应该使用有时隙的 CSMA/CD 机制和其他设备进行竞争。CFP 包含有保证的时槽,没有竞争存在。但是,如果一个协调器不愿意使用信标启用模式,它可以关闭信标传输,使用无时隙的 CSMA/CA 算法。如果没有指定双工方案,上行链路和下行链路竞争相同的资源。

(3) IEEE 802.15.6。

IEEE 的 802.15 工作组已经于 2012 年正式批准 IEEE 802.15.6 标准,它是首个专门针对人体局域网的标准。在公布的 IEEE 802.15.6 正式标准中:IEEE 802.15.6 的物理层由多种无线方式构成,包括利用 400 MHz～2.4 GHz 频带频率的窄带宽通信、利用脉冲式 UWB 的超宽带通信和以人体为信号传输介质的人体通信。这个标准旨在帮助下一代紧密接近人体或者在人体内的电子设备的通信。

IEEE 802.15.6 标准的诞生,是 60 家厂商工程师们共同努力的成果,这些厂商包括芯片供应商 Broadcom、Freescale、Intel、NXP、Qualcomm、Renesas 和 TI,还有消费电子与医疗设备业者如 GE、Medtronic、HP、Philips 和 Samsung,总共花了五年的时间才最终完成。

IEEE 802.15.6 标准定义的传输速率最高可达 10 Mb/s、最大覆盖范围约 3 m。不同于其他短距离、低功耗无线技术,新标准特别考量在人体上或人体内的应用。IEEE 802.15.6 标准预期可广泛应用在人体穿戴式传感器、植入装置,以及健身医疗设备中。高频宽的版本可支持视网膜植入装置的数据传输,低频宽的版本则可运用于追踪义肢上的压力数据或是连接测量心律等数据的传感器。此标准将取代目前种类繁多的专用无线电技术,提供一个可取代低功耗蓝牙或是 IEEE 802.15.4 的新技术。

（4）WiFi 与 IEEE 802.11。

WiFi 即无线保真,它是一种可以将 PC、手持设备等终端以无线方式互联通信的技术。WiFi 联盟是一个商业联盟,它拥有 WiFi 商标,负责 WiFi 认证与商标授权等工作,目的是改善基于 IEEE 802.11 标准的无线网络产品之间的互通性。WiFi 标准使用了 IEEE 802.11 的 MAC 层和物理层(PHY)标准,但是二者非完全一致。IEEE 802.11 协议组是国际电工电子工程学会(IEEE)为无线局域网络制定的标准。

802.11 是 IEEE 最初制定的一个无线局域网标准,主要用于解决办公室局域网和校园网中用户与用户终端的无线接入。IEEE 802.11 采用 2.4 GHz 和 5 GHz 这两个 ISM 频段。其中 2.4 GHz 的 ISM 频段为世界上绝大多数国家采用。目前正式推出的 IEEE 802.11 协议主要是 IEEE 802.11 a/b/g/n/ac。IEEE 802.11a 工作在 5.4 GHz 频段,最高速率为 54 Mb/s,主要用在远距离的无线连接。IEEE 802.11b 工作在 2.4 GHz 频段、最高速率为 11 Mb/s,已经被淘汰。IEEE 802.11g 工作在 2.4 GHz 频段,最高速率为 54 Mb/s;IEEE 802.11n 是在 IEEE 802.11g 和 IEEE 802.11a 基础之上发展起来的一项技术,速率有了大幅提升,理论速率最高可达 600 Mb/s。目前,业界主流速率为 300 Mb/s,可工作在 2.4 GHz 和 5 GHz 两个频段。IEEE 802.11ac,使用 5 GHz 频带进行通信,理论上能够提供最少 1 Gb/s 带宽,进行多站式无线局域网通信,或是最少 500 Mb/s 的单一连接传输带宽。

（5）6LoWPAN。

6LoWPAN 是由 IETF(互联网工程任务组)发布的一项基于 IEEE 802.15.4 的低速率个域网无线通信标准,它将 IP 协议引入无线通信网络中,网络层采用 IPv6 技术。6LoWPAN 具有低功率运行的特点,适合应用在低功耗要求的手持或移动设备,其内置对 AES-128 加密的支持为通信提供强健的认证和安全性保证。

由于 6LoWPAN 在网络层采用了作为下一代互联网核心技术的 IPv6,具有庞大的地址空间,对于解决物联网中需要解决大量设备联网和寻址问题具有较大优势,利于普及和推广,同时具有易接入和易开发的显著优势。

4. 物联网安全

物联网信息安全是关系物联网产业能否安全、可持续发展的核心技术之一,必须引起高度重视。与此同时,物联网收集越来越多的个人信息,因此对隐私保护提出了更高的要求。

如图 1-9 所示,感知到的生理信息需要通过网关,途经 Internet 到达健康监护中心,在此过程中,恶意攻击者可以在病人生理数据到达医生或护士的诊断平台之前,进行截获或者篡改。这种行为的后果,轻则导致隐私泄漏,攻击者推断出病人所患疾病对

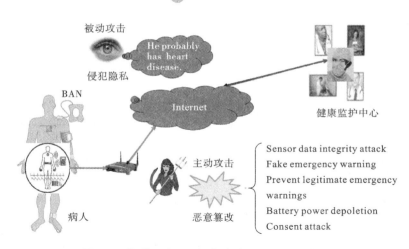

图 1-9　物联网隐私泄漏与安全问题的一个案例

其推销药品；重则篡改了病人重要生理指标，导致医生误判或者耽误了治疗，从而危及病人的生命。因此，如何建立合理的物联网安全架构和隐私保护策略，将对物联网的安全使用和可持续发展产生重大影响。

由于物联网是由大量设备构成的，而相对缺乏人的管理和智能控制，这就使物联网除了要面对传统通信网络安全问题之外，还要面对与自身特征有关的特殊安全问题。下面从物联网的感知层、网络层和物联网加密等方面介绍物联网安全。

1）感知层安全

物联网感知层主要通过各类终端传感器节点收集信息，用传感器来标识物体，可用无线或远程完成一些复杂的操作，已达到节约人力成本的目的。感知层是最能体现物联网特征的一层，其信息安全保护也相对薄弱，下面以 RFID 系统为例做简要分析。

RFID 系统的主要设计目标是用来提高效率、降低成本，由于标签成本的限制，很难对其通信采用较强的加密方式。再者标签和阅读器的无线非接触通信方式，容易受到侦听，导致数据收集、传输和处理过程中面临严重的安全威胁。而且，RFID 系统一般部署在户外环境，容易受到外部影响，如信号的干扰。由于目前各个频带的电磁波都在使用，信号之间干扰较大，有可能导致错误读取命令，导致信号混乱，阅读器不能识别正确的标签信息；非法复制标签，冒充其他标签向阅读器发送信息；非法访问，篡改标签的内容，这是因为大多数标签为了控制成本没有采用较强的加密机制，大多都未进行加密处理，相应的信息容易被非法读取，导致非法跟踪甚至修改数据；通过干扰射频系统，进行网络攻击，影响整个网络的运行。

对此，我们应该采取的安全措施为：首先对标签和阅读器之间传递的信息进行认证或加密，包括密码认证、数字签名、hash 锁、双向认证或第三方认证等技术，保证阅读器对数据进行解密之前标签信息一直处于锁定状态；其次，要建立专用的通信协议，通过使用信道自动选择，电磁屏蔽和信道扰码技术，来降低干扰，免受攻击；也可通过编码技术验证信息的完整性来提高抗干扰能力，或通过多次发送信息进行核对纠错。

所以，针对感知层的安全威胁，我们需要建立有效的密钥管理体系、合理的安全架构、专用的通信协议，确保感知层信息的安全、可靠和稳定。

另外，传感器本体的物理安全也是要考虑的重要安全问题，物联网中的物品、设备多数是部署在无人监控的地点工作的,攻击者可以轻易接触到这些设备,对其进行破坏或干扰,或者通过破译传感器通信协议,对它们进行非法操控。当物联网应用关系到国计民生时,如果攻击者更改设备的关键参数,其后果不堪设想。

2）网络层安全

物联网的网络层涉及多种现有网络(包括有线和无线网络)的互联互通,是物联网的核心网络,应当具有相对完整的安全保护能力,但是由于物联网中节点数量庞大,而且以集群方式存在,因此在数据传输时,大量机器的数据发送会造成网络拥塞。而且,现有通行网络采用面向连接的工作方式,而物联网的广泛应用必须解决地址空间空缺和网络安全标准等问题,从现状看,物联网对其核心网络的要求,特别是在可信、可知、可管和可控等方面,远远高于目前的 IP 网所提供的能力。

另外,现有的通信网络的安全架构均是从人的通信角度设计的,并不完全适用于机器间的通信,使用现有的互联网安全机制会割裂物联网机器间的逻辑关系。庞大且多样化的物联网核心网络必然需要一个强大而统一的安全管理平台,否则对物联网中各物品设备的日志等安全信息的管理将会成为新的问题,并且由此可能会割裂各网络之间的信任关系。

3）物联网加密机制

加密是最常用的信息安全手段,需要针对物联网的特点,采用相应的认证技术、加密技术,对物联网信息进行安全保护。在互联网时代,网络层传输的加密机制通常是逐跳加密的,即信息发送过程中,虽然在传输过程中数据是加密的,但是途经的每个节点上都是需要解密和加密,也就是说,数据在每个节点都是明文。而业务层传输的加密机制则是端到端的,即信息仅在发送端和接收端的数据是明文,而在传输过程中途经的各节点上的数据均是密文。如何明确物联网中的特殊安全需要,考虑如何为其提供何种等级的安全保护,这在架构合理的适合物联网的加密机制中都亟待解决。

另外,物联网中的密钥管理也是实现信息安全的有力保障手段,需要建立一个涉及多个网络的统一的密钥管理体系,解决感知层密钥的分配、更新和组播等问题。如何提高加密算法的效率,提高传感器的性能都需要进行深入研究。同时还需要建立完善统一的安全技术标准、认证机制和成熟的安全体系,才能应对物联网发展过程中面临的各种挑战。

物联网的发展固然离不开技术的进步,但更重要的是涉及规划、管理、安全等各个方面的配套法律、法规的完善,技术标准的统一与协调,安全体系的架构与建设。

1.4　物联网与 WSN、M2M、BAN 和 CPS

在物联网的演进过程中,人们生活所处的生态系统被映射为个性化信息感知空间,是信息网络不断向物理世界延伸而成为人们所关注的焦点,物联网架设了连接物理世界与信息世界的桥梁,如图 1-10 所示。

可以预料的是,随着传感器技术的发展,能被表示的物越来越多,信息世界会进一步向物理世界延伸,使人将原来必须在物理世界中完成的工作转移到信息世界。如原来供电局的抄表工人必须要到用户的电表前才能看到电表的度数,而现在只需要通过

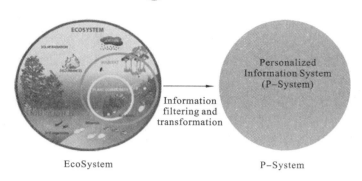

图 1-10　个性化信息感知空间

M2M 通信直接发送到计算机中就可以得到,为人们的生活带来越来越多的便利。

物联网本身并不是全新的技术,而是在原有技术(WSN、M2M、BAN、CPS 等)基础上的演化、汇总和融合。从某种角度上来看,WSN、M2M、BAN 和 CPS 都属于 IoT 演进过程中的不同形式。

1.4.1　WSN、M2M、BAN 与 CPS 简介

1. 无线传感器网络

1999 年,商业周刊将传感器网络列为 21 世纪最具影响的 21 项技术之一,2003 年美国《技术评论》杂志评出对人类未来生活产生深远影响的十大新兴技术,传感器网络被列为第一。2006 年,在我国发布的《国家中长期科学与技术发展规划纲要》中,为信息技术确定了三个前沿方向,其中有两项都与传感器网络直接相关,这就是智能感知和自组网技术。

传感器网络(sensor network)是包含互联的传感器节点的网络,这些节点通过有线或无线通信交换传感数据(ITU-TY.2221)。传感器节点是由传感器和可选的、能检测处理数据及联网的执行元件组成的设备;传感器是能够感知物理条件或化学成分并且传递与被观察的特性成比例的电信号的电子设备。

传感器网络具有资源受限、自组织结构、动态性强、应用相关和以数据为中心的特点,与传统网络具有显著的不同。而无线传感器网络(wireless sensor network, WSN),一般由多个具有无线通信与计算能力的低功耗、小体积的传感器节点构成;传感器节点具有数据采集、处理、无线通信和自组织的能力,协作完成大规模复杂的监测任务;网络中通常只有少量的 Sink 节点(汇聚节点)负责发布命令和收集数据,实现与互联网的通信;传感器节点仅仅用于感知信号,并不强调对物体的标识;仅提供局域或小范围的信号采集和数据传递,并没有被赋予物品到物品的连接能力。

2. 机器对机器通信

机器对机器通信(machine to machine,M2M)技术的目标就是使所有机器设备都具备联网和通信能力,其核心理念就是"网络一切"(network everything)。M2M 的网络架构如图 1-11 所示。M2M 最早指的是一个 machine 和另一个 machine 相连,它们的作用将大于两个孤立的 machine,随着无线网络的快速发展,M2M 所能连接的是规模庞大的 machine,并且它们只能够 P2P 通信,从而极大赋予了 M2M 系统的智能性。

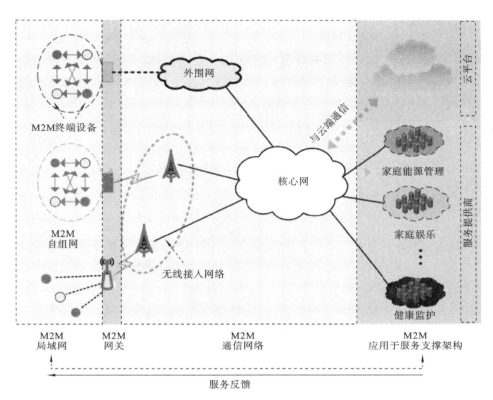

图 1-11　M2M 网络架构

最早的 M2M 应用或许是远程监控。在人迹罕至的山顶安装无线电发射机,这些装置的监测和控制无需人工干预,节省了大量成本。未来几年,不但此类控制与监测应用会不断发展,M2M 还会迅速应用到汽车远程通信、消费电子、车队管理、智能计量等领域。

目前,M2M 通常指的是非信息技术机器设备通过移动通信网络与其他设备或 IT 系统的通信。M2M 技术已在世界各地得到了快速发展。相关的国际标准化组织(如欧洲电信标准化协会(ETSI)和第三代合作伙伴计划 3GPP)都启动了针对 M2M 技术的标准化工作。

M2M 的应用领域遍及交通、电力、工业控制、零售等众多行业。如运输公司开始通过 CDMA 2000 1X 网络提供遥测服务。凭借安装于卡车、公交和重型设备等移动资产中的 1X 蜂窝收发器,公司得以与司机交换双向数据信息,并随时随地地监控车辆位置、行驶时间、油耗和维护状况等多方面。在欧洲,瑞典和意大利的所有家庭都安装了智能仪表,其中很多通过无线网络运行。

狭义的 M2M 定义仅包括机器与机器之间的通信,广义的 M2M 定义还包括人与机器(man to machine)的通信,是以机器智能交互为核心的网络化应用与服务。

3. 人体局域网

传统的患者监护系统由许多生理传感器组成。这些传感器都是有线的,因此限制了患者的活动范围,也影响了患者的舒适性。一些研究报告表明,这些连接线正是医院疾病传染的来源。另外,这些连线的晃动还会对检测结果产生不利影响。

人体局域网（body area network，BAN）是将传感器安装到患者身体表面或者植入人体，实现特定生理数据收集的小型无线局域网络。2012 年，美国 IEEE 的 802.15 工作组正式批准了由人体周边配置的各种传感器及器件构筑的近距离无线网络的标准"IEEE 802.15.6"。该标准定义的传输速率最高可达 10 Mb/s，最大覆盖范围约 3m。不同于其他短距离、低功耗无线技术，新标准特别考量在人体上或人体内的应用，预期可广泛应用在人体穿戴式传感器、植入装置，以及健身医疗设备中。

所有传感器都可以将采集到的信息通过无线方式发送给位于患者身上或者床边的外部处理器。之后，处理器通过传统数据网络（如以太网、WiFi 或者 GSM），将所有信息实时地发送给指定的服务器。BAN 使用的传感器一般会要求指定其重要生理参数的精度，低功耗信号处理的水平，并要求具备无线连接功能。BAN 传感器收集来的这些信号可用于脑电图（EEG）、心电图（EKG）、肌电图（EMG）、表皮温度、皮肤电传导和眼动电图（EOG）等。除了传统的医用传感器，加速计/陀螺仪可用于识别和监视人体的姿势，如坐、跪、爬、躺、站、走和跑。这种能力对于很多应用是必要的，包括虚拟现实、健康护理、运动和电子游戏。

BAN 中使用的传感器主要有两大类，具体使用哪一类取决于其工作模式。

● 穿戴式 BAN 所使用的传感器，一般贴在人体表面，或者植入人体浅层，用于短期监测（14 天以内）。这些传感器一般都非常昂贵，重量较轻，体积很小，可以实现自由移动式健康监测。医疗提供商利用这些传感器，几乎可以实时地了解患者的健康状况。

● 植入式 BAN 使用的传感器安装在人体较深区域，如心脏、大脑和脊髓等。植入式 BAN 同时拥有主动刺激和生理监测功能，是一些慢性疾病监测的理想选择。到目前为止，这些慢性疾病只能使用药物治疗。植入式 BAN 治疗的例子包括帕金森病的深度脑刺激、慢性疼痛脊髓刺激，以及尿失禁膀胱刺激等。

4. 信息物理系统

近年来，信息物理系统（cyber-physical systems，CPS）逐渐成为国际信息技术领域的研究热点。2006 年 2 月，美国科学院发布的美国竞争力计划中，将 CPS 列为重要的研究项目。2008 年成立的美国 CPS 指导小组在 CPS 执行概要中，把 CPS 应用扩展到交通、国防、能源、医疗、农业和大型建筑设施等方面。美国国家科学基金会（NSF）和欧洲第 7 框架（FP7）也对 CPS 进行科研经费资助。我国也非常重视 CPS 的研究，国家自然科学基金项目、国家重点基础研究发展计划项目和国家高技术研究发展计划项目都把其作为资助重点。

CPS 是一个综合计算、网络和物理环境的多维复杂系统，通过 3C（computation、communication、control）技术的有机融合与深度协作，实现大型系统的实时感知和动态控制。CPS 以计算进程与物理进程间的紧密集成和协调为主要特点，它的意义在于将物理设备通过各种网络实现了互联和互通，使得物理设备具有计算、通信、精确控制、远程协调和自治等功能。

CPS 不仅强调接收信息，而且还强调对信息的反馈。就像人的大脑不仅接收神经系统的信息，还进行实时反馈，指挥四肢运动。美国麻省理工学院建立的分布式机器人番茄花园就是 CPS 应用案例。通过传感器、无线网络、导航，以及分布式控制的机器人来监控花园里番茄的成长，实现自动浇水和自动采摘。

1.4.2　物联网几种技术之间的共性

不论是 WSN、M2M、BAN,还是 CPS,所包含的内容都有某种共性:首先要感知到信息,然后到网络传输和接入,再到存储、管理、分析、控制、应用。而这些共性的组成部分,如感知、网络、分析、应用,又和物联网的架构相吻合,如图 1-12 所示。

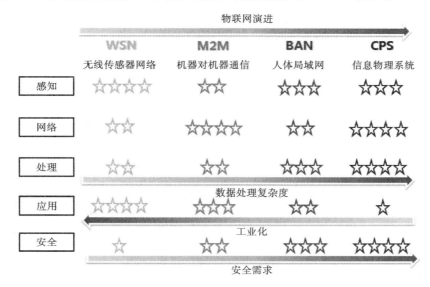

图 1-12　物联网的几种技术的区别和联系

1.4.3　物联网几种技术之间的区别

由于 WSN、M2M、CPS 所关注的角度不同,因此它们在 IoT 架构下的侧重点也不一样,如图 1-12 所示。

WSN 是 IoT 最初始的形态,它把重心放到信息获取感知这个环节,所以包含许多高能效的组网及数据采集算法,包括路由、网络控制、覆盖、联通及延时和可靠性等 QoS 问题,还有对不同传感器的设计,如温度传感器、湿度传感器、粉尘传感器、CO_2 传感器、PM2.5 传感器及视频传感器。WSN 作为感知终端网,就像给物联网打了一个底层的基础,和 OSI 的协议栈一样,以数据包为线索,分别经历物理层、链路层、网络层,再到应用层。虽然 WSN 底层感知到信息后,还是要接入传输,然后处理、应用,这个过程和 IoT 架构是一样的,但 WSN 的侧重点是感知。

与 WSN 不同,在 M2M 架构下的感知终端网的通信被 3GPP 标准化了,并产生了MTC(machine-type communication,机器类通信),这也许是由于 M2M 主要关注机器和机器、机器和物理世界的通信,而不太涉及和人的通信,因此其网络接入是相对容易标准化的。所以,M2M 成为离 IoT 产业化最近的模式,基于 M2M 的智能电网(smart grid)就是个很好的例子。

网络层往上,就侧重在智能、人机交互、控制这一块,而 CPS 把注意力特别地集中在这一层,强调在有人参与之下的更深入的智能。从物联网和人交互的表现形式的角度来看,CPS 更加强调人、机、物交互和谐。

从 WSN 到 M2M,再到 CPS,可以看到 IoT 体系架构演进下的几种概念存在一个相互关联、循序渐进的过程。

在学术研究中,对于 WSN、M2M、CPS 和 IoT 的区别和联系并没有一个确切的说法,本章节将对此问题给出一些浅见。如图 1-13 所示,我们把 WSN、M2M 和 CPS 分别放在三个轴上,WSN 为实现 CPS 的基础,又给 M2M 提供补充。M2M 加入了智能技术处理与分布式实时控制等技术之后,可以进化成对物理世界控制力更强的 CPS。

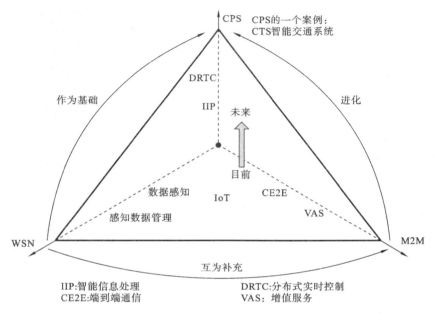

图 1-13 物联网与 WSN、M2M、CPS 的关系

M2M 可以看作是网络接入标准化的 IoT,而且 M2M 也包含了控制,只不过相对 CPS 来说,M2M 涉及的控制是低层次和简单的。WSN 专注底层采集信息,之后就有 M2M 从传输的角度去标准化无线接入协议,信息到了核心网后台处理中心,就要对感知的信息融合和分析。除了智能电网,M2M 另一个代表性应用即是智能家电识别,如图 1-14 所示,将家电类型用电量信息显示在手机上,然后用手机去控制家电的开关。虽然这个应用中的通信是典型的手机和物理世界中的物件如家用电器等,但其中也包含了控制,并不是说有了控制就是 CPS,也不能说 WSN、M2M、IoT 没有控制,只不过侧重点不同,关注的程度不同。目前,IoT 更多的是停留在 WSN 和 M2M 的层次,随着时间的推移,IoT 会向 CPS 的发展方向进行演化。

还有另外一种架构称为人体局域网(BAN),则把侧重点放在采集人体感知信息和人机交互上。BAN 是 WSN 向人本化方向的发展,也是为 CPS 提供更加丰富的与人有关的感知信息的底层保障,同时也提供了人机交互、人参与系统控制的基础平台。传统的 WSN 主要采集环境信息类数据。比起 WSN 所用的传感器,BAN 所用的传感器类型又多了两种:一类是人体传感器,用来采集人的各类生理信息;还有一类如加速计、陀螺仪、GPS 等动态传感器,可以感知人的一些特别的动作,并综合人周围环境和人自身信息的感知,再通过一些复杂的模型分析甚至从某种程度上去推测人的心理活动,从而实现人类根据自身的状况和周围的环境参数,去自适应地调节人类自身活动行为或控

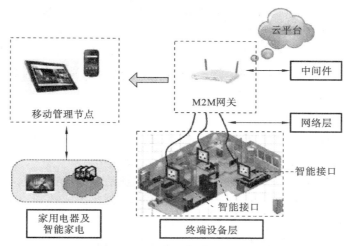

图 1-14　基于 M2M 的智能家电识别与能耗管理

制物理世界以达到和谐的状态,从这个角度,我们可以说 BAN 和 CPS 有叠交之处。

　　但是 IoT 在其架构下,不仅与 WSN、M2M、BAN、CPS 密切相关,也不断和当今热门的网络及通信技术相融合(见图 1-15),使得其包含的技术及应用的领域更加广泛,可以说这是一个在过程中不断发展进化的系统。随着科技的发展,逐渐去渗透、完善、补充,从而把"感知获取、传输接入、分析控制、应用服务"这四块都做得越来越完美。所以,我们以发展的角度去描述物联网也许更加准确:物联网的发展意味着"更透彻的感知,更广泛的互联互通,更深入的智能化"。因此,如果只从一个技术层面上看待物联网,就很难体会到物联网的演进,如同盲人摸象,对物联网的理解仅停留在一个固定的概念上。

图 1-15　从不同技术视角下看待物联网

1.5　人本物联网

1.5.1　人体局域网

　　人体局域网(body area network,BAN)是极为小型的无线局域网络,可支持大量的医疗应用,被看作是应对医疗保健费用急剧增加和医疗服务提供贫乏的一种解决方案。人体局域网配置超低功耗可穿戴传感器,可以把持续监测到的人体生理活动和动作的数据传送到后台进行分析诊断。无线通信技术和嵌入式系统的不断发展,使得人体局域网的设计、开发和实现成为可能,为新型健康监护系统的部署铺平了道路。

1. BAN 通信架构

BAN 依靠无处不在的无线计算设备,在人的体表或者身体周围实现无线通信。基于人体局域网的健康监测系统的通信架构如图 1-16 所示。

首先,运动传感器和压力传感器将监测到的生理信号(如心电、脑电、肌电等)发送到附近的个人服务器(personal server,PS)设备上。然后通过蓝牙或无线局域网连接的个人服务器将这些数据远程传送给医生,医生可以进行实时诊断,或者将数据保存在医学数据库中,或者将数据传送给相应的设备发出警报指示。我们将人体局域网通信架构分成三个组成部分:第一层通信设计——BAN 内网通信;第二层通信设计——BAN 网间通信;第三层通信设计——BAN 外网通信。

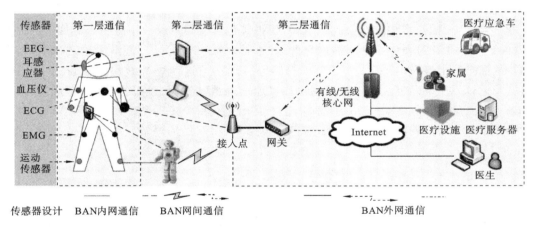

图 1-16 BAN 的三层通信架构

2. BAN 内网通信

BAN 内网通信(intra-BAN communication)是指人身体周围大约 2 m 范围内的无线电通信。如图 1-17 所示,它包括两种类型的通信:人体传感器之间的通信;人体传感器和便携式 PS 之间的通信。IEEE 802.15.6 任务组给出了 BAN 通信的一个优化的通信标准,使运行在体内或体表(不局限于人)的低功耗设备能够提供各种各样的应用服务,包括医疗、消费电子或个人娱乐等。

BAN 内网通信对于 BAN 系统起着至关重要的作用。如图 1-17(a)所示,传感器和 PS 之间采用有线连接,从而避免无线连接所带来的问题,例如,利用线缆将多个商用传感器和 PS(如 PDA)连接起来。如图 1-17(b)所示,传感器不必借助 PS 而直接和 AP 进行无线通信。与前两种方法相比,图 1-17(c)所示的则是采用星形拓扑结构的典型架构,多个传感器将人体生理信号发送到一个 PS,PS 再将处理过的生理数据转发给 AP。图 1-17(d)和图 1-17(e)所示的是将 BAN 内网通信提升为两层架构。首先,多个有线或者无线传感器连接到一个中央处理器,在中央处理器上进行数据融合后再将数据传送给 PS。这样做,既可以减少从中央处理器传输到 PS 的数据量,又降低了功耗。但是这两种方案也带来了更多的挑战,如涉及生物医学通信特性的传感器数据处理技术。可以看出,从图 1-17(a)到图 1-17(e),系统的架构复杂度依次递增。

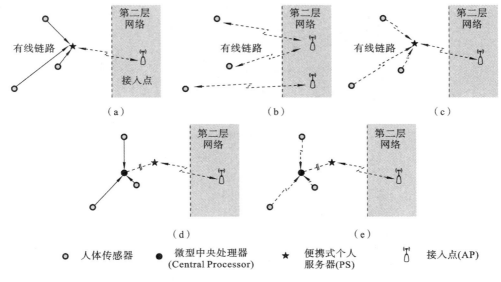

图 1-17　BAN 内网通信架构

3. BAN 网间通信

人体局域网与一般的 WSN 不同,它很少单独工作。我们将 BAN 网间通信定义为:PS 与一个或多个 AP 之间的通信。AP 可以作为基础设施的一部分进行部署,也可以被放置在一个动态环境中用于处理突发情况。如图 1-16 所示,第二层网络的功能是将人体局域网和各种常见的网络连接起来,如因特网和移动电话网。

如图 1-18 所示,我们将 BAN 网间通信架构分为两种:基于基础设施的架构和基于 Ad hoc 的架构。基于基础设施的架构的优势在于能提供更大的带宽、便于集中控制和具有较好的灵活性;基于 Ad hoc 的架构的优势是便于在动态环境中快速部署,如医疗紧急护理响应或救灾现场。

1) 基于基础设施的架构

人体局域网的大多数应用是基于基础设施架构进行 BAN 中间层的通信,它假定了一个具有有限空间的环境,如医院候诊室、家庭和办公室等。这种架构比 Ad hoc 方式的网络更利于集中管理和安全控制。由于采用了这种集式架构,在某些应用中AP 也被当作数据库服务器。

2) 基于 Ad hoc 的架构

基于 Ad hoc 的架构通常在医疗中心内部署多个 AP 来传输人体传感器信息。它比基于基础设施的架构具有更大的服务覆盖范围,而且方便用户在建筑物、操场或急救点附近移动。当人体局域网被限制在大约 2 m 的范围内时,这种方式组成的互联网络能把 BAN 系统的覆盖范围扩展到大约 100 m。因此,它既适合短距离部署,也适合长距离部署。

基于 Ad hoc 的架构包括两种节点类型:传感器节点和路由节点。传感器节点分布

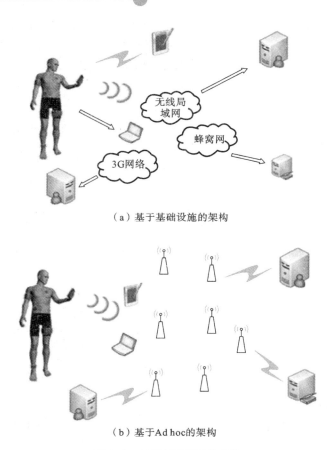

（a）基于基础设施的架构

（b）基于Ad hoc的架构

图 1-18 BAN 网间通信架构

在体内或体表,路由节点则分布在 BAN 系统的周围。两类节点具有相同的无线电硬件设计,能够实现多跳路由。

由于设备间只使用一种无线电广播,故所有通信设备需要共享同一带宽,当某一区域内放置过多的路由节点和传感器节点时,很容易发生冲突。系统通常会采用异步 MAC 机制来处理冲突,如 ZigBee/IEEE 802.15.4 中的载波侦听多路访问冲突避免(CSMA/CA)机制。

系统中各种各样的 AP 形成一个网状结构,这种结构的特点如下。

（1）通过多跳传输扩大了无线的覆盖范围,尽管在进行多跳数据转发时降低了有效带宽,但它为病人的移动提供了便利。

（2）能够快速灵活地使用无线方式安装和部署应急响应系统,如众多路由节点可以部署在墙上或沿着应急路线部署。

（3）在不影响整个网络的情况下,可以在任何需要的场合添加 AP,轻松地对网络进行扩展。

3）BAN 网间通信技术

BAN 网间通信可以采用的无线通信技术包括 WLAN、蓝牙、ZigBee、移动电话网络和 3G 等。PS 支持多种通信技术,它使 BAN 容易和其他应用进行整合。BAN 需要在低功耗的设备上运行,同时 BAN 使用的是 Ad hoc 自组特性的无线协议。蓝牙虽然是一种流行的无线协议,在短距离通信中有非常好的通信机制,但它不太适合应用在 BAN 系统中,因为它不能很好地满足 BAN 对低功耗和自组的要求。ZigBee 协议则满足了 BAN 的这两个基本要求,所以大多数 BAN 应用采用 ZigBee 协议。目前 ZigBee 主要用于网络中传感器之间的通信,它的关键部分支持网状网络(mesh network)。ZigBee 之所以变得流行是因为它具有以下优势:支持节点间的低功耗通信;工作周期较短,这使它能够提供更长的电池续航时间;通信原语能够进行低延迟通信;支持具有高安全性能的 128 位网络密钥。此外,它具备在无线节点上的传感器之间的通信必需的所有基本特性。在追求成本效益的传感器网络中,ZigBee 也可以基于广播方式进行部署。因为 WLAN 比移动电话网络速度更快,所以大多数 BAN 应用使用 WLAN 和 AP 进行通信。而移动电话网络的优势是使用移动电话的用户数庞大,它提供了一种友好的用户接口,方便与外围设备通信。

4. BAN 外网通信

第三层通信设计的目标是适应不同应用的需求,为了桥接 inter-BAN 和 beyond-BAN 之间的通信,通常需要设置一个网关设备(如 PDA)用以在两个网络之间建立无线连接。

如图 1-16 所示,BAN 外网通信可以有效扩展电子医疗系统的应用范围,获得授权的健康监护人员可以通过移动电话网或 Internet 远程访问的方式得到病人的医学信息。

数据库也是外部 BAN 层的一个重要部分,它维护着病人的医学信息。医生可以根据病人的服务优先级访问所需要的用户信息。同时,基于这些数据,健康监护人员可以通过多种通信方式向病人的亲属自动发布通知。

BAN 外网通信是基于特定应用而设计的,适应特定的用户服务需求。例如:如果发现传送到数据库的最新人体信号有异常,则向病人和医生发送 E-mail 或短消息进行警告;如果有必要,医生或其他护理人员可以通过互联网视频会议和病人进行交流。事实上,通过医生与患者之间的视频通信,同时参考存储在数据库中或通过穿戴在病人身上的 BAN 实时获得生理数据,可以对病人进行远程诊断。

如果外出旅游的病人的健康出现紧急情况,急救人员可以利用上述的 BAN 通信架构从健康护理数据库中获取所有必要的医学信息,根据病人目前的身体状况进行治疗。

5. 硬件平台和操作系统

一个人体传感器节点主要由两大部分组成:生理信号传感器和无线电平台。一个人体传感器节点内部可以有多个人体传感器。人体传感器的主要功能是收集与人的生理活动和身体动作相对应的模拟信号。这种模拟信号通过电路板以有线方式或者通过无线模块以无线的方式获取,然后将其转换为数字信号,数字信号再通过无线电收发机转发出去。

1)人体传感器节点架构

人体传感器是 BAN 中的关键组件,传感器的主要功能是捕获人体生理和周围环境信息,并对信息进行格式转换、逻辑运算、数据存储和传输。人体传感器节点的架构和第 1.3.2 小节中描述的传感器节点架构相同。

2）人体传感器分类

（1）按照测量类型分类，有以下几种。

① 收集连续的、随时间变化的生理信号，如 ECG 心电图传感器、EEG 脑电图传感器、EMG 肌电图传感器、视觉和听觉传感器等。

② 收集离散的、随时间变化的生理信号，如葡萄糖感受器、温度传感器、湿度传感器、血压监视仪和血氧饱和度监测传感器。

③ 收集身体活动信息的传感器，如加速计和陀螺仪。

（2）按照数据传输媒介分类，有以下几种。

① 无线传感器，使用无线通信技术与其他节点进行通信，如蓝牙、ZigBee、RFID 和超宽频（UWB），无线传感器在 BAN 中的使用最普遍。

② 有线传感器，使用有线通信技术进行通信，当对移动性要求不高时可以代替无线传感器。

③ 把人体作为传输媒介的人体信道通信（BCC）传感器，这是近年来提出的新型传感器。

（3）按照传感器的部署位置分类，有以下几种。

① 可穿戴的传感器，如温度、压力传感器和加速计。

② 可植入传感器，这种类型的传感器可以植入或吸入人体（如摄像药丸）。

③ 可以放到人体周围环境用于认知行为和环境信息收集的传感器，如视觉传感器。

（4）按照传感器的自动调节能力分类，有以下几种。

① 自适应传感器，它根据测量数据的统计分布和结构特征可以自动调整处理方法、处理顺序、处理参数、边界条件和约束，使之达到最好的处理效果。

② 非自适应传感器，这种传感器设计简单，不需要考虑自适应功能，目前在 BAN 中广泛应用。

因为人体传感器直接和人接触，有的甚至植入人体，所以它们的大小和材质决定了其与人体组织的相容性，这个要求也促使人们为传感器研究新型合成材料。

3）平台

人体传感器节点对比如表 1-1 所示，表中比较了多种有代表性的传感器平台在拓扑结构和数据传输速率方面的特性。我们也关注其他重要因素，如操作系统支持、无线标准、最大的数据传输速率、户外范围和功率水平。这些系统特性从应用设计者的角度揭示了传感器的主要特征。我们假设所有的传感器达到了最低功耗，但是速率相应变低，只有 38.4～720 Kb/s。这样的传输速率不能够适应大规模的人体传感网或多媒体数据流（如视频流）的应用程序。

总的来说，TinyOS 作为操作系统和 IEEE 802.15.4 作为无线接口的组合已被广泛使用。尽管一些平台使用蓝牙，但它和 IEEE 802.15.4 相比能源使用效率低下。因而目前更多的生产商提供支持 ZigBee 的新产品版本，如 Mulle（http://www.sm.luth.se/~jench/mulle.html）。所以，来自共享 2.4 GHz ISM（ISM 表示工业、科学、医疗设备，2.4 GHz ISM 是全世界公开通用无线频段，无需申请许可）频段的无线设备的干扰是下一个可能影响 BAN 性能的因素。

表 1-1 体传感器节点对比

名称	支持的操作系统	无线标准	数据速率/(Kb/s)	户外范围/m	功率级
BAN node	TinyOS	IEEE 802.15.4	250	50	low
BTNode	TinyOS	Bluetooth	—	—	low
eyeIFX	TinyOS	TDA5250	64	—	low
iMote	TinyOS	Bluetooth	720	30	low
iMote2	TinyOS	IEEE 802.15.4	250	30	low
IRIS	TinyOS 及 .NET	IEEE 802.15.4	250	300	low
Micaz	TinyOS	IEEE 802.15.4	250	75~100	low
Mica2	TinyOS	Chipcon 868/9 16 MHz Multi-chanel	38.4	152.4	low
Mulle	TCP/IP 及 TinyOS	Bluetooth 及 IEEE 802.15.4	—	>10	low
TelOS	TinyOS	IEEE 802.15.4	250	75~100	low
ZigBit	ZDK	IEEE 802.15.4	250	3700	low

4) 嵌入式操作系统

操作系统是 WSN 节点上运行的所有软件中最重要的软件。操作系统管理硬件资源,为各种用户应用程序的高效运行提供公共服务。操作系统的主要功能如下。

(1) 管理多进程,提供并发支持。

(2) 操控通信设备、传感器、内存和其他外部设备。

(3) 通过提供方便安全的硬件资源,为软件应用的高效开发提供便利。

图 1-19 所示的是一个人体局域网节点的通用架构。操作系统管理节点的硬件资源,如无线设备、定时器、内存和其他外部设备,提供系统资源和应用程序接口(API)。一些高级操作系统提供并发机制,允许多任务和多线程程序设计。中间件子系统位于用户应用和操作系统之间,它通常是面向服务的。中间件模块经常横跨通信、定位、QoS 和数据管理模块,为用户应用提供相应的服务。

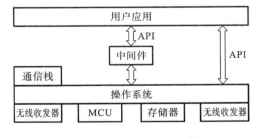

图 1-19 BAN 节点通用架构

在人体局域网中,通信协议栈通常是国际标准化组织(ISO)七层开放系统互联参考模型(OSI)的简化版,典型的组成包括物理层、MAC 层和网络层。各层在通信连接建立、通信媒介共享和路由发现与管理方面发挥着重要作用。人体局域网节点通过短距离无线链接连接起来,并遵循相同的通信协议,例如,一个路由协议允许构成一个互联网络并通过多跳路线路由数据包。

与通用操作系统相比,因为传感器节点通常在计算能力、内存和电力供应方面具有严格的资源限制,所以 WSN 操作系统的特点是轻量级、易于操作。传感器节点的操作系统应该足够灵活,不需要重写操作系统内核和设备驱动程序即可方便地移植到不同硬件厂商生产的设备上。

1.5.2 基于云平台的医疗人体局域网

医疗人体局域网(medical body area network,MBAN)是一类特殊的无线传感器网络,它能够实时地监测病人的生命体征数据,如对慢性病的长期监测,处理突发的医疗应急事件。

MBAN 设计理念决定了其在存储、计算和通信等方面的能力都有一定局限性,因此如何对 MBAN 收集的大量监测数据进行有效的管理,对该系统研究而言是一个巨大的挑战。MBAN 需要一个具有可扩展性的高性能计算和海量存储设备,对数据进行实时处理和存储,并对处理过的时间、空间和生命体征参数等信息进行基于情境甚至情感的分析,使用内建复杂模型分析患者的健康状况。在这种情况下,云计算以可扩展和虚拟化的方式,用较低的成本和灵活的方式完成工作任务,从而使得一些复杂的 MBAN 服务变得可行。

MBAN 和云计算的集成,可方便地建立具有情境、情感感知、智能、自主、低成本、可扩展的医疗服务平台,实时地监测、分析和共享健康状况。由于 MBAN 云集成平台(cloud-assisted medical body area network,C-MBAN)的研究仍处于起步阶段,当前主要专注于实现健康监测和系统分析的架构设计研究。该方法目前存在的问题限制了其对以下方面的应用效果,包括对生命体征长期可靠的传输支持、实时无缝接入、有效处理监测数据并获得有意义的结果,以及以患者为中心的大规模的情境感知决策。

1. MBAN 系统架构

MBAN 系统架构由数据采集、网络通信、数据分析和应用服务等四部分组成,可参照第 1.3.1 小节的物联网架构。在数据采集部分,人体传感器节点收集生理信息并将数据发送到汇聚节点,由汇聚节点对数据做适当的本地处理,然后发送到通向 Internet 的网络接口,如 AP 或者基站等,以便在互联网上共享数据。在网络的另一边,通过对数据进行分析给出诊断结果,同时提供相应的服务。

2. 基于 MBAN 和云平台的医疗健康系统

如图 1-20 所示的 C-MBAN 平台抽象系统架构,全面描述了 C-MBAN 平台的系统结构。该系统由五个主要部分组成:人体信号检测端、移动通信设备、云平台、用户和显示终端(如电视、PC 或智能手机)。在数据采集端,MBAN 收集人体生理信号,如体温、心电图、血压等的数据,这些数据通过蓝牙等无线通信设备发送到移动设备,然后通过互联网或 3G 上传到云服务器。云服务器提供强大的虚拟机(VM)资源,如 CPU、内存、GPU 和网络带宽需求,高效地管理这些数据。

这种集成系统提供的各种 MBAN 服务,如实时预加工、存储、共享、排队、可视化、分析、总结和监测数据的搜索,可以获取不同用户的情境感知,并将监测数据共享给社会网络或医学界,以分析个性化趋势和群体模式,洞察疾病的演变、康复过程以及药物治疗的效果。用户可以是医院、诊所、研究人员,也可以是通过各种接口(如 PC、电视和手机)接入网络的患者。

C-MBAN 平台在医疗保健应用上具有巨大的潜力,包括情境感知和基于位置的移动医疗,如老人生活状况的监控;患者电子健康记录的访问;基于 GPS 的疾病状态追踪、智能应急管理;用于家庭、医院、实地考察等重大项目分析和监测数据的共享等。

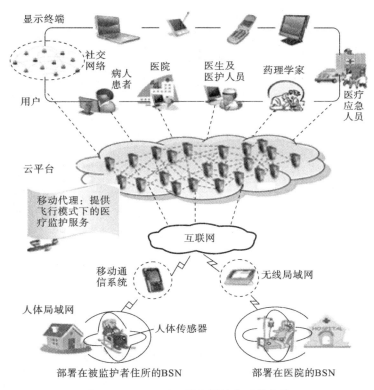

图 1-20　C-MBAN 平台的抽象系统架构

3. MBAN 健康监护云计算系统组成

图 1-21 所示的是 MBAN 健康监护云计算系统的技术组成。

4. 从 MBAN 数据提取行为规律性的数据挖掘技术

人体传感器可以测量多个体征参数,如血压、体温和心率。可使用数据挖掘技术识别人体传感数据不同参数之间的关联,例如,如果患者在大多数早晨的血压和心率同时下降,则可将血压低、心率低作为该病人一天内定时发生的事件;同样,如果病人几乎每周发烧一次,则将体温高作为该病人一周内规律发生的事件。数据挖掘技术用于提取参数变化的潜在规律。最后,将从数据挖掘技术中提取的模式提供给用户,以方便用户进行进一步的分析和处理。

1.5.3　第二代 RFID 系统

当阅读器接近一个 RFID 标签时,存储在标签内的信息将会传送给阅读器,阅读器同时将信息传送到后台系统,后台系统可以是一台计算机,用于处理信息,从而控制其他子系统的操作。一代 RFID 系统只能用于检索和处理有关 RFID 标签承载的被动信息,附着在物体上的标签不能直接传达类似怎样处理对象,或是如果某事发生,应执行哪种操作这样的指令。

假设一辆带有 RFID 标签的汽车在高速路上行驶。当它经过一个配有 RFID 阅读器的检查站时,汽车的识别数据会传送到 RFID 阅读器及后台系统,后台系统会将汽车

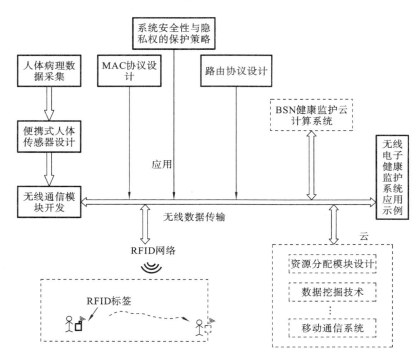

图 1-21 MBAN 健康监护云计算系统技术组成

标识和先前存在规则数据库的条目相关联。这个数据库保存着一系列的标识以及与这些标识相关联的规则,从数据库获得相应规则后,系统会检查所需的条件是否符合,从而引发相应的操作。在图 1-22(a)中,摄像头正监控着车辆,从而检测出它的速度。如果超过速度限制,则假定条件满足。基于数据库中原有的规则,引发相应的操作(与汽车的识别数据有关),可以向汽车司机发出一张罚款单;如果车辆以非常高的速度行驶,将会被警车追逐。另外,从图 1-22(b)所示的操作流程可以看出,规则搜索是 RFID 系统执行过程中的关键操作。

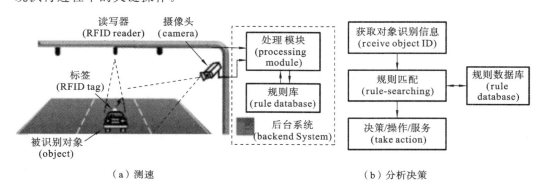

(a)测速   (b)分析决策

图 1-22 传统 RFID 系统应用实例:高速公路上对汽车超速的检测

传统的 RFID 系统被称为第一代 RFID 系统。一代 RFID 系统把标签中的信息当作被动数据,或者静态数据,因为这种数据只为它的载体提供一种静态的描述,最典型的静态描述信息即为目标的"识别号码",通过将该识别号码在后台规则数据库中进行规则匹配,就能获得应用于该目标的操作。基本上,一个规则由三条信息构成:目标的识别或描述(如类型、颜色、形状和重量等);相关的环境参数,以及其他用来判定一个是否符合规则的条件;操作指令,用来指导系统在规则约束下为目标提供所需服务。显然,一代 RFID 系统后台的主要功能就是搜索规则库,然后确定一个适当的操作指令。一代 RFID 系统具有以下不足之处。

(1)规则库必须预先建立,否则仅凭标签中的信息而无足够的上下文信息,系统将无法进行处理。

(2)规则库的大小将会在这两种情况下不断增长:所涉及的应用程序数量增加;与部署环境相关联的一个或多个参数经常变化,引起扩展性问题增多。

(3)根据需要手动更新规则库,这种做法可能不切实际或不可取,因为人为操作易于出错,可能会出现延迟的问题。

一代 RFID 系统,其内在的被动特征很难适应现实世界的动态变化,从而难以有效地满足日新月异的特定应用需求。为解决这一需求,我们提出从一代 RFID 系统演变到二代 RFID 系统。二代 RFID 系统的核心思想是在 RFID 标签上动态地存储移动代码并引入自适应的编码规则。该解决方案使 RFID 系统能够在不同的环境中针对不同的对象实现按需操作,从而拥有更高的可延展性。

1. 二代 RFID 系统的演进

与一代 RFID 系统相比,二代 RFID 系统的标签不仅能够存储被动信息,也能存储主动信息。主动信息以移动代码的形式编码,移动代码用于反映最近的服务需求,可以克服一代 RFID 系统规则搜索过程中的相关问题。"移动代码"用来存储特有的 RFID 标签上的编码程序指令,它们随着对象的载体移动。移动代码包括一条简单的条件语句和一系列的动作代码,其基本格式如下:

```
if {condition (environmental parameters)} then
{<action1 (parameter1)>,<action2 (parameter2)>…}
```

在这个移动代码格式里,环境参数(如传感器测得的温度或湿度)用来确定规则条件是否符合,执行的动作是系统为该对象提供的操作或服务。在图 1-22(a)所示的例子中,二代 RFID 系统标签上存储的移动代码可以是:

```
if {Speed>80km/hr} then {notify_police()}
```

但是,在一些特殊情况下,车辆超速的情况是合理的。例如,汽车驾驶员可能会遇到各种紧急情况,有时是运送一位严重患者,也可能是运送一位孕妇,还可能是送遭遇车祸的人去医院。此时,驾驶员需要尽可能快的到达医院。然而,一辆依赖一代 RFID 系统的警车,因为没有意识到上述情况,将会发起对所谓的超速车辆进行追逐。也就是说,一辆汽车在紧急情况不能主动地从 RFID 标签传送到后端系统。而在二代 RFID 系统中,在紧急情况下,可以发送紧急代码请求到紧急站以获取紧急状态许可,信号可以由驾驶员给出或被主动检测到。如果紧急情况被证实,经批准的许可代码会被远程写入二代 RFID 系统标签内。此时,存储在二代 RFID 系统标签的代码可以被简单地改为:

```
emergence:"on"
```

因此,当 RFID 阅读器接收到该移动代码的时候,后端系统便会发现这种紧急状况,并根据分布式代码解释器的解释结果做出相应的紧急反应行为:鸣救护车的汽笛,提高最大速度限制,在路上提供所有可能的援助等。

2. 二代 RFID 特点

与一代 RFID 系统相比较,二代 RFID 系统具有如下特点:

(1)为后台系统提供了一个新的自由尺度,并且能够有效减轻后台系统的处理、通信和存储负载;

(2)基于当前应用环境和假设环境,能够更容易地设计出更加灵活和智能的构架,这种灵活性和智能性能够更好地适应各种功能的具体需求;

(3)将行动规范从后台系统转移到对象本身,使得有关对象需求的信息能够方便获得。

二代 RFID 系统的灵活性和可扩展性得到了增强,从而能够灵活地支持各种应用。二代 RFID 系统移动代码和行动优先级的功能设计使 RFID 对于变化情况的自适应成为可能。RFID 标签的容量非常有限,移动代码只能存储一些抽象代码,比如"紧急情况:是","事故:车毁","操作:是","输血:是",等等,因此需要一个智能处理系统支持移动代码的功能。在后端系统中,借助智能处理系统,移动代码可以被相应地解释为智能实体,这一点我们可以从由 Runhe Huang 等人提出的智能实体池系统中检索到。

在 RFID 标签中引入移动代码后,当系统遇到一个动态的环境,可以根据用户需求简单地更新该标签的移动代码,不需要在后台系统中安装和更新规则数据库,以及相应的规则查询互动平台。例如,可以简单地通过 RFID 标签的书写来适应变化的情况,而不是通过更改后台系统,从而实现一个更具可扩展性的系统,这样的系统可以支持大量的应用,并且无需对现存的基础设施进行更多的更改。

3. 二代 RFID 系统的构架

图 1-23 所示的是二代 RFID 系统的功能组件,主要包括预定义标签的消息格式、代码信息管理器、代码解释器、身份信息过滤器、感知信息管理器、EPC 网络和决策管理器等,具体内容如下。

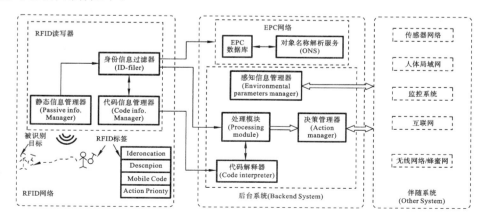

图 1-23   二代 RFID 系统功能组件示意图

1）标签的消息格式

随着 RFID 技术的最新发展,标签可以重新编写数百万次,并且它们所拥有的存储容量比以前大很多。如富士通的产品型号为 MB89R118 RFID 的标签提供了 2 KB 空间的用户定义的存储器,它适用于存储扩展的消息格式,该格式支持二代 RFID 系统。如图 1-24 所示,该信息格式包含 4 个字段:识别、描述、移动代码空间和行动优先级。识别和描述信息是被动的,不经常变化,而移动代码和行动优先级可以根据应用请求进行动态更新。因为 RFID 标签的存储容量仍然是有限的,所以移动代码需要被抽象为一个基于高级语言系统的紧凑的动作脚本。当相应的处理资源有限或者多个对象竞争相同的服务时,行动优先级被用来提供区分服务。

图 1-24 二代 RFID 系统中标签的信息

2）代码信息管理器

当 RFID 读写器接收到标签的内容,该内容数据首先被分为被动信息和代码信息两个字段。代码信息将会被转发到代码信息管理器中。如果读写器采用了 ID 过滤器,代码信息会被保留在代码信息管理器中,直到该对象的身份清除才会被转发到代码解释器中;若该对象身份未被清除,将会被代码信息管理器丢弃。

3）代码解释器

代码解释器是由一个传入代码队列和一个代码解析器组成的。如果代码队列中存在多个请求,具有较高行动优先级的代码将会首先被转发到代码解析器中。因为代码与特定对象或用户有关,这样的优先级配置被称为面向对象的区分服务配置。之后,代码将被发送到处理模块。

4）身份信息过滤器(ID-filter)

识别过滤器是一个可选的模块。如果它存在,ID 信息首先被识别过滤器检测。识别过滤器具有两个主要的功能:

（1）当未知或不相关的物体出现在识别过滤器附近的时候,它会丢弃由 RFID 读写器读取的标签信息,以减少不必要的系统负载;

（2）通过维持一个经批准的或未经批准的 ID 列表来增强安全性。但是,由一个这样简单的 ID 过滤器支持的安全性是有限的。可以在后台系统中设计一个增强的身份验证机制进一步增加安全功能。

5）EPC 网络

电子产品代码(EPC)是由 EPC 全球网络设计的,它是一组全球技术标准,能够在供应链中主动、实时地识别产品条码,并且共享整个供应链的信息。EPC 是存储在 RFID 标签上的物理对象的唯一标识符。EPC 网络主要有 3 个组成部分:EPC 命名服务(ONS)、EPC 信息服务(EPCIS)和 EPC 发现服务(EPCDS)。

6）感知信息管理器

这一模块用来检索环境参数,从而有利于处理模块进行任务决策。例如,为了获取环境温度和湿度参数,感知信息管理器会预先发送给关注区域内的传感器节点一个检测环境的通告。

7）决策管理器

决策管理器根据决策执行任务。如果一个操作或服务被请求,决策管理器会执行相应的程序来发出这个操作。不同类型的系统,操作的输出会有所不同。

4. 移动代码的更新

为了提供按需服务,应该根据需要修改或重编移动代码。移动代码的更新模式分为以下三种。

1）被动模式

在 RFID 系统中,标签通常可以附加到人类或非人类的对象(如产品、动物等)上。非人类对象不能智能地更新代码,因此,非人类对象的代码更新只能被动地由基础设备(如安装在一些固定位置上的 RFID 读写器)来完成。例如,在自动生产线中,对产品的操作是逐步执行的。与标签的代码信息相关联的当前操作完成后,再将新的代码写入标签,便于对象接受下一步相关操作,以此类推。如果标签存储容量足够大,那么所有生产线上的操作代码最初就被写入标签,然后逐步为产品完成相应操作,代码的大小也将随之逐步缩小。对于采用多个生产线的一些产品,RFID 标签将会被填充一组新的代码,用于在另一个生产线上执行一系列新的操作。这意味着在对象处理的不同阶段,RFID 消息的大小也是可变的。

2）主动模式

如果对象是一个人,那么他/她可能在服务类型和质量上有特定的要求。用户通过使用便携式 RFID 读写器来主动更新代码。在这种情况下,他们可以在服务提供商到达之前完成代码更新。

3）混合模式

这种模式结合了被动模式和主动模式的更新功能。一个用户,可以主动设置代码,也可以被动地通过一些固定的 RFID 读写器实现代码更新,如在商店的入口处。

在表 1-2 中,我们根据对象类型对代码更新模式进行分类。对于一个非人类对象,动作目标通常是对它执行某些操作,或将周围的环境调整为最符合对象需求的环境。相比较而言,对于一个人类对象,动作目标能够提供用户指定的服务。

表 1-2　二代 RFID 代码更新模式分类

代码更新模式	对 象 类 型	系统主要的操作/服务	代表性应用
被动模式	产品、动物等	对物件进行操作或服务 对物件所处环境进行调节	自动生产线
主动模式	人	提供用户指定的服务	智慧商场
混合模式	人	提供用户指定的服务 为人所居住的环境进行适宜的调节	健康监护

5. 二代 RFID 的应用

1）二代 RFID 在多媒体交互式电子医疗系统中的应用

二代 RFID 可以应用于多媒体交互式电子医疗系统,如图 1-25 所示,能够对病人的医疗状态进行监控。监控由相应的医疗系统完成,随后由手机等连接设备将监控信息输入数据库,监控的实施依赖于病人所处的位置。任何不需要即时治疗的病变将会被输入数据库,并记录到病人的 RFID 标签中,以备参考。如有必要,医生或者其他护理人员可以直接通过网络视频与病人进行交流,以进一步确保诊断的准确性。医生可以通过与病人的实时视频通信以及病人的生理数据信息远程地诊断病人,其中生理数据信息是由病人携带的无线体域网检索出来的。如果诊断结果显示病人需要照看,距离病人最近的摄像头将被开启,视频流的分辨率由诊断结果的严重程度决定。摄像头的分辨率也可以根据上下文信息(如病人的档案、病人的行为方式等)自适应地进行调整。

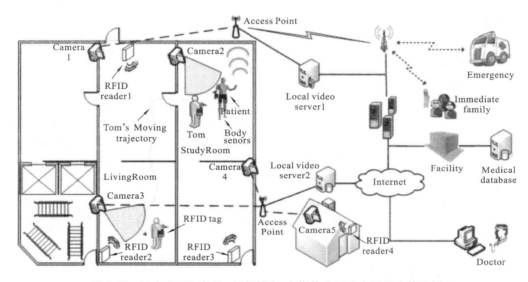

图 1-25 二代 RFID 应用:视频博客、多媒体交互式电子医疗等实例

二代 RFID 系统处理医疗事件时,在信息收集和转换方面有极高的效率。例如,一个能够走动的病人去旅行,可能会由于一个突发医疗状况而面临危险,这一医疗状况需要即刻引起注意。如果使用一代 RFID 系统,可能意味着紧急医护人员能够读到嵌入于标签内的病人 ID,并尝试远程从病人的医院检索到病人的病史。这种方法的缺点是:如果相关数据库不可用或是没有预先建立必要的安全许可或数据访问协议,那么在当下,病人特别是不能与医疗服务提供者进行言语交流的病人可能得不到合适的治疗。如果使用二代 RFID 系统,当医生到达的时候,使用 RFID 读写器读取病人二代 RFID 标签的信息,比如最近的医药病史。在对病人进行当前操作后,医生把诊断信息、治疗方法以及处方信息以移动代码的形式写入病人的 RFID 标签中,这样,可以通过消除病人和医生及医生和医生交互中产生的人为错误和歧义提高对病人的护理质量。

2)视频博客

在视频博客应用中,Tom 拥有一个智能的房子。如图 1-25 所示,有 3 个 RFID 读写器部署在房子的 3 个出口处,4 个视频摄像头部署在不同的房间。为了省电,在没有发现任务时,摄像头处于关闭状态。存储在 Tom 的 RFID 标签上的移动代码将允许分离子系统中不同的机器进行交互。

一旦 Tom 从配有 RFID 读写器的入口进入他的房子,存储在他标签上的 ID 信息和移动代码信息将被传送到距离 Tom 最近的读写器。有了 Tom 的 ID 信息,可以验证 Tom

是否在家。如果在家，可以通过 RFID 读写器判断 Tom 的位置，启动已经预先设定分辨率的摄像头 2，将视频流通过接入点转发到本地视频服务器。这些视频图像都有时间标记，并存储在 Tom 的文件目录里，同时他的视频博客会自动进行更新。当 Tom 从书房移动到卧室，Tom 的位置改为卧室，系统就会关闭摄像头 2，同时启动摄像头 3。

1.5.4 基于机器人技术和云计算技术的智能健康物联网

由于人口老龄化问题日益严重，以及医疗设施和医护人员数量受限，各国的医疗系统正承受着沉重的负担。近年来，中国政府在医疗健康服务项目上的财政支出不断增加，根据联合国关于老年社会的标准定义，中国早在 2000 年就已进入老龄化社会，随着独生子女的增多，以及子女出国留学和移民国外等原因，中国空巢老年家庭不断增加。"心理养老"是空巢老人的普遍需求。

目前，现有的健康物联网在前端部分一般采用人体传感器及移动手机类的终端设备来采集用户生理信息，因此存在如下问题：① 前端生理数据采集装置不自觉地暗示老人不佳的健康状况，对于本来就孤独及心情郁闷的空巢老人，这种"有意识"的生理信号采集方式可能引发更严重的心理问题；② 缺乏与空巢老人进行人性化的人机互动机制，难以对老人的情感进行充分感知和照护。因此，传统的健康物联网技术不能全面解决空巢老人的生理、心理问题，难以消除空巢家庭子女对孤独父母的担忧。为了解决以上问题，我们致力于设计一种用于健康监护的更加智能化、人机交互性能更强，具备综合感知用户生理、心理状况功能的新一代智能健康物联网。我们采用机器人作为前端部分，连接空巢老人和后端的云平台。机器人采集健康及环境数据，通过云平台后端的生命体征建模与情感分析，除了充分感知空巢老人的生理状况，还能照顾老人的情绪。

基于机器人技术和云计算技术的智能健康物联网主要由前端机器人和后端云平台两部分组成。

1. 前端机器人

图 1-26 所示的为家用健康监护机器人系统功能组件示意图。前端机器人平台实时收集空巢老人的日常生理和运动信息，并将所收集到的信息传输到后端云平台。

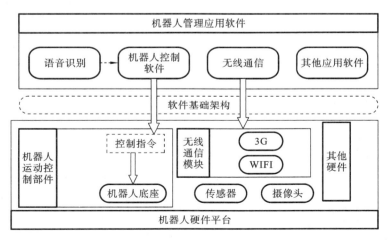

图 1-26　家用健康监护机器人系统功能组件示意图

机器人能够在室内自主地移动,能通过触摸屏和智能语音识别技术与人交互,具有人体健康监护传感器以及室内环境监测传感器,具备多媒体通信功能。针对老年人日常生活的需求,设计便携式、低功耗、操作方便的基于嵌入式微机电系统的人体生理参数检测设备和室内环境数据监测设备。这些传感器可穿戴或易于安装在室内,能够对人体的各项生理信号和室内各种环境数据状态进行采集、调理、放大以及量化,并能够将量化后的人体各项数据以无线的方式,传输给机器人平台。

便携式监测节点检测人体病理参数,可以监测EGG、血压、体温等参数,并通过无线身体区域传感器网络的通信协议,将各类参数的传感信号通过模数转换器转换为数字信号之后,通过手机等发送到无线局域网或者基站,可通过手机进行本地数字显示和记录。

健康状态往往可以通过病理参数来指示,然而单一参数受多种因素影响,无法简单地指示健康情况。因此,需要进行多模态数据监测,将多种病理参数和环境情况下的数据融合,将不同感知参数与健康状态进行关联,设计基于模式或特征的健康状态判别方法。研究基于数据融合技术的健康状态估计技术,通过仿真和实验系统,验证数据融合方法在实际医疗中的有效性。

2. 云计算健康服务平台

1)云平台的功能

基于云计算技术的健康服务平台为每个需要提供服务的老人提供日常活动中生理参数和运动量的预测、报警。同时将健康专家的科学健康保健规划策略与数据挖掘技术、人工智能技术相结合,建立面向医疗保健领域的数据挖掘方法,为老人提供科学化、专业化及个性化的健康保健规划指导。并且利用云平台的网络覆盖优势,实现群体健康信息资源的发布、共享和互动功能(即社交功能),充分调动参与者(空巢老人及其子女)的健康保健积极性。

(1)构建具有普适情境、情感智能的终端网络。

采用领先的人类行为特征提取与处理方法及情感信息挖掘原理与方法,在情境感知方面,将集成人体生理数据采集传感器模块和家庭环境数据采集传感器模块;在情感感知方面,通过移动网络将各项数据传输到云端,通过将语音识别、传感技术、人机交互、人工智能等前沿研究成果与云计算技术相结合,实现对空巢老人心理与情绪的预测与感知。基于情感、情境感知,提供针对老人精神状态的个性化、智能化的健康监护服务。

(2)基于云计算的健康大数据分析。

建立健康大数据分析平台,实时收集和存储大规模空巢老人的生理参数和室内环境信息。对每个老人的生理和室内数据进行标示、特征提取以及分类,实时监测空巢老人的日常生理活动和室内环境改变。通过对历史数据的追踪,对异常生理事件和室内环境改变情况报警和提示。同时,云端将生理健康指标与人工智能技术相结合,评估老人和群体的健康指数,并通过对评估的健康指数(如心率、血压、呼吸、运动强度、运动量、运动方式、运动时间、运动的节奏是否科学合理)及健康医疗专家的科学健康保健规划策略,为老人提供科学化、专业化、个性化的健康保健指导计划。利用云平台的网络覆盖优势,能够有效地实现群体健康信息的资源发布、共享和互动功能(即社交功能)。此外云平台同样能够有效地收集和分析区域群体的大规模健康数据,为政府等相关机构制定与全民健康相关的政策提供数据支持。

为了提高数据的智能化处理和分析能力,引入基于本体的知识表示和推理机制,建立个人健康知识库系统。利用健康医疗专家在疾病和健康管理方面的丰富知识,将知识中的核心概念提取成为健康元数据,并分析元数据类型及其相互关系,通过本体建模的方法将其抽象成为本体中的类、属性、实例及类关系,构建具有高可用性的本体模型;同时采用机器学习的方法。通过研究从本体到贝叶斯网络的转化方法 SOBE(scenario ontology to bayesian network),针对健康知识的管理要求,研究贝叶斯网络动态生成方法,以适配医学健康本体知识库的丰富和完善,从而动态实时地确定个体的健康常模和健康指数。

2) 云平台的架构设计

云平台的架构设计可以采用现有标准的解决方案。体系结构设计方面采用典型的层次化服务模型架构,基础设施方面可采用较为通用的虚拟化技术和产品(如 Vmware、Xen 和 KVM 等),数据存储方面则可以采用 Hadoop 开发团队开发的 HDFS 文件存储系统。在服务质量控制方面可采用水平协议(service level agreement,SLA)和实时监测技术。

3) 人性化智能服务

为空巢老人提供个性化的健康监护服务,包括提醒主人按时吃药、定时与主人语音沟通、家中老人健康状况出现异常时的及时通知提醒(通知子女及其他亲人、社区医疗中心、康复中心或医生),同时,可以逐步建立每个老人的个性化健康档案,适时提供针对老人精神状态、饮食习惯、疾病的早期预防和调养等方面的专家意见。

利用云平台的海量数据存储和并行计算的能力,实时对用户的日常活动中各项数据(生理和运动信息)进行分析,并同时结合健康医疗专家的规划策略,针对个人制订科学、专业的健康计划,从而提高健康保健的效果(如减少身体可能发生的意外情况)和健康保健意识,促进用户养成良好的生活习惯,从而进一步降低医疗成本,提高国家医疗保健水平,以及健康监护的质量。

2012 年 5 月开始,我们在健康监护与情感识别应用中着手进行基于机器人和云计算技术的智能健康物联网的研究,搭建了 AIWAC(affective interaction through wear-Able computing and cloud technology)系统,部署涵盖人体局域网、机器人、4G 接入网、数据中心及情感反馈系统。我们做了多个版本的机器人,包括 1.6 m 高的直立行走机器人——人行机器人,系统架构如图 1-27 所示。

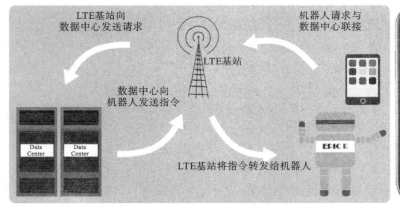

图 1-27　AIWAC 系统结构示意图

1.6 物联网与大数据,云计算与软件定义网络

1.6.1 物联网与大数据

1. 大数据定义及特征

大数据是一个抽象的概念,除去庞大的数据,大数据还有一些其他特征,这些特征决定了大数据与"海量数据"和"非常大的数据"这些概念之间的不同。目前,虽然大数据的重要性得到了大家的一致认同,但是关于大数据的定义却众说纷纭。一般意义上,大数据是指无法在可容忍的时间内用传统 IT 技术和软硬件工具对其进行感知、获取、管理、处理和服务的数据集合。科技企业、研究学者、数据分析师和技术顾问等各领域的研究人员,由于各自的关注点不同,所以对于大数据有着不同的定义。通过分析以下定义,或许可以帮助我们更好地理解大数据这个概念在社会、经济和技术等方面的深刻内涵。

2010 年,Apache Hadoop 组织将大数据定义为:"普通的计算机软件无法在可接受的时间范围内捕捉、管理、处理的规模庞大的数据集"。在此定义的基础上,2011 年 5月,全球著名咨询机构麦肯锡公司发布了《大数据:下一个创新、竞争和生产力的前沿》,在报告中对大数据的定义进行了扩充。报告指出,大数据是指其大小超出了典型数据库软件的采集、存储、管理和分析等能力的数据集。该定义有两方面内涵:一是符合大数据标准的数据集大小是变化的,会随着时间推移、技术进步而增长;二是不同部门的符合大数据标准的数据集大小会存在差别。目前,大数据的一般范围是从几个太字节到数个拍字节(数千太字节)。根据麦肯锡的定义可以看出,数据集的大小并不是大数据的唯一标准,数据规模不断增长,以及无法依靠传统的数据库技术进行管理,也是大数据的两个重要特征。

其实,早在 2001 年,就出现了关于大数据的定义。Meta 集团(现为 Gartner 咨询公司)的分析师道格·莱尼在研究报告中,将数据增长带来的挑战和机遇定义为三维式,即数量(volume)、速度(velocity)和种类(variety)的增加。虽然这一描述最先并不是用来定义大数据的,但是 Gartner 和许多企业,其中包括 IBM 和一些微软研究部门,在此后的十年间仍然使用这个"3Vs"模型来描述大数据。数量,意味着生成和收集大量的数据,数据规模日趋庞大;速度,是指大数据的时效性,数据的采集和分析等过程必须迅速及时,从而最大化地利用大数据的商业价值;种类,表示数据的类型繁多,不仅包含传统的结构化数据,更多的则是音频、视频、网页、文本等半结构和非结构化数据。

但是,对大数据的定义还有一些不同的意见,在大数据及其研究领域极具影响力的领导者——国际数据公司(IDC)就是其中之一。2011 年,在该公司发布的报告中(由EMC 主办),大数据被定义为:"大数据技术描述了新一代的技术和架构体系,通过高速采集、发现或分析,提取各种各样的大量数据的经济价值。"从这一定义来看,大数据的特点可以总结为 4 个 V,即 Volume(体量浩大)、Variety(模态繁多)、Velocity(生成快速)和 Value(价值巨大但密度很低)。这种 4Vs 定义得到了广泛的认同,3Vs 是一种较为专业化的定义,而 4Vs 则指出大数据的意义和必要性,即挖掘蕴藏其中的巨大价值。

这个定义指出大数据最为核心的问题,就是如何从规模巨大、种类繁多、生成快速的数据集中挖掘价值。正如 Facebook 副总工程师杰伊·帕瑞克所言,"如果不利用所收集的数据,那么你所拥有的只是一堆数据,而不是大数据。"

此外,美国国家标准和技术研究院(NIST)也对大数据做出了定义:"大数据是指其数据量、采集速度,或数据表示限制了使用传统关系型方法进行有效分析的能力,或需要使用重要的水平缩放技术来实现高效处理的数据。"这是从学术角度对大数据的概括,除了 4Vs 定义所提及的概念,还特别指出需要高效的方法或技术对大数据进行分析处理。

就大数据究竟应该如何定义的问题,工业界和学术界已经进行了不少讨论。但大数据的关键并不在于如何定义,或如何去界定大数据,而应该是如何提取数据的价值,如何利用数据,如何将"一堆数据"变为"大数据"。

2. 物联网大数据

物联网时代,数量庞大的网络传感器被嵌入现实世界的各种设备中。这些应用于不同领域的传感器可以收集各种数据(如环境数据、地理数据、天文数据、物流数据等),几乎可以对日常生活中的所有信息都进行采集。移动设备、交通工具、公共设施、家用电器,都可以是物联网中的数据采集设备。

物联网所产生的大数据,由于其采集数据的类型不同,因此与一般的大数据相比具有不同的特点,其最典型的特征是异构的、多样性的、非结构化的、有噪声的以及高增长的。虽然目前物联网数据并不是大数据的主要来源,但是据惠普公司预测,到 2030 年传感器的数量将会达到 1M,物联网数据将会成为大数据的最主要来源。英特尔的报告指出,物联网领域的大数据具有符合大数据时代的三个特征:① 大量终端产生大量数据;② 物联网产生的数据往往是半结构化或非结构化的;③ 物联网的数据只有被分析才有价值。

2013 年,在第四届中国物联网大会上,中国工程院邬贺铨院士以"物联网大数据"为题做主题报告。邬院士指出目前物联网的数据处理能力已经落后于所收集的数据,加快引入大数据技术以推进物联网发展已经迫在眉睫。许多物联网运营者也认识到大数据的重要性,中国电信股份有限公司上海研究院院长李安民表示,物联网不仅仅是单一的物联网技术,还涉及对大数据、云计算等技术的有效融合,物联网的普及将城市引入大数据时代。

目前,虽然大数据在物联网领域的应用具备紧迫性且相对落后,但是两者必须相互促进、共同发展的趋势已得到认识:一方面,物联网的普及,促使数据在数量和种类上都得到了高速增长,为大数据的应用和发展提供契机;另一方面,大数据技术在物联网领域的应用,也会加快物联网商业模式的研究进程,有助于物联网的发展。

物联网大数据的来源可以来自工业、农业、交通、运输、医疗、公共部门和家庭等多个领域。根据物联网采集传输数据的过程,其网络架构可分为感知层、网络层和应用层。感知层负责采集数据,其主要构成是传感器网;网络层负责信息传输和处理,近距离的传递可以依靠传感器网,远距离的传输则要借助互联网;应用层是物联网的具体应用实践。

根据物联网的特点,其生成的数据具有以下特点。

(1) 数据规模大:物联网中分布着海量的数据采集设备,其既可以采集简单的数值型数据,如 GPS 等,又可以采集复杂的多媒体数据,如摄像头等。为了满足分析处理的需求,不仅需要存储当前的采集数据,还需要存储一段时间范围内的历史数据。因此,物联网所产生数据的规模是巨大的。

(2)异构性:由于物联网中数据采集设备种类的多样性,所采集数据的类型也各不相同,因此物联网所采集的数据也具有异构性。

(3)时空相关度大:在物联网中,每个数据采集设备都有地理位置,每个采集数据都有时间标签,时空关系是物联网数据的重要属性。在进行数据分析处理时,时空也是进行统计分析的重要维度。

(4)有效数据所占比例少:物联网数据在采集和传输过程中会产生大量的噪声,而且在采集设备不断采集的数据集中,有价值的只是其中极少一部分的状态异常数据。例如,在交通视频采集过程中,只有违反交通规则、发生交通事故等少数的视频帧,与其他正常的视频帧相比具有更高的价值。

3. 物联网大数据应用

物联网不仅是大数据的重要来源,还是大数据应用的主要市场。在物联网中,现实世界中的每个物体都可以是数据的生产者和消费者,由于物体种类繁多,物联网的应用领域也层出不穷。

在物联网大数据的应用上,物流企业应该有深刻的体会。UPS快递为了使总部能在车辆出现晚点的时候跟踪到车辆的位置和预防引擎故障,它的货车上都装有传感器、无线适配器和GPS。同时,这些设备也方便公司监督、管理员工并优化行车线路。UPS为货车定制的最佳行车路径是根据过去的行车经验总结而来的。2011年,装配了UPS的车辆少跑了近4828万公里的路程。

智慧城市,是一个基于物联网大数据应用的热点研究项目。佛罗里达州迈阿密戴德县,就是一个智慧城市的样板。戴德县与IBM的智慧城市项目合作,将35种关键县政工作和迈阿密市紧密联系起来,帮助政府官员在治理水资源、减少交通拥堵和提升公共安全方面制定决策时获得更好的信息支撑。IBM使用云计算环境中的深度分析向戴德县提供智能仪表盘应用,帮助县政府各个部门实现协作化和可视化管理。智慧城市应用为戴德县带来多方面的收益,例如,戴德县的公园管理部门有一年因及时发现和修复滴漏的水管而节省了100万美元的水费。

1.6.2 物联网与云计算

物联网的形成和发展,以及规模的不断扩大,产生了分布在各处的大量的数据需要协调和处理,云计算为物联网数据处理和服务提供了重要支撑。物联网与云计算的结合,通过对各种资源的整合与共享、业务快速部署、人物交互新业务扩展、信息价值深度挖掘等多方面的促进,带动了整个产业链和价值链的升级与跃进。同时,物联网与云计算结合的数据中心需要更可靠和严谨的虚拟化平台实现支撑,而且对数据中心的规划、建设、运营、维护、管理等方面在节能环保、高可靠性、高可用性、安全性、可管理性及高性能等方面提出了更高的要求。

当然,物联网与云计算的结合在实现高效、灵活、方便和产生更多价值的同时,在人及信息的安全性、价值链形成过程中的利益分配平衡及可管理性、对人类的行为习惯和道德观念的影响等方面都存在着一定的风险和不确定性。

1. 云计算定义和特征

云计算是继 20 世纪 80 年代大型计算机到客户端-服务器的大转变之后的又一种巨变。

云计算（cloud computing）是由分布式处理（distributed computing）、并行处理（parallel computing）和网格计算（grid computing）发展而来的一种新兴的基于互联网的商业计算模式。通过云计算共享软硬件资源和信息，按需提供给用户，极大地改变了传统的软件开发和交付模式。

目前，云计算尚无公认的标准定义，获得较多认可的是美国国家标准和技术研究院对云计算的定义：云计算是一种按使用量付费的模式，这种模式提供可用的、便捷的、按需的网络访问，进入可配置的计算资源共享池（资源包括网络、服务器、存储、应用软件、服务），这些资源能够被快速提供，只需投入很少的管理工作，或与服务供应商进行很少的交互。

一般的理解是，云计算的"云"是存在于互联网的服务器集群上的硬件资源（服务器、存储器、CPU 等）和软件资源（应用软件、集成开发环境等），云计算提供了可靠和安全的数据存储，用户不用再担心数据丢失，还可以轻松实现不同设备间的数据与应用共享。本地计算机通过互联网发送一条需求信息，云端的计算机群根据需求进行计算并将结果返回到本地计算机。特别是在用户有海量数据需要处理，而自身的硬件设备或软件资源又无法胜任时，云计算便展现出它独有的魅力。

被普遍接受的云计算特点有：超大规模、虚拟化、高可靠性、通用性、高可扩展性、按需服务、极其廉价和潜在的危险性。

云计算除了提供计算服务外，还提供存储服务。云计算中的数据对于数据所有者以外的其他云计算用户是保密的，但是对于云服务商而言却毫无秘密可言，这是云计算存在的潜在风险。

2. 云计算和物联网的融合

云计算与物联网各自具备很多优势，如果把云计算与物联网结合起来，可以看出，云计算其实就相当于人的大脑，具有存储和计算功能，而物联网就相当于人的五官，可以感受外界的信息。云计算与物联网的结合方式可以分为以下几种。

（1）单一云计算中心，多业务终端。

此类模式中，小范围物联网终端（各种传感器、手机、摄像头等），把云中心或部分云中心作为数据/处理中心，终端所获得的数据由云中心处理及存储，使用者通过云中心的统一界面操作或查看终端数据。

这类应用较多，如环境监控、健康监护、交通管理等都可以用此类信息，对日常生活提供较好的帮助。一般此类云计算中心以私有云居多。

（2）多云计算中心，多业务终端。

此类模式适用于多区域、跨度较大的企业、单位。如华为、富士康，因其分公司或分厂较多，要对其各公司或工厂的生产流程进行监控、对相关的产品进行质量跟踪等。

当然，有些数据或者信息需要及时甚至实时共享给各个终端的使用者，也可采取这种模式。例如，北京地震中心探测到某地 10 min 后会有地震，通过这种途径，仅仅十几秒就能将探测情况的报告信息发出，可尽量避免不必要的损失。这个模式下，云计算中心必须包含公共云计算和私有云计算，并且它们之间的互联没有障碍。但同时也要注意信息的保密。

（3）信息、应用分层处理，海量终端。

这种模式可以针对用户的范围广、信息及数据种类多、安全性要求高等特征来打造。当前,客户对各种海量数据的处理需求越来越多,针对此情况,可以根据客户需求及云中心的分布进行合理的分配。

对需要大量传送,但安全性要求不高的数据,如视频数据、游戏数据等,可以采取本地云计算中心处理或存储;对计算要求高,数据量不大的,可以放在专门负责高端运算的云计算中心里;而对于数据安全要求较高的信息和数据,则可以放在具有灾备功能的云计算中心里。

3. 物联网与云计算的研究方向

云计算和物联网都是当前热门的研究方向,两者的无缝结合是 IT 界发展到一定阶段的自然产物。物联网可以利用云计算的存储和计算能力,分析物联网大数据。物联网及其隶属架构 WSN、M2M、BAN、CPS 与云计算相结合,可以实现基于云计算的WSN/BAN/M2M/CPS 的应用或服务,WSN/BAN/M2M/CPS 应用与云计算的无缝集成等。此外,基于移动云计算(mobile cloud computing)的绿色智能物联网也是学术界热门的研究方向。

图 1-28 所示的是基于云计算的 M2M 架构。基于云计算的 M2M 可以用于智能居

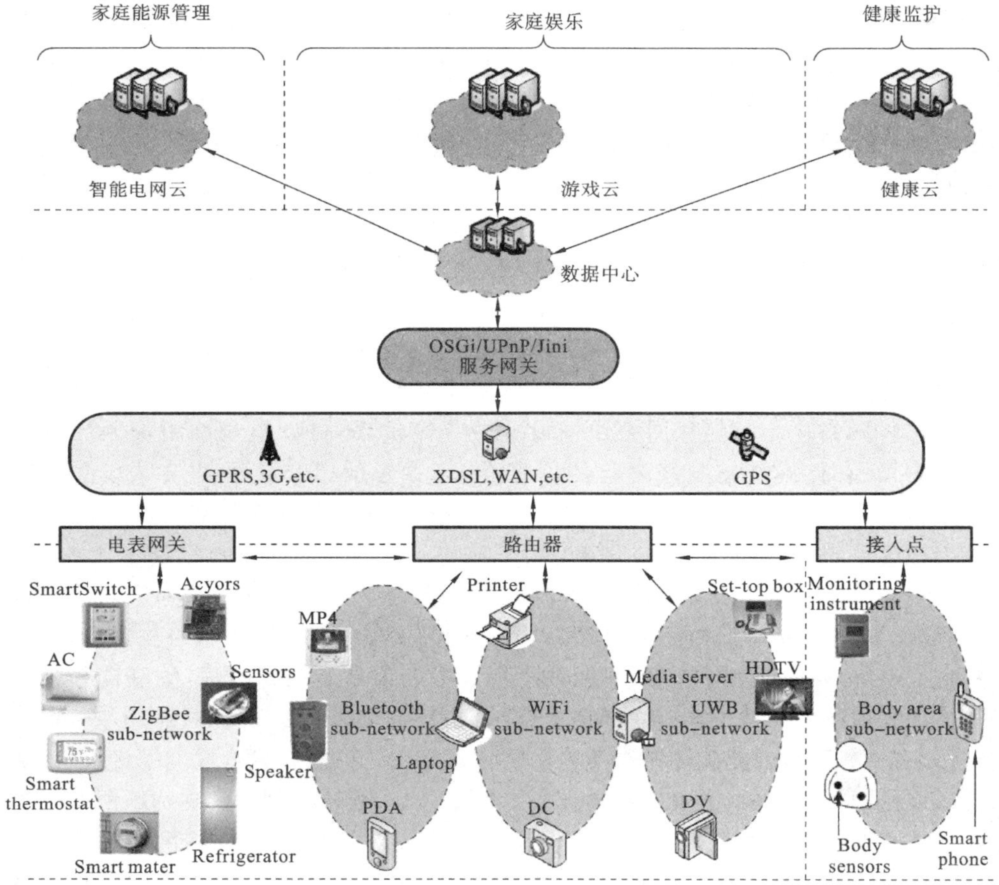

图 1-28　基于云计算的 M2M 架构

家应用,如家庭能源管理、家庭娱乐和健康监护。这些基于云的应用分别对应于不同的云平台,如智能电网云、游戏云和健康云。这些云平台有通过一个统一的数据中心平台相连。服务网关配置了灵活的软件系统,如 Jini、UPnP 和 OSGi。经异构的无线接入技术,服务网关与相应的 M2M 局域网相连。

1.6.3 物联网与软件定义网络

1. 软件定义物联网架构

Internet 的前身是 1969 年美国国防部创建的全球第一个分组交换网 ARPANET,从 1983 年起 TCP/IP 成为 ARPANET 的标准协议,经过几十年的发展,今天的 Internet 已经成为全球最大的国际性计算机网络。Internet 的演进是一个不断弥补先前的设计缺陷的漫长过程,为了解决这些设计缺陷,新的协议和标准不断被加入,不同层协议相互渗透,使整个 Internet 的架构越来越臃肿,网络行为变得异常复杂且难以预测。同时,现有的互联网架构严重制约了网络技术的创新和变革。

为了解决 Internet 所面临的诸多问题,最近一些研究人员提出了一种全新的网络架构——软件定义网络(software defined network,SDN),它把网络设备控制面与数据面分离,所有的软件控制功能都由控制面完成,以实现对网络流量更加灵活的控制,使网络变得更加智能,更加易于管理。SDN 的核心思想主要有两点:第一,提高硬件平台的可编程性,由于软件定义网络中所有的网络行为控制功能都在控制面实现,底层网络设备仅实现数据转发的功能,因此可以根据不同的网络需求开发相应的控制面功能模块,比如在无线传感器网络中实现数据采集功能、在核心网络中实现基站控制和数据传输功能,基于这种集中控制能力,管理人员可以快速实现新型网络功能的配置,满足灵活多变的网络应用需求;第二,网络控制面与数据面的分离使所有的软件控制功能可以集中在网络控制器中,从而提高网络的管理控制能力。与传统的互联网技术相比,软件定义网络有很多优势,基于软件定义思想的可定制网络架构,为网络资源、计算资源和存储资源的整合优化提供了新的发展机会。众所周知,分布式网络系统的整体性能往往取决于不同子系统的资源耦合程度,由于软件定义网络架构将网络控制功能从网络转发设备中分离出来,可以通过网络控制器与计算系统控制器、存储系统控制器之间的信息交互,更好地感知应用需求和数据存储状况,并且对不同类型的资源进行协同控制,进一步提高网络资源利用率,同时,SDN 也成为理想的网络创新平台。

物联网借助互联网技术实现了物与物、人与物之间的通信,将人类世界与物理世界联通起来。虽然物联网已经不是什么新的概念,很多国家都在大力推进物联网发展,在一些领域也出现一些示范应用,但是,物联网还处于发展的初期阶段,物联网的整个架构和具体实现技术还处于不断发展和完善的阶段。在现阶段,物联网都是基于现有互联网技术来建设的,因此大体符合互联网的体系结构,通过物理层(或网络接口层)将感知设备连接到互联网中,实现对感知设备的信息采集、管理控制和实现物联网的上层应用。但物联网作为一种新兴产业,涉及不同的领域、技术,传统的互联网技术已经不足以支撑物联网的飞速发展。同时,在物联网发展的初期必须设计有前瞻性、灵活、易扩展的物联网体系架构,为物联网的飞速发展铺平道路,这已经成为国内外学者的广泛共识。互联网的发展和演进对物联网有非常好的借鉴意义,一些学者开始研究如何将软件定义网络的思想融合到物联网中,提出了软件定义物联网的概念。

最近,在软件定义网络蓬勃发展的推动下,软件定义物联网(software-defined internet of things)也取得了一定的进展。一些学者将软件定义物联网整体上划分为三个层次,即物理层、控制层和应用层。其中,物理层由各种各样的物理设备组成,如无线传感器网络中的传感器节点、核心网中的基站和路由器,以及云数据中心的服务器等。控制层则扮演媒介的作用,用于连接物理层和应用层,一方面实现物理层设备的智能化管理,另一方面又向应用层提供应用程序接口。因此,在不同的网络中会使用不同的网络控制器,以提供不同的功能,如无线传感器网络用于数据采集,核心网络用于数据传输,云数据中心服务器用于数据处理等。在应用层,开发者可基于控制层提供的APIs开发不同的应用程序。这种软件定义物联网的三层架构,简化了传统的OSI参考模型中的七层架构,比传统互联网更加灵活。在软件定义物联网的体系结构中,控制层处于核心地位,因此网络设计者必须确保控制层具有高可扩展性、高性能和高鲁棒性。另外,也有其他学者从不同方面对软件定义物联网体系结构进行了相关研究,由于还未形成广泛的共识,本书关于这部分内容本书仅是抛砖引玉,不再用过多的篇幅介绍,请感兴趣的读者查阅相关文献。

2. 软件定义物联网应用与展望

软件定义网络分离了控制平面和数据平面,把所有的逻辑控制功能集成到控制器中,这种架构大大提高了网络的灵活性、控制能力和管理效率。基于SDN思想的软件定义物联网基础设施可以解决传统物联网面临的灵活性和可管理性难题,研究人员在物联网应用领域进行了一些尝试,下面介绍几个典型的应用场景。

1)软件定义智慧城市

物联网的发展已经延伸到人们的日常生活中,智慧城市是近年来提出的一个较新的概念,中国智慧城市发展联盟指出,"智慧城市就是运用信息和通信技术手段感测、分析、整合城市运行核心系统的各项关键信息,从而对包括民生、环保、公共安全、城市服务、工商业活动在内的各种需求做出智能响应。其实质是利用先进的信息技术,实现城市智慧式管理和运行,进而为城市中的人创造更美好的生活,促进城市的和谐、可持续成长。"由此可见,智慧城市是一项涉及多领域、多部门、多学科的非常庞大的系统工程,就实现技术而言,物联网相关技术可以渗透到智慧城市各个分支。作为信息系统基础设施的网络与通信技术成为智慧城市的支撑,对智慧城市的建设和实施效果起着至关重要的作用,这里仅从网络与通信层面对智慧城市进行讨论。智慧城市首先需要解决的是城市中各行各业、各部门的多种多样的感知设备的无缝网络接入,必须解决众多现有网络技术的融合、统一管理和调度等难题。在此基础上实现智慧城市的上层应用。

近年来,在信息技术领域广泛采用软件定义思想来解决复杂系统构建中存在的灵活性、可管理性、扩展性等难题。在构建智慧城市的网络基础设施时,可以借鉴SDN思想来构建智慧城市基础设施,利用独立的控制器管理物理设备,并提供数据采集、传输和加工服务,实现异构网络融合,为上层物联网应用提供灵活可控的网络服务。不同的应用程序通过控制器提供的 API 共享底层网络基础设施。目前,基于 SDN 的智慧城市网络基础设施建设还处于概念阶段,还没有相关成功案例和示范应用,有兴趣的读者可以关注这方面的最新研究进展。

　　2) 软件定义物联网

　　近年来,无线传感器网获得了长足的发展,取得广泛的应用,被认为是物联网最重要的底层支撑系统。但是,无线传感器网也同时存在着网络部署困难,针对具体应用需要专门定制,缺乏灵活性和可管理性等诸多问题。为了解决这些问题,我们将 SDN 思想引入无线传感器网,提出了新型的软件定义物联网(software defined internet of things,SD-IoT)架构,如图 1-29 所示。借用 SDN 思想明确地将数据平面和控制平面分离,这两层之间的通信协议采用基于传感器的 OpenFlow(sensor openflow,SOF)。数据平面的数据包由传感器进行基于流表的数据包转发,控制平面的核心组件则由一个(也可能是多个)网络控制器组成,实现网络智能和执行网络控制(如实现路由控制和QoS 控制)。这种网络架构通过 SOF 实现用户对底层流表的操纵,从而实现无线传感器网的可编程化。SD-IoT 具有以下特点:① 多功能性,SD-IoT 以即插即用的方式支持多种应用,传感器不再依赖于具体应用而是独立于应用的,网络的逻辑功能由控制平面掌控;② 灵活性,SD-IoT 易于在整个网络环境中实现整体策略的变化,从而避免导致局部策略实现的不一致;③ 易管理性,在控制平面构建网络管理系统,只需要使用控制平面提供的开放的 API 即可,这与添加新应用的过程是相同的,不需要修改现有的底层代码。

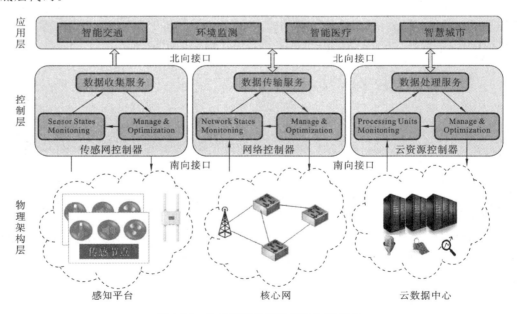

图 1-29　软件定义物联网(SD-IoT)架构

　　由于 SDN 技术还处于高速发展期,还有很多地方需要完善,各大网络运营商和网络设备制造商也在积极地投入研发力量,目前还没有一个统一的标准来规范基于 SDN 的物联网应用。即使是 SDN 应用比较成熟的云计算数据中心领域,基本上也是各大厂家各自为政,并没有形成共识,但是 SDN 已成大势所趋,基于 SDN 的物联网研究是物联网发展中很值得关注的研究方向,具有很大的发展前景。

1.7 物联网与网络仿真

物联网被认为是继计算机、互联网之后,世界信息产业的第三次浪潮。以移动互联网、物联网、云计算、大数据、软件定义网络、5G 等为代表的新一代信息通信技术创新活跃,发展迅猛,正在全球范围内掀起新一轮科技革命和产业变革。物联网是在传感器网的基础上演变而来,并不断向核心网延伸,实现更加智能化的应用。所以说传感器网是物联网的基石,或者说是重要组成部分。由于终端设备的数量不断增大,实际上,长期和大规模传感器网的部署具有极高的难度。在多数情况下,虽然许多研究人员并非缺乏条件部署真实的传感器节点,但是可利用的节点数量往往较少,根本无法发挥传感器网长期、大规模部署的优势,所设计的算法和协议很难在真实环境中得到验证。

因此,网络仿真不失为物联网实验的另一种方法,可以解决大多数研究人员没有条件搭建对部署环境及硬件成本有很高要求的大规模传感器网的问题。

虽然物联网近几年取得了较大的发展,也产生了一些成功的示范应用,但是仍然面临很多技术挑战需要研究人员应对,在大规模部署物联网应用前必须对相关理论和算法进行验证和评估,尤其是为了满足面向大范围、规模化感知的要求,这就迫切需要搭建物联网的仿真平台。

由于物联网涵盖了复杂的网络与通信系统,因此,优秀的网络仿真软件 OPNET Modeler 成为一个很好的选择。但是,OPNET 并没有自带物联网和大规模传感器网仿真模块,需要重新搭建一个规模庞大的系统,这又对广大物联网研究者带来了困扰。

本书正是针对这个迫切的需求,详尽地介绍了大规模传感器网的 OPNET 仿真模型。本书第 3 章介绍物联网仿真基本模型 IoT_Simulation。后续章节分别介绍基于基本模型的移动多媒体路由(MGR)模型、定向扩散路由(DD)模型、协作通信模型(REER 和 KCN)、移动代理路由(MA)模型、独立多路路由(DGR)模型、多源单 Sink 多路径路由(LOTUS)模型和物联网骨干网仿真模型(INTRA)。

我们也认识到,如果将"OPNET 物联网仿真"增设为一门新课程,任课教师可能会事先照着本书的讲解去建立模型,设计实验进行验证,并准备课件(PowerPoint 幻灯片)进行备课,这样会花掉大量的时间。为此,我们正准备提供一套完整的与本书中章节所对应的源代码及教学课件。读者可以通过向作者邮箱 minchen.cs@gmail.com 发送邮件的方式索取。

通过上述方式获取该资料时,请教师们提供以下信息:教师姓名、所在学校院系、职务、职称、学位、联系方式(电子邮箱与电话号码)、课程类别(如专业基础课、院选课、校选课等)、上课人数、学时。本套课件仅针对"OPNET 物联网仿真"课程,供教师课堂教学时使用,未经作者允许不得另作他用。我们亦请获得源代码或教学课件的教师注意保护作者的知识产权,未经许可不得随意向第三方发布该套源代码和课件。

2

OPNET 网络仿真简介

　　本章节主要介绍 OPNET 网络仿真的基础知识、常用函数以及网络建模仿真方法等,并用一个包交换例程贯穿本章节内容。通过介绍 OPNET 网络仿真基础知识,使读者熟悉常用编辑器的操作,并掌握 OPNET 建模的步骤和仿真的方法,为深入学习后续章节打好基础。

2.1　OPNET 概述

2.1.1　网络仿真简介

　　随着信息时代的发展,现有网络的规模变得越来越大,结构也越来越复杂。无论是升级现有网络,还是重新搭建新网络,抑或测试新的协议,都需要预先对网络整体的性能进行有效而客观的分析与评价。开发者在规划和设计网络时,不仅要思考开发新的网络协议,还要考虑网络算法的实现;网络专家在搭建网络时,也要考虑如何充分采用现有的资源以使网络达到最高的性能。传统网络设计和规划主要靠经验和一些科学方法,如分析方法、实验方法等。分析方法用于对所研究的对象和所依存的网络系统进行初步的分析,根据一定的限定条件和合理假设,对研究对象和系统进行描述,抽象出研究对象的数学分析模型,利用数学分析模型对问题进行求解;实验方法用于设计出研究所需的合理硬件和软件配置环境,建立实验台和实验室,在现实的网络上实现对网络协议、网络行为和网络性能的研究。当网络规模越来越大时,单靠经验和数学分析进行网络设计将变得十分困难,准确性也很难保证,而实验方法则由于成本过高和易受环境因素影响的原因而很少采用。因此,越来越需要一种新的网络规划和设计手段进行网络设计。网络仿真作为一种客观可靠的网络规划和设计技术应运而生。网络仿真方法由于能够同时验证比较多个不同设计方案模型,并获取定量的网络性能预测数据,为方案的验证和比较提供可靠依据,因而成为网络规划设计研究中越来越流行的方法。

2.1.2　OPNET 简介

　　作为网络仿真软件的佼佼者,OPNET 最早是在 1986 年由麻省理工学院的两个博士创建的,而后作为高科技网络规划、仿真及分析工具,在通信、国防及计算机网络领域得到了广泛的认可和采用。发展到今天,OPNET 已进入包括军事、教育、银行、网络运营商在内的许多领域,企业界如 Cisco、运营商如 AT&T 都在采用 OPNET 做各种各样的模拟和调试。在 1998 年 OPNET 进入中国后,其研究和应用已经取得了非常迅速的发展,目前使用者包括北京大学、北京邮电大学、信息产业部电信传输研究所、信息产业部电信规划研究院等许多高校和研究院所。甚至,华为技术有限公司、中兴通讯股份有限公司和大唐移动通信设备有限公司等也均使用 OPNET 作为仿真软件来优化网络性能,最大限度地提高通信网络的可用性。

OPNET 主要针对三类客户(网络服务提供商、网络设备制造商和一般企业、政府部门)设计了四个核心系列产品:OPNET Modeler,IT Guru,ServiceProvide Guru,WDM Guru。其中,OPNET Modeler 是 OPNET 全线产品的核心基础,目的是为技术人员提供一个网络开发平台,以帮助他们设计和分析网络性能及通信协议;IT Guru 的目的是帮助网络专家预测和分析网络的性能并诊断问题、提出解决方案;ServiceProvide Guru 是面向网络服务提供商的智能化网络管理软件;而 WDM Guru 则主要用于波分复用光纤网络的分析、评测。在 OPNET 各种产品中,OPNET Modeler 几乎包含其他产品的所有功能,是当前业界领先的网络技术开发环境。它采用一种面向对象的建模方法和图形化的编辑器,能够有效反映实际网络和网络组件的各种结构,实际系统也可以很直观地映射到模型中。

OPNET Modeler 主要有以下优点。

(1) 采用阶层性的模拟方式(hierarchical network modeling):从协议间关系来看,OPNET Modeler 的层次模型(业务层→TCP 层→IP 层→IP 封装层→ARP 层→MAC 层→物理层)符合 OSI 标准的模型分层的概念;从网络层次关系来看,OPNET Modeler 采用三层建模机制,最底层为进程(process)模型,以状态机来描述协议;第二层为节点(node)模型,由相应的协议模型构成,反映设备特性;最上层为网络模型。三层模型和实际的网络、设备、协议层次完全对应,全面反映了网络的相关特性。

(2) 简单明了的建模方法:OPNET 采用的是面向对象的建模方法和图形化的编辑器,每一类节点开始都采用相同的节点模型,再针对不同的对象设置特定的参数,操作相对其他仿真软件更简单明了。例如,配置多个 WLAN 工作站,它们采用相同的节点模块,界面上,可以设置不同的 IP 地址和 WLAN 参数。

(3) 有限状态机:OPNET Modeler 采用基于事件出发的有限状态机(finite state machine,FSM)来对协议和其他过程进行建模。采用离散事件驱动(discrete event driven)的模拟机理,与时间驱动相比,计算效率得到了很大提高。

(4) 全面支持各种协议编程,满足各种领域的需求:OPNET Modeler 自身提供 400 多个核心函数,能应用到各种领域,包括端到端结构(end to end network architecture design)、系统级的仿真(system level simulation for network devices)、新的协议开发和优化(protocol development and optimization)、网络和业务层配合如何达到最好的性能(network application optimization and deployment analysis)。

(5) 其他优点:OPNET Modeler 具有无线、点对点及点对多点链路,具有图形化和动态仿真,具有丰富的集成分析工具。此外 OPNET Modeler 还采用混合的建模机制,把基于包的分析方法和基于统计的数学建模方法结合起来,从而得到非常详细的模拟结果,也使仿真效率得到了大大的提高。

2.1.3 OPNET 网络环境

在使用 OPNET 开始仿真之前,必须先了解 OPNET 网络环境。

(1) 工程(project)与场景(scenario):在 OPNET 网络环境中,工程与场景是两个非常重要的概念。在任何时候打开 OPNET,最高层次永远为一个工程,每个工程下面至少包含一个仿真场景,代表网络模型。每个场景代表一个网络模块,都是具体的,当进行建模时,即使只有单独一个网络模块,也需要创建一个包含该场景的工程。也就是说,一个工程就是一组仿真环境,而一个场景就是其中的一个具体的网络仿真环境配置方案,是网络的一个实例,一种配置,如拓扑结构、协议、应用、流量以及仿真属性等设置。

打开 OPNET Modeler 后,单击 File→New 选项(或者直接使用快捷键 Ctrl+N)来新建一个工程,然后选择 Project,单击"OK"按钮,输入工程名和场景名后单击"OK"按钮,会出现图 2-1 所示的界面。

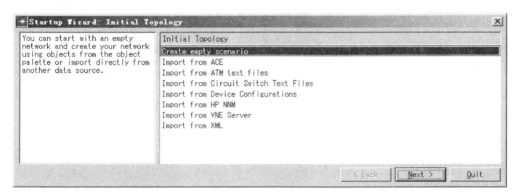

图 2-1 OPNET 网络配置向导

可以选择手动建立网络,也可以从特殊格式文件导入网络。此处选择创建一个空的场景。单击"Next"按钮,出现图 2-2 所示的界面。

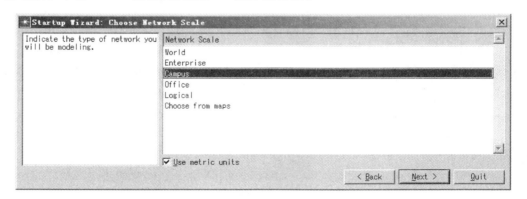

图 2-2 选择网络的规模

可以根据网络的规模选择全球网、企业网或者校园网,这就是该工程下面的一个场景。

(2) 子网(subnet)与节点(node):不同于 TCP/IP 子网,OPNET 的子网是将网络中的一些元素抽象到一个对象中去的。子网可以是固定子网、移动子网或者卫星子网等，它不具备任何行为，只是为了表示大型网络而提出的一个逻辑实体。如在运营商的骨干网中按照省份划分，把每个省份的路由器都放在一起，就组成了一个个子网。节点通常被看作设备或资源，由支持相应处理能力的硬件和软件共同组成。数据在其中生成、传输、接收并被处理。Modeler 包含三种类型的节点：第一种为固定节点，如路由器、交换机、工作站、服务器等都是固定节点；第二种为移动节点，如移动台、车载通信系统等都是移动节点；第三种为卫星节点，代表卫星。每种节点所支持的属性都不尽相同。

（3）链路（link）、模块（module）与仿真（simulation）：链路分为只在两个固定节点之间传输数据的点对点链路、用于多个节点之间共享传输数据的总线链路和可以在任何无线的收发信机之间动态建立的无线链路等三种。卫星和移动节点必须通过无线链路来进行通信，而固定节点也可以通过无线链路建立通信连接。在对复杂协议进行仿真时，常需要把该协议分解成一系列的协议行为，对这些行为单独建模并通过有限状态机把它们联系起来，便形成一个系统，这个系统可以称为模块，它将抽象的协议直观化。而仿真是基于一系列模块的一组实验，它反映模块和模块之间的相互作用关系。

（4）模型（model）与对象（object）：模型通常指的是进程模型、节点模型和网络模型等。对象分为两种：一种是抽象对象，如复合属性；第二种是具体对象，如模块（module）、节点、收信机、发信机。在 OPNET 中对象提出的目的是设置和获取它的属性，因此对象需要有它的对象 ID 号 Objid，作为程序获取对象属性的依据，一般通过 IMA 核心函数（以 Objid 为输入参数）获取或设置对象的属性。

值得一提的是进程模型（process model）没有 Objid，它不是一个对象，而是抽象概念，代表协议行为的逻辑关系，在没有被激活成进程时，对仿真没有任何意义。还需注意的是，模型（model）和对象（object）没有必然的联系。

2.1.4 OPNET 编辑器简介

细心的读者在对 2.1.3 小节所介绍的环境进行操作时，会发现在创建工程那一步里，不仅有 Project 选项，还有图 2-3 所示的文件类型列表。本小节将介绍其中比较常用的一部分。

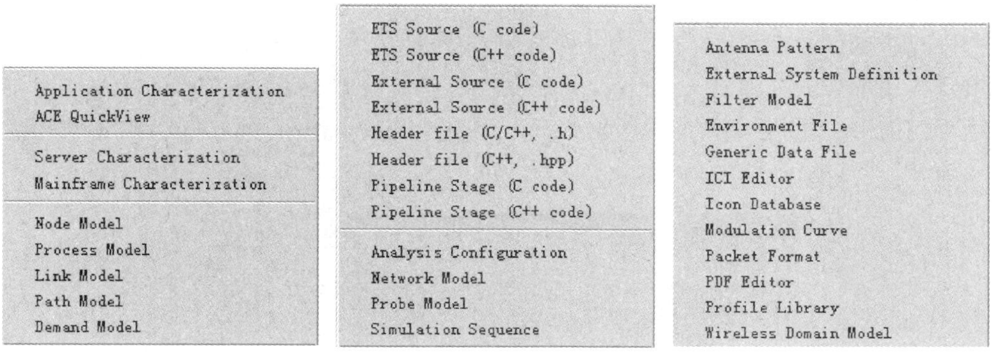

图 2-3　文件类型列表

（1）Node Model、Process Model 分别为节点编辑器和进程编辑器，分别对应于 OPNET 建模三个阶层中的节点模型和进程模型，这三个阶层是 OPNET 仿真的基础，详情请参考第 2.1.3(1)节。

（2）Link Model 为有线链路模型编辑器，用于设定链路的传输速率、选择支持的封包格式及确定采用哪些管道阶段来描述链路的物理特性。

（3）Path Model 用来显示流经过的路径，在我们配置了一个背景流量，仿真完成之后，会出现与路径模型相对应的路由表，通过路径模块显示一个流如何路由。在 Protocol 菜单中选择 IP→Demands→Display Router for Configure 配置路由表。

（4）Demand Model 为背景流量模型编辑器，用来配置应用背景流或网络背景流；另外有一个称为 Demands 的物件拼盘，里面包含各种已经定义好的背景流模型。

（5）ETS Source 为外部工具支持(external tool support)文件，由 OPNET 界面额外附加的一些功能键实现，使用这些功能键可以自定义一套新的仿真开发平台和分析工具。

（6）External Source 是外部文件，其中包含若干外部函数，主要用在进程模块中。一般进程模块只用到本身在函数块(Function Block，简称 FB，位于 Process Model 窗口工具栏)中定义的函数，如果某个函数在两个或两个以上的进程模块中用到，就应该定义成外部函数，使用的时候通过声明(declare external file)的方式将其包含进来。

（7）Head file 用于收集所有头文件，使得对头文件进行修改和重建更加方便。

（8）Pipeline Stage 为管道阶段模型，用于描述物理层的表现，OPNET 的三种链路：有线点对点、总线和无线链路，都是由相应管道阶段组成的。

（9）Analysis Configuration 为结果分析编辑器，一般它所收藏的结果是在场景中隐藏起来的，单击"Hide/Show Graph Panels" ![按钮图标] 按钮可以看到上次隐藏的结果。另外，它还有一个很重要的作用是查看两组结果之间的关系，新建一个结果分析文件，同时加载两个统计量结果，一个作为自变量，另一个作为因变量；也可以选择 Create a graph of two scalars with a third parameter 看三维显示。

（10）Network Model 为网络模型文件，可以直接打开。OPNET 6.0 版本还没有引入工程的概念，采用这种方式浏览网络环境；OPNET 7.0 以后的版本提出工程与场景的概念后，可在工程中导入该文件，将成为一个仿真场景。

（11）Probe Model 为探针模型，用来收集统计量。我们选择统计量的第一种方式是在工程编辑器工作区空白处单击鼠标右键，在 Node Statistics 中有一系列已经分好组的统计量可供选择，其实它们原本的名字 99％是从进程模块衍生出来，后来被提升到节点模块中来的。如图 2-4 所示，首先我们选择统计量组别，例如全部有关 TCP 的统计都归为同一类，它们所属的类别是在节点模型中定义的，在统计量选择中看到的名字是提升后的名字。

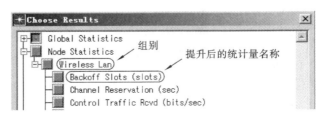

图 2-4　选择统计量组别与提升后的统计量名称

如果要收集未提升到网络层的统计，可以使用探针模型（probe model），它可以加入各种各样的统计，具体来说，单击相应的统计功能键可收集节点、链路、路径、背景流量、配对物件（coupled node）、属性的统计。其中配对物件表示逻辑连接上为一对，一般用于无线网络的统计，例如可指定收集节点 A 的第一个发送器和节点 B 的第一个接收器之间收发包的量。一般的统计量以时间为自变量，而属性探针可以使属性变量成为自变量，例如可观察节点发包率对延时属性的影响。另外自定义动画也需要在探针模型中设置。

（12）Simulation Sequence 为高级仿真配置文件，用来定义更加全面的仿真，该文件与高级仿真属性对话框的设定是互相关联的。可以创建一个仿真序列，其中可能包含多个仿真子集（set），仿真子集以蓝色二横杠图标标识，每个仿真子集又包含多个仿真。当仿真正在进行中，单击"Stop Sequence"按钮将停止所有仿真，单击"Stop Set"按钮停止仿真组，点击"Stop Run"按钮停止当前仿真。

（13）Antenna Pattern 为天线模型，Modulation Curve 为调制曲线，它们主要用于无线模型。

（14）External System Definition 定义 OPNET 与外部系统交互的信息格式。

（15）Filter Model 自定义结果过滤器。

（16）Environment File 对应高级仿真属性 Files 选项卡，包含运行仿真的各种环境设定，主要有两个用途：一方面，如果下一个仿真要用到和上一个仿真完全一样的设定，不需要手动设定而直接复制文件就行了；另一方面，如果只有一个 Modeler License，并且又在运行仿真，则不能对模型做编辑工作，这时可以采用执行带环境变量文件的命令行方式仿真：op_runsim-net_name〈网络模型名称〉-duration〈仿真持续时间〉-ef〈环境变量文件名〉，它只占用仿真执行 License，而不占用 Modeler License，这样也可以提高仿真速度，最后还可以存为静态仿真文件 ∗.sim。

（17）Generic Data File 为一个文本文件，OPNET 有一类标准的核心函数专门针对这种特殊文件的读取，并且可以检验内存和做一些预处理工作。

（18）ICI Editor 为接口控制信息格式编辑器，ICI 可想象成一种特别的封包格式，在一个节点模型中，ICI 可以将一些控制信息从一个进程模块捎带到另一个进程模块，如握手信息。

（19）Icon Database 为图标库文件，支持自定义图标来做网络物件的标志。

（20）Packet Format 为封包格式编译器，定义封包的域，包括设定域的类型、域的颜色等。

如果设定 Information 类型，则该域只作为承载封包信息的标签，不记入包长；如果设定为 Packet 类型，则可实现包的封装，该域的大小为从上层传过来的封包大小；另外，域还可以封装自定义的结构体 Structure，它的 Comments 属性可以保存结构体的定义代码。

（21）PDF Editor 为概率分布函数编辑器，OPNET 定义业务时通常使用了各种各样分布概率，OPNET 提供了一系列标准的概率分布函数，而且该编辑器支持用户自定义概率分布函数。

（22）Profile Library 对应高级仿真属性中的 Profiling 选项卡。

（23）Wireless Domain Model 为无线区域模型，用来划分接收主询。

2.1.5 OPNET 常用文件格式

OPNET 中，文件大体可以分为两类：一类是以.m 结尾的文件，主要用于保存模型，例如网络模型（network model）保存在.nt.m 文件中、节点模型（node model）保存在.nd.m 文件中、进程模型（process model）保存在.pr.m 文件中、探针模型（probe model）保存在.pb.m 文件中；另一类文件是自定义文件，如.h、.ex.c、.ps.c 文件等。表 2-1 列出了 OPNET 的常用文件格式。

表 2-1 OPNET 常用文件格式说明

后缀名	描 述	文件格式	后缀名	描 述	文件格式
.ac	分析配置文件	二进制文件	.map.i	地图文件	二进制文件
.ad.m	公共属性描述	二进制文件	.md.m	调制曲线文件	二进制文件
.ah	动画文件	二进制文件	.nd.d	派生的节点模型	二进制文件
.as	动画描述	ASCII 数据	.nd.m	节点模型	二进制文件
.bkg.i	背景图片	二进制文件	.nt.m	网络模型	二进制文件
.cds	绘图数据集	二进制文件	.nt.so	集成的网络目标文件	共享库文件
.cml	自定义模型列表	ASCII 数据	.orba	卫星轨道文件	二进制文件
.csv	分栏数据文件	ASCII 数据	.os	输出标量文件	二进制文件
.ef	环境文件	ASCII 数据	.ov	输出矢量文件	二进制文件
.em.c	EMA C 代码	C 代码	.path.d	派生的路径模型	二进制文件
.em.cpp	EMA C++代码	C++代码	.path.m	路径模型	二进制文件
.em.o	EMA 目标文件	目标代码	.pa.ma	天线模型	二进制文件
.em.x	EMA 可执行文件	可执行程序	.pb.m	探针模型	二进制文件
.ets	外部工具支持文件	ASCII 数据	.pd.m	可编辑概率密度函数	二进制文件
.ets.c	外部工具支持 C 代码	C 代码	.pd.s	可导入仿真概率密度函数	二进制文件
.ets.o	外部工具支持目标文件	目标代码	.pk.m	包格式模型	二进制文件
.ets.cpp	外部工具支持 C++代码	C++代码	.pr.c	进程 C 代码	C 代码
.ex.c	外部 C 代码	C 代码	.pr.cpp	进程 C++代码	C++代码
.ex.cpp	外部 C++代码	C++代码		进程模型	二进制文件
.ex.h	外部头文件	C/C++代码	.pr.o	进程模型目标文件	目标代码
.ex.o	外部目标文件	目标代码	.prj	工程文件	二进制文件
.fl.m	过滤器模型文件	二进制文件	.ps.c	管道阶段 C 文件	C 代码
.fl.x	过滤器模型可执行文件	可执行程序	.ps.cpp	管道阶段 C++文件	C++代码
.gdf	通用数据文件	ASCII 数据	.ps.o	管道阶段目标文件	目标代码
.h	头文件	C 代码	.scfa	卫星配置文件	二进制文件
.hlp	帮助文件	文本文件	.pbs.m	服务等级保证探针模型（用于 ESP 附加模块）	二进制文件
.ic.m	ICI 模型文件	二进制文件	.sd	仿真描述	文本文件
.icons	图库文件	ASCII 数据	.seq	仿真序列	二进制文件
.lk.d	派生的链路模型	二进制文件	.sim	可执行的仿真	可执行文件
.lk.m	链路模型	二进制文件	.trja	移动节点轨迹	二进制文件

2.2　OPNET 常用函数介绍

　　本节先介绍 OPNET 函数的命名规则,然后按分布函数、进程函数、事件函数等八类分别介绍 OPNET 中常用的函数集合。对 OPNET 所有函数进行详细介绍超出了本书的范围,我们的目的只是让读者对 OPNET 函数有一个大概的了解。所以,本节通过简单介绍 OPNET 常用函数并附上简单的例子,让读者对 OPNET 常用函数的使用有一定的了解。

2.2.1　函数命名规则

　　为了增强核心函数在 C/C++代码中的可视性,OPNET 采用了一种非常标准的命名规则,即采用 op_作为函数名称的前缀,这样可以有效避免 OPNET 函数与非 OP-NET 函数之间函数名或变量的冲突,例如核心函数 op_pk_nfd_set()中的 op_前缀。OPNET 把函数名的第二部分作为函数集名,用小写字母表示,通常是函数所处理对象的名称缩写,例如函数 op_pk_nfd_set()中的 pk 为包函数(packet)的缩写;把函数名的第三部分作为子函数集名,这部分主要是对核心函数进行分类,例如函数 op_pk_nfd_set()中的 nfd 为包域名函数(field name)的缩写。函数名的第四部分一般都是函数的操作方法名,例如函数 op_pk_nfd_set()中的 set 即为设置的意思。

　　在使用 OPNET 进行大规模仿真之前,预先了解核心函数是极其有帮助的,只有熟悉了核心函数之后,才能在建模时方便地进行代码编写。

2.2.2　分布函数集

　　分布类核心函数的功能是按照指定的概率分布函数产生随机值。要求仿真表现出随机行为时,这些随机值作为输入参数是必不可少的,例如在计算中断的随机触发时间,随机生成包的目的地址等应用场合均需用到随机值。在 OPNET 中,以 op_dist_开头的函数组成了分布函数集。

　　op_dist_load(dist_name,dist_arg0,dist_arg1)函数的作用是加载一个分布(如指数分布、均匀分布等)以产生随机值流,也就是用于自定义一个带参数的随机分布函数,一般在进程的初始化状态时完成调用。它接收三个参数,分别是 const char * 类型的 dist_name(用于描述被加载的分布的名称)、double 类型的 dist_arg0 和 dist_arg1(用于描述分布的两个附加参数)。它的返回值不是一个随机数,而是指向一个分布函数的指针(Distribution *),如果发生可恢复错误,则返回常量 OPC_NIL。例 2-1 显示了 op_dist_load()函数的使用方法,代码如下。

例 2-1　op_dist_load()函数的使用。

```
/* 加载作业类型的分布函数 */
job_type_dist=op_dist_load("uniform_int",1,job_type_range);
if(job_type_dist==OPC_NIL)     /* 如果返回值为 OPC_NIL,则抛出错误 */
    jsd_gen_error("Unable to load job type distribution.");
```

op_dist_load()函数的返回值是一个指向分布函数的指针,一般存储在 distribution * 类型的状态变量中,稍后传递给相关核心函数 op_dist_outcome()。

op_dist_outcome(dist_ptr)函数的作用是为具有特定分布的随机变量产生一个浮点数,它的唯一参数是 distribution * 类型的 dist_ptr,用于指向被加载分布的指针,即 op_dist_load()函数的返回值。这个函数的返回值是 double 类型的,用于描述具有特定分布随机变量的结果。如果发生可恢复错误,则返回常量 OPC_DBL_INVALID。例 2-2 显示了 op_dist_outcome()函数的使用方法,代码如下。

例 2-2 op_dist_outcome()函数的使用。

```
/* 确定调度中断的时间 */
next_pk_arrvl_time=op_sim_time()+op_dist_outcome(int_arrival_distptr);

/* 检查确认这个时间是在结束时间之前 */
if ((next_pk_arrvl_time < gen_end_time) || (gen_end_time == FRMSC_APPL_END_OF_SIM))
{
   /* 调度自中断 */
   op_intrpt_schedule_self(next_pk_arrvl_time,FRMSC_FR_APPL_TRAF_GEN);
}
```

不管是对 OPNET 自带的分布函数,还是对 PDF Editor(分布函数编辑器)创建的函数,都可以调用 op_dist_load()函数进行加载。当函数不再使用时,还可以调用 op_dist_unload()函数将所占内存释放。

op_dist_uniform(limit)函数的作用是以 limit 为上界产生一个从 0.0 到 limit(包含 0.0 但不包含 limit)均匀分布的随机值,它接收一个 double 类型的参数 limit,该参数描述了均匀分布的取值范围,产生并返回一个 double 类型的均匀分布的随机值,范围为 [0.0,limit]。例 2-3 显示了 op_dist_uniform()函数的使用方法,代码如下。

例 2-3 op_dist_uniform()函数的使用。

```
/* 获取一个在 0 到 max_backoff 之间的随机整数 */
backoff_slots=op_dist_uniform(max_backoff);
```

2.2.3 进程函数集

OPNET 中以 op_pro_ 开头的函数定义了一系列用于在一个处理器或队列模块中创建和管理多个进程的方法,这些方法统称为进程函数集。

op_pro_create(model_name, ptc_mem_ptr)函数的作用是创建一个新的进程作为特定进程模型的实例(进程是进程模型的一个实例),它提供了一个进程用于在相同模块中创建子进程,每个子进程作为一个进程模型实例独立存在,并维持自身的状态。该函数还允许安装 parent-to-child 共享内存,作为当前进程和创建的子进程间信息传递机制。该函数接收两个参数,其中 const char * 类型的参数 model_name 表示进程模型名称,Vartype * 类型的参数 ptc_mem_ptr 描述了当前进程和被创建进程共享的 parent-to-child 内存块的地址。需要注意的是,这块内存格式是用户自定义的,假如没有内存共享,则传递 OPC_NIL。该函数的返回值 Prohandle,指用于进一步处理被创建子进程的进程句柄。在使用时还需要注意,该函数只能创建除根进程以外的进程,而且只有当参数 process_model 引用当前仿真中已声明的进程时,该核心函数才会执行成功。例 2-4 显示了 op_pro_create()函数的使用方法,代码如下。

> **例 2-4** op_pro_create()函数的使用。
>
> /＊ 为正在启动的新会话选择一个端口号 ＊/
> port_num＝tp_port_select ();
>
> /＊ 创建一个会话状态的数据结构,以允许此进程(或根进程)和将要被创建的会话进程进行通信。＊/
> ss_ptr＝op_prg_mem_alloc (sizeof (Tp_Session_Status));
>
> /＊ 设置会话进程所需的信息 ＊/
> ss_ptr－＞dest_host＝dest_host;
> ss_ptr－＞dest_port＝dest_port;
>
> /＊ 创建一个新的进程来管理会话,并保留在该会话进程表中的句柄。＊/
> tp_sess_proc_table [port_num]＝**op_pro_create** ("tp_session", ss_ptr);
>
> /＊ 进程初始化时调用该函数(注意在子进程初始化时无法自动调用该函数) ＊/
> op_pro_invoke (tp_sess_proc_table [port_num], OPC_NIL);

 有益提示 ...　　　　每个通过 op_pro_create()函数创建的进程,都可以利用共享内存与创建它的进程进行通信。共享内存是用户自定义的内存块,但其地址必须作为 ptc_mem_ptr 参数传递给该函数。

与创建进程相对的就是销毁进程。op_pro_destroy_options(pro_handle, options) 函数用于销毁动态创建的进程和该进程的所有预设事件(仅仅销毁进程时可以使用 op_pro_destroy()函数)。该函数允许进程销毁同一模块中的任意其他动态进程(根进程显然不在此列)。该函数接收两个参数,分别是用于描述被销毁进程的句柄的 pro-handle 类型的 pro_handle 参数和用于描述被执行的操作的 int 类型参数 options(可选参数,默认为 OPC_PRO_DESTROY_OPT_ NONE,表示不移除被销毁进程预设事件,如需移除请使用 OPC_PRO_DESTROY_OPT_KEEP_ EVENTS)。该函数的返回值是 Compcode,表示仿真内核是否成功销毁进程的完成代码,成功销毁返回 OPC_COMPCODE_SUCCESS,失败则返回 OPC_COMPCODE_FAILURE。例 2-5 和例 2-6 分别显示了 op_pro_destroy()函数和 op_pro_destroy_options()函数的使用方法,代码如下。

> **例 2-5** op_pro_destroy()函数的使用。
>
> /＊ 销毁 porcess 指向的进程,如果失败则报错 ＊/
> if (**op_pro_destroy** (**process**)＝＝**OPC_COMPCODE_FAILURE**)
> {
>   x25_warning ("Unable to destroy this process. ");

```
}
```

例 2-6 op_pro_destroy_options()函数的使用。

/* 销毁当前正在执行的进程和该进程的所有预设事件 */
op_pro_destroy_options(**op_pro_self**(), **OPC_PRO_DESTROY_OPT_NONE**);

> 小技巧... 适当终止进程可释放分配给进程的动态内存,但需注意的是这样可能会影响到整个模型。进程还可以销毁自身,此时不返回任何值。

op_pro_self()函数用来获取当前正在执行的进程的进程句柄。这个函数比较简单,它不需要传入参数,返回值 Prohandle 是当前正在执行的进程的进程句柄。

op_pro_invoke(pro_handle, argmem_ptr)函数的作用是在当前事件或模块的上下文环境中调用进程。它接收两个参数,pro_handle 是 Prohandle 类型的参数,指被调用进程的进程句柄;argmem_ptr 是 void * 类型的参数,作用是通过 op_pro_argmem_access()函数为被调用进程提供参数内存块的地址。如果没有使用参数内存可使用 OPC_NIL。该函数返回一个表示调用是否成功的代码,OPC_COMPCODE_SUCCESS 表示调用成功,OPC_COMPCODE_FAILURE 表示调用失败。例 2-7 显示了 op_pro_invoke()函数的使用方法,代码如下。

例 2-7 op_pro_invoke()函数的使用。

/* 以 OPC_NIL 作为第二参数调用 process 指向的进程 */
op_pro_invoke(**process**, **OPC_NIL**);

> 有益提示... 调用 op_pro_invoke()函数将导致进程中断,被中断的进程可以继续利用该函数调用其他进程。当需要在模块中临时传递对子进程或对等进程的执行控制权时,可以使用 op_pro_invoke()函数。

op_pro_argmem_access()函数的作用是获取进程调用所传递的参数的内存地址,它不需要接收参数。

2.2.4 事件函数集

在仿真过程中,事件类核心函数为进程模型提供有关事件的信息。这些事件由仿真核心管理,按照执行时间的顺序被存储在一个事件列表中。事件列表的队首事件为当前要执行的事件,而事件类核心函数使用事件句柄(evhandle)来对事件进行操作。

OPNET 提供三个函数访问事件列表中的事件。

(1) op_ev_current()函数的作用是返回当前事件的句柄。这个函数不需要接收参数,返回指向当前正在执行的事件的句柄。例 2-8 显示了 op_ev_current()函数和 op_ev_next_local()函数的使用方法,代码如下。

例 2-8　op_ev_current()函数和 op_ev_next_local()函数的使用。

```
this_event= op_ev_current ();/* 获取当前正在执行的事件 */
next_event= op_ev_next_local (this_event);/* 获取下一个本地事件 */
```

（2）以一个有效事件为参考点,进程可以通过调用 op_ev_next()函数在事件列表中获得该事件的下一个事件。这个函数接收一个事件句柄作为参数,返回该事件的下一个事件的句柄。例 2-9 为打印出所有流中断信息的函数使用方法,代码如下。

例 2-9　op_ev_next()函数的使用。

```
/* 对于每个流中断,打印其信息 */
event= op_ev_current ();
while (op_ev_valid (event))
{
  if (op_ev_type (event)==OPC_INTRPT_STRM)
  {
    printf ("src:%d, dest:%d, stream index:%d, time:%f\n",op_ev_src_id (e-
vent), op_ev_dst_id (event),op_ev_strm (event), op_ev_time (event);
  }
  /* 获取当前事件的下一个事件 */
  event= op_ev_next (event);
}
```

（3）op_ev_seek_time()函数可以获得与输入的仿真时间最接近的那个事件的句柄。这个函数接收了一个 double 类型的 time 参数和一个 int 类型的 flag 参数,返回一个与当前寻找的事件相匹配的事件的句柄,如果发生错误,则返回一个无效的句柄。例 2-10 展示了该函数的使用方法,代码如下。

例 2-10　op_ev_seek_time()函数和 op_ev_cancel()函数的使用。

```
/* 找到当前时间 5 s 后的第一个事件,取消掉该事件 */
time= op_sim_time ()+5.0;/* 获取当前的仿真时间 */
event= op_ev_seek_time (time, OPC_EVSEEK_TIME_POST);
while (op_ev_valid (event))
{
  if (op_ev_dst_id (event)==recv_id)
  {
    op_ev_cancel (event);/* 取消该事件 */
    break;
  }
  else
    event=op_ev_next (event);/* 获取指定事件的下一个事件的句柄 */
}
```

若一个进程接收某个事件,也就是说,该事件作用于本地进程模块自身,则该事件被看作本地事件。因此,op_ev_current()函数返回的肯定是本地事件,因为是这个事件唤醒本地进程的。而 op_ev_next_local()函数返回下一个本地事件,如例 2-8 所示。

事件类核心函数还支持管理并查找将来的事件。如果进程要遍历全部的事件,可以分为如下两步进行操作。

① 调用 op_ev_count()函数得到事件的个数,当然也可以采用 op_ev_count_local()函数得到本地事件的个数。这两个函数都不需要参数。

② 事件个数为循环语句的上限,对每个事件进行操作。

op_ev_cancel()函数用于撤销预设的事件,它返回表示操作是否成功的代码。如果 op_ev_ cancel()函数试图删除一个在事件列表中不存在的事件,则会出错,因此一般用 op_ev_pending()函数配合 op_ev_cancel()函数使用,确保能够正确删除事件。op_ev_pending()函数用于验证事件在未来是否会执行。例 2-11 显示了 op_ev_pending()函数和 op_ev_cancel()函数的配合使用方法,代码如下。

例 2-11　op_ev_pending()函数和 op_ev_cancel()函数的配合使用。

```
/* 验证一个事件在未来是否会再调用,如果不会再调用,则取消它 */
if(! op_ev_pending(event))
{
  op_ev_cancel(event);/* 取消该事件 */
}
```

2.2.5　接口控制信息函数集

ICI 的全称为 interface control information,指接口控制信息,它是一种特殊的数据结构,主要用来进行进程之间的数据传递,是进程模块间传递信息的载体。ICI 函数集是与 ICI 仿真实体相关的核心函数的集合。ICI 可以在中断产生时与之绑定,还可以用作分层协议间的协议会话工具,传递接口参数。ICI 和包一样,都是动态的仿真实体,因此它需要创建和销毁。

进程在创建时默认是没有绑定 ICI 的,可以通过内核程序调用 op_ici_install()函数来实现与 ICI 的绑定,但在此之前需要先创建一个 ICI。每个进程在任意时刻只能绑定一个 ICI,进程对 ICI 的操作(如设置属性、读取数据等)都是根据 ICI 的地址进行的。一旦 ICI 与进程绑定,该 ICI 地址会一直同该进程产生的所有事件关联,直到被另一个 ICI 替换为止。为避免 ICI 与事件间不必要的关联,可以在事件调度结束后重置 ICI(就是绑定空 ICI,即 op_ici_install(OPC_NIL))。

当需要使用 ICI 时,可以参考下面的流程:

(1) 源进程使用 op_ici_create()函数创建 ICI;

(2) 源进程使用 op_ici_attr_set_ * * *()函数设置属性的函数保存信息到 ICI,这里的 * * * 指代 dbl(double 类型属性)、int32(32 位整形属性)、int64(64 位整型属性)、ptr(指针类型)等;

(3) 源进程通过 op_ici_install()函数绑定 ICI;

(4) 源进程通过发送包或自中断来产生事件;

(5) 当事件发生并导致中断时,被中断的进程获得 ICI;

(6) 被中断进程通过 op_ici_attr_get_ * * *()函数获取 ICI 的信息,其中 * * * 的指代同步骤(2);

(7) 被中断进程通过 op_ici_destroy()函数销毁 ICI,ICI 使用结束。

有益提示... 在上述流程中,假如最后不销毁 ICI(即删去步骤(7)),则创建的是一个永久的 ICI。源进程只需要每次更新 ICI 的信息并绑定,然后产生事件即可。读者可以根据需要自行决定是否销毁 ICI。

op_ici_create()函数的作用是创建一个具有预定义 ICI 格式的 ICI,它接收一个 const char * 类型的参数,指创建的 ICI 的格式名称。该函数返回指向新创建的 ICI 的指针。若发生可恢复错误,则返回常量 OPC_NIL。ICI 格式是预先定义的固定结构,由一系列属性名称和类型按序组成。另外,除非调用 op_ici_install()函数,否则新创建的 ICI 不会自动影响预设中断。例 2-12 显示了 op_ici_create()函数、op_ici_install()函数和 op_ici_attr_set()函数的使用方法,代码如下。

例 2-12 op_ici_create()、op_ici_install()和 op_ici_attr_set()函数的使用。

```
/ * 遍历那些已经保存的包,丢弃已经验证过的包 * /
for (i= send_window_low; i ! = rcv_seq; INC(i))
{
  if (window [i]. format & x25C_GFI_D_BIT)
  {
    iciptr= op_ici_create ("x25_data");/ * x25_data 是一个常量 * /
    / * 设置 ICI 相关属性的值 * /
    op_ici_attr_set (iciptr, "primitive", OSIC_N_DATA_ACK_INDICATION);
    op_ici_attr_set (iciptr, "src address", chan_vars->local_addr);
    op_ici_attr_set (iciptr, "dest address", chan_vars->remote_addr);
    op_ici_attr_set (iciptr, "confirmation request", 1);
    op_ici_attr_set (iciptr, "confirmation tag", window[i]. tag);
    / * 绑定 ICI * /
    op_ici_install (iciptr);
    / * 产生事件 * /
    op_pk_send_forced (pkptr, strm_index);
    / * 取消绑定 * /
    op_ici_install (OPC_NIL);
  }
}
```

若已定义过的 ICI 不再使用,则可以通过 op_ici_destroy()函数将它销毁。ICI 的信息一般只用一次,即进程接收到中断后,将 ICI 信息分离并读取出来,它就变得无效了。op_ici_destroy()函数接收一个 ici * 类型的参数,表示指向给定 ICI 的指针。在 ICI 函数集中有两个函数可以获取 ICI 指针:在 ICI 发送进程中,op_ici_create()函数返回新创建 ICI 的指针;在 ICI 接收进程中,op_intrpt_ici()函数返回与输入中断相关的 ICI 指针。当不再使用某个 ICI 时,就应当释放分配给它的内存资源,以用来创建新的

ICI。op_ici_destroy()函数提供了一种重复利用分配给无用 ICI 的内存的机制。因此在使用完 ICI 后,请及时调用该函数释放内存。

新创建的 ICI 并不包含任何信息,它只是一个信息载体,还必须对它写入信息。op_ici_attr_set()函数的作用是为给定 ICI 某属性赋值。它的参数列表及描述如表 2-2 所示。

表 2-2   op_ici_attr_set()函数参数列表

参　　　数	类　　　型	描　　　述
iciptr	ici *	指向给定 ICI 的指针
attr_name	const char *	给定属性的名称
value	vartype *	为给定属性所赋的值

该函数返回表示 ICI 属性值是否成功修改的代码。对于新创建的 ICI 和已经发送到目的进程的 ICI,都可以使用该函数进行属性设置。op_ici_attr_set_ * * *()函数使用方法与 op_ici_attr_set()函数十分相似,这里不再一一列举,读者在使用时可以参照 op_ici_attr_set() 函数并查阅 OPNET 文档。例 2-12 显示了 op_ici_attr_set()函数的使用方法。

虽然进程可以同时创建多个 ICI,并且给它们赋值,但是只有一个能够与输出中断相绑定。op_ici_install()函数的作用是建立一个 ICI 并使其自动与调用进程预设的输出中断相关联,即使 ICI 与输出中断相绑定。该函数接收一个 ici * 类型的参数,表示指向给定 ICI 的指针,返回值也是一个 ICI 指针,指向建立的 ICI,或者当为空时返回 OPC_NIL。

前文已经讲到,在 ICI 接收进程中,op_intrpt_ici()函数返回与输入中断相关的 ICI 指针。因此在进程收到 ICI 后,可以调用 op_intrpt_ici()函数获取 ICI 指针,之后就可以通过 op_ici_attr_get()函数取得 ICI 属性的值。op_ici_attr_get()函数的作用是获取给定 ICI 的某属性值,它的参数列表如表 2-3 所示。

表 2-3   op_ici_attr_get()函数参数列表

参　　　数	类　　　型	描　　　述
iciptr	ici *	指向给定 ICI 的指针
attr_name	const char *	属性名
value_ptr	vartype *	指向变量的指针,该变量中存储了将赋给指定属性的值

该函数返回是否成功获取 ICI 属性值的代码,如果发生可恢复错误,则返回 OPC_COMPCODE_FAILURE。在使用该函数时需要注意,参数 attr_name 必须使用 ICI 引用的格式中定义过的属性,而且函数返回的是属性的当前内容。op_ici_attr_get_ * * *() 函数的使用方法与 op_ici_attr_get()函数的十分相似,这里不再一一列举,读者在使用时可以参照 op_ici_attr_get()函数并查阅 OPNET 文档。

例 2-13 显示了 op_intrpt_ici()、op_ici_attr_get()、op_ici_destroy()函数的使用方法。

例 2-13 op_intrpt_ici()、op_ici_attr_get()、op_ici_destroy()函数的使用。

```
switch (op_intrpt_type ())
{
  case OPC_INTRPT_REMOTE：
    /* op_intrpt_ici()返回与输入中断相关的 ICI 指针 */
    if ((iciptr＝op_intrpt_ici ()) !＝OPC_NIL)；
    {
      /* op_ici_attr_get()函数用于取得 ICI 属性的值 */
      op_ici_attr_get (iciptr，"primitive"，&primitive)；
    }
    /* op_ici_destroy()函数用于销毁已存在的 ICI */
    op_ici_destroy (iciptr)；
}
```

有益提示 ...
假如不能确保 ICI 是否包含某个属性,可以先调用 op_ici_attr_exists()函数来检查该属性是否存在,再调用 op_ici_attr_get()函数取值。

接口控制信息函数还有 op_ici_format()、op_ici_print()等。op_ici_format()函数的作用是,当进程期望接收某种格式的 ICI,而又不能确定接收到的 ICI 是不是该格式时,可以调用 op_ici_format()函数先核对格式。op_ici_format()函数接收两个参数,第一个参数是 ICI * 类型的,用于指定 ICI；第二个参数是 char * 类型的,用于表示指定的 ICI 是基于哪种格式名称的。op_ici_print()函数的作用是将 ICI 的内容打印到 DOS 窗口中,主要用于调试程序中。这个函数只接收一个用于指向 ICI 的参数。例 2-14 显示了这两个函数的使用方法,代码如下。

例 2-14 op_ici_format()和 op_ici_print()函数的使用。

```
/* 获取与中断相关的 ICI */
iciptr=op_intrpt_ici()；
/* 下面的代码用于验证这个 ICI 的类型是否可用,如果可用,则将其内容打印到终端 */
/* op_ici_format 方法的作用是获得相应 ICI 格式名称并解释其内容 */
op_ici_format (iciptr，format_name)；
if (strcmp (ici_name，"fddi_mac_fr_llc")==0)
    op_ici_print (iciptr)；
```

2.2.6 中断函数集

在 OPNET 中,事件是特定时刻发起的某种动作,而中断是事件在仿真内核中的实际执行结果。在 OPNET 中,以 op_intrpt_开头的一系列函数组成了中断函数集。

op_intrpt_schedule_self(time，code)函数的作用是为调用进程预设一个中断,它接收一个 double 类型的 time 参数用于描述预设的中断时间(注意该时间为绝对仿真时间)和一个 int 类型的 code 参数用于描述与中断关联的用户自定义数值代码(由用户自定义,当中断调用进程时,可通过函数 op_intrpt_code()获取该代码,如例 2-20 所示)。该函数返回值 Evhandle 表示预设中断的事件句柄。调用该函数将在仿真事件列表中插入一个代表预设自中断的新事件,当使用该函数预设了中断事件后,函数将立即返回调用进程的控制权,当执行完所有的前期事件且自中断事件位于仿真事件列表的表头时,将其仿真时间设为当前仿真时间并执行事件,引发调用进程的自中断。例 2-15 是该函数的简单使用方法,代码如下。

例 2-15 op_intrpt_schedule_self()函数的使用。

/＊ 在服务终止的时刻为该进程预设一个中断 ＊/
/＊ op_sim_time()函数用于获取当前的仿真时间 ＊/
op_intrpt_schedule_self (op_sim_time ()＋pk_svc_time, 0);

op_intrpt_schedule_remote (time,code,mod_objid)函数的作用是为给定的进程器或队列预设一个远程中断。它的参数列表如表 2-4 所示。

表 2-4 op_intrpt_schedule_remote() 函数参数列表

参数	类型	描　　述
time	double	预设的中断时间
code	int	用户自定义的中断相关数值代码
mod_objid	objid	给定进程或队列的对象 ID(进程或队列 ID 可通过 id 函数集中的 op_id_self()、op_topo_child()和 op_id_from_name()函数来获取)

该函数返回值是预设中断的时间句柄。该函数和 op_intrpt_schedule_self()函数很相似,返回值都可存储在一个状态变量中,用于以后调用函数 op_ev_cancel()时取消中断,不同点就在于前者预设的是远程中断,提供了无须物理包流或统计线的连接和进程可远程调用另一进程的机制,而且进程可用它来警告另一进程某事件的发生;后者预设的是自中断,常用来限制某个进程状态的持续时间。例 2-16 显示了 op_intrpt_schedule_remote()函数的简单使用方法,代码如下。

例 2-16 op_intrpt_schedule_remote()函数的使用。

/＊ 在指定的时间为指定的进程或队列预设一个远程中断 ＊/
op_intrpt_schedule_remote (op_sim_time (),0, Fddi_Address_Table [address]);

op_intrpt_type ()函数的作用是获取调用进程的当前中断属性。该函数返回的中断属性如表 2-5 表所示。

表 2-5 op_intrpt_type() 函数参数列表

常　　量	描　　述	常　　量	描　　述
OPC_INTRPT_FAIL	节点或链路失败中断	OPC_INTRPT_REMOTE	远程中断
OPC_INTRPT_RECOVER	节点或链路恢复中断	OPC_INTRPT_BEGSIM	仿真起始中断
OPC_INTRPT_PROCEDURE	过程中断	OPC_INTRPT_ENDSIM	仿真结束中断
OPC_INTRPT_SELF	自中断	OPC_INTRPT_ACCESS	访问中断
OPC_INTRPT_STRM	流中断	OPC_INTRPT_PROCESS	进程中断

续表

常　　量	描　　述	常　　量	描　　述
OPC_INTRPT_REGULAR	常规中断	OPC_INTRPT_MCAST	广播中断
OPC_INTRPT_STAT	统计中断		

 有益提示…　　常量 OPC_INTRPT_ * 对应的是某个整数,比如 OPC_INTRPT_SELF 等于 3,OPC_INTRPT_STRM 等于 4,这些常量是由 OPNET 定义的,只需了解这些常量指代的中断类型即可。

按不同中断类型,中断函数集可分为仿真核心中断、状态中断和流中断等三类。

对于仿真核心中断,进程模型的接口中的中断属性的设置非常重要,尤其是 begsim intrpt 的设置,其影响 init 的状态的 Enter 代码何时执行,如果是 enabled,那么仿真一开始,即仿真 0 时刻,可以对 porcess 进行初始化,process 被触发后,即执行 init 的 Enter 代码;如果是 disabled,就不会被 kernel 触发。如果仿真结束时需要进行一些工作(如变量的收集、内存的释放等),则需要调用 enable endsim intrpt。regular intrpt 可用来做定时器,在 process interface 设定了 intrpt interval 之后,仿真核心每个该时间量触发一次 regular 中断。

对于状态中断,stat_intrpt() 函数可以用来提取统计信息作为反馈控制变量,将该信息反馈回模型中进行控制。对 StatisticWire 可以这样理解:StatisticWire 将 A 进程的一个变量反映给 B 进程,该变量一般由 op_stat_write() 函数改变其值。在 B 进程中:① 监测到 OPC_INTRPT_STAT 型中断以后,由 op_stat_local_read() 函数读入;② 通过 op_stat_local_read() 函数查询 stat 值,一般是在收到 OPC_INTRPT_STAT 中断时去查询。而进行 stat 触发,当 intrpt method 选择为 forced 方式时,将直接进行触发;当 intrpt method 选择为 scheduled 方式时,有多种触发方式,如 rising edge、falling edge trigger,repeated value trigger 等,按照触发方式在接收端引发 OPC_INTRPT_STAT。

 有益提示…　　状态中断运用最多的地方,是在信道接入层(MAC)中判断无线信道是否空闲。在节点模型中,一般收信机(receiver)到 MAC 层有一条状态线,假设它的源状态(src stat)为 receiver. busy,状态目的地(dest stat)为 instat[0],则判断无线信道是否空闲的程序如下。

```
double status;
status=op_stat_local_read(0); /* 0 是目的状态的序号,即 instat 数组的下标 */
if (status==1.0)
/* 表示信道忙,进行相应的处理,此处省略了相应的处理代码 */
else if(status==0.0)
/* 表示信道空闲,可以发送包,此处省略了相应的处理代码 */
```

对于流中断,op_intrpt_strm() 函数的作用是获取与调用进程当前中断相关联的流索引,即返回接收的流索引号(stream index)。与流相关联的中断有流中断和访问中断。前者的流是指包到达的输入流,此时该函数用于确定包是通过哪个输入流到达的;后者的流是指与之相连的模块访问的输出流,此时该函数用于确定所连处理器或队列访问的是哪个输入流。例2-17显示了如何使用 op_intrpt_type()函数判断中断类型并进行相应的处理,代码如下。

例 2-17 op_intrpt_type()函数的使用。

```
type=op_intrpt_type ();/* 获取中断类型 */
switch (type)
{
 case (OPC_INTRPT_STRM);/* 如果是流中断 */
 /* 此处省略了相应的处理代码 */
 break;
 case (OPC_INTRPT_SELF);/* 如果是自中断 */
 /* 此处省略了相应的处理代码 */
 break;
 case (OPC_INTRPT_STAT);/* 如果是状态中断 */
 /* 此处省略了相应的处理代码 */
 break;
 default:
 /* 此处省略了相应的处理代码 */
}
```

2.2.7 分组函数集

包是 OPNET 中主要的数据模型,基于包的通信是 OPNET 仿真的主要信息传递机制,大多数网络应用都涉及分组或包的传输。OPNET 中以 op_pk_开头的函数称为包(packet)函数集,这是一组有关处理包、主要数据建模以及封装机制的核心函数的集合,主要包括创建/销毁包、设置/获取包的数据内容和获取包的特殊属性的信息的函数。

包实质上是一种数据结构,它是动态的仿真实体,并且有一定的生存期,在创建之后即担负承载数据的责任,一旦使命完成将会被销毁,以释放所占用的内存,供其他包使用。op_pk_create_fmt(format_name)函数的作用是创建一个具有预定格式的包,成功则返回一个 packet * 类型的指针,用于指向新创建的包,失败则返回 OPC_NIL。例2-18 显示了 op_pk_create_fmt()函数和 op_pk_nfd_set()函数(后讲)的使用方法,代码如下。

例 2-18 op_pk_create_fmt()和 op_pk_nfd_set()函数的使用。

```
/* 创建一个指定格式的包 */
mac_frame_ptr=op_pk_create_fmt ("fddi_mac_fr");
/* 为包的相应字段赋值 */
op_pk_nfd_set (mac_frame_ptr, "svc_class", svc_class);
```

```
op_pk_nfd_set (mac_frame_ptr, "dest_addr", dest_addr);
op_pk_nfd_set (mac_frame_ptr, "src_addr", my_address);
op_pk_nfd_set (mac_frame_ptr, "info", pdu_ptr);
```

包可以通过 op_pk_copy (pkptr) 函数创建一个包的副本,具有相同的包头和内容,但它的创建时间和标识号 (Packet ID) 不同。该函数接受一个 packet * 类型的参数,用于指向原包的指针,返回值是指向副本包的指针。

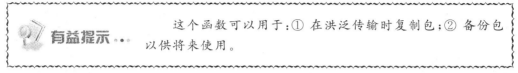

有益提示…… 这个函数可以用于:① 在洪泛传输时复制包;② 备份包以供将来使用。

如果想要销毁一个包并释放其内存资源,可以调用 op_pk_destroy (pkptr) 函数,该函数无返回值。无用的数据包大量积聚会占用很多内存,经常使用该函数销毁无用的包可以达到释放内存的目的。但需要注意的是,如果在销毁前已使用 op_pk_nfd_get () 函数获取包的结构字段内容,那么就必须使用 op_prg_mem_free () 函数释放结构字段内存。

op_pk_get (instrm_index) 函数的作用是获取到达输入包流的包的指针,并将其从流中移除。该函数获取包的方式有两种,一种是获取在包流中发送的包,另一种是获取由远程模块传送的包,这两种获取方式是一样的。请注意,使用该函数只能获取到输入流队列中第一个到达的包,因为被动地发送或传递到输入流(采用函数 op_send_quiet () 或 op_deliver_quiet())中的包不会引起相关模块的中断,多个被动包属于同一个输入流,它们按到达顺序进行排队。如果需要连续获取包,则可以反复调用该函数,使用 op_strm_pksize () 函数可以获取输入流队列中包的数目。例 2-19 显示了 op_pk_copy () 和 op_pk_get () 函数的使用方法,代码如下。

例 2-19 op_pk_copy () 和 op_pk_get () 函数的使用。

```
/* 获取中断流中的包 */
pkptr＝op_pk_get (op_intrpt_strm ());
/* 获取指定字段 int_value 的值并保存到 &i 指向的内存中 */
op_pk_nfd_get (pkptr, "int_value", &i);
/* 代码省略 */
/* 将该包插入到子队列的头部 */
if (op_subq_pk_insert (0, pkptr, OPC_QPOS_HEAD) ！＝OPC_QINS_OK)
{
  /* 如果插入失败,丢弃并销毁该包 */
  op_pk_destroy (pkptr);
}
```

在数据通信中,包的时间戳是一个非常重要的概念。我们可以很形象地把包看作一个包裹,邮局是仿真核心,邮寄包裹可以看作包的传输,邮局将它寄出去之前必须盖上邮戳(这个邮戳可以看成这里的时间戳)标记什么时候和什么地点寄出去的。通过调用 op_pk_stamp () 函数,仿真核心标识创建时间为当前的仿真时间,地点为创建包的进程所对应的对象标识号(Objid)。在包被设置好时间戳后,无论它经过任何进程,该进程都可以析取时间戳中的信息,得到上一次对包操作的时间(通过调用 op_pk_stamp_time_get()函数)和地点(通过调用 op_pk_stamp_mod_get()函数)。值得一提的是,包的时间戳可以通过调用 op_pk_ creation_time_set()函数被进程修改,并非一定是最原始的创建时间。

除了手动调用 op_pk_stamp()函数设置时间戳,仿真核心在包创建时会自动标记原始时间戳,可以调用函数 op_pk_creation_time_get()函数和 op_pk_creation_mod_get()函数来分别得到包的原始创建时间和地点,其中前者主要用于计算端到端的传输和处理延时,后者用于获取包创建出的模块 ID。两者相结合后,op_pk_creation_time _get()函数可用于比较不同源位置的端到端延时。

包的传输是 OPNET 仿真的主要行为。OPNET 规定了包传输的两种方式,分别是"发送(sending)"和"传递(delivering)"。sending 是通过连接模块与模块的包流(packet stream)来实现的,而 delivering 不需要实际的物理连接。这两种传输模式针对不同的应用有各自的用途。

对于 sending,有下面四种方式。

(1) 常用的发送方式是调用 op_pk_send()函数,当包沿着输出包流到达目的模块时立即向目的模块触发流中断。整个过程没有延时,所以包到达的时刻也是包发送的时刻。op_pk_send (pkptr, outstrm_index)函数的作用是将包发送到输入包流中,基于当前仿真时间安排包到达某个目的模块的时间,并释放调用进程对包的所有权,第二个参数 outstrm_index 描述了所属模块输出包流的索引值。该函数主要用于在节点内通过包流相连的模块间传递包,如果需要在不依赖模块间物理连接的情况下传递包,可使用 op_pk_deliver()函数。

(2) 与第一种方式相比,如果要模拟包在包流传输过程的延时,以此来仿真模块有限的处理速度,这时可以调用 op_pk_send_delayed()函数,包将滞后指定的时间到达目的模块。op_pk_send_delayed (pkptr, outstrm_index, delay)函数的作用是将包发送到输出包流中,确定附加一段延时后包到达目的模块的时间,并释放调用进程对包的所有权。该函数提供了在通过包流相连的模块间传递包的机制,主要用于模拟由调用进程引起的处理延时或传输延时。

(3) 前面两种传输方式对于目的模块来说是被动的,因为包的到达会强加一个流中断通知它接收。如果目的模块希望隔一定的时间间隔就主动地去从输入队列中取出一个包,此时包到达引起的时间上不规则的中断则显得无意义。

(4) 考虑到目的模块的这种要求,源模块应该调用 op_pk_send_quiet()函数,采取一种静默的方式发送包。该函数使用方法如例 2-20 所示。

op_pk_nfd_set (pkptr, fd_name, value)函数和 op_pk_nfd_get (pkptr, fd_name, value_ptr)函数是一对相对应的函数,前者的作用是为 pkptr 所指的包的 fd_name 字段赋值(值为 value),后者的作用是获取 pkptr 所指的包中的 fd_name 的值,并存储到 value_ptr 所指的内存中。在这两个函数的参数中,value 和 value_ptr 分别是 vartype 类型的数据和指向 vartype 类型的指针,核心函数会根据包的内部结构来确定传递给参数的是何种类型的字段,从而改变它的字段分配方法。op_pk_nfd_set()函数的用法如例 2-18 所示,例 2-19 显示了 op_pk_nfd_get()函数的使用方法。

2.2.8 队列函数集

队列类核心函数为队列模块提供管理队列资源的支持。值得注意的是,队列类核心函数只针对队列模块,进程模块或无线收发机管道程序不能使用。

队列由多个子队列(subqueue)组成,换句话说,队列是由多个子队列拼贴在一起而形成的。子队列的大小由头和尾界定,它可以看作是一个包的列表,因此随着包的到达和离开,队列大小将动态变化。

子队列类核心函数支持对子队列的操作,如插入和访问包,而队列类核心函数不支持这些操作,它只针对队列(所有子队列的集合)。

若一个子队列不包含任何包,则为空;若一个队列的所有子队列都为空,则它为空。函数 op_q_empty()用于判断队列是否为空。有时队列需要清空(或称为刷新),如设备重新启动,这时可以调用 op_q_flush()函数。

子队列最基本的操作是插入、访问、删除和查找包。op_subq_pk_insert()函数的作用是将包插入到给定子队列的指定位置。op_subq_pk_insert()函数的参数列表如表 2-6 所示。该函数返回一个 int 值,表示插入是否成功的代码。系统为该函数的第三个参数定义了三个符号常量 OPC_QPOS_PRID、OPC_QPOS_HEAD 和 OPC_QPOS_TAIL,分别表示按优先级插入、头插入和尾插入。例 2-19 显示了该函数的使用方法。

表 2-6 op_subq_pk_insert( )函数参数列表

参　　数	类　　型	描　　述
subq_index	int	给定子队列的索引(子队列索引从 0 开始)
pkptr	packet *	指向给定包的指针
pos_index	int	子队列中包应插入的位置索引

 有益提示 ··· 当采用 OPC_QPOS_PRID 插入包时,必须首先使用 op_subq_sort()函数对子队列进行优先级排序。

op_subq_pk_access()函数的作用是得到指向包的指针。

op_subq_pk_remove()不同于 op_subq_pk_access()函数,它不仅获取包在子队列中的位置指针,还将其从子队列中移除。它接收两个 int 类型的参数,分别表示相关子队列的索引和子队列中需移除的包所在位置的索引(索引从 0 开始),返回值是一个指向从队列中移除的包的指针。该函数的使用如例 2-20 所示,代码如下。

例 2-20 op_intrpt_code()、op_subq_empty()、op_subq_pk_remove()及 op_pk_send_quiet()函数的使用。

```
/* 确定哪些子队列正在被访问 */
subq_index=op_intrpt_code();

/* 检查是否为空 */
if (op_subq_empty (subq_index) ==OPC_FALSE)
```

```
{
    /* 访问子队列中的第一个包并移除它 */
    pkptr=op_subq_pk_remove(subq_index, OPC_QPOS_HEAD);
    /* 使用安静模式将其转发到目的地,以免引起流中断 */
    op_pk_send_quiet(pkptr, subq_index);
}
```

 有益提示…　子队列初始化为空,可通过 op_subq_pk_insert()函数将包插入到子队列中,通过 op_subq_pk_remove()、op_subq_flush()或 op_q_flush()函数将包从子队列中移除。

包进入队列后,一些与之相关的信息会被保存下来,例如,什么时候进入队列的,在队列中积压(等待)多长时间等。包进入队列的时间可以通过 op_q_insert_time()函数获取,包的等待时间可以通过 op_q_wait_time()函数获取。

如果需要互换队列中两个包的位置,只需调用 op_subq_pk_swap()函数即可。

2.2.9　统计量函数集

统计量(stat,statistic)函数集用于将用户自定义的自动计算的统计量写入仿真创建的数据文件中。OPNET 提供两种类型的统计量:矢量统计量(vector)和标量统计量(scalar),对应的输出文件分别为矢量文件(*.ov)和标量文件(*.os)。

矢量统计量包含动态的,基于事件的十进制数据,这些数据跟踪统计量随时间变化而变化的情况,每个数据点都是在某个时刻访问矢量统计量生成的,一个矢量统计量只能包含一次仿真的数据。换句话说,仿真过程中不能将新的数据加入以前仿真创建的矢量输出文件中。每个矢量统计量在隶属的探针模型(probe model)文件中都对应一个探针,而标量统计量不需要在探针编辑器中定义探针。

标量输出文件可以收集由许多仿真共同产生的结果,具体来说,对于一系列仿真,仿真每更新一次参数就得出一个新的结果,我们希望将每次仿真的参数和与其对应的结果画成一条曲线,这时就可以采用将结果写入标量输出文件的方法来实现。与矢量文件相比,标量文件包含非动态的数据。标量文件以数据块的方式组织数据,每一次仿真的所有标量数据被写入一个相应的数据块中。

op_stat_annotate()函数为矢量输出文件的一个状态统计量增加一个标签,op_stat_rename()函数对矢量输出文件中的一个状态统计量重命名。op_stat_reg()函数返回进程模型中节点或模块统计量(局部或全局)的句柄,只能用在进程模块上下文中,且既可注册局部统计量,又可注册全局统计量。例 2-21 显示了这三个函数的用法。op_stat_obj_reg()函数与 op_stat_reg()函数类似,但不局限于应用在进程模块,它还可以用来访问链路、路径、子模块的局部统计量。op_stat_dim_size_get()函数得到进程模块中定义的统计量的维数(dimension),而 op_stat_obj_dim_size_get()函数还可以得到路径、链路等对象的统计量的维数。op_stat_write()函数在当前时刻将结果写给某个指定的统计量,它接收的两个参数分别是将写入的值和当前仿真时间。op_stat_write_t()函数在某个指定的时间将结果写给某个指定的统计量。

例 2-21   op_stat_annotate()、op_stat_rename()及 op_stat_reg()函数的使用。

```
if (conn_id < FRMSC_PVC_CONN_STAT_COUNT)
{
    /* 为该统计量创建一个索引 */
    /* 参数一为统计量,参数二为索引号,参数三指定是全局索引(OPC_STAT_
       GLOBAL)或局部索引(OPC_STAT_LOCAL) */
    frms_ete_del_lhandle = op_stat_reg ("Frame Relay PVC. Delay (sec)", conn_id,
    OPC_STAT_LOCAL);

    /* 为 frms_ete_del_lhandle 指向的统计量增加一个标签,命名为 stat_annot_str */
    op_stat_annotate (frms_ete_del_lhandle, stat_annot_str);
    frms_ete_del_var_lhandle = op_stat_reg ("Frame Relay PVC. Delay Variance",
    conn_id, OPC_STAT_LOCAL);

    /* 为 frms_ete_del_lhandle 指向的统计量重命名为"Delay Variation" */
    op_stat_rename (frms_ete_del_var_lhandle, "Delay Variation");
    op_stat_annotate (frms_ete_del_var_lhandle, stat_annot_str);
}
```

有益提示 … 在同一仿真时间,对 op_stat_write()函数的多次调用将按顺序记录,而不是互相覆盖。

2.3   OPNET 网络建模和仿真方法

本节主要介绍使用 OPNET Modeler 软件建立网络模型的步骤和方法,以及 OPNET 的仿真机制,使读者对 OPNET 建模和仿真过程有个深刻的认识。OPNET 建模和仿真的步骤:首先要建立网络模型,配置网络的拓扑结构(topology),然后为仿真网络配置业务量(traffic),定义和配置需要收集的统计量(statistics)并运行仿真(simulation)。本节将主要介绍 OPNET 的建模和仿真。仿真结果的收集和发布等将在下一节介绍。

2.3.1   OPNET 建模基本特性

在介绍 OPNET 的建模机制之前,需要先了解建模的一些基本特性。

建模,即建立系统模型的过程,是将实际的系统映射到仿真环境中的过程。由于建模是一个非常复杂的过程,仿真系统无法模拟出实际系统的全部行为,而仿真环境对实际系统的逼近程度又将直接影响仿真结果的有效性,因此建模方法的好坏将直接影响实验结果。仿真领域采用同等性来描述仿真环境与实际系统的逼近程度,它不是要求仿真系统与实际系统完全等同,而是指仿真系统能在某些方面或层次反映实际系统。

1. 建模的条件和步骤
一般来说,建模应该满足以下几个条件:

（1）模型必须能解释待研究的问题；

（2）模型在映射实际需求时必须有足够的精确程度；

（3）模型建立的准确性必须能够被验证；

（4）模型应该满足一些预定义的前提条件。

在实际建模过程中，不需要将系统的所有方面都包含在模型中，只需抓住需要建模的方面，将另一些不重要的方面进行简化甚至直接忽略，这就需要我们采用科学的方法进行有效的分析。大体上，建模的基本过程可以分为六个步骤，如图 2-5 所示。

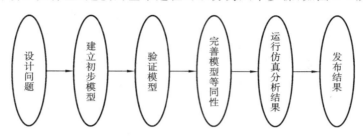

图 2-5　建模六大步骤

为了与真实计算机通信网络三个方面的模型即网络拓扑、节点内部结构和通信行为保持一致，OPNET 的建模过程分为三个层次，即进程（process）层次、节点（node）层次和网络（network）层次。其中，最底层的进程层次以有限状态机（FSM）描述协议，模拟单个对象的行为；节点层次由相应的协议模型构成，反映设备的特性，并将进程层次模拟的对象行为互联成设备；网络层次需要对网络有正确的拓扑描述，将节点层次的设备互联组成网络。这种建模机制和实际协议层次、设备、网络完全对应，全面反映了网络的系统特性，有利于工程的管理及分工。

2. OPNET 建模的特点

OPNET 建模具有以下特点。

（1）源于对象：OPNET 采用的是一种面向对象的建模方式（object-oriented modeling），从网络模型到节点模型再到进程模型，都是对实际系统某一些方面的抽象，反映实际系统的某一些方面的行为。每一类节点开始都采用相同的节点模型，再针对不同的对象，设置特定的参数。每个模型都具有自己的状态和操作，各模型之间还可进行通信。

（2）针对通信和网络：OPNET 作为一种优秀的通信网络、协议的建模和仿真工具，自身的定位就是针对通信和网络，因此它完全符合 OSI 七层结构，而且不同层次之间又不像 GloMoSim 那样划分的太过严格而导致跨层信息通信十分困难。

（3）层次化建模：Modeler 采用阶层性的模拟方式（hierarchical network modeling），节点模块建模符合 OSI 标准，即业务层→TCP 层→IP 层→IP 封装层→ARP 层→MAC 层→物理层；而且 Modeler 还提供了三层建模机制，分别为进程（process）模型、节点（node）模型、网络（network）模型。

（4）图形界面：OPNET 有一个友好的图形界面，所有的操作都可以直观地进行，而且一些仿真输出也可以图形化显示。

（5）动画：OPNET 专门定义了动画类核心函数，支持进程模型通过编写一系列图形操作命令来定义动画。由于仿真并不支持直接显示动画图形，所以必须通过动画浏览程序(op_vuanim)间接地对动画请求进行解释，并显示动画。

（6）便捷的交互式程序分析：OPNET 可以很方便地与 VC 联调，使用 VC 强大的 debugger 功能，可以很方便地找出代码的错误。

2.3.2 OPNET 建模机制

OPNET Modeler 建模采用层次化和模块化的方式，网络域、节点域、进程域是构建 OPNET Model 模型的三个层次。下面将详细介绍 OPNET 的三层建模机制。

1. 网络域模型

网络域建模是利用地理位置和运行业务，采用子网、路由器、服务器及通信链路等建立网络模型，构建反映现实网络结构的拓扑，以期实现对现实网络的真实映射，因此网络域建模依赖于对网络的正确的拓扑描述。在网络模型的三个模块中，子网(sub-networks)的级别最高，可以封装其他网络层对象；通信节点(communication node)对应于网络设备，也包括一些业务配置模块；通信链路(communication links)对应于显示网络中的链路，也包括逻辑链路。图 2-6 所示的是网络模型，图 2-6(a)所示的是一个简单的子网，图 2-6(b)所示的是该子网的内部结构，从图 2-6 可以看到网络的通信节点和通信链路。

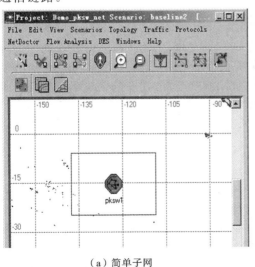

（a）简单子网　　　　　　　　　　　　（b）子网的内部结构

图 2-6 网络模型

1）子网

这里的子网与计算机网络中的子网具有不同的概念，OPNET 的子网只是一个完整网络实体的某一个方面的抽象实体，一个子网通常包含一组节点和链路，用于表示物理上或逻辑上的网络模型。子网由支持相应功能的硬件和软件组成，用于生成、传输、接收和处理数据，子网也可以层层嵌套，即子网中包含其他子网，这种机制有助于构建更复杂的分层网络。

2）通信节点

通信节点包含在子网中，用于表示路由器、交换机、服务器和工作站等物理设备，数据通常在通信节点中产生、传输、接收和处理。OPNET 提供了三种类型的节点，分别是：固定节点，包括路由器、交换机、工作站、服务器等物理设备；移动节点，包括移动台、车载通信系统等；卫星节点，即卫星。

3）通信链路

不同的节点之间需要有通信链路连接，这是节点之间包通信的信道。OPNET 支持的链路包括点对点链路和总线链路，前者主要用于固定节点（如路由器、交换机）之间的包流传输，后者主要用于以广播方式在多个节点之间共享传送数据。通信链路通常还包括无线链路，这是一种在仿真中动态建立的链路，它可以在任何无线的收发信机之间被建立。

基于这三个模块，网络域建模可以按照建立网络拓扑结构、创建编辑网络模型、创建自定义节点和创建链路模型的步骤进行建模。图 2-7 展示了建立网络拓扑结构的步骤，创建编辑网络模型可以在 OPNET 工程编辑器中进行。

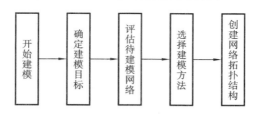

图 2-7 网络拓扑结构建立

2. 节点域

节点域建模将实际节点分解成若干节点模块，每个节点模块实现实际节点行为的一个或多个方面，比如数据生成、数据存储、数据传输或数据处理等，然后将各模块用包流线或者统计线连接起来，即组成一个具有完整功能的节点，其中包流线用于各模块间数据包的传输，统计线用于对模块特定参数变化的监视。

节点模块用于实现实际节点的一个或多个功能，因此仿真其实就是基于一系列模块进行的一组组合实验，即将各种节点模块组合在一起实现完整的节点功能。OPNET 中模块可以分为四种类型：进程模块、队列模块、收信机模块和发信机模块。

1）进程模块

进程模块主要用于建立节点模型，它的功能由进程模型决定，包括产生数据、接收数据、传输数据和数据处理等。进程模块可以通过数据包流连接到其他模型，并进行数据包流的发送和接收：通过数据包流，从输入流接收数据包，处理该数据包，并通过输出流将该数据包发送出去。

2）队列模块

队列模块可以看作进程模块的一种扩展，它比进程模块多了额外的内部资源——子队列，队列是由多个子队列拼贴在一起而形成的。子队列是队列的子对象，不能再包含其他模块，因此它不可能是其他模块的父对象。子队列通常用于对数据包进行收集和管理。

3）收信机模块和发信机模块

收信机模块和发信机模块都是连接通信链路和数据包流的接口，不同的是前者用于接收从节点外通信链路发来的数据包流，而后者用于向通信链路发送数据包流。这两种模块都可分为点对点模块、总线型模块和无线收信机模块。收信机从通信链路上接收数据包后，将数据分配到一个或多个模块的输出数据包流上，发信机则用于从一个或多个输入数据流中收集数据报，然后以相同的索引号发送到通信链路的信道上。

关键概念 ⋯⋯ 模块是节点的子对象,而节点又是子网(subnet)的子对象。

连接线分为数据包流和统计线,分别指承载数据包的连接线和传输单独数据的连接线。数据包流是在同一节点模型的不同模块间传输数据包的物理连接,在 OPNET 中可以用数据包流建立可靠的链接。由于数据包流比较复杂,OPNET 还提供了一种简单的接口——统计线,用于在模块间传递简单的统计数值。

节点建模通常在 OPNET 节点编辑器(node editor)中进行。图 2-8 显示了一个简单的节点模型。

图 2-8　节点模型

3. 进程域

进程模型是实施各种算法的载体,主要用来刻画节点模型里的处理机以及队列模型的行为,可以模拟大多数软件或者硬件系统,包括通信协议、算法、排队策略、共享资源、特殊的业务源等。理解 OPNET 进程驱动的原理对理解整个进程模型是非常有帮助的。所有的进程都是由中断驱动的,所以进程的第一个操作就是判断中断的类型,进而解析中断的属性。op_intrpt_type()函数的作用是获取调用进程的当前中断属性,详情请参考 2.2.6 小节。进程一直在阻塞(blocked)和活动(active)两个状态间循环,当等待的事件或中断到来,进程则由阻塞状态进入活动状态,执行完毕后再回到阻塞状态。我们在前文讲过,进程模型是用有限状态机来描述进程的协议,用状态转移图描述进程模型的总体逻辑构成。下面从进程状态转移图、变量和内存共享机制等方面详细介绍进程域涉及的相关内容,使读者深入理解进程域。

1)状态转移图

状态就是进程在仿真过程中所处的状态,OPNET 为进程定义了两种状态,即强制状态(forced states)和非强制状态(unforced states),状态颜色分别用绿色和红色表示。进程在某一时刻只能处于一种状态,而且在任何时刻只能有一个进程处于执行状态。非强制状态允许进程在进入和离开之间暂停,即进程执行完非强制状态的入口代码后会被阻塞,并将控制权交还给调用它的其他进程。如果该进程是被仿真内核调用的,则意味着这个事件已经结束了。强制状态是不允许进程停留的状态,即进程进入该状态并执行完入口代码后不停留,立即执行相应的出口代码,然后根据转移条件转移到下一个状态。强制状态的出口执行代码一般为空,这也是它与非强制状态最大的区别之处。当一个进程开始执行后,我们就说这个进程被调用了。当进程进入强制状态时,仿真系统会强制进程立刻转移到下一个状态;而当进程进入非强制状态时,将触发中断,只有当等待的事件得到满足或者其他进程、仿真核心触发,才可继续执行。比如说,当一个进程调用另一个进程时,调用(invoking)进程被暂时挂起,直到被调用(invoked)进程被阻塞为止,一个进程如果完成了它当前调用的处理就将被阻塞,当被调用进程被阻塞时,调用进程就将从它挂起的地方继续执行。

OPNET 把进程的有限状态机的状态转移图(state transition diagrams,STD)和标准的 C/C++ 语言以及 OPNET 核心函数统一起来称为 Proto-C 语言,它是 OPNET 为协议和算法的开发而专门设计的,是一个类似于内核程序(kernel procedures)的高级命令库,同时又具有 C/C++ 语言强大的功能。状态转移图同时定义了模型的各个进程所处的状态,以及使进程在状态之间转移的条件。

(1)状态变量(state variables)。

状态转移图中的状态变量是指进程拥有的一些私有状态变量。这些变量可以是任意数据类型的,包括 OPNET 专有的、通用的 C/C++、用户定义类型等。状态变量可以使进程能够很灵活地控制计数器、路由表、与性能相关的统计量和需要转发的消息。

(2)状态执行(state executives)。

与进程状态对应的动作在 Proto-C 语言中被称为执行代码。状态的执行代码分为入口代码和出口代码,入口代码是进程进入该状态时执行的代码,出口代码是进程离开该状态时执行的代码。进程进入和离开状态时的操作包括:修改状态信息,创建或接收消息,更新发送消息的内容,更新统计数据,设置计时器以及对计时器做出响应。

(3)状态转移(state transition)。

进程的另一个特性状态转移则描述了进程模型从一种状态变为另一种状态的过程及条件:原状态、目的状态、转移条件和转移执行代码。进程在执行完原状态的出口代码时,判断转移条件,如果条件为真,则开始执行转移代码,然后进入目的状态,如图 2-9 所示。

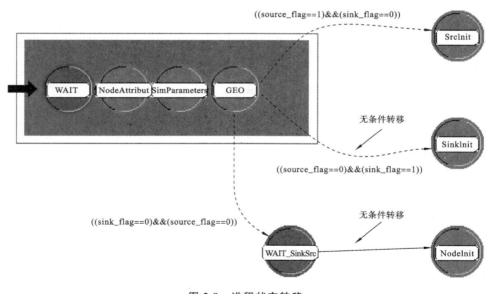

图 2-9　进程状态转移

 小技巧...　　双击状态机的上半部分,编写状态机的入口代码;双击状态机的下半部分,编写状态机的出口代码。

2）变量类型

在使用 Proto-C 语言编写进程模型时，还需要关注 OPNET 提供的三种变量：全局变量、状态变量和临时变量。

（1）全局变量（global variables）。

顾名思义，全局变量拥有全局的作用域，它类似于 C/C++语言中的全局变量，为OPNET 的不同进程提供了一个信息共享的区域，而且可被所有进程访问和修改。全局变量是在进程的 Header Block（HB）区域中定义的，可以使用 C/C++语言的数据类型和 OPNET 自定义的数据类型，一般采用先定义，然后声明引用的方法，即它在某一个进程里被主声明，在其他需要调用它的进程中用"extern"进行外部声明。

（2）状态变量（state variables）。

状态变量是在单个进程里保持的，专属于该进程，为整个进程范围的"全局变量"。状态在不同的进程之间切换，保持值不变。状态变量的私有性决定了它只能在该进程中使用，别的进程不能直接访问它，当然通过调用一些函数，它还是能够被获知的。状态变量需要在初始化过程进行赋值，节点的一些统计变量一般采用状态变量。

（3）临时变量（temporary variables）。

在进程模型中，临时变量是使用最频繁的变量，它用来暂存数据，而且不要求这些数据保持不变。它的生成期最短，也不需要在进程的两次调用之间保持不变，比如 for循环中定义的自加/减变量 i，因为只是使用上需要，并不关注它运行的结果，所以使用临时变量。需要注意的是，由于前一个事件驱动的处理过程使用的临时变量，在下一次再进入该处理过程时会发生改变，因此临时变量不适用于存储定量的环境。

 小技巧…　　　在进程模型编辑器中，可以分别找到定义上述三种变量的图标，帮助我们快速地定义变量：[HB]定义全局变量，[SV]定义状态变量，[TV]定义临时变量。

3）共享内存机制

为了支持进程间的协同运作，OPNET 还提供三种参数传递的接口内存，它们分别是同模块共享内存（module memory）、父子共享内存（parent-to-child memory）和参数内存（argument memory），它们作用范围依次减小，因此用在不同的场合。下面讨论三种进程间内存共享机制。

（1）同模块共享内存。

通过 op_pro_modmem_install()函数和 op_pro_modmem_access()函数访问。为了保证进程间通信机制，各个进程应当遵循共享内存的数据类型，因而共享内存的数据结构定义应当放在外部定义头文件".h"中，并包含在每个进程的 header block 中。共享内存一开始是没有的，由进程来决定什么时候分配以及分配多大，这些通过 op_pro_modmem_access()函数来完成。内存的分配一般是通过 op_prg_meme_alloc()函数来完成的。Module 内存用得最普遍，所有隶属于某个进程模块的进程都能够使用，它的作用范围仅次于全局变量。

（2）父子共享内存。

只有以父、子关系联系在一起的进程才能访问的私有共享内存。这种共享内存只能在子进程由 op_pro_create() 函数产生,而由 op_prg_mem_alloc() 函数分配,且不能被替换。通过 op_pro_ parmem_access() 函数访问。通过 op_pro_invoke() 函数通知对方对共享内存的内容进行的修改以及对内容的检查。值得注意的是,它只能在父进程创建子进程时和子进程句柄绑定一次,此后子进程都可以使用该内存。parent-to-child memory 的作用域小于 module memory 的作用域。

(3) 参数内存。

Argument 内存共享基于每次中断的调用,当父进程调用子进程时,可以针对此次中断将特定的数据传给子进程。将内存地址作为 op_pro_invoke() 函数的参数传给别的进程用于通信,通过 op_pro_argmem_access() 函数来完成访问。与前两个不同的是,这部分内存不是永恒的。它的作用范围小于 parent-to-child memory 的。

2.3.3 OPNET 仿真机制

本小节主要介绍 OPNET 的仿真机制,包括离散事件仿真机制和信息传递机制。OPNET 采用一种事件的驱动机制来推动仿真程序的运行,事件驱动是 OPNET 仿真软件运行的基本机制。OPNET 中各模块之间以及模块内部之间需要通过特定的信息传递机制来传递请求、中断、信息和命令等内容。下面分别介绍 OPNET 的事件驱动机制和信息传递机制。

1. 离散事件仿真机

OPNET 采用离散事件驱动(discrete event driven)的模拟机理,其中"事件"是指网络状态的变化。也就是说,只有网络状态发生变化,模拟机才工作;网络状态不发生变化的时间段不执行任何模拟计算,即被跳过。离散事件驱动的模拟机计算效率与时间驱动的计算效率相比,得到了很大的提高。为了很好地理解离散事件仿真机制,首先理解以下几个概念。

1) OPNET 中仿真时间和仿真事件

在 OPNET 的仿真过程中,为系统模型产生一系列的状态。模型随着时间的变化而经历这些状态,更准确地说,这种变化代表了仿真模型随着时间变化而变化的功能。OPNET 中仿真时间和仿真运行时间有着本质的区别,OPNET 仿真时间只是设定的仿真实际系统运行的时间,是 OPNET 仿真推进的时间。根据仿真模型的复杂程度,仿真时间可以比仿真运行时间长,也可以比仿真运行时间短。

OPNET 的仿真是一种基于离散事件的仿真方法,该仿真方法将仿真分解为一个个相互独立的事件点。OPNET 模型采用一定的方法来响应这些事件点。OPNET 既支持并行程序运行,也支持分布式系统的运行。因此,多个事件点可以在不同的仿真时刻分别发生,也可以在同一仿真时刻同时发生。

仿真时间的推进随着事件的发生而单调递增。具体来说,在 0 s 时执行一个事件,机器运行 5 s(仿真运行时间),之后仿真核心接着触发下一个事件,随着这个事件的执行,系统的仿真时间推进到 5 s(仿真时间)。在进程模型中,可以通过调度将来的某个时刻的事件来更新仿真时间。例如,当前时刻执行语句 op_intrpt_schedule_self(op_sim_time()+仿真推进的时间 T,中断码)后,下一个事件的执行将使仿真时间推进 T 秒。在上例中,如果等于 0 s,则下一事件没有对仿真时间的推进做任何贡献。

总之，执行事件不需要任何时间，事件和事件之间可能需要消耗仿真时间，但是不消耗物理时间。事件执行过程直至事件执行完毕，仿真时间不推进，但需要物理时间，这个物理时间受机器的 CPU 限制。

> 🎯 **关键概念 ...** OPNET 推进的是仿真时间，和仿真运行时间有着本质的区别，它不同于真实世界的时间。真实世界的时间反映了仿真程序执行的速度，由机器的硬件速度决定；而仿真时间是系统仿真的时间进度，是一个抽象的时间，它的推进是根据仿真的逻辑来定的。

2）离散事件仿真中的事件调度

OPNET 仿真核心实际上是离散事件驱动的事件调度器（event scheduler），它主要维护一个具有优先级的队列，它按照事件发生的时间对其中的工作排序，并遵循先进先出（first in first out，FIFO）顺序执行事件。OPNET 采用的离散事件驱动模拟机理决定了其时间推进机制：仿真核心处理完当前事件 A 后，把它从事件列表（event list）中删除，并且获得下一事件 B（这时事件 B 变为中断 B，所有的事件都渴望变成中断，但是只有被仿真核心获取的事件才能变成中断，事件有可能在执行之前被进程销毁），如果事件 B 发生的时间 t2 大于当前仿真时间 t1，OPNET 将仿真时间（simulation time）推进到 t2，并触发中断 B；如果 t1 等于 t2，仿真时间将不推进，直接触发中断 B。

仿真开始时，事件队列中至少包含一个未被执行的事件存在，仿真从第一个事件的执行开始。初始化的调度事件引发仿真的开始，并不断地引发其他调度事件。一旦仿真开始，事件队列就会随着新事件的调度以及旧事件的执行或消失而增大或缩小，每一次仿真都会引起事件队列长度的变化。由于未来的可知事件被调度并存放在事件队列中，只要事件队列中还有事件未被执行，仿真就将继续进行。如果事件队列为空，即最后一个事件也已经执行，则仿真随之终止，除非最后的事件有调度新的事件。当事件队列为空时，不管仿真时间是否完成，仿真都结束。

有时可能会出现仿真时间始终停留在某个时间点上的情况，这肯定是由于程序的逻辑错误导致的，具体来说，在某个时刻循环触发事件。例如，在某个循环语句中执行了以下语句 op_intrpt_schedule_self（op_sim_time（），中断码），这样仿真核心永远处理不完当前时刻的事件，因此仿真总是无法结束。仿真结束条件有两个：① Event List 为空；② 仿真时间到达设定的时间。

3）事件优先级的判定

假如同一时刻有多个事件存在仿真核心事件列表中，那么它们将按照先进先出的顺序被仿真核心处理，我们很难确定这些事件执行的优先级。若在时间上不能区分事件优先级，那只好手动设定事件优先级来区分同一时间内事件执行的顺序。OPNET 提供了三种方法：在进程界面上设置事件优先级；编程指定特定事件优先级；增加冗余的红色状态。

（1）如图 2-10 所示，在进程模型的 Process Interfaces 中设定优先级（priority）属性值，这个值越大代表优先级越高。设定之后所有由该进程产生的事件都采用这个优先级，因此它也可以称为进程优先级。

（2）编程实现 op_intrpt_priority_set（事件类型，事件代码，事件优先级）。

（3）增加冗余的红色状态，这种方法在初始化时最常用到，也可以称为零时刻多次触发事件。

Attribute Name	Status	Initial Value
begsim intrpt	set	enabled
doc file	set	nd_module
endsim intrpt	set	disabled
failure intrpts	set	disabled
intrpt interval	set	disabled
priority	set	0
recovery intrpts	set	disabled

图 2-10　在进程窗口设置进程优先级

有益提示 ... 　　　同一进程模型中,某时刻多次触发事件有可能导致逻辑错误,但也是一种编程的技巧,一般用在多个协议需要协同初始化的场合。OPNET 中许多标准协议的进程模型都使用了添加冗余状态设定优先级这种技巧。

2. 信息传递机制

在使用 OPNET 进行仿真时,其仿真模型都可以归结为由若干相互连通的子系统组成的分布式系统。这些子系统之间主要依靠特定的信息传递机制来传递请求、中断、信息和命令等内容。子系统之间的通信,既可以指不同节点之间的通信,也可以指同一节点模型的不同模块的通信。这些信息传递机制包括基于包的通信、应用接口控制信息进行通信和基于通信链路进行通信等信息传递机制。下面分别介绍这几种信息传递机制。

1) 基于包的信息传递机制

OPNET 采用基于包的信息传递机制来模拟实际物理网络中包的流动(包括在网络设备间的流动和网络设备内部的处理过程)、模拟实际网络协议中的组包和拆包的过程(可以生成、编辑任何标准的或自定义的包格式)。此外,还可以在模拟过程中察看任何特定包的包头(header)和净荷(payload)等内容。

数据包是 OPNET 为支持基于信息源(message-oriented)通信而定义的数据结构。数据包被看作是对象,可以动态创建、修改、检查、拷贝、发送、接收和销毁。数据包在 OPNET 中可以有以下几种通信传输机制:在节点层次,通过包流通信;在网络层次,通过链路通信;在节点模型之间,采用包传递的方式通信。下面介绍包流和包传递的概念和区别。

包流——支持包在同一节点模型的不同模块间传输包的物理连接,具体来说,它是源模块的输出端口和目的模块输入端口间的物理连接。包流通常分为源模块的输出流(output stream)和目的模块的输入流(input stream)。

包传递——实现包在节点模型之间直接传输而不通过链路连接(即节点间没有物理连接,不管这些模型在网络中的位置以及它们之间有没有物理连接)。但是,包传递需要通过指定对象 ID(Objid)来指定目的模块。

在 OPNET 仿真中,提供了三种判断通过数据流传送数据并通知目的节点数据包到达的方法。

（1）非强制调度模式：目的模块需要通过数据流的中断获知数据包的到达,需要等待目的模块正在服务的其他高级中断完成后才可以引起中断。

（2）强制模式：在数据包通过包流到达目的模块后,立即引发进程中断;目的模块可以立即知道数据包到达了。当比较急迫的事件到达时,可以采用这种方法。

（3）静止模式：在数据包到达后并不引起中断,只是将数据包插入到输入队列的存储区中,只有等从数据包队列取出该数据包处理完成时,该进程才算完成。

为了支持以上各种包传输模式,还必须设置相应的包流"中断模式"(intrpt mode)属性,它有三种可选值,分别是 scheduled、forced 和 quiet,包流的三种中断模式如图2-11所示。

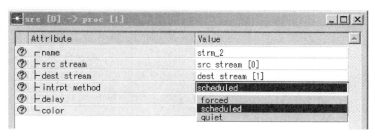

图 2-11　包流的三种中断模式

 小技巧 ...　　　　　在 OPNET 仿真的过程中,可以通过跟踪数据包的行为,来了解整个仿真的过程。从跟踪数据包的产生,到数据包在不同节点之间的通信,直到最后数据包的销毁这个主线,我们可以清楚地了解仿真的整个过程。

2）应用接口控制信息(ICI)进行通信

基于接口控制信息(interface control information,ICI)的信息传递机制和基于包的信息传递机制类似,但 ICI 数据结构比包数据结构简单,它摒弃了包结构中封装的概念而只包含用户自定义的域。ICI 是与事件关联的用户自定义的数据列表,它以事件为载体,可以用在各种有关事件调度的场合,而且比包的应用范围更广。

ICI 是仿真中进程动态创建的对象,以 ICI 格式文件名为输入参数,调用 op_ici_create()函数可以返回一个相应的 ICI 指针,它将作为所有后续操作的依据。为了将一个 ICI 与一个事件关联,仿真核心采用一种称为绑定(installation)的机制。在一个时刻一个进程一次最多只能绑定一个 ICI,具体来说,如果进程多次调用 op_ici_install()函数绑定 ICI,最后一个才是真正起作用的。绑定 ICI 后,对于进程生成的新事件,仿真核心自动将绑定的 ICI 地址与该事件相关联,对于后续事件也做相同处理,直到进程绑定另一个 ICI(称为 ICI 更新)为止。一般来说,某个 ICI 只针对特定事件,而对于后续事件,该 ICI 是没有意义的,但是默认情况下仿真核心仍会将后续事件与之关联,为了避免这种情况可以调用 op_ici_install(OPC_NIL)函数拆除当前 ICI 的绑定(绑定空指针即拆除)。实际上,如果某个事件不需要 ICI,但是意外地与 ICI 关联,也不会对仿真产生任何负面影响。

> **关键概念 ···**
>
> 要区分包信息传递机制和接口控制信息传递机制适用的场合：基于包的通信——分为包流和包传递两种通信方式，但是，它们都只支持在同一节点模型中不同模块之间的包传输；接口控制信息通信——比基于包的通信应用范围更广，可以应用在同一节点的不同模块之间、不同节点模型之间、同一节点模型的相同模块内，主要应用于那些不适合包通信进行信息传递的场合。例如，当前某事件要向将要发生的某事件进行信息传递时，可以将 ICI 和将来事件绑定，将来事件发生时就可以把信息传递到。

3）基于通信链路通信

基于数据包的通信适用于数据包在同一个节点内部的不同模块之间的通信，而当数据包传输到其他节点时，就需要使用通信链路进行不同节点间的通信。OPNET 支持三种常用的物理链路形式：点对点链路（point-to-point）、总线链路（bus）、无线链路（radio）。为了描述它们的物理特性上的各个特点，分别采用一系列管道阶段（pipeline stage，OPNET 将信道对包产生的传输效果建模为若干计算阶段）去模拟。

（1）点对点链路。

点对点链路是连接一对单独节点的通信链路，表示数据包的点对点的传输，共有两种类型：单向点对点链路和双向点对点链路。在点对点连接的两个节点内部必须有数据的发送和接收装置。点对点链路经历 4 个管道阶段计算：传输延时、传播延时、错误分配和错误纠正。

（2）总线链路。

总线链路可以将一个数据包自动地传送到多个目的地，总线链路通信可以用来模拟局域网和广播型网络。总线链路也是通过节点内部的数据收发模块连接到总线的，但是与点对点链路不同的是，这里的数据收发模块需要使用总线的数据收发模块。总线共有 6 个管道阶段模块：传输延时、链路闭锁、传播延时、冲突检测、错误分配和错误纠正。其中，第一个阶段针对每个传输只计算一次，而后面的五个阶段针对各个可能接收到这次传输的接收器分别计算一次。与点对点链路相比，总线链路最大的特点是可供多个收信机同时接收信号，而发信机端的传输延时计算一次。

（3）无线链路。

无线链路则用来模拟各种无线信道误码特性、数据成功率、数据服务质量和抗干扰能力等主要性能指标。但是无线链路不存在独立的链路实体，而是一种广播媒介，每一传输都可能影响整个网络系统中的多个接收终端，所以仿真一个无线数据包的传输要考虑发射信道和所有可能接收信道的组合。无线链路共有 13 个管道阶段，其中，对于收信机来说有 8 个管道阶段。

（4）有线链路。

当我们自己定义有线链路时，需要设定有线链路所支持的封包格式、数据传输率等属性，并且要和收发信机支持的封包格式、数据传输率保持一致。在有线链路编辑器对话框中设定的链路类型会决定有线链路是点对点单工链路（ptsimp）、点对点双工链路（ptdup）还是总线链路（bus 或 bus tap），如图 2-12 所示。建好拓扑后通常还需要验证链路间的连接性，如果链路支持的包格式不匹配，则将导致连接失败。

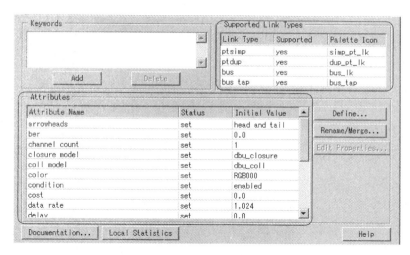

图 2-12　有线链路编辑器窗口

有益提示 ···　　　管道阶段,文件名和函数名必须完全相同,否则编译时会出现无法解决的外部函数错误。

2.4　仿真结果的处理

为了便于统计量的收集,OPNET 提供了矢量统计量(vector)和标量统计量(scalar)。在 2.2.9 小节已经对矢量统计量和标量统计量做了较详尽的介绍,本节不再赘述。本节将主要围绕统计量的收集、仿真结果的查看和导出、仿真结果的发布展开讲解。

2.4.1　收集统计量

1. 收集矢量统计量

基于结果收集的范围,矢量统计量可以分成本地统计量(local statistics)和全局统计量(global statistics)两种,本地统计量只针对某个模块,其结果只反映单个模块的行为。全局统计量针对整个网络模型,关注整个网络的行为和性能。例如,对网络包的端到端延时性能的测试,它并不关心某个包的源和目的地,只关心所有包的延时性能的统计结果。如果一个节点模型发送一系列数据包,希望统计发送包的个数,这时可以编程将包数分别写入一个本地统计量和全局统计量中,假如在工程中用到了两个这样的节点,那么本地统计量是指查看每一个节点发送的数据包数,而全局统计量则是指这两个节点共同发送的数据包数。

OPNET 提供四种矢量统计量收集模式(capture mode)供用户选择,增强多角度观察网络性能的支持。这四种收集模式分别是:all value(收集所有的值);sample(采样收集,每间隔多少秒钟收集一次);bucket(桶状收集,在一定范围内将结果叠加后平均);glitch removal(去除毛刺,两个结果在同一时刻发生,往往只要最后一个值,或舍去值过大过小的点,使结果平滑,在无线链路上比较常用)。

2. 收集标量统计量

标量文件的收集是由用户手动完成的,因为对于一次仿真,一个标量统计量只有一个值,所以一般将某个仿真属性设置为多个取值,然后运行仿真序列(simulation sequence)。这时 OPNET 会根据设定值的个数运行相应次数的仿真,每次仿真对应一种参数设置并产生一个结果值。在进程模型中,每次仿真结束时将这些单个结果值写入标量文件中,多个仿真就有一系列值。

例如,在仿真的一个参数取值从 $M \sim N$,采样 R 次,仿真完成后将生成 R 个输出结果,最终写入一个标量文件。标量统计量一个重要的用处是查看两组结果之间的关系,通过分析配置工具(analysis configuration)同时加载两个标量统计量,就能产生一个结果随着另一个结果变化而变化的曲线。

2.4.2 查看和导出仿真结果

1. 查看结果

仿真结束后,就可以查看 OPNET 统计结果了。关于统计结果的显示,OPNET 提供了如下多种可选择的方案。

(1) 三种视觉效果选择:individual statistic(一幅图只显示一个结果);stacked statistics(一幅图包含多个结果子图,见图 2-13);overlaid statistics(一幅图重叠显示多个结果,见图 2-14)。

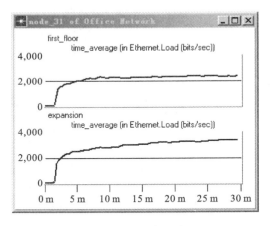

图 2-13　结果分开显示

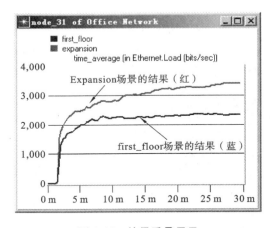

图 2-14　结果重叠显示

(2) 图形面板的选择:包括选择横轴、纵轴是否显示,线条大小以及是虚线还是实线。

(3) 设置结果显示的风格:可以选择以线性图、离散图或柱状图的风格显示结果。

(4) 提供多种结果显示模式:常用的有 As is,即不做任何处理;average,即对曲线取值做取值平均;time_average,即对曲线取值做时间平均。

2. 导出结果

查看结果之后,如果需要将制作仿真报告和将结果图拷贝到文档中,有如下方法可以采用。

（1）使用 Alt＋Print Screen 快捷键抓屏，这个快捷键会自动抓取当前活动的 OPNET窗口。

（2）选中所需的图，按 Ctrl＋t 键，然后会弹出一个保存文件对话框，把要保存的图命名后存储，就可以在相应目录中用画图板打开了。需要注意的是，采用这种方法抓取时，结果图的标题栏的风格会被修改。

（3）OPNET 的结果显示效果局限于颜色和显示风格的调整，由于没有提供特殊图标支持，因此打印在黑白的纸张中很难比较结果的差别。这时前面两种方法不能满足要求。如果希望将结果图导出，转成原始数据，可以采用以下方法：在要导出的图上单击鼠标右键，从弹出的菜单中选择 Export Graph Data to Spreadsheet，然后会有提示说文件保存在什么地方，一般默认是保存在 C:\Users\Administrator\op_admin\tmp 目录下（Administrator 为操作系统的用户名，不同计算机可能不同）。此时如果计算机上装有微软 Office 软件，可以直接通过 Excel 打开，也可以查找最新的文件找到它，并用剪贴板或 Ultra Edit 等工具打开来看，是两列或两列以上数据，第一列是仿真时间，其他列是仿真数据，然后就可以用喜欢的软件画出结果图。

除了导出仿真结果，有时需要导出网络拓扑图和节点进程模型结构图，可以从项目编辑器的 Topology→Export Topology→... 导出 Project 的几种图形，有 bitmap、html等格式。节点和进程模型可以从 File 中的 Export Bitmap 导出拓扑图。

2.4.3 发布仿真结果

在设计完拓扑、建好模块并成功运行仿真后，为了将设计的拓扑结果、仿真结果以及模块向外界发布，OPNET 还提供了一些特殊的功能用于产生拓扑或结果报告，并将模块打包，使其方便地在网上传送。下面介绍三种发布仿真结果的方法。

（1）依次选择 Scenarios→Generate Scenario Web Report... 产生拓扑信息报告，如图 2-15 所示，选择一个路径保存。生成的拓扑报告由一系列链接好的 HTML 文件组

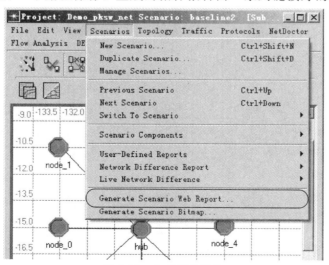

图 2-15　生成拓扑报告

成,可以用浏览器打开以进入其内部查看其细节,就好像使用工程编辑器一样。

(2) 运行仿真的时候,可以选择 Outputs 下 Reports 中的 Generate web report for simulation results,如图 2-16 所示,仿真完毕将自动生成结果报告(web report),里面将所有的结果统计量进行分类显示,它被保存在 C:\Users\Administrator\op_admin\ ace_web_reports 目录下。

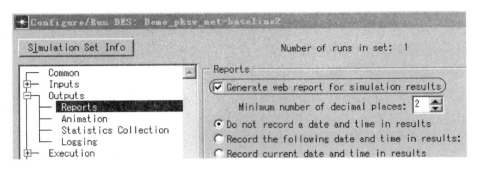

图 2-16　生成结果报告

(3) 有时候,模块包含的文件数量过多并且文件占存储空间较大,不适合电子邮件传输,这时我们可将它们打包,在 File 菜单下点击 Model Files→Package Project Components,选择需要传输的文件打成一个包,对方接收到后,在 File 菜单下点击 Model Files Expand OPNET Component File Archive 选择 OPNET 包,把包解开即可。

2.5　包交换网络例程

本节主要介绍如何使用 OPNET Modeler 创建一个简单的包交换网络,它包括 8 个周边节点和 1 个中心节点,该包交换的网络拓扑结构如图 2-17 所示;周边节点产生数据包,而中心节点将这些数据包转发给相应的目的节点(8 个周边节点中的 1 个)。

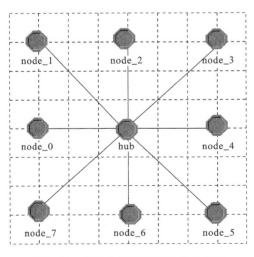

图 2-17　简单包交换网络的拓扑结构

通过构建该网络模型,我们将学习如何使用包编辑器、链路编辑器、节点编辑器和进程编辑器,并且接触到一些新的核心函数,以及学会自定义统计结果。然后,通过观测网络包交换的行为,我们将更加熟悉各节点在网络模型中的功能。仿真结束,可以收集到数据包端到端延时、链路的利用率等结果,根据收集的结果评估网络的性能。

2.5.1 概述

在创建网络之前,我们要熟悉该网络模型各节点的功能。该网络模型中包含两种类型的节点模型:周边节点模型和中心节点模型。在该网络中,使用有线双工链路模型实现各周边节点和中心节点之间的通信,如图 2-18 所示。

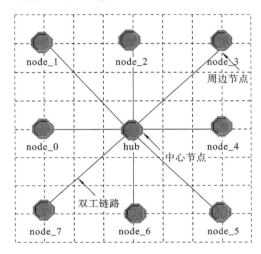

图 2-18 网络节点

该网络模型的主要功能是仿真一个周边节点生成数据包,经由双工链路,通过中心交换节点转发到另一个周边节点。具体来说,周边节点以恒定的速率产生数据包,并为每个包指定目的地址(可以用一个整数来表示发往的目的周边节点);中心节点以随机的方式接收来自八个周边节点的不同数据包,接收到数据包后解析数据包的目的地址,然后根据解析的目的地址把数据包发往目的地。

网络的物理信息传递机制:节点的一对点对点收/发信机通过一条有线双工链路与另一对点对点收/发信机组成一个收/发信机组。每个这样的收/发信机组都可以支持数据的双向传输。

中心交换节点的功能是:实现寻址和数据包交换。以某个进程模型为参考,某个包流进入该进程或者离开该进程,因此称为有向包流。每个有向包流有一个唯一的索引号。这个索引号总是和某个收信机或者发信机唯一对应,而收信机和发信机又和某个周边节点唯一对应,因此可以直接用索引号作为交换包的依据。当然为了增强网络的稳健性,也可以建立一个目的地址和流索引(可以看作是物理地址)的映射表。为了简单起见,该例程采用前一种方法实现寻址和包交换。

周边节点具有两个功能:一是作为网络的业务源,周边节点产生数据包,并为每个包分配一个目的地址,然后通过点对点发信机传输出去;二是作为网络的业务终端,周边节点接收中心节点发来的数据包,并且统计其端到端延时。

2.5.2 创建包交换网络

OPNET Modeler 的精髓之一是层次化建模的思想。在构建该网络时,我们可以根据图 2-19 所示的步骤进行包交换网络的创建。

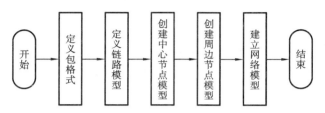

图 2-19 创建包交换网络流程图

1. 定义新的包

打开 OPNET Modeler10.5,开始创建新的包模型。

(1)选择 File→New…,在下拉列表中选择 Packet Format 选项,单击"OK"按钮,打开包格式编辑器。

(2)单击 Create New Field 工具按钮 ,然后将光标移到编辑窗口中,单击鼠标左键,接着单击鼠标右键,这时一个新的包域出现在编辑窗口中。

(3)设置包域的属性。选定包域,单击鼠标右键,从弹出的对话框中选择 Edit Attribute 选项,再从弹出的属性设置对话框中,按图 2-20 所示设置属性值,然后单击"OK"按钮。

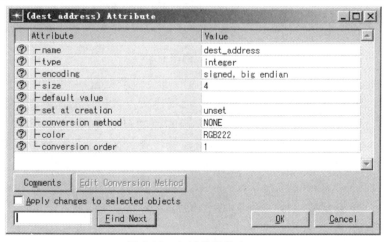

图 2-20 包域的属性窗口

这时定义好的包域名称和大小会在编辑窗口中显示,如图 2-21 所示。其中,把 size 值设为 4,因为该例程中有八个可能的地址,把包的大小设置成 4 b 足够了;把 set at creation 设为 unset,能保证该包域在创建时不指定默认值。

图 2-21 定义好的包域

(4)选择 File→Save…,保存文件,将包格式命名为〈initials〉_pksw_format。〈initials〉为文件名的前缀,可以任意取一个合适的前缀名。

(5)关闭包编辑器。

2. 定义链路模型

 关键概念… 链路模型把节点模型连接起来，实现节点模型之间的通信。使用链路模型编辑器创建链路模型，实现中心节点和周边节点的相互连接，并且这个链路模型还支持自定义的包格式。

（1）选择 File→New…，在下拉列表中选择 Link Model 选项，单击"OK"按钮，这时打开链路模型编辑器。

设置链路模型的属性，使其支持刚定义的包格式。

（2）找到链路模型支持属性框 Supported Link Types，如图 2-22 所示，ptdup 的链路类型对应的 Supported 属性设置为 yes，其他设置为 no，表明该链路只支持点对点双工连接。

Supported Link Types		
Link Type	Supported	Palette Icon
ptsimp	no	
ptdup	yes	dup_pt_lk
bus	no	
bus tap	no	

图 2-22 链路类型支持属性框

（3）在 Attributes 列表中向下滚动，找到 packet formats 属性，在对应的 Initial Value 栏中单击鼠标左键，弹出选择包格式支持对话框。

（4）使 Support all packet formats 和 Support unformatted packets 复选框为不选择状态，然后找＜initials＞_pksw_format 包格式，将其格式设置为 supported。单击"OK"按钮，关闭包格式支持对话框。

（5）设置链路模型的其他属性。设置 data rate 属性值为 9600；设置 ecc model（错误纠错模式）属性值为 ecc_zero_err（取消链路的纠错功能）；设置 error model（链路干扰模式）属性值为 none；设置 propdel model（传播延时计算模式）属性值为 dpt_propdel（计算点对点传播延时）；设置 txdel model（传输延时计算模式）属性值为 dpt_txdel（计算点对点传播延时）。

如果需要，还可以在 Comments 栏中添加多链路模型的描述。

设置完成后，需要增加 link_delay 外部函数。值得注意的是，这一步只针对 OPNET 9.0 及其更高的版本，如果漏掉这一步，则编译 dpt_prodel 时会因为找不到 link_delay()函数而出现 unresolved external error 错误。

（6）选择 File→Declare External Files…，这时出现声明外部函数文件的对话框，找到 link_delay，单击选择左边的复选框，如图 2-23 所示；然后单击"OK"按钮关闭对话框。

（7）保存文件，将链路模型命名为＜initials＞_pksw_link，关闭链路模型编辑器。

3. 创建中心节点模型

包格式和链路模型定义完毕，就可创建中心节点模型。创建中心节点模型分为两个步骤：定义中心节点模型和定义进程模型。

1）定义中心节点模型

中心交换节点包含八对收/发信机和一个中心交换处理进程。每对收/发信机对应一个周边节点，中心交换处理进程用来按地址转换包。

下面介绍创建中心节点模型的步骤。

（1）选择 File→New…，在下拉列表中选择 Node Model，单击"OK"按钮，打开节点模型编辑器。

（2）在编辑窗口中放置一个进程模块 □，八个点对点收信机 □，八个点对点发信机 □。

（3）按图 2-24 所示的中心节点模型给每个对象命名，并用包流将每个收信机和发信机与 hub 相连。

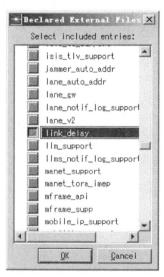

图 2-23　声明 link_delay
外部函数对话框

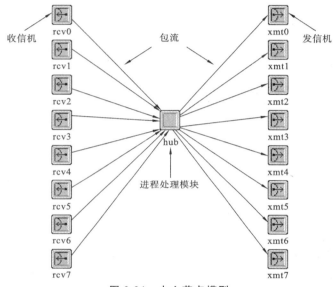

图 2-24　中心节点模型

 有益提示 … 在连接包流时，要保证包流是从收信机到 hub 以及 hub 到发信机，并且首先从最上边的收/发信机开始，依次向下连接。包流的顺序一定不要连接错误。

（4）查看包流的连接情况。选中 hub 进程模块，单击鼠标右键，从弹出的菜单中选择 Show Connectivity 选项。这时会弹出一个描述 hub 与包流之间连接关系的列表，如图2-25所示。

接着关闭对话框。

（5）为收/发信机设置数据传输率和包格式属性。按住 Shift 键，依次单击鼠标左键，选择所有的收信机和发信机（注意不要选中包流）。在其中一个收信机或发信机模块上单击鼠标右键，从弹出的对话框中选择 Edit Attributes，打开属性对话框。

（6）单击 channel 右边的 Value 值，在弹出的信道属性列表中将 data rate 设置为 9600。单击 packet formats 栏，在弹出的对话框中使 Support all packet formats 和

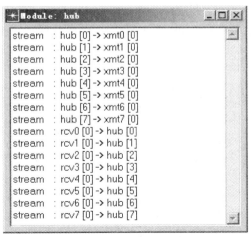

图 2-25 hub 与包流的连接关系

Support unformatted packets 复选框为不选择状态,然后找<initials>_pksw_format
包格式,将其格式设置为 supported。单击"OK"按钮,关闭包格式支持对话框。

(7)保证正确的设置数据传输率和支持的包格式,如图 2-26 所示,然后单击"OK"
按钮关闭对话框。

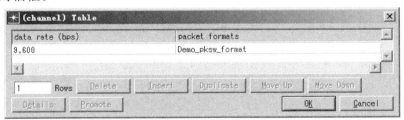

图 2-26 收/发信机数据传输率和包格式属性

(8)单击 Apply changes to selected objects 复选框,然后单击"OK"按钮,这样就使
得以上设置对所有收/发信机都起作用。

(9)为中心节点模型指定支持固定节点类型。选择 Interfaces→Node Interfaces,
出现节点界面对话框。找到节点类型支持属性列表框 Node Types,按图 2-27 所示设
置节点类型支持属性,表明该中心节点支持固定节点。

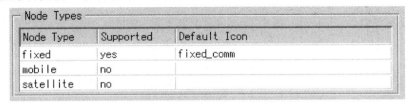

图 2-27 节点类型支持属性框

如有需要,可以在 Comments 属性框中添加对节点的描述。

(10)保存中心节点,将节点模型命名为<initials>_pksw_hub,并保存。

注意,请不要关闭节点模型编辑器,接下来定义 hub 进程模型。

2)定义中心节点进程模型

在节点模型中,hub 进程模块通过包流与发信机和收信机相连。因为每个包的到达都触发 hub 进程的一次中断,hub 进程接收到中断后将从休眠状态(idle 非强制状态)激活,执行代码处理包(绿色的强制状态)。

(1) 选择 File→New…,在下拉列表中选择 Process Model,单击"OK"按钮,这时打开节点模型编辑器。

(2) 单击,创建状态按钮(Create State),然后将光标移到编辑窗口中,单击鼠标左键,接着单击右键,放置一个状态并将其命名为 idle。

> 🎯 **关键概念 …** 当包被收信机接收,即给进程触发一个流中断,因此状态必须能够判断出这个条件并做出正确的状态转移。

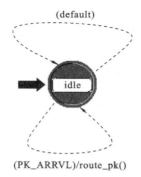

图 2-28　hub 进程模型

建立状态转移。

(3) 单击,创建状态转移按钮(Create Transition),为 idle 状态创建一个回到自身的状态转移。

(4) 在转移线上单击鼠标右键,从弹出的菜单中选择 Edit Attributes 选项,然后将转移的 condition 属性改为 PK_ARRVL,并且将 executive 属性改为 route_pk()。单击"OK"按钮,关闭转移属性对话框。

(5) 根据步骤(3)、(4),为 idle 状态再创建一个指向自身的转移,并将转移的 condition 属性改为 default。建立的 hub 进程模型如图 2-28 所示。

定义 PK_ARRVL 转移条件的宏。

(6) 单击编辑头块按钮(Edit Header Block),在弹出的头块编辑对话框中输入定义宏 PK_ARRVL 的代码,即

```
#define PK_ARRVL  (op_intrpt_type()==OPC_INTRPT_STRM)
```

保存并关闭头块编辑对话框。

PK_ARRVL 条件判断 hub 进程接收的中断类型是否为流中断,如果进程出现异常而接收到其他类型的中断,则状态找不到转移条件将会出错;因此,创建一个指向自身 default 的转移线,流中断不满足时可以转移到 default 条件上。

(7) 编写条件执行 route_pk() 函数的代码:单击编辑函数块按钮(Edit Function Block),并输入以下代码:

```
static void route_pk(void)
{
  int dest_address;
  Packet * pkptr;
  FIN(route_pk());
  pkptr=op_pk_get(op_intrpt_strm());
  op_pk_nfd_get_int32(pkptr, "dest_address",&dest_address);
  op_pk_send(pkptr, dest_address);
  FOUT;
}
```

保存并关闭函数块编辑对话框。

FIN(route_pk())之后第一行的代码有两个功能:从合适的输入流(输入流索引通过核心函数 op_intrpt_strm() 得到)中取得包;然后 op_pk_get() 函数通过包流索引参数返回一个指向包的指针。第二行代码析取包中的目的域,它含有包的目的地址。前面提过,这里的目的地址实际上是输出流索引,它对应发往目的节点的收信机,而最后一句代码将包发送给相应的收信机。

(8) 更改进程的接口属性和编译模块的步骤如下。

① 选择 Interfaces→Process Interfaces,弹出进程接口属性对话框,把 begsim intrpt 属性的初始值改为 enabled。

如果需要,在 Comments 文本栏添加进程模块的说明。单击"OK"按钮,保存更改。

② 保存 hub 进程模型为<initials>_pksw_hub_proc。

③ 单击编译进程模型按钮(Compile Process Model) ,编译进程,当编译状态显示 done 时,关闭进程模型编辑器。

(9) 将编译好的进程模型指定给节点模型的步骤如下。

① 在 Windows 窗口中选择 Node Model 选项,然后找到<initials>_pksw_hub。这时节点模型编辑器被激活。

② 在 hub 进程上单击鼠标右键,从弹出的菜单中选择 Edit Attributes 选项,将 process model 的属性值改为<initials>_pksw_hub_proc。单击"OK"按钮,关闭属性对话框。

③ 保存中心节点模型。

现在,我们就完成了中心节点模型的创建。

4. 创建周边节点模型

周边节点必须包括一个业务生成模块、一个进程模块和一对点对点收/发信机。

1) 定义周边节点模型

现在开始创建周边节点模型。

(1) 确保已保存了 hub 节点模型,在刚保存过 hub 节点模型编辑器中的 Edit 菜单下选择 Clear Model 选项。这时节点模型编辑器工作区被清空。

(2) 按图 2-29 所示放置和命名模块。按下列流程创建包流:rcv→proc;proc→xmt;src→proc,确保包流连接正确。

为了运行参数化仿真,需要将模块的 Packet Interarrival Time 属性提升。在提升了属性后,就可以在仿真运行时很容易地改变 Packet Interarrival Time 属性。提升属性,我们需要修改 src 模块的属性值。

(3) 选中 src 模块,单击鼠标右键,从弹出的对话框中选择 Edit Attributes 选项,将 process model 属性值改为 simple_source。

(4) 在属性表中,选中左边一栏的 Packet Interarrival Time 选项,单击鼠标右键,从快捷菜单中选择 Promote Attribute To Higher Level 选项,这样就提升了属性,可以在仿真属性中设置它的值。

(5) 为包生成模块定义产生的包格式。在属性表中将 Packet Format 属性值改为

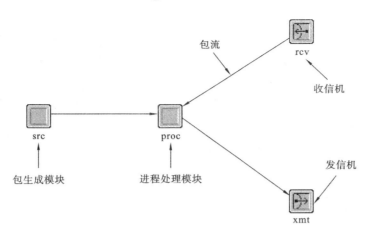

图 2-29　周边节点模型

<initials>_pksw_format。src 进程模块属性设置完毕,关闭属性对话框。

(6)为收/发信机设置数据传输率和包格式属性:data rate 设置为 9600,packet formats 属性设置为<initials>_pksw_format。

(7)为周边节点模型指定支持固定节点类型,除 fixed 外,其他节点类型对应的 Supported 属性设置为 no。不要关闭节点界面对话框。

有益提示... 属性重命名可以简化复杂的属性名称,或者扩展过于简化的名称。

在这个模型中,需要把提升属性的包到达间隔(the interarrival time)属性重命名。

(8)Node Interfaces 对话框中单击"Rename/Merge…"按钮。

(9)在 Unmodified Attributes 栏中找到要更名的属性 src. Packet Interarrival Time,然后单击按钮 ⟩⟩ 。

(10)在 Promotion Name 文本栏中输入新的名字 source interarrival time,如图 2-30所示。

Modified Attributes	Promotion Name	Promotion Group
src.Packet Interarriv...	source interarriv...	

图 2-30　原属性名与重命名后的属性名

单击"OK"按钮,关闭重命名属性对话框。

这样你可以指定一系列预定值给某个属性,这样属性的设置可以通过界面来选择,这将给用户提供方便。

(11)为 source interarrival time 属性指定预定值。在 Node Interfaces 对话框中,选择新命名的 source interarrival time 属性,单击"Edit Properties…",出现 Attribute: source interarrival time 对话框。

(12)在 Symbol Map 表中,将所有 Symbol 对应的 Status 变为 suppress,并按图 2-31所示添加 4 个符号与值的映射项。

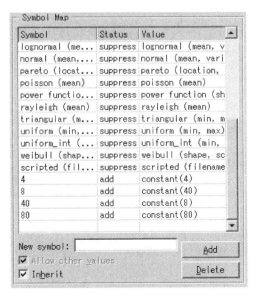

图 2-31 符号与值映射表

 有益提示 …　隐藏属性可以简化接口,避免用户看到不需要设置参数的属性项,从而简化用户界面。这个操作不会影响仿真结果。

周边节点的许多属性与仿真结果无关,为了避免混淆,需要隐藏仿真用不到的属性。

(13) 在 Node Interfaces 对话框的 Attributes 表中,把除 source interarrival time 之外的所有属性的 Status 改为 hidden。单击"OK"按钮,关闭节点界面对话框。

(14) 选择 File→Save As…,将节点模型命名为<initials>_pksw_node,注意,不要关闭节点模型编辑器。

2) 定义周边节点进程模型

 关键概念 …　周边节点进程模型有两个主要功能:为生成的数据包分配目的地址并把数据包发送出去;计算端到端延时。

为了完成上述任务,周边节点进程模型需要两个状态:初始化 init 状态和 idle 状态。

(1) 打开节点模型编辑器,放置两个状态到进程模型编辑窗口。

(2) 改变状态的属性:选中第一个状态,单击鼠标右键,在弹出的菜单中选择 Set name,将其命名为 init,并且选择 Make State Unforced 使其变为强制的(forced),这时状态颜色变为绿色;只将第二个状态命名为 idle,如图 2-32 所示。

图 2-32 改变属性后的进程模型

在 init 状态中,进程模型将加载一个从 0~3 的均匀分布概率函数。

(3)建立状态转移。如图 2-33 所示,为两个状态添加状态转移线,并指定状态转移条件和条件满足所执行的函数。

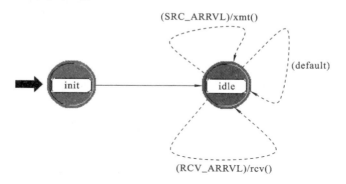

图 2-33　包含状态转移的周边节点进程模型

转移执行函数 xmt()的作用是调用概率函数,随机产生目的地址,并将其分配给来自包生成模块的数据包,然后再将它发送到点对点发信机。

转移执行函数 rcv()的作用是在接收到数据包时计算数据包端到端延迟,并将结果写入全局统计量中。

(4)定义 SRC_ARRVL 和 RCV_ARRVL 转移条件的宏。在头块编辑对话框中输入以下代码。

```
/* packet stream definitions */
#define RCV_IN_STRM 0
#define SRC_IN_STRM 1
#define XMT_OUT_STRM 0
/* transition macros */
#define SRC_ARRVL (op_intrpt_type () == OPC_INTRPT_STRM && op_intrpt_strm() == SRC_IN_STRM)
#define RCV_ARRVL (op_intrpt_type () == OPC_INTRPT_STRM && op_intrpt_strm() == RCV_IN_STRM)
```

保存并关闭头块编辑对话框。

RCV_IN_STRM,SRC_IN_STRM 对应数据包的输入流索引号,而 XMT_OUT_STRM 为输出流索引号,输入、输出都是相对当前进程模块(proc)而言,它们对应于 proc 模块相连的某条包流,连接关系一旦确定,它们的索引号就是常数。之所以在头文件中定义这些端口号,是为了方便代码解释。

接下来,定义状态变量和临时变量。

(5)单击编辑状态变量(edit state variables)工具按钮⟨SV⟩,如图 2-34 所示,在状态变量对话框中输入以下内容。

(6)定义一个统计端到端延时的全局变量,当每个包到达它的目的地址时,收集端到端延时:从进程模型的 Interfaces 菜单中选择 Global Statistics,即全局统计量。将 Stat Name 属性命名为 ETE Delay,在 Desc. 文本框中输入如下描述:Calculates ETE

Type	Name
Distribution *	address_dist
Stathandle	ete_gsh

图 2-34　设置状态变量

delay by subtracting packet creation time from current simulation time。确认设置如图 2-35 所示,单击"OK"按钮,关闭 Global Statistics 对话框。

Stat Name	Mode	Count	Desc.
ETE Delay	Single	N/A	Calculates ETE delay by subtracting packet creation time from current simulation time

图 2-35　声明全局统计量

为进程模型中的每个状态添加入口和出口执行代码,以及编写条件执行函数 xmt()和 rcv()的代码。

(7)首先为 init 状态添加入口执行代码,双击 init 状态的上半部,打开其入口执行代码编辑框,输入以下代码:

```
address_dist=op_dist_load ("uniform_int", 0, 3);
ete_gsh=op_stat_reg ("ETE Delay",
    OPC_STAT_INDEX_NONE, OPC_STAT_GLOBAL);
```

保存并关闭对话框。

(8)在函数块编辑窗口中输入条件执行函数 xmt()的代码:

```
static void xmt(void)
{
  Packet * pkptr;
  FIN(xmt());
  pkptr=op_pk_get (SRC_IN_STRM);
  op_pk_nfd_set_int32 (pkptr, "dest_address",(int)op_dist_outcome (address_dist));
  op_pk_send (pkptr, XMT_OUT_STRM);
  FOUT;
}
```

FIN(xmt())语句之后的第一行代码从包流的输入流索引号(SRC_IN_STRM)获取数据包。第二行代码通过调用均匀概率分布函数指针(address_dist,它在 init 状态中定义)而产生一个随机值,将该值设置为包的"dest_address"域(请参考前面的包格式定义)。最后一句从包流的输出流索引号(XMT_OUT_STRM)将包发送出去。

当 RCV_ARRVL 条件满足(即包从收信机到达 proc 模块)时,执行 rcv()转移执行函数。主要目的是计算端到端延时并写入全局统计探针。

(9)在函数块编辑窗口中输入条件执行 rcv()函数的代码:

```
static void rcv(void)
{
  Packet * pkptr;
  double ete_delay;
```

```
FIN (rcv());
pkptr=op_pk_get (RCV_IN_STRM);
ete_delay=op_sim_time () -op_pk_creation_time_get (pkptr);
op_stat_write (ete_gsh, ete_delay);
op_pk_destroy (pkptr);
FOUT;
}
```

FIN (rcv())语句后的第一行代码获取包指针(如前所述)。第二行代码通过将当前仿真时间减去包的创建时间得到包的端到端延时。第三行代码将计算的延时写入矢量结果文件中。接下来一句是销毁包。

(10) 保存并关闭函数块编辑对话框。

(11) 更改进程的接口属性,在进程接口属性对话框,把 begsim intrpt 属性的初始值改为 enabled。单击"OK"按钮,保存更改。

(12) 保存周边进程模型为<initials>_pksw_node_proc,编译进程。

(13) 将编译好的进程模型指定给节点模型:在 proc 进程模块上单击鼠标右键,从弹出的菜单中选择 Edit Attributes 选项,将 process model 的属性值改为<initials>_pksw_node_proc。单击"OK"按钮,关闭属性对话框。

(14) 保存周边节点模型。

至此,周边节点模型创建完成。

5. 创建网络模型

建好底层的包域、节点、进程和链路模型后,依据 OPNET 层次化建模的思想,就可以构建网络模型了。创建上述网络拓扑结构:包括一个中心交换(hub)节点和八个周边节点。

(1) 从 OPNET Modeler 主窗口中选择 File→New…,在下拉列表中选择 Project 选项,单击"OK"按钮。

(2) 将 Project Name 命名为<initials>_pksw_net,将 Scenario 命名为 baseline,然后单击"OK"按钮。这时出现网络建立向导(Startup Wizard),单击"Quit"按钮。

按自己的网络规格,订制自己的对象模板,包含需要的模块。

(3) 单击打开对象模板工具按钮(Open Object Palette) ，在弹出的对话框中单击 Configure Palette... 按钮,这时弹出配置模板(Configure Palette)对话框。

(4) 在配置模板对话框中,单击"Clear"按钮,然后单击"Node Models"按钮。

(5) 找到自定义的<initials>_pksw_hub 和<initials>_pksw_node 节点模型,单击右边的 Status 栏,使其变为 included,然后单击"OK"按钮。

(6) 在配置模板对话框中,单击"Link Models"按钮,找到<initials>_pksw_link 链路模型,单击右边的 Status 栏,使其变为 included,然后单击"OK"按钮。

(7) 在配置模板对话框中,单击"OK"按钮,并将模板命名为<initials>_pksw_palette。自定义的对象模板如图 2-36 所示。

按下面的步骤创建网络模型。

(8) 在工程编辑器工作区放置一个 subnet 模型,并命名为 pksw1,如图 2-37 所示。

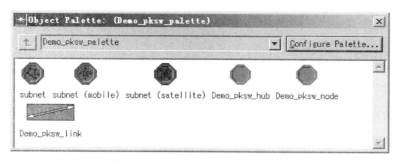

图 2-36 自定义的对象模板

（9）双击 subnet 模块，进入它的内部。

（10）放置八个周边节点模型<initials>_pksw_node，在八个周边节点中心放置一个中心节点模型<initials>_pksw_hub，并将它命名为 hub。

（11）使用链路对象<initials>_pksw_link，按照 node_0，node_1，…，node_6，node_7 的顺序依次和 hub 节点相连，如图 2-38 所示（数字显示连接链路的顺序）。

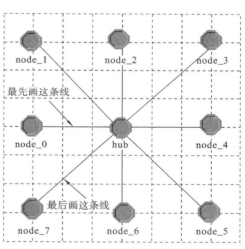

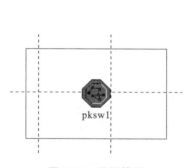

图 2-37　子网模型

图 2-38　网络拓扑结构及添加链路对象的顺序

（12）在保存工程之前，验证链路的连接是否正确：单击验证连接工具按钮 🔧，选中 Verify links，单击"OK"按钮，验证链路的连接是否正确。

有益提示 … 如果有红叉出现在链路上，说明链路连接不通畅。再次单击验证连接工具按钮，在验证连接对话框中单击 Choose transceivers for selected links，这时红色的叉消失。但是，这并没有从根本上解决问题。可尝试以下解决方法：① 检测链路的包格式和数据传输率是否和节点的一致；② 链路的连接顺序是否同上面的步骤一致；③ 检验节点和链路的创建是否一致。只要按照上述步骤进行节点、进程、链路、网络的创建，基本上不会出现红叉。

（13）保存工程。

有益提示… 节点模型收/发信机的包格式和数据传输率属性必须和链路模型相应的属性一致,这才能够使链路联通。

2.5.3 收集统计量并配置仿真

至此,包交换网络模型已经成功建立,接着进行网络行为仿真。

1. 收集统计量

在仿真的过程中,需要收集两个统计量:端到端延时和链路利用率。

(1) 在工程编辑器工作区空白处单击鼠标右键,从弹出的快捷菜单中选择 Choose Individual DES Statistics 选项,打开变量收集对话框。

(2) 打开 Global Statistics 列表,选中 ETE Delay 选项,如图 2-39 所示。单击 "OK"按钮关闭对话框。

图 2-39　选择全局结果统计量

(3) 在 node_0 与 hub 之间的链路上单击鼠标右键,从弹出的快捷菜单中选择 Choose Individual DES Statistics 选项。

(4) 打开 point-to-point 列表,选中上行和下行链路利用率,如图 2-40 所示。单击 "OK"按钮关闭对话框。

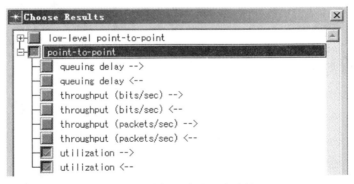

图 2-40　选择链路结果统计量

(5) 保存工程文件。

 有益提示… 这里需要确定 repositories 的属性设置正确,在 Edit 菜单中选择 Preferences 选项;在查找文本框中输入 repositories,保证 repositories 的 Value 为空。

2. 配置仿真

本例中,包生成模块生成数据包的大小和收/发信机的传输速率是恒定的,因此数据包端到端延时也不变。然而,包生成模块生成数据包的速率足够快,就会导致部分数据包在发信机队列中积压,使得数据包端到端延时加大。

在该例中,为了模拟数据包的生成速率不同,数据包端到端延时也受到影响,需要通过为 source interarrival time 的属性配置两个不同的值(分别为 4、80),来仿真网络的行为。

(1) 选择 DES→Configure/Run Discrete Event Simulation,仿真编辑器打开,配置数据包产生间隔为 4 的仿真。

(2) 在仿真设置按钮 ![btn] 上单击鼠标右键,从弹出的菜单中选择 Edit Attributes 选项。

(3) 将 Duration 的属性设置为 1000 s,将 Seed 的属性设置为 15,将 Simulation set name 属性设置为<initials>_pksw_sim1。

(4) 在 Configure/Run Discrete Event Simulation 窗口中单击 inputs,选择 Object Attributes 选项,单击“Add…”按钮,弹出添加属性对话框。

(5) 在添加属性对话框的 Add 栏中单击,如图 2-41 所示,单击“OK”按钮关闭添加属性对话框。

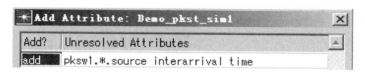

图 2-41　添加未引用属性对话框

(6) 在仿真设置对话框中单击 Value 栏,并从下拉列表中选择 4,如图 2-42 所示(下拉列表的效果是因为前面给属性指定了预定值)。

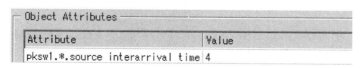

图 2-42　设置仿真属性值

(7) 在 Configure/Run Discrete Event Simulation 窗口中单击 outputs,选择 Statistics Collection 选项,把矢量文件 Vector file 命名为<initials>_pksw_sim1。

单击“OK”按钮关闭仿真设置对话框。

(8) 复制粘贴配置的仿真<initials>_pksw_sim1,新的仿真配置自动命名为<initials>_pksw_sim2。

(9) 同上,修改<initials>_pksw_sim2 仿真的属性,将 pksw1. *. source interarrival time 属性设置为 80,矢量结果文件 Vector file 命名为<initials>_pksw_sim2,单击“OK”按钮关闭仿真设置对话框。

(10) 选择 File→Save 保存仿真配置文件。

2.5.4　运行仿真并分析结果

运行仿真并分析结果的步骤如下。

(1) 单击执行仿真按钮 ，运行仿真。

仿真结束后，使用分析工具来查看仿真结果，需要分别比较两个场景的端到端延时和链路利用率结果。

(2) 选择 File→New…，在下拉列表中选择 Analysis Configuration 选项，这时弹出分析工具窗口。

(3) 单击创建结果图按钮 ，在 View Results 对话框中找到刚刚在仿真配置中设置的矢量结果文件名：<initials>_pksw_sim1、<initials>_pksw_sim2。

(4) 分别选中两个场景的点对点链路上行利用率结果（utilization<--），在对话框下面选择结果显示视觉效果为 Overlaid Statistics，结果显示模式为 time_average。单击"show"按钮，将看到图 2-43 所示的链路利用率比较图。

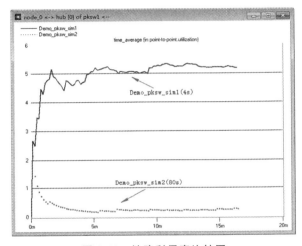

图 2-43　链路利用率比较图

结果分析：实线代表发包间隔为 4 s、虚线代表发包间隔为 80 s 的利用率曲线。根据图示的曲线可以看出，发包间隔为 4 s 的链路的利用率开始快速递增，在 6 m 后趋于稳定，大约稳定在 5.2 b/s；发包间隔为 80 s 的链路的利用率先快速增长然后急速下降，在 5 m 后趋于稳定，大约稳定在 0.2 b/s。通过两个结果的比较，可以得出如下结论：在一定条件下，包的产生速率与链路的利用率正相关；包的产生速率大时链路的利用率较高，包的产生速率过小会导致链路利用率很低。

最后，查看数据包的端到端延时，查看数据包是否会在队列中积压。

(5) 在刚刚的 View Results 对话框中单击"Unselect"按钮，找到矢量结果文件<initials>_pksw_sim1；选择 Global Statistics：ETE Delay，过滤模式为 As Is，单击"Show"按钮，出现图 2-44 所示的结果。

(6) 同上，查看场景<initials>_pksw_sim2 的端到端延时，如图 2-45 所示。

线性的画图模式不能显示每个包的确切延时。为了让每个包的延时更加清楚，我们将显示模式改为离散方式的。

(7) 在画图板上单击鼠标右键，在弹出的菜单中选择 Draw style→Discrete 选项，这时显示模式由线性变为离散的。两个仿真场景端到端延时离散曲线如图 2-46 所示。

从图 2-46 可以看出，每个数据包的端到端延时的确切时间。

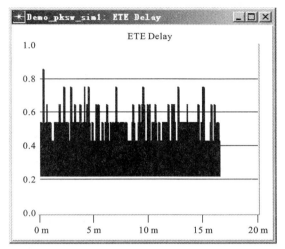

图 2-44 场景＜initials＞_pksw_sim1 的端到端延时图

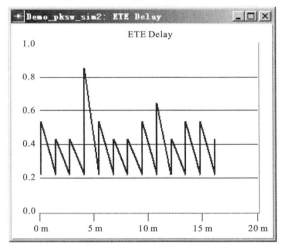

图 2-45 场景＜initials＞_pksw_sim2 的端到端延时图

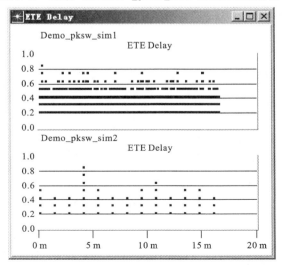

图 2-46 两个仿真场景端到端延时离散曲线

3

传感器网络 OPNET 仿真

OPNET 采用了三层建模机制,三层模型从高层到低层分别为:网络(network)层、节点(node)层和进程(process)层。模型的搭建一般从这三个方面着手,搭建网络模型一般需要遵循以下步骤。

(1) 设计节点模型,在节点编辑器中将节点按照功能划分为不同模块,包括进程模块、队列模块、收/发信机模块。

(2) 设计进程模型,在进程编辑器中将进程通过状态转移图实现,用 Proto-C 语言实现每个状态的功能,最后编译和调试进程模型。

(3) 设计网络模型,在工程编辑器中使用设计好的节点模型和链路模型设计网络拓扑。

(4) 选择统计量,运行仿真,查看、分析、对比仿真结果。

我们设计了一个基本的传感器网络 OPNET 模型,并且给读者提供了源代码,本章是对模型的源代码的说明,详细介绍了网络模型、节点模型、结果采集模型、能量模型和动画模型,最后通过四个实验贯穿整章内容。目的是通过基本模型的介绍,使读者能较全面地了解 OPNET 仿真的相关知识,同时为后续章节做一个参考。

3.1 网络模型

本节介绍模型打开以及基础模型涉及的目录、参数、头文件和全局变量。

3.1.1 打开模型

将下载后的模型压缩文件 IoT_Simulation. rar 解压缩到仿真目录下,如解压缩到 E 盘,目录为:E:\IoT_Simulation,这里注意不要修改 IoT_Simulation 的名称,否则可能导致写文件错误。

打开 OPNET,选择菜单 File→Model Files→Add Model Directory 选项,如图 3-1 所示。然后弹出选择目录窗口,将 E:\IoT_Simulation 添加到 OPNET 模型目录中。接下来打开模型,如图 3-2 所示。

打开之后的模型如图 3-3 所示。默认打开的是 Campus Network 子网的 GEO_ROUTING 场景。

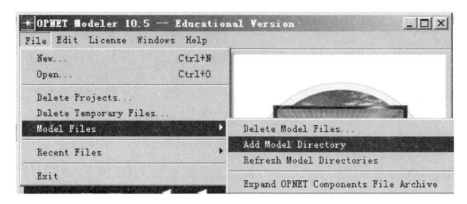

图 3-1　添加模型目录

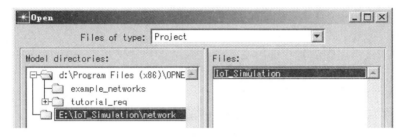

图 3-2　打开模型

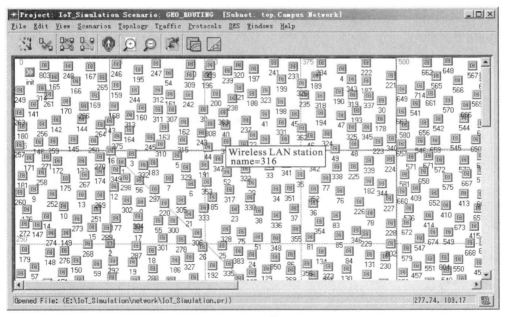

图 3-3　工程模型图

3.1.2　网络参数

　　模型中的传感器节点随机部署在网络区域,普通传感器节点能量受限,Source 和 Sink 节点能量无限制,其他具体网络参数如表 3-1 所示。

表 3-1   网络参数表

参 数 设 置	描 述	数 值
NetworkX	网络场景长度	1000 m
NetworkY	网络场景宽度	500 m
total_number_nodes	传感器节点总数量	800 个
wlan_data_rate	MAC 传输速率	1 Mb/s
MAX_TRANSMISSION_RANGE	传输半径(默认值)	40 m(可更改)
MAX_NEIGHBOR_NUMBER	最大邻居节点数(默认值)	48 个(可更改)

3.1.3   网络模型的节点部署

OPNET Modeler 的一大优点是提供了方便的图形化建模,但是有时候图形化建模方式并不能满足我们的需求,比如需要部署几千个节点,如果一个个手工部署这些节点,则太过烦琐,用程序随机化部署有可能导致节点位置随机化——部分节点簇拥到一起,而有些地方又无法部署到。我们在随机部署节点时,随机生成下一网络节点的坐标;在生成节点坐标的过程中,要避免让新的节点坐标距离已有的节点坐标太近。

针对这个需求采用了文本方式建模(external model access,EMA),EMA 可以精确定义节点属性,可以用循环语句来刻画多个特定规格的节点。在建模中,图形化建模和文本方式建模各有优缺点,应该灵活使用。对于 OPNET 大多数的编辑器,如网络、进程、调制曲线、天线编辑器等都具有文本建模的功能,EMA 是用类似 C 语言的方式来描述模型的。

使用 EMA 配置网络模型的具体步骤如下。

(1) 在图形界面下做一个简单的网络模型,只包含一个移动节点,如图 3-4 所示。

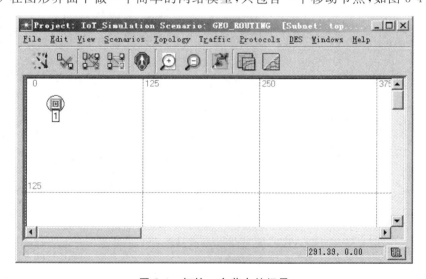

图 3-4   初始一个节点的场景

(2) 选择菜单 Topology→Export Topology→To EMA 生成 EMA 文件(*.em.c),观察 EMA 文件,该文件默认保存在模型所在目录下(如 E:\IoT_Simulation)。查找

name 属性为"1"的节点,代码如下。

```
obj[8]=Ema_Object_Create(model_id, OBJ_NT_NODE_MOBILE);
...
Ema_Object_Attr_Set(model_id, obj[8],
    "name", COMP_CONTENTS, "1",              /* 节点名称 */
    "model", COMP_CONTENTS, "wsn_node",
    "x position", COMP_CONTENTS, (double) 37.1,
    "y position", COMP_CONTENTS, (double) 18.1,
    ...
    "subnet", COMP_CONTENTS, obj[2],
    EMAC_EOL);
... /* 限于篇幅,其他 obj[8] Ema_Object_Attr_Set 函数不再一一列举 */
```

从上面可以看出,对象数组下标 8 为 1 号节点(注意在你的场景中不一定是 obj[8])。所在子网是 obj[2],在后面用 for 循环将这些关于 obj[8]的语句括起来(这些语句要在 c 文件中删掉,以免重复生成)。

(3) 添加要用到的头文件。

① 因为要用到 rand()函数,因此需要添加头文件 stdlib.h,即

```
#include <stdlib.h>
```

② 在 main()函数前添加需要用到的变量,即

```
#define NODE_NUMBER 800                    /* 节点个数 */
#define X_LENGTH 1000                      /* 场景长度 */
#define Y_LENGTH 500                       /* 场景宽度 */
```

/* 节点最小距离的平方,这个值越大,节点生成越均匀,这个值理论最大为 $25 \times 25 \times \sqrt{2}$,值越大生成的时间越长 */

```
#define MIN_DISTANCE_2 400
int PosChooseAgain;                        /* 是否重新生成 */
int NodeNumber;                            /* 节点数 */
int i,k;                                   /* 循环变量 */
char node_name[5];                         /* 节点名称 */
double x_pos,y_pos;                        /* 节点坐标 */
double NodeXList[800],NodeYList[800];      /* 节点坐标数组 */
EmaT_Object_Id wsn_node_objid;             /* 对象变量 */
```

(4) 接下来设置节点的属性:将 obj[8]的代码(主要是 ema_obj_attr_set()函数)手动放到一个 for 循环语句里,替换其中的节点名称属性和坐标(x postion 和 y position)为变量,通过循环生成其他节点,在 for 循环中随机生成节点的纵横坐标,将下面代码放到文件的末尾(注意:应将代码中 obj[8]的创建语句删除掉):

```
...
NodeNumber=0;          /* 节点编号初始化 */
for(k=1; k<=NODE_NUMBER; k++){
```

```
sprintf(node_name, "%d", k);
PosChooseAgain=1;
while(PosChooseAgain==1){
    /* 随机生成节点坐标 */
    x_pos=((double)rand()/((double)(RAND_MAX)+(double)(1)))
            *(double)X_LENGTH;
    y_pos=((double)rand()/((double)(RAND_MAX)+(double)(1)))
            *(double)Y_LENGTH;
    for (i=0; i<NodeNumber; i++){
        /* 如果距离已有节点太近,则重新生成 */
        if (((NodeXList[i]-x_pos)*(NodeXList[i]-x_pos)
            +(NodeYList[i]-y_pos)*(NodeYList[i]-y_pos))
            <MIN_DISTANCE_2){
            break;
        }
    }
    if(i==NodeNumber){ /* 执行完全部的循环,说明符合条件 */
        PosChooseAgain=0;
    }
}
NodeNumber++;
NodeXList[NodeNumber-1]=x_pos;
NodeYList[NodeNumber-1]=y_pos;
/* 创建一个节点 */
wsn_node_objid=Ema_Object_Create (model_id, OBJ_NT_NODE_MOBILE);
/* 下面是刚才 obj[8]的代码,将其中节点名称和纵横坐标替换 */
Ema_Object_Attr_Set (model_id, wsn_node_objid,
    "name",          COMP_CONTENTS, node_name,
    "model",         COMP_CONTENTS, "WSN_node_SDD",
    "x position",    COMP_CONTENTS, (double) x_pos,
    "y position",    COMP_CONTENTS, (double) y_pos,
    "trajectory",    COMP_CONTENTS, "NONE",
    "trajectory",    COMP_INTENDED, EMAC_DISABLED,
    "ground speed",  COMP_CONTENTS, "",
    "ground speed",  COMP_INTENDED, EMAC_DISABLED,
    "ascent rate",   COMP_CONTENTS, "",
    "ascent rate",   COMP_INTENDED, EMAC_DISABLED,
    "color",         COMP_CONTENTS, 1073793050,
    "color",         COMP_INTENDED, EMAC_DISABLED,
    "icon name",     COMP_CONTENTS, "small_node",
    "doc file",      COMP_CONTENTS, "",
    "doc file",      COMP_INTENDED, EMAC_DISABLED,
    "subnet",        COMP_CONTENTS, obj [2],
    EMAC_EOL);
```

```
        Ema_Object_Attr_Set (model_id, wsn_node_objid,
        "alias",              COMP_INTENDED, EMAC_DISABLED,
        "tooltip",            COMP_CONTENTS, "Wireless LAN station",
        "ui status",          COMP_CONTENTS, 0,
        "view positions",     COMP_INTENDED, EMAC_DISABLED,
        EMAC_EOL);
/* 节点 obj[8]的提升(promoted)属性设置 */
        Ema_Object_Prom _Attr_Set (model_id, wsn_node_objid,
                    "Destination Address", obj [9]);
        Ema_Object_Prom _Attr_Set (model_id, wsn_node_objid,
                    "sink_flag", obj [12]);
        Ema_Object_Prom _Attr_Set (model_id, wsn_node_objid,
                    "source_flag", obj [12]);
        Ema_Object_Attr_Set (model_id, obj [i],
        "Destination Address", COMP_PROMOTE, EMAC_DISABLED,
        "Destination Address", COMP_CONTENTS_SYMBOL, "Random",
        "Destination Address", COMP_INTENDED, EMAC_DISABLED,
        "sink_flag",           COMP_PROMOTE, EMAC_DISABLED,
        "sink_flag",           COMP_TOGGLE, EMAC_DISABLED,
        "sink_flag",           COMP_CONTENTS, 0,
        "source_flag",         COMP_PROMOTE, EMAC_DISABLED,
        "source_flag",         COMP_TOGGLE, EMAC_DISABLED,
        "source_flag",         COMP_CONTENTS, 0,
        EMAC_EOL);
}
/* 定义场景名称 W 表示宽度,H 表示高度,N 表示节点个数 */
Ema_Model_Write (model_id, " Ema_Model_Write (model_id,
    "IOT_Simultaion_W1000_H500_N800");
    return 0;
```

（5）打开 OPNET 控制台窗口，进入修改过的 *.em.c 所在目录。

（6）输入命令 op_mkema -m 文件名<不加后缀>。

这时界面提示 Ema executable program <文件名.i0.em.x> produced.。

如果出现图 3-5 所示的错误提示，需要启动 OPNET，并将存放 *.em.c 文件的目录加入 OPNET 模型目录中。

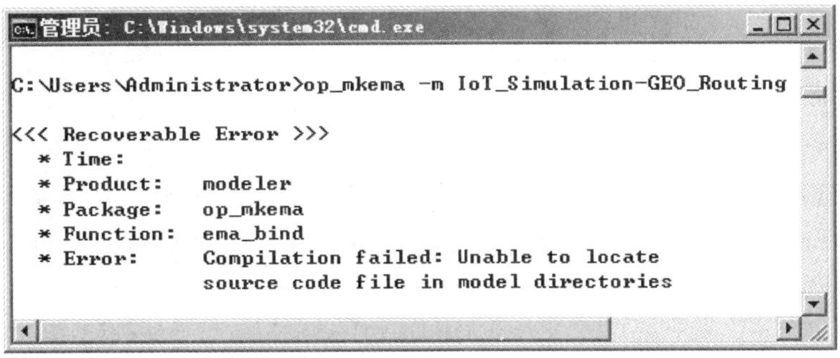

图 3-5　编译未放入 OPNET 模型目录的 *.em.c 文件时出现的错误提示

如果 OPNET 安装在 X:\Program Files（x86）目录下，op_mkema 无法识别目录 lib 中的空格，会导致编译错误，如图 3-6 所示，打开图中的错误文件 bind_err_6656，文件内容如图 3-7 所示。

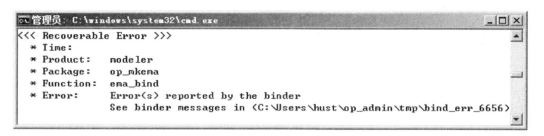

图 3-6　OPNET 安装路径和 op_mkema 的问题

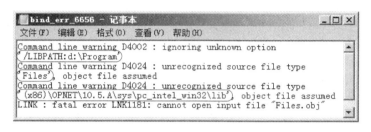

图 3-7　op_mkema 识别路径错误的 error 文件内容

要解决此问题，可打开 op_admin 目录下的 env_db105，将其中的 bind_static_flags 的"d:\\Program Files（x86）\\OPNET\\10.5.A\\sys\\pc_intel_win32\\lib"暂时注释掉，如图 3-8 所示。第一行原来内容加♯号注释，第二行是新加内容，然后在 cmd 窗口执行"op_mkema_m 文件名"，则可执行成功，执行结束之后，将该项恢复即可。

```
#bind_static_flags    : "/LIBPATH:d:\\Program Files (x86)\\OPNET\\10.5.A\\sys\\pc_intel_win32\\lib"
bind_static_flags     : "/LIBPATH"
```

图 3-8　env_db105 文件 bind_static_flags 选项

> **有益提示**……　op_admin 目录在 Win7 操作系统的目录"c:\user\当前用户名\"下，而在 Winxp 操作系统的目录"c:\Documents and Settings\当前用户名\"下，"env_db10.5"是指安装的是 OPNET 10.5 的版本，如果安装的是 OPNET 14.5 版本，则文件名为"env_db14.5"。

执行刚创建的可执行文件＜文件名.i0.em.x＞，整个操作过程如图 3-9 所示。执行以后将生成新的模型文件（*.m）。

如果出现图 3-10 所示的错误提示，这是因为 license_port 没有指定值所致，启动 OPNET，在 Edit→Preferences 中找到 license_port 属性，为其设置一个值，如 port_a，如图 3-11 所示，然后，重新执行即可。

（7）在 OPNET 菜单中单击 File→Model Files→Refresh Model Directories 选项刷新模型目录，否则新创建的模型文件在已启动的 OPNET 中是不可见的。

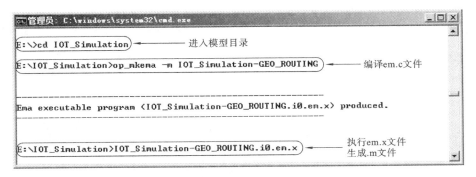

图 3-9　生成模型文件的过程

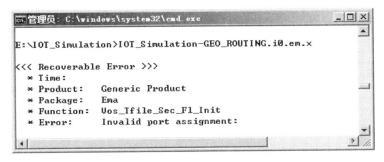

图 3-10　未设置 license_port 属性时的错误提示

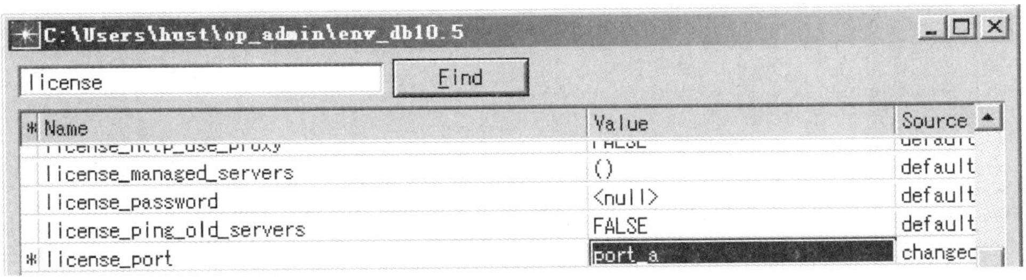

图 3-11　设置 license_port 属性

　　生成的网络模型,需要导入项目场景中才能看到,在项目编辑器中选择 Scenarios →Scenario Components→import … 选项,得到的模型如图 3-12 所示,可发现节点大致均匀分布。

　　接下来需要对图形进行一些微调,将聚在一起的节点分散到空白位置。因为节点 1 是作为目标节点(sink),设置 Sink_flag 标识为 true。将节点 2 作为 Source 节点,设置 Source_flag 标识为 true,将节点 1 和 2 挪到适当位置,然后添加结果收集节点 init,就初步形成可用的网络模型。

3.1.4　模型文件的分类

　　OPNET 模型中包含了各种模型文件,如果把这些文件都放在一个目录下,会显得杂乱,我们对模型中的文件采用了一套很直观的分类法,根据类别把文件放到不同的文件夹里,使读者看上去一目了然。这些类别可在模型目录 IoT_Simulation 中看到,如表 3-2 所示。

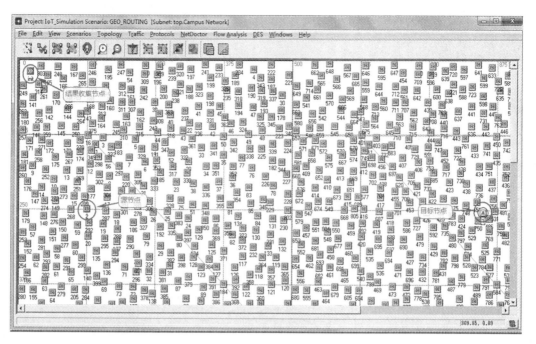

图 3-12   通过 EMA 生成的大规模传感器网络模型

表 3-2   模型文件分类说明

类别名	说　　明
include	头文件类别,包括模型的全局变量、常数、中断码、仿真结果等头文件
network	网络模型类别,包括 IOT_Simulation 网络模型
node	节点模型类别,包括普通传感器节点模型 wsn_node 和结果收集节点模型 wsn_result_collection
packet	包模型类别,包括应用层包 SENSED_DATA 和路由层包 DATA
process	进程模型类别,包括普通传感器节点的 4 个进程模型和结果收集节点的 1 个进程模型
simresult	结果收集类别,模型性能参数仿真结果保存到该目录下多个文本文件中
wireless_lan	无线管道文件类别,包括接受主询、信道匹配、误码率等管道文件

3.1.5　头文件

模型中所有头文件都在 include 目录下,文件说明如表 3-3 所示。

表 3-3   头文件说明

文　件　名	说　　明
wsn_global. h	全局变量
wsn_constant. h	常量
wsn_intrpt_code. h	中断码,其他进程发送给结果收集节点(init)进程
wsn_result. h	结果收集进程用到的文件句柄和文件名

3.1.6 全局变量

全局变量保存在 include 目录下的 wsn_global.h 中,变量说明如表 3-4 所示。

表 3-4 全局变量表

变量名称	类型	说明
GlobalSrcID	integer	源节点地址
GlobalSrcX	double	源节点 x 坐标
GlobalSrcY	double	源节点 y 坐标
GlobalSinkID	integer	目标节点地址
GlobalSinkX	double	目标节点 x 坐标
GlobalSinkY	double	目标节点 y 坐标
data_ete_delay	double	网络层进程的包延时,结果收集进程读取
data_ete_hop_count	integer	网络层进程数据包跳数,结果收集进程读取
data_packet_size_transmitted	integer	网络层发送数据包的比特数,结果收集进程读取
data_packet_size_received	integer	网络层接收数据包的比特数,结果收集进程读取
msg_packet_size_transmitted	integer	网络层发送控制包的比特数,结果收集进程读取
msg_packet_size_received	integer	网络层接收控制包的比特数,结果收集进程读取
packet_size_overheared	integer	MAC 层串扰帧的数目,结果收集进程读取
m_frame_size_transmitted	integer	MAC 层发送帧的比特数,结果收集进程读取
m_frame_size_received	integer	MAC 层接收帧的比特数,结果收集进程读取
m_frame_size_overheared	integer	MAC 层串扰帧的比特数,结果收集进程读取

 有益提示 … 本章中将应用层和网络层收发的数据统称为包,MAC 层收发的数据统称为帧。

 小技巧 … wsn_global.h 中定义的全局变量通常需要在多个进程中使用。

3.1.7 包结构

本模型中用到了两个包,分别是应用层包 SENSED_DATA 和网络层 DATA 包。

1. 应用层包 SENSED_DATA

因模型着重研究网络层协议,所以应用层数据简化为一个字段,如图 3-13 所示。如果读者需要模拟应用层发送多个传感器数据,可以重建该包。

图 3-13 SENSED_DATA 包结构

2. 网络层包 DATA

网络层包结构如图 3-14 所示。

Source (8 bits)	Sink (8 bits)	SeqNum (8 bits)	DeviationAngle (8 bits)
NextHop (8 bits)	PreviousHop (8 bits)	HopCount (8 bits)	

Payload
(256 bits)

图 3-14　网络层包 DATA 结构

包中的参数说明如表 3-5 所示。

表 3-5　DATA 包中参数说明

参 数 名	说　明	参 数 名	说　明
Source	源节点编号	Sink	目标节点编号
SeqNum	包序号	DeviationAngle	多径路由 DGR 路径偏离角度
NextHop	下一跳节点编号	PreviousHop	上一跳节点编号
HopCount	当前跳数	PayLoad	应用层包封装字段

3.2　节点模型

模型中有两个节点类型,即普通传感器节点模型 wsn_node 和结果收集节点模型
(init)。下面分别介绍这两种节点模型。

3.2.1　普通传感器节点模型

1. 协议栈简介

普通传感器节点模型如图 3-15 所示。节点模型分为应用层、网络层、MAC 层初始
化模块和 MAC 层。

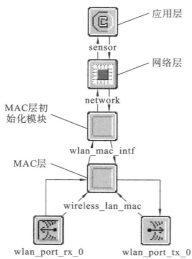

图 3-15　普通传感器节点模型

应用层(sensor):传感器检测到数据,将数据发送到下面的网络层。

网络层(network):接收应用层数据,网络层负责将数据包按照设定的路由算法发送。这一层可用来测试新的路由算法,添加路由方案需要修改本层代码。

MAC 层初始化模块:作为 MAC 层和网络层中介,将网络层发过来的包转发到 MAC 层,将 MAC 层发过来的包转发到网络层。

MAC 层:解决多个节点合理、有效地共享信道资源的问题。

1) 应用层进程模型

普通传感器节点应用层进程模型如图 3-16 所

示,进程状态说明如表 3-6 所示。

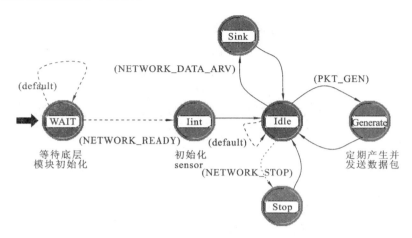

图 3-16 普通传感器节点应用层进程模型图

表 3-6 应用层 sensor 进程状态说明表

状 态 名	操　　作	转 移 条 件
WAIT	无	接收到网络层的 NETWORK_READY 中断进入 Init 状态
Init	初始化变量,源节点发送 GEN _PKT 自中断	自动进入 Idle
Idle	无	接到 PKT_GEN 中断进入 Generate 状态;接到 NETWORK_STOP 进入 Stop 状态;接到 NET-WORK_DATA_ARV 进入 Sink 状态
Generate	创建 SENSED_DATA 数据包并发送,然后发送自中断	接收到 PKT_GEN 中断进入,结束后回到 Idle 状态
Sink	接收网络层发过来的数据包	接收到网络层 NETWORK_DATA_ARV 中断进入,结束后回到 Idle 状态
Stop	停止发送数据	接收到网络层 NETWORK_STOP 中断进入,结束后回到 Idle 状态

只有源节点和目标节点的网络层给应用层发送中断,所以只有源节点和目标节点会进入 init 和后续的状态,其他节点的应用层一直在 WAIT 状态等待。对于源节点来说,会在 Idle 和 Generate 状态往复,当源节点接收到 NETWORK_STOP 消息之后,会进入 Stop 状态。目标节点则在 Idle 和 Sink 状态往复。

应用层模型主要函数 m_generate_packet()负责产生数据包并发送,代码如下。

```
static void m_generate_packet (void)
{
  Packet * pkptr;
  FIN (m_generate_packet());
  /* 创建数据包,并设定数据包大小 */
  pkptr=op_pk_create_fmt ("SENSED_DATA");
  op_pk_total_size_set (pkptr, pkt_size);
  /* 发送数据包 */
  op_pk_send (pkptr, 0);
  FOUT;
}
```

在 Generate 状态中,每次发包之后,设置 pkt_interval 秒后自中断,自中断到期之后,继续循环发送数据包,代码如下。

```
m_generate_packet ();
/* 发送自中断,循环发送数据包 */
pkt_gen_event=op_intrpt_schedule_self (op_sim_time()+pkt_interval, PKT_GEN_CODE);
```

头模块中 PKT_GEN_CODE 对应于 GEN_PKT 宏,再次触发 Generate 状态,实现周期发送数据包,直到仿真结束,代码如下。

```
#define    GEN_PKT    (op_intrpt_type()==OPC_INTRPT_SELF && op_intrpt_
                       code()==PKT_GEN_CODE)
```

2) 网络层进程模型

网络层进程模型如图 3-17 所示,根据功能可以分为如下几大部分:

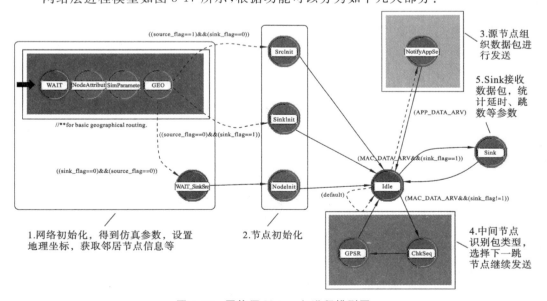

图 3-17 网络层 Network 进程模型图

(1) 网络初始化;

(2) 节点初始化;

（3）源节点发送数据；

（4）中间节点识别包类型，转发数据；

（5）目标节点接收数据、统计延时、跳数等参数。

> **有益提示...** 模型运行时，根据模型状态流程可以分为四类节点，分别是源节点（source）、目标节点（sink）、中间转发节点和其他节点。这四类节点都会经过网络初始化和节点初始化。对于源节点，进行源节点发送数据，接下来是在 Idle 和 NotifyAppSendData 两个状态之间切换；对于目标节点，进行目标节点接收数据，在 Idle 和 Sink 状态之间切换；对于中间转发节点，进行转发数据，在 Idle 和 ChkSeq、GPSR 状态之间切换；对于其他节点，则一直停留在 Idle 状态。

模型各状态说明如表 3-7 所示。

表 3-7　网络层 wsn_net_geo_routing **进程状态说明表**

状　态　名	操　　作	转　移　条　件
WAIT	等待	0.01 s 之后进入 NodeAttribute 状态
NodeAttribute	初始化节点编号、地址、坐标等参数，设置节点标识（源节点、目标节点或其他节点）。取得应用层进程和结果收集进程 id	结束后进入 SimParameters 状态
SimParameters	取得传输距离、传输方案（scheme_idx）、传输包大小等仿真参数	结束后进入 GEO 状态
GEO	运行 SetNIT（）函数，根据节点间距离，建立节点的邻居节点表	结束后根据节点状态进入不同状态
SrcInit	设置源节点 ID 和坐标，给应用层进程发送准备好的消息	源节点（source_flag 为 1）进入，结束后进入 Idle 状态
SinkInit	设置目标节点 ID 和坐标，给应用层进程发送准备好的消息	目标节点（sink_flag 为 1）进入，结束后进入 Idle 状态
WAIT_SinkSrc	等待 Source 节点和 Sink 节点初始化完成	0.01 s 后进入 NodeInit 状态
NodeInit	计算源到目标距离，节点到源和目标的距离	结束后进入 Idle 状态
Idle	在状态退出（exit）时，如果是"DATA"包进入的包格式，读取包中的上一跳（PreviousHop）、下一跳（NextHop）、当前跳数（HopCount）、包序号（SeqNum），以及偏移角度（DeviationAngle，多径路由在 DGR 中用到）	三种节点初始化后进入 Idle 状态。出口有三种：① 应用层有数据来，则进入 NotifyAppSendData 状态；② 有 MAC 层包到达且是 Sink 节点，则进入 Sink 状态；③ 有 MAC 层包到达但不是 Sink 节点，进入 ChkSeq 状态

续表

状 态 名	操 作	转 移 条 件
NotifyAppSendData	封装应用层包,构造 DATA 数据包,然后根据指定的路由算法(最短路径 GPSR 或多径 DGR)发送数据包	源节点接收到应用层数据到达消息进入,结束后进入 Idle 状态
ChkSeq	检查包的合法性,并记录最大的包序号	MAC 层包到达且是非 Sink 节点,则 Idle 状态进入,结束后进入 GPSR 状态
GPSR	根据指定的路由算法(最短路径 GPSR 或多径 DGR)转发数据包	结束后进入 Idle 状态
Sink	向统计数据进程(Init_pro_id)发送中断促使其统计性能(延时、跳数等)	结束后进入 Idle 状态

 小技巧··· 　　如果要添加测试新的路由算法,需要修改 NotifyAppSendData 和 GPSR 状态中的代码。NotifyAppSendData 的功能是产生数据包,选择下一跳发送,GPSR 只是选择下一跳发送,所以 GPSR 中的代码只是 NotifyAppSendData 的一部分。

3) 网络层关键代码

(1) 网络层主要状态变量说明如表 3-8 所示。

表 3-8　网络层主要状态变量说明表

变 量 名	类 型	说 明
pkptr	Packet *	包指针,在发送数据时指网络层数据包,在 Idle 状态下指接收到应用层或者 MAC 层的数据包
source_flag	Boolean	源节点标识
sink_flag	Boolean	目标节点标识
D_Source	int	源节点地址
D_Sink	int	目标节点地址
D_PreviousHop	int	上一跳节点地址
D_NextHop	int	下一跳节点地址
MyID	int	节点地址
node_name	char[]	节点名称
my_x_pos	double	本节点 x 坐标
my_y_pos	double	本节点 y 坐标
node_number	int	网络中的所有节点数
NeighborNumbe	rint	节点的邻居节点数
NeighborList	int *	保存节点的邻居节点地址数组
NeighborIndex	int	邻居节点地址数组下标
NeighborListX	double *	保存每个邻居节点 X 坐标

续表

变 量 名	类 型	说 明
NeighborListY	double *	保存每个邻居节点 Y 坐标
D_SeqNum	int	数据包发送序号
last_data_seq	int	上次发送包序号,在 CheSeq 状态中,D_SeqNum 大于 last_data_seq 才合法
init_pro_id	Objid	结果收集进程 ID
app_pro_objeid	Objid	应用层进程 ID
node_objid	Objid	节点 ID
D_HopCount	int	当前跳数
pk_format	char[]	包类型,用于判断是哪种类型包
path_number	int	多路路径数
D_DeviationAngle	double	多路路径 DGR 中偏离角度
initiated_angle	double	多路路径 DGR 初始角度
Deviation_angle_step	double	多路路由 DGR 路径之间的角度
sheme_idx	int	路由方案选择参数
MaxTxRange	double	最大传输距离,读取仿真属性或头文件值
SensoryDataSize	double	网络层发送包大小(b)

 小技巧...　模型中包字段赋值或从包字段取值的状态变量命名统一以 D_ 开头。

(2) 设置邻居信息函数—SetNIT()。

该函数在 GEO 状态中调用,功能是将节点的邻居节点信息保存到数组中,代码如下。

```
void SetNIT(void)
{
    FIN (void SetNIT(void));
    /* 为邻居数组分配内存 */
    NeighborList=(int *)op_prg_mem_alloc(MAX_NEIGHBOR_NUMBER
                    * sizeof(int));
    NeighborListX=(double *)op_prg_mem_alloc(MAX_NEIGHBOR_NUMBER
                    * sizeof(double));
    NeighborListY=(double *)op_prg_mem_alloc(MAX_NEIGHBOR_NUMBER
                    * sizeof(double));
    /* 初始化 */
    for (i=0; i< MAX_NEIGHBOR_NUMBER; i++){
        NeighborList[i]=-1;
        NeighborListX[i]=-1;
        NeighborListY[i]=-1;
    }
```

```
/* 得到网络中所有节点数 */
node_number=op_topo_object_count(OPC_OBJTYPE_NODE_MOB);

NeighborNumber=0; /* NeighborNumber 记录邻居节点数目 */
for ( i=0; i < node_number; i++){
   other_node_objid=op_topo_object(OPC_OBJTYPE_NODE_MOB,i);
   op_ima_obj_attr_get(other_node_objid,"name",&other_node_name);
   NeighborID=atoi(other_node_name); /* 得到邻居节点 ID */
   if (other_node_objid != node_objid) { /* 不是本节点 */
      /* 取节点 x,y 坐标 */
      op_ima_obj_attr_get(other_node_objid,"x position",
            &neighbor_x_pos);
      op_ima_obj_attr_get(other_node_objid,"y position",
            &neighbor_y_pos);
      /* 求邻居到自己的距离 */
      HopDistance=sqrt(pow(neighbor_x_pos-my_x_pos),2)
                  +pow(neighbor_y_pos-my_y_pos),2));
      /* 距离小于一定的半径节点作为邻居,记录到数组中。 */
      if (HopDistance < MaxTxRange) {
        NeighborList[NeighborNumber]=NeighborID;
        NeighborListX[NeighborNumber]=neighbor_x_pos;
        NeighborListY[NeighborNumber]=neighbor_y_pos;
        NeighborNumber++;
        }
      }
   }
FOUT;
}
```

（3）求下一跳的函数—GeoRoutingNextHop()。

该函数在状态 NotifyAppSendData 和状态 GPSR 中调用,功能是求出满足条件的下一跳节点。这个函数是地理路由算法中的关键。如果要测试自己的路由算法,则可写出选择下一跳函数,在这两个状态中调用。函数的关键代码如下。

```
MinDistance=MAX_VALUE;
for (k=0;k<NeighborNumber; k++){
/* 求邻居节点到目标节点距离 */
NeighborToDestinationDistance=sqrt(
                  pow((NeighborListX[k]-destination_x),2)
                  +pow((NeighborListY[k]-destination_y),2));
   /* 得到当前离目标地址最近的邻居在本节点邻居列表(NeighborList)中所对应的序号
   (NextHopIdx) */
   if (NeighborToDestinationDistance<MinDistance){
     MinDistance=NeighborToDestinationDistance;
     NextHopIdx=k;
     }
   }
/* 将找到的节点 ID 返回 */
FRET(NeighborList[NextHopIdx]);
```

（4）模型仿真核心运行说明。

仿真开始时（零时刻），许多模块需要通过仿真核心触发仿真开始事件（begsim intrpt）来进行初始化，事件列表（event list）会维护一个时间列表。因为都是同一时刻的事件，仿真核心没有能力安排它们合理的顺序，因此通过引入冗余的非强制状态来界定同一时刻事件的发生顺序，我们的模型初始引入了 WAIT 状态。此外，到 GEO 状态结束之后，普通传感器节点需要等待 Source 和 Sink 节点的坐标来计算到 Source 和 Sink 距离，所以普通传感器节点进入 WAIT_SinkSrc 状态。

这两个状态我们均设置为自中断 0.01 s，代码如下。

```
op_intrpt_schedule_self(op_sim_time()+0.01,0);
```

仿真列表如表 3-9 所示。在第 0.0000001 s（时间为举例，实际上机器只显示 0.000000）时，2 号节点开始仿真中断，然后执行 0.01 自中断，则 0.01 s 之后，开始执行 2 号节点的 NodeAttribute 中的代码。其他节点类似。

表 3-9 仿真核心中断列表举例

时 间	节 点	执 行
0.0000001	2	开始仿真，执行 0.01 自中断
0.0000002	3	开始仿真，执行 0.01 自中断
0.0000003	4	开始仿真，执行 0.01 自中断
0.0000004	1	开始仿真，执行 0.01 自中断
...	...	...
0.0100001	2	Source 节点执行 SrcInit 状态代码
0.0100002	3	WAIT 状态 0.01 自中断
0.0100003	4	WAIT 状态 0.01 自中断
0.0100004	1	Sink 节点执行 SinkInit 状态代码
...	...	...
0.0200001	3	普通传感器节点执行 NodeInit 状态代码
0.0200002	4	普通传感器节点执行 NodeInit 状态代码
...	...	...
0.5200001	2	Source 开始发送包，源节点数据发送周期设置为 0.5 s
...	...	...

 小技巧... 在模型中，所有节点的代码都是并发执行的，所以在跟踪调试模型时，在网络层进程设置中断之后，实际上是对每个节点的网络层都设置了中断。在监视中，可以在中断之后使用 op_sv_ptr->MyID 来查看本节点的 ID 号，具体调试内容请参照第 4 章。

4）MAC 层初始化模块进程模型

MAC 层初始化模块模型是在 802.11 标准模型上修改的，如图 3-18 所示，第一个状态为 SET_MAC_ADDRESS,给节点设置 MAC 层地址。

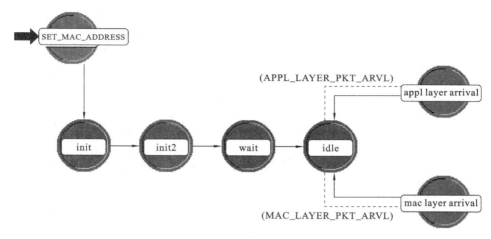

图 3-18 网络层与 MAC 层之间的适应层进程模型

2. 传感器节点地址解析

为了将包发送到正确的节点,需要知道传感器节点的传感器节点地址。在部署场景的时候,将起始节点的"name"属性设置为 1,接下来复制节点,后面的节点名称的编号为 2,3,…。这些编号作为字符串保存在节点的"name"属性中。我们根据这个属性对节点进行编号,同时修改 MAC 层协议,将此编号作为节点的 MAC 层地址。

1)网络层节点编址

在网络层进程的 NodeAttribute 状态中进行节点初始化,代码如下。

```
/* 得到节点编号,op_id_self()得到进程号,节点是进程的父对象 */
node_objid=op_topo_parent(op_id_self());

/* 根据节点的 objid 取节点 name 属性到变量中 */
op_ima_obj_attr_get(node_objid, "name", &node_name);

MyID=atoi(node_name); /* 转化为整数,MyID 是网络层节点编号状态变量 */
op_ima_obj_attr_set(node_objid,"MyID",MyID); /* 设置为节点属性 */
```

2)MAC 层初始化模块进程对 MAC 层编址

在 MAC 层初始化模块进程的 SET_MAC_ADDRESS 状态中,给节点设置 MAC 层地址,代码如下。

```
/* 得到本进程 id */
my_pro_id=op_id_self();

/* 得到本节点 id */
my_node_id=op_topo_parent(my_pro_id);

/* 根据本节点的 objid 获取本节点 name 属性值,并将其保存在 nodename 变量中 */
op_ima_obj_attr_get(my_node_id,"name",&nodename);

/* 将字符串型的 nodename 转化为相应的整数型节点编号 */
my_mac_address=atoi(nodename);
```

```
/* 根据进程名称得到 MAC 层进程 id */
mac_pro_id=op_id_from_name(my_node_id,OPC_OBJTYPE_PROC, "wireless_lan_mac");
/* 将整数型的节点编号直接设置为当前节点的 MAC 层地址 */
op_ima_obj_attr_set(mac_pro_id,"Address",my_mac_address);
```

> **有益提示…**　在 IoT_Simulation 模型中,某个传感器节点属性中字符串型 nodename 变量所对应的整数值、网络层的状态变量 MyID、MAC 层本节点地址都是同一个值,该数值对应当前传感器节点在网络模型中显示的名字。

3）MAC 层对地址的判断

当 MAC 层初始化模块向 MAC 层发送数据时,将目标地址编号作为 MAC 层包的目标地址。

在 MAC 层接收到包之后,将帧的目标地址和自己的 MAC 地址(my_mac_address)比较,如果相符则转发给 MAC 层初始化模块,否则丢弃。

3. 不同算法对比运行

在 OPNET 仿真中,通常要对比几种算法的优劣,可通过对比不同算法的各项性能参数来实现。而且每种算法需要选择设置多个随机种子运行多次,取得稳定的参数才能说明算法有效。

在网络层进程中,设置了仿真属性 scheme_idx 后,不同路由算法对应于不同的 scheme_idx 值,在仿真时为 scheme_idx 设置多个值,同时设置多个仿真种子,则可以一次运行多种算法。这里介绍如何添加新的路由算法进行对比,具体步骤如下。

1）代码实现

选择路由算法代码在网络层执行,主要分为以下几步。

（1）为进程添加 scheme_idx 属性。

在 network 进程上单击鼠标右键,选择属性(attribute),弹出属性窗口,单击左下方"Extended Attrs"按钮,在出现的对话框中,给进程添加属性 scheme_idx,如图 3-19 所示。

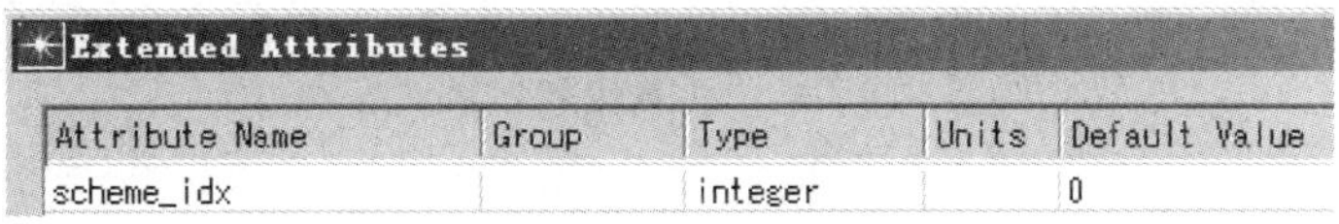

Attribute Name	Group	Type	Units	Default Value
scheme_idx		integer		0

图 3-19　添加 scheme_idx 进程属性

（2）定义状态变量 scheme_idx。

在网络层进程模型中,单击工具栏按钮[SV],打开状态变量窗口,添加整型状态变量 scheme_idx。

（3）读取仿真属性。

在网络层进程的 SimParameters 状态中,读取进程属性到状态变量中,代码如下。

```
if (op_ima_sim_attr_exists("Campus Network. * . Network. scheme_idx")){
  /* 读取仿真属性 */
  op_ima_sim_attr_get_int32("Campus Network. * . Network. scheme_idx", &scheme_idx);
```

```
        / * YAxis 记录当前运行路由方案,画图时用到 * /
    YAxis=(double)scheme_idx;
}else{ / * 如果没有设置,则默认执行方案 1 * /
    scheme_idx=1;
}
```

（4）设置路由方案选择代码。

在网络层进程中,NotifyAppSendData 状态和 GPSR 状态中添加代码如下。

```
if(scheme_idx==1){ / * 如果 sheme_idx 为 1,则执行地理路由贪心算法 * /
    NextHopID=GeoRoutingNextHop(GlobalSinkX,GlobalSinkY);
}else if(scheme_idx==2){ / * 如果 sheme_idx 为 2,则执行 DGR 多路路由算法 * /
    NextHopID=DGR_NextHop(D_DeviationAngle,GlobalSinkX,GlobalSinkY);
}
```

scheme_idx 值不同,则执行的路由算法不同。

2）将 scheme_idx 设置为仿真属性

（1）单击 Configure\Run Discrete event simulation ![icon]运行仿真,打开运行进程窗口,单击 Inputs\Object Attributes,设置仿真属性,如图 3-20 所示。

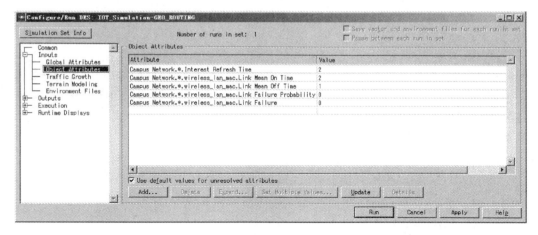

图 3-20 运行仿真设置对象属性

（2）单击"Add"按钮,打开添加属性窗口,单击 Campus Netword. * . Network. scheme_idx 左侧单元格,显示为 Add,如图 3-21 所示,确认后,关闭窗口。

（3）回到对象设置窗口,可以看到 scheme_idx 已经添加进来了,单击下面设置属性的多个值"Set Multiple Values…"按钮,出现属性设置窗口,设置 scheme_idx 的最小值为 1,最大值为 2,如图 3-22 所示。

回到对象属性窗口,可以看到 scheme_idx 设置为"1 to 2 BY 1",如图 3-23 所示。

3）设置多个随机种子

在左侧窗口选择 Common,并单击设置多个仿真种子"Multi Seed Values…"按钮,出现 seed_range 范围,设置为 255～2200,步长 200,如图 3-24 所示,确定之后返回。

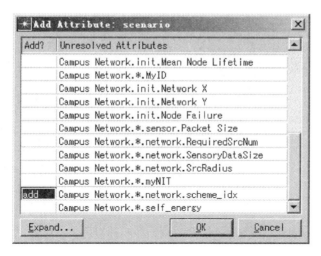

图 3-21　添加仿真属性

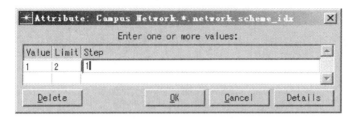

图 3-22　设置仿真属性的多个值

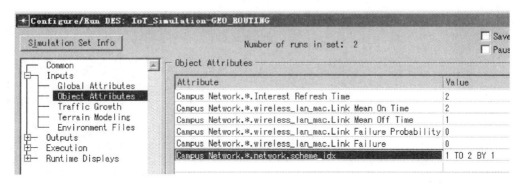

图 3-23　设置仿真属性多值

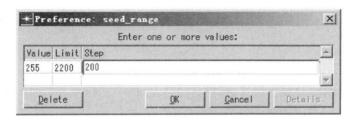

图 3-24　设置随机种子范围

　　可以看到,窗口上显示运行数为 20,如图 3-25 所示,实际上是两种路由算法,每种算法运行 10 次。最后运行程序即可。

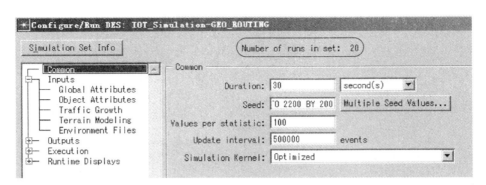

图 3-25　仿真运行次数

3.2.2　结果收集节点模型

为了统计仿真结果,模型中设置了一个结果收集节点(init),用来收集性能参数数据,init 节点位于网络模型的左上角,节点中只有一个 global_init 进程,其他进程在需要统计数据时给结果收集进程发送中断,节点收集进程触发相应的状态处理结果,在运行结束之后将结果写到文件中。

1. 进程模型介绍

进程模型如图 3-26 所示。进程状态根据功能分为如下四部分:

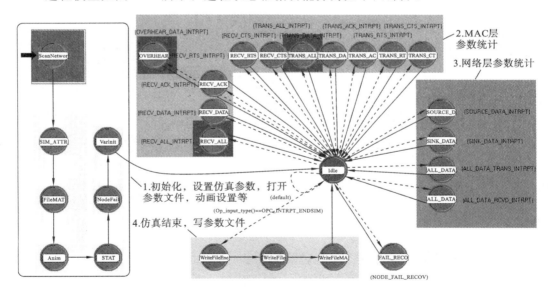

图 3-26　结果收集节点进程模型

(1) 节点初始化,设置仿真参数,打开参数文件,初始化变量等;

(2) MAC 层参数统计;

(3) 网络层参数统计;

(4) 仿真结束,写参数文件。

进程各状态说明如表 3-10 所示。

表 3-10　结果收集节点进程状态说明

状 态 名	操 作	转 移 条 件
ScanNetwork	给模型中每个节点的能量赋值,记录每个节点的地址,获取 MAC 层进程 id 等	结束后进入 SimParameters 状态
SIM_ATTR	读取仿真参数	结束后进入 FileMAT 状态
FileMAT	打开各参数记录文件,如果文件不存在,结束仿真	结束后进入 Anim 状态
Anim	设置动画	结束后进入 STAT 状态
STAT	登记统计参数(延时、跳数等),打印一些全局统计消息	结束后进入 NodeFail 状态
NodeFail	如果设置了运行节点失败的标识(node_failure),则选择一个随机事件发送节点失败自中断消息	结束后进入 VarInit 状态
VarInit	初始化变量	结束后进入 Idle 状态
Idle	如果仿真属性设置了能量管理标识(EnergyManagerStart) 且 UpdateNodeEnergyFlag 标识为真,则根据接收到的中断的节点源,计算该节点耗费的能量,在节点能量中减去消耗的能量。如果节点能量耗尽,则发送仿真结束消息	根据接收到的中断可能进入三种状态:(a) 接收到 MAC 层中断之后,进入对应的 MAC 层处理状态;(b) 接收到网络层中断之后,进入对应的网络层处理状态;(c) 接收到仿真结束消息之后,写结果文件
RECV_ALL RECV_DATA RECV_ACK RECV_RTS RECV_CTS	MAC 层接收到 (DATA、ACK、RTS、CTS) 帧之后发送统计中断触发的处理状态,RECV_ALL 是对以上所有类型的包都做处理	结束后进入 Idle 状态
TRANS_ALL TRANS_DATA TRANS_ACK TRANS_RTS TRANS_CTS	MAC 层发送 (DATA、ACK、RTS、CTS) 帧之后发送统计中断触发的处理状态,TRANS_ALL 是对以上所有的帧都做处理	结束后进入 Idle 状态
OVERHEAR	MAC 处理串扰中断触发的处理状态	结束后进入 Idle 状态
SOURCE_DATA	网络层源节点发送包之后,发送中断触发的处理状态,统计包数和包(消息和数据两种)的比特数	结束后进入 Idle 状态
SINK_DATA	网络层目标节点接收到包之后,发送中断触发的处理状态,统计接收到的包数和包(消息和数据)的比特数	结束后进入 Idle 状态
ALL_DATA_TRANS ALL_DATA_RCVD	网络层中间转发节点的发送/接收包之后,发送中断触发的处理状态,统计发送/接收的包数和包(消息和数据)的比特数	结束后进入 Idle 状态

续表

状 态 名	操 作	转 移 条 件
FAIL_RECOV	收到 NODE_FAIL_RECOV 中断之后,从普通传感器节点中找一个节点使其不可用	如果允许节点失败,则节点失败中断触发此状态
WriteFileEnergy	计算网络能耗,考虑了串扰和闲置能量是否计算	结束后进入 WriteFileMAT 状态
WriteFile	将参数结果写入 m_sim_results.txt	OPC_INTRPT_ENDSIM 中断进入,结束后进入 WriteFileEnergy 状态
WriteFileMAT	为了作图方便,将参数结果分别写入不同的文件	结束后,回到 Idle 状态,然后程序结束运行

2. 统计结果

统计结果对应的远程中断如表 3-11 所示。

表 3-11　远程中断说明表

统 计 结 果	描 述	中 断 码	中断源
recv_all	接收次数的总和,数据帧和 RTS、CTS 以及 ACK 等控制帧	RECV_ALL_INTRPT_CODE	M A C 层
recv_all_bits	总接收比特数		
recv_data	接收帧的个数	RECV_DATA_INTRPT_CODE	
recv_data_bits	接收帧的比特数		
recv_ack	接收 ACK 帧的个数	RECV_ACK_INTRPT_CODE	
recv_ack_bits	接收 ACK 帧的比特数		
recv_rts	接收 RTS 帧的个数	RECV_RTS_INTRPT_CODE	
recv_rts_bits	接收 RTS 帧的比特数		
recv_cts	接收 CTS 帧的个数	RECV_CTS_INTRPT_CODE	
recv_cts_bits	接收 CTS 帧的比特数		
trans_all	发送次数的总和,包括数据、RTS 帧、CTS 帧和 ACK 帧	TRANS_ALL_INTRPT_CODE	
trans_all_bits	总发送比特数		
trans_data	发送数据帧的个数	TRANS_DATA_INTRPT_CODE	
trans_data_bits	发送数据帧的比特数		
trans_ack	发送 ACK 帧的个数	TRANS_ACK_INTRPT_CODE	
trans_ack_bits	发送 ACK 帧的比特数		
trans_rts	发送 RTS 帧的个数	TRANS_RTS_INTRPT_CODE	
trans_rts_bits	发送 RTS 帧的比特数		
trans_cts	发送 CTS 帧的个数	TRANS_CTS_INTRPT_CODE	
trans_cts_bits	发送 CTS 帧的比特数		
overhear_data	串扰帧的个数	OVERHEAR_DATA_INTRPT_CODE	
overhear_data_bits	串扰帧的比特数		

续表

统 计 结 果	描 述	中 断 码	中断源
source_data	源节点发送包的个数	SOURCE _ DATA _ INTRPT_CODE	
D_accum_intiate_packet_number	源节点发送的数据包		
M_accum_intiate_packet_number	源节点发送的消息包		
sink_data	Sink 接收的包个数	SINK _ DATA _ INTRPT_CODE	
D_accum_data_number_rcvd_by_sink	Sink 接收的数据包数		
M_accum_data_number_rcvd_by_sink	Sink 接收的消息包数		
sink_delay_sum	累计延时总和		
sink_delay_sq_sum	延时平方和		
sink_hopcount_sum	累计跳数总和		
all_data_trans	所有发送包个数	ALL_DATA_TRANS_INTRPT_CODE	网络层
D_accum_packet_number_transmitted	发送数据包个数		
M_accum_packet_number__transmitted	发送消息包个数		
D_accum_tx_energy_consumption	发送数据包比特数		
M_accum_tx_energy_consumption	发送消息包比特数		
all_data_rcvd	接收的所有包个数	ALL_DATA_RCVD_INTRPT_CODE	
D_accum_packet_number_received	接收的所有数据包个数		
M_accum_packet_number_received	接收的所有消息包个数		
D_accum_rx_energy_consumption	接收所有数据包比特数		
M_accum_rx_energy_consumption	接收所有消息包比特数		

有些结果是通过上面的统计结果计算出来的,如:

(1) 成功率 Wf_R＝sink 接收包个数/源发送包个数＝sink_data/source_data;

(2) 平均延时 Wf_D＝总延时/sink 接收包个数＝sink_delay_sum/sink_data;

(3) 延时抖动＝(延时的和平方－延时平方和/sink 接收包个数)/(sink 接收包个数-

1)＝(sink_delay_sq_sum-sink_delay_sum * sink_delay_sum/sink_data)/(sink_data-1)；

（4）平均跳数＝总跳数/sink 接收包个数＝sink_hopcount_sum/sink_data；

（5）网络层总能量 Wf_EC＝网络层数据通信总能量＋网络层消息通信总能量。
关于能量的计算在能量模型中介绍。

3.3　结果收集模型

在前面章节,对结果收集节点模型进行了大概介绍,本节将详细介绍如何进行结果
收集。

3.3.1　模型介绍

运行仿真时,有时候需要自己设置一些仿真参数,而且需要把每次运行的结果都保
存下来用于查看,如果多次运行,OPNET 模型通常无法把每次运行的结果都显示出
来。在模型中,有一个专门节点 init 用于收集结果参数。主要思想如下。

（1）普通传感器节点的进程需要统计结果时,向结果收集节点的进程发送消息,结
果收集节点接收到消息之后,统计相应的参数,如图 3-27 所示。

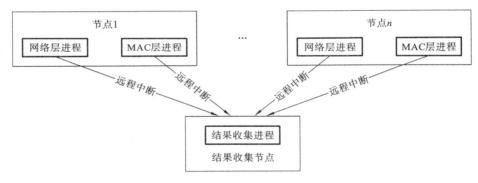

图 3-27　消息码发送

（2）结果收集进程在仿真全部结束时,将仿真参数结果写到文本文件中。每个仿
真参数都写入了对应的文件,因此有多个结果文件。参数对应文件名如表 3-12 所示。

表 3-12　参数对应文件列表

参　　数	描　　述	文　件　名
D_accum_tx_energy_consumption	所有数据发送能量	1-1.txt
D_accum_rx_energy_consumption	所有数据接收能量	1-2.txt
D_accum_oh_energy_consumption	所有串扰能量	1-3.txt
D_accum_total_energy_consumption	数据通信总能量	1-4.txt
M_accum_tx_energy_consumption	所有发送消息能量	1-5.txt
M_accum_rx_energy_consumption	所有接收消息能量	1-6.txt
M_accum_total_energy_consumption	消息通信总能量	1-7.txt
D_accum_intiate_packet_number	源节点发送的数据包数	1-8.txt

续表

参　　数	描　　述	文　件　名
D_accum_data_number_rcvd_by_sink	Sink 接收的数据包数	1-9. txt
D_accum_packet_number_transmitted	所有节点发送数据包数	2-1. txt
D_accum_packet_number_received	所有节点接收数据包数	2-2. txt
D_accum_packet_number_overheared	所有节点串扰的数据包数	2-3. txt
M_accum_intiate_packet_number	源节点发送消息包数	2-4. txt
M_accum_packet_number_transmitted	所有节点发送的消息包数	2-5. txt
M_accum_packet_number_received	所有节点接收的消息包数	2-6. txt
Sink 总延时/Sink 接收的总包数	平均延时	2-7. txt
（延时的和平方－延时平方和/Sink 接收的包个数）/（Sink 接收的包个数－1）	延时抖动	2-8. txt
max_data_ete_delay	最大延时	2-9. txt
Sink 总跳数/Sink 接收的总包数	平均跳数	2-10. txt
Sink 接收的总数据包/源节点发送的总数据包	数据包接收率	3-1. txt
（网络层通信总能量/Sink 接收的总包数）×（平均延时/数据包接收成功率）或（MAC 层通信总能量/ Sink 接收的总包数）×平均延时	若变量 EnergyManager-Start 为 1,则统计网络层;若为 0,则统计 MAC 层	3-2. txt
数据通信总能量＋消息通信总能量	网络层总能量	3-3. txt
MAC 层发送＋接收＋串扰＋闲置能量	MAC 总能量	3-4. txt
通信总能量/Sink 接收的总包数	网络层平均每 Sink 接收的包所耗能量	3-5. txt
MAC 层通信总能量/ Sink 接收的总包数	MAC 层平均每 Sink 接收的包所耗能量	3-6. txt
op_sim_time()	网络寿命	3-8. txt
X 轴数据	根据仿真具体参数赋值,比如路由方案索引	0-0-x. txt
Y 轴数据	根据仿真具体参数赋值,比如传输范围	0-0-y. txt
能量首先耗尽的节点名称		Whodiefirst. txt
要追踪的消息	追踪日志	0-1. txt

 有益提示…　　上表中的文件保存在模型目录的 SimResult 子目录下。

下面以网络层为例介绍结果收集模型。

3.3.2 性能参数

在网络层,需要统计的参数如下。

(1) 发送和接收的包的数目:

总的发送率＝目标节点收到的包的数目/源节点发送的包的数目

(2) 能耗:能耗与节点发送和接收的数据/消息的数目和大小有关,具体计算模型请参照能量模型。

 有益提示… 在基本模型里只有数据包,所以统计的所有消息包都是 0。但在复杂的场景中,需要控制消息包的数目和大小。

(3) 平均延时:

平均延时＝目标节点收到的包延时的总和/目标节点收到的包的数目

(4) 平均跳数:

平均跳数＝目标节点收到的包跳数的总和/目标节点收到的包的数目

(5) 网络寿命:以第一个节点耗尽电池开始算起,在结果收集节点中直接收集。

3.3.3 代码实现

具体介绍结果收集的代码实现。

1) 消息统计

网络层在事件发生时,会给 init 节点的结果收集进程发送中断,中断如表 3-13 所示。

表 3-13 中断对应的状态和参数

中 断 码	进 程 状 态	统 计 参 数
m_SOURCE_DATA_INTRPT_CODE	NotifyAppSendData (源节点)	源节点发送包的数目
m_ALL_DATA_TRANS_INTRPT_CODE	NotifyAppSendData (源节点) GPSR(中间节点)	所有节点发送包的数目 节点发送数据包的数目和大小 节点发送消息包的数目和大小
m_ALL_DATA_RCVD_INTRPT_CODE	Idle 状态出口	所有节点接收包的数目 节点接收数据包的数目和大小 节点接收消息包的数目和大小
m_SINK_DATA_INTRPT_CODE	Sink(目标节点)	目标节点接收包的数目 平均延时、最大延时、跳数等

 小技巧… 上表中的中断码因为需要在两个进程(网络层进程和结果收集进程)中使用,所以定义在 include 目录下的头文件 wsn_intrpt_code. h 中。

2）网络层进程发送中断代码

（1）源节点网络层进程 NotifyAppSendData 状态发送数据包之后，给结果收集进程发送中断码，代码如下。

```
...
/* 发送数据包 */
op_pk_send（packet_pkptr，NETWORK_TO_MAC_STRM）；
/* 求出数据包大小赋值给全局变量 */
data_packet_size_transmitted＝op_pk_total_size_get(packet_pkptr);
/* 不是消息包，所以赋值为 0 */
msg_packet_size_transmitted＝0；
/* 向结果收集进程发送中断码，其中 init_pro_id 指结果收集进程 id 号 */
op_intrpt_schedule_remote(op_sim_time()，m_SOURCE_DATA_INTRPT_CODE，init_
pro_id)；
op_intrpt_schedule_remote(op_sim_time()，m_ALL_DATA_TRANS_INTRPT_CODE，
init_pro_id)；
```

（2）目标节点网络层进程 Sink 状态发送消息代码如下。

```
/* 将跳数和延时赋值给全局变量 */
data_ete_hop_count＝D_HopCount；
data_ete_delay＝op_sim_time()－op_pk_creation_time_get(pkptr);
/* 读取数据包内数据，发给应用层 */
op_pk_nfd_get（pkptr，"Payload"，&app_pkptr）；
op_pk_send(app_pkptr,NETWORK_TO_APP_STRM);
/* 给结果收集进程发送消息 */
op_intrpt_schedule_remote(op_sim_time()，m_SINK_DATA_INTRPT_CODE，init_pro_id);
```

3）结果收集进程处理消息代码

这里给出了三个消息处理的代码。

（1）m_SOURCE_DATA_INTRPT_CODE 消息处理代码如下。

```
source_data＝source_data＋1；/* 源节点发送的数据包累加 */
```

（2）m_ALL_DATA_TRANS_INTRPT_CODE 消息处理代码如下。

```
/* 所有节点的发送包 */
all_data_trans＝all_data_trans＋1；
if(data_packet_size_received！＝0){/* 数据包 */
    /* 节点发送包的数目和大小累计，用于计算节点的能量 */
    D_accum_tx_energy_consumption＋＝data_packet_size_transmitted；
    D_accum_packet_number_transmitted＋＋；
  }else {/* 消息包 */
    M_accum_tx_energy_consumption＋＝msg_packet_size_transmitted；
    M_accum_packet_number_transmitted＋＋；
  }
```

（3）m_SINK_DATA_INTRPT_CODE 消息处理代码如下。

```
sink_data=sink_data+1; /* 源节点发送的数据包累加 */
/* 延时累加 */
D_accum_data_ete_delay+=data_ete_delay;
if (data_ete_delay>max_data_ete_delay){ /* 记录最大延时 */
  max_data_ete_delay=data_ete_delay;
}
/* 求延时的平方和,用于记录延时抖动的参数 */
sink_delay_sq_sum=sink_delay_sq_sum+data_ete_delay * data_ete_delay;
/* 跳数累加 */
D_accum_hop_count+=data_ete_hop_count;
```

4）结果收集进程写入文件

因为仿真时间结束或节点能量耗尽导致仿真结束,在仿真结束之前,结果收集进程会将收集到的参数写进文件中,进程中写了两种文件。

第一种是在 WriteFile 状态中,将各种计算之后的能耗、发送/接收包个数、发送成功率、延时、延时抖动等写入一个文件。可以查看每次仿真的综合参数。

第二种是在 WriteFileMAT 状态中将每个参数写入一个文件,比如平均延时写到2-7.txt 中,跳数写到 2-9.txt 中,优点是用一个程序可以直接读取到 Matlab 中,作图方便。

（1）头文件定义:在 include 目录中,wsn_result.h 是记录常量和文件名的对应,代码如下。

```
...
/* 平均延时 */
FILE * for_matlab_data_avg_ete_delay_fp;
#define DATA_ETE_DELAY_FILE "2-7.txt"

/* 平均跳数 */
FILE * for_matlab_data_avg_hop_count_fp; /* 除以 data_rx_by_sink_num */
#define DATA_HOPCOUNT_FILE "2-10.txt"

/* 综合参数文件 */
FILE * m_sim_results_fp;
#define m_SIM_RESULTS_FILE "m_sim_results.txt"
```

（2）打开文件:在 FileMAT 状态中打开文件,代码如下。

```
/* 如果打开平均延时文件失败,则仿真结束 */
if (NULL==(for_matlab_data_avg_ete_delay_fp=
            fopen(filename(DATA_ETE_DELAY_FILE),"ab")))
  op_sim_end("WARNING !!! Results Written File not Found !!! \n","","","");
/* 打开综合参数文件 */
if (NULL==(m_sim_results_fp=fopen(filename(m_SIM_RESULTS_FILE),"a")))
  op_sim_end("WARNING !!! Results Written File cannot Be OPENED !!! \n","","","");
```

```
/* 写入初始信息 */
tmpTimer＝time(NULL);
fprintf(m_sim_results_fp,"＃＃＃＃＃＃＃ BEGIN：%s ＃＃＃＃＃＃＃＃\r\n",
asctime(localtime(&tmpTimer)));
fprintf(m_sim_results_fp,
"NetworkX＝%.0f, NetworkY＝%.0f, TotalNumRings＝%d, TotalNumSecs＝%d, \r\n",
networkX, networkY, total_num_rings, total_num_secs);
...
```

小技巧...

　　（1）for_matlab_data_avg_ete_delay_fp 和 DATA_ETE_
DELAY_FILE 定义在 include 目录的 wsn_result. h 中,结果收
集进程用到的所有的文件句柄和文件名的宏都定义在这个头
文件中。这样定义的优点是文件名和文件常量分离,文件名不会固化到程序中。

　　（2）上面代码中的粗体 filename()函数是模型中自定义的函数,这个函数获取
当前模型的所在目录,然后将目录结合宏对应文件名组合成完整的文件路径。在
读取模型所在目录时,不能使用 GetCurrDir()函数,该函数运行时得到的是 OP-
NET 的 Modeler. exe 所在目录,不是模型所在目录。

　　解决办法是:在 op_admin 目录下的 env_db10.5 文件中,可找到本模型所在目
录。env_db10.5 是 OPNET 10.5 用于保存模型设置的文件,每次 OPNET 启动时
会读取这个文件,如果没有这个文件,OPNET 会重新生成该文件。op_admin 所
在目录在 Win7 和 Winxp 中不同,且和当前用户名有关,这里使用了 GetUser-
Name()函数取得当前用户名,使用这个函数需要在文件头块添加如下代码:

```
#include <windows. h> /* GetUserName 头文件 */
/* 必须添加这个库引用,否则会出现错误,如图 3-28 所示 */
#pragma comment (lib,"Advapi32. lib")
```

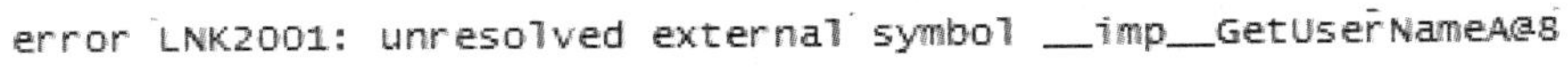

```
error LNK2001: unresolved external symbol __imp__GetUserNameA@8
```

图 3-28　无法解决的外部标志

（3）仿真结束,将参数写入文件并关闭,下面是参数文件写入的部分代码。

```
/* 数据包发送能量消耗写入 1-1. txt 中 */
fprintf(for_matlab_data_tx_energy_consumption_fp,
                    "%f\n",D_accum_tx_energy_consumption);
/* 数据包发送能量消耗写入 1-2. txt 中 */
fprintf(for_matlab_data _rx_energy_consumption_fp,"%f\n",
                    D_accum_rx_energy_consumption);
```

具体参数对应的文件请参照表 3-12。

5）文件作图工具

用 OPNET 仿真结束之后,将 OPNET 仿真结果作图,作图工具有以下几种选择。

（1）利用 OPNET 自身提供的作图工具。在菜单 DES→Results→view statictics

下查看参数的运行结果图。

（2）利用 Excel 作图。可以将 OPNET 的结果导出到 Excel 中作图，Excel 处理数据功能比较强大，缺点是只能处理 65536 条数据。

（3）利用 gnuplot 作图。gnuplot 是个小巧、免费的绘图软件，安装文件只有几兆，它可以在多个平台下使用。gnuplot 既支持命令行交互模式，也支持脚本，不仅图形漂亮，而且操作简单。最新版本可以在 http://www.gnuplot.info/下载。

（4）利用 Matlab 作图。Matlab 是一个商业数学软件，可以对数据进行编程处理，功能强大。与 gnuplot 相比，这个工具的安装文件过大。

（5）其他软件，Windows 平台上有 Origin、Tecplot、SigmaPlot 等，UNIX 上有 LabPlot 等。其他常见的计算软件如 Mathematica、Maple、Scilab、IDL、Maxima 等，也都对科学作图有很好的支持。

 有益提示···　本小节简要介绍了 Matlab 作图，3.7 节综合实验详细介绍了如何利用 Matlab 和 gnuplot 作图。

下面介绍如何用 Matlab 对结果文件进行作图，对比不同距离变化对平均延时的影响，具体步骤如下。

（1）为网络层进程添加 double 类型的属性 MaxTxRange；定义状态变量 MaxTxRange；在网络层状态 SimParameters 中添加如下代码。

```
if (op_ima_sim_attr_exists("Campus Network. * . Network. MaxTxRange")){
    /*  读取仿真属性  */
    op_ima_sim_attr_get_dbl("Campus Network. * . Network. MaxTxRange",
                          &MaxTxRange);
    /*  设定 X 轴坐标  */
    XAxis＝(double)MaxTxRange;
}else { /*  如果该属性不存在,则设置为头文件中的常数  */
MaxTxRange＝MAX_TRANSMISSION_RANGE;
}
```

（2）设置仿真属性 MaxTxRange，变化范围为 40～70 m，步长为 10。

（3）运行仿真，仿真结束之后，延时结果保存在 2-7. txt，MaxTxRange 保存在 0-0-x. txt，如图 3-29 所示。

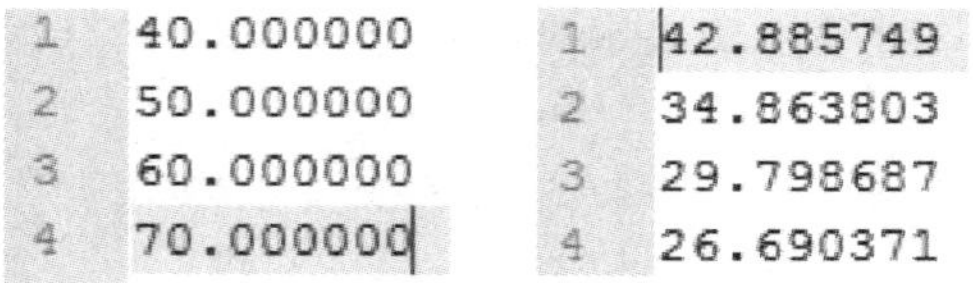

1	40.000000		1	42.885749
2	50.000000		2	34.863803
3	60.000000		3	29.798687
4	70.000000		4	26.690371

0-0-x.txt　　　　　2-7.txt

图 3-29　仿真结果文件

（4）在 Matlab 中编辑如下代码，然后保存到数据文件所在目录中，运行得到图片结果，如图 3-30 所示。可以看到随着每跳距离增加，延时降低了。

```
%打开文件
x＝importdata('0-0-x.txt');
y＝importdata('2-7.txt');
plot(y,x,'—diamond');%画图
title('每跳距离和延时的关系');
xlabel('每跳距离');
ylabel('延时');
```

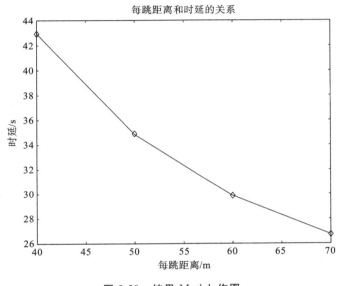

图 3-30　结果 Matlab 作图

3.4　能量模型

基本模型提供了两种能量模型：一种是 MAC 层能量模型；另一种是网络层能量模型。下面以 MAC 层能量模型为主，介绍结果收集节点能耗。

3.4.1　MAC 层能量模型

节点的状态一般可分为发送状态、接收状态、空闲监听状态和睡眠状态，各状态能耗依次减小。在基本模型中，考虑了发送、接收、空闲和串扰（overhearing）四种情况下的能耗。在 OPNET 的标准 MAC 层进程代码中添加了收集能耗的代码，当 MAC 层进程接收和发送包时，向结果收集进程发送中断，结果收集进程处理中断，计算能耗。仿真结束时，将能耗结果写入文件。

1. MAC 层发送消息

MAC 层接收和发送数据时，会给结果收集进程发送中断码。MAC 层发送的中断分为如下三种。

（1）第一种是发送帧中断，包括：

所有帧　m_TRANS_ALL_INTRPT_CODE

数据帧　m_TRANS_DATA_INTRPT_CODE

ACK 帧　m_TRANS_ACK_INTRPT_CODE

RTS 帧　m_TRANS_RTS_INTRPT_CODE

CTS 帧　m_TRANS_CTS_INTRPT_CODE

（2）第二种是接收帧中断，包括：

所有帧　m_RECV_ALL_INTRPT_CODE

数据帧　m_RECV_DATA_INTRPT_CODE

ACK 帧　m_RECV_ACK_INTRPT_CODE

RTS 帧　m_RECV_RTS_INTRPT_CODE

CTS 帧　m_RECV_CTS_INTRPT_CODE

（3）第三种是串扰中断，包括：

m_OVERHEAR_DATA_INTRPT_CODE

> **有益提示 …** RTS/CTS 协议是为了解决"隐藏终端"的问题而提出的，"隐藏终端"（hidden stations）是指基站 A 向基站 B 发送信息，基站 C 未侦测到 A 也向 B 发送，故 A 和 C 同时将信号发送至 B，引起信号冲突，最终导致发送至 B 的信号都丢失了。IEEE 802.11 的解决方案是使用 RTS/CTS 协议，首先，A 向 B 发送 RTS 信号，表明 A 要向 B 发送若干数据，B 收到 RTS 后，向所有基站发出 CTS 信号，表明已准备就绪，A 可以发送，其余基站暂时"按兵不动"；然后，A 向 B 发送数据，B 接收完数据后，即向所有基站广播 ACK 确认帧，这样，所有基站又重新可以平等侦听、竞争信道了。

下面的代码是 MAC 层进程发送数据时向结果收集进程 init_pro_id 发送中断的代码。

```
/* 读取接收帧大小 */
m_frame_size_transmitted＝op_pk_total_size_get(wlan_transmit_frame_ptr);
/* 发送中断 */
op_intrpt_schedule_remote(op_sim_time(),m_TRANS_ALL_INTRPT_CODE, init_pro_id);
if((frame_type＝＝WlanC_Data) || (frame_type＝＝WlanC_Data_Ack)){/* 数据帧 */
  op_intrpt_schedule_remote(op_sim_time(),m_TRANS_DATA_INTRPT_CODE, init_
  pro_id)
}else if(frame_type＝＝WlanC_Ack){ /* ACK 帧 */
    op_intrpt_schedule_remote(op_sim_time(),m_TRANS_ACK_INTRPT_CODE,
    init_pro_id);
}else if(frame_type＝＝WlanC_Rts){/* RTS 帧 */
    op_intrpt_schedule_remote(op_sim_time(),m_TRANS_RTS_INTRPT_CODE, init
    _pro_id);
}else if(frame_type＝＝WlanC_Cts){/* CTS 帧 */
    op_intrpt_schedule_remote(op_sim_time(),m_TRANS_CTS_INTRPT_CODE, init
    _pro_id);
}
```

2. 结果收集进程对中断的处理

结果收集进程收到中断之后对中断进行处理,对 m_TRANS_DATA_INTRPT_ CODE 中断的处理代码如下。

```
/* 发送帧累加 */
trans_data＝trans_data＋1；

/* 发送帧大小累加 */
trans_data_bits＝trans_data_bits＋m_frame_size_transmitted；

/* 当次发送帧大小 */
NodeTxBits＝m_frame_size_transmitted；

/* 节点更新能耗标志 */
UpdateNodeEnergyFlag＝OPC_TRUE；
```

其他 MAC 中断的处理的代码与此类似,不再赘述。

3. 结果收集进程计算中断能耗

中断处理完毕之后回到 Idle 状态时,Idle 状态将计算能耗,将上报中断节点的能耗减掉。具体代码如下。

```
if (UpdateNodeEnergyFlag＝＝OPC_TRUE){ /* 如果统计此次能耗 */
  for (i＝0; i<node_number; i＋＋){ /* 循环节点 */
    /* 得到发送中断节点 ID */
    other_node_objid＝op_topo_parent(op_intrpt_source())；
    if (NodeArray[i]＝＝other_node_objid){
      /* 计算节点消耗能耗 */
      NodeConsumedEnergy＝
                  OVERHEAR_POWER * NodeOhBits * 1.0/wlan_data_rate
                  ＋TRANS_POWER * NodeTxBits * 1.0/wlan_data_rate
                  ＋RECV_POWER * NodeRxBits * 1.0/wlan_data_rate；
      /* 减去此次能耗 */
      NodeArrayEnergy[i]＝NodeArrayEnergy[i] －NodeConsumedEnergy；
      /* 将剩余能耗写入节点"self_energy"属性中 */
      op_ima_obj_attr_set(other_node_objid,"self_energy",NodeArrayEnergy[i])；
      /* 如果能量耗尽则将结果写入文件,结束仿真 */
      if (NodeArrayEnergy[i]<0){ /* 将耗尽能量的节点写入文件 */
        op_ima_obj_attr_get(other_node_objid,"name",
        &other_node_name)；
        fprintf(whodiesfirst_fp,"%s\n",other_node_name)；
        MAC_Total_Energy()； /* 计算能量 */
        NET_Total_Energy()；
        write_result_data()； /* 将参数写入文件,每个参数一个文件,用于作图 */
        write_result_data_total()；/* 所有参数写入一个文件 */
        op_sim_end ("\r\n System Message: meets lifetime! \n","","","")；
      }
```

```
        break;
      }
    }
  }
/* 重置变量 */
NodeOhBits＝0;
NodeTxBits＝0;
NodeRxBits＝0;
UpdateNodeEnergyFlag＝OPC_FALSE;/* 重置节点更新能耗标志 */
```

 小技巧…   UpdateNodeEnergyFlag 为是否更新能耗的标识,它相当
于一个开关变量,每次 Idle 统计完之后,将这个变量关上,如果
哪种类型的中断处理需要计算能耗,则将此变量设置为 OPC_
TRUE,一旦进入 Idle 状态,就统计能耗。如果不需要计算串扰能量,则在串扰中
断处理状态 OVERHEAR_DATA 的代码中,不打开这个变量。

4. 仿真结束时能耗计算

结果收集进程在状态 WriteFileEnergy 中有能耗计算的代码,四种情况的能耗计
算如表 3-14 所示。

表 3-14   节点能耗计算公式

能耗	计 算 公 式	说 明
发送能耗	TRANS_POWER * trans_all_bits/wlan_data_rate	发送帧大小累计/速率×单位时间发送能耗
接收能耗	RECV_POWER * recv_all_bits/wlan_data_rate	接收帧大小累计/速率×单位时间接收能耗
串扰能耗	OVERHEAR_POWER * overhear_data_bits/wlan_data_rate	串扰帧大小累计/速率×单位时间限制能耗
闲置能耗	IDLE_POWER * (total_live_time-(trans_all_bits+recv_all_bits)/wlan_data_rate)	(总时间－发送时间－接收时间)×单位时间闲置能耗

计算整个网络四种能耗的代码为:

```
NetworkEnergy＝TRANS_POWER * trans_all_bits * 1.0/wlan_data_rate
        ＋RECV_POWER * recv_all_bits * 1.0/wlan_data_rate
        ＋OVERHEAR_POWER * overhear_data_bits * 1.0/wlan_data_rate
        ＋IDLE_POWER * (total_live_time-(trans_all_bits+recv_all_bits)
        * 1.0/wlan_data_rate);
```

 有益提示…   wlan_data_rate 是 MAC 层进程的一个属性,模型中设
定为 1 Mb/s。

四种单位能耗对应的常量保存在 wsn_constant.h 中,分别为:TRANS_POWER,

0.660 W/s；RECV_POWER，0.395 W/s；OVERHEAR_POWER，0.195 W/s；IDLE_POWER，0.035 W/s。

3.4.2　网络层能量模型

网络层能量模型主要考虑发送和接收网络层包的能耗，这里将包分为数据包和消息包，目的是分别计算传送数据包和消息包的能量消耗。

网络层能量处理的流程可以参照多结果收集模型中 3.3.3 小节的代码实现。下面主要讨论网络层模型的计算公式：

节点总能耗＝数据包能耗＋消息包能耗

其中数据包能耗的计算如下。

（1）数据包能耗＝数据包发送能耗＋数据包接收能耗＋数据包串扰能耗。

数据包发送能耗＝数据包发送大小累计×单位时间发送能耗＋数据包发送数目×每包固定发送能耗

数据包接收能耗＝数据包接收大小累计×单位时间接收能耗＋数据包接收数目×每包固定接收能耗

数据包串扰能耗＝数据包串扰大小累计×单位时间串扰能耗＋数据包串扰数目×每包固定串扰能耗

（2）消息包能耗的计算和数据包类似，不再赘述。

其中单位能耗和固定能耗保存在 wsn_constant.h 中，如表 3-15 所示。

表 3-15　网络层能量计算常量

常　　量	大　　小	说　　明
I_COST_TRANSMIT	1.9 μW/(s·B)	单位发送能耗
I_COST_RECEIVE	0.5 μW/(s·B)	单位接收能耗
I_COST_OVERHEAR	0.39 μW/(s·B)	单位串扰能耗
FIXED_COST_TRANSMIT	454 微瓦/包	固定发送能耗
FIXED_COST_RECEIVE	356 微瓦/包	固定接收能耗
FIXED_COST_OVERHEAR	140 微瓦/包	固定串扰能耗

3.5　动画模型

在无线传感器网络中，OPNET 自动收集的动画可以显示节点内部协议栈之间包的收发，也可以显示节点的移动过程。然而，OPNET 的动画不支持节点之间的无线数据包数据传输的显示，研究人员为了查看包在节点之间的传输，需要在 odb 调试窗口添加打印语句记录节点传输包的传输过程，或者打印到文件中，而无法直观地查看包在节点间传输的运行效果，很不方便。

如果研究人员能够看到无线节点之间的包传输动画，可以大幅提高研究人员的工作效率。下面介绍建立无线动画的详细步骤。

3.5.1 新建自定义探针

新建自定义探针的过程如下。

（1）从 File 菜单中选择 Open… 选项，从下拉列表中选择 Probe Model，然后选择本模型所在目录，打开探针模型 IOT_Simulation-GEO_ROUTING（项目名-场景名），出现探针编辑器窗口，如图 3-31 所示。

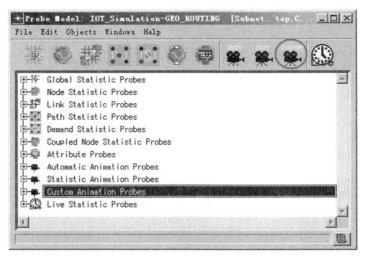

图 3-31　探针编辑器窗口

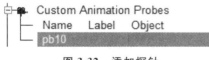

图 3-32　添加探针

（2）单击图 3-31 中画圈位置，添加自定义探针按钮，这时在 Custom Animation Probes 列表中出现新的一行，并且自动命名为 pb10（这个表示前面已经定义了 9 个探针），如图 3-32 所示。

（3）右击探针对象 pb10，从弹出的菜单中选择 Choose Probed Object。这时出现选择需要探求的网络对象对话框，如图 3-33 所示。选择 Campus Network，然后关闭窗口。

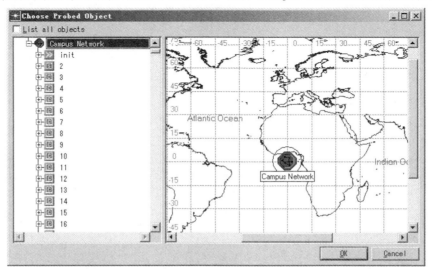

图 3-33　选择探针对象（Choose Probed Object）

（4）右击探针对象 pb10,从弹出菜单选择 Edit Attributes,编辑 pb10 的属性,如图 3-34 所示。编辑名称(name)、标签(label)和窗口名(Window name)属性,然后关闭探针属性,关闭探针编辑器。

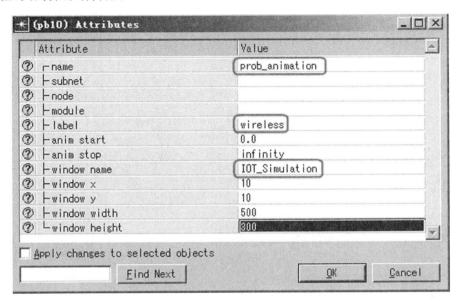

Attribute	Value
name	prob_animation
subnet	
node	
module	
label	wireless
anim start	0.0
anim stop	infinity
window name	IOT_Simulation
window x	10
window y	10
window width	500
window height	300

图 3-34 编辑探针属性

 有益提示 …   动画标签属性很重要,显示动画时需要的动画浏览器 ID,可通过核心函数 op_anim_lprobe_anvid(标签名称)得到。窗口名将在动画浏览器标题栏显示。

3.5.2 创建动画宏

动画宏为几个动画请求的绑定,它代表一个特定的图形。例如,一个动画宏可以绘制发送节点到目标节点的线。动画宏提出的初衷是为重复绘制某个复杂图形带来方便,如果一个宏被多次使用,那么调用宏比重复发起一连串的动画请求更简捷有效。

OPNET 为每一个宏分配了一些存储空间,用来保存计算动画参数过程的一些中间结果。在使用某个存储空间保存变量时必须先注册,注册后变量被分配了一个标识符,即建立了变量与象征性标识符的映射,于是对标识符的运算或取值就等于对变量本身的操作。

下面具体说明代码实现的过程。

（1）变量定义:首先在结果收集进程的头文件中定义动画浏览器 ID 变量和动画宏 ID。

Anvid vid;

Anmid mid;

（2）将场景内容显示在动画浏览器中,在结果收集进程的 Anim 状态的代码如下。

```
/* 得到网络场景名称,net_topo 是字符串变量 */
op_sim_info_get(OPC_STRING,OPC_SIM_INFO_NETWORK_NAME,net_topo);
/* 得到自定义动画浏览器 ID 号,wireless 是上节中探针的标签 */
vid=op_anim_lprobe_anvid ("wireless");
/* 测试自定义动画标签 ID 是否打开成功 */
if (op_prg_odb_ltrace_active("anim")==OPC_TRUE) {
    printf("vid %d\n",vid);
}

/* 得到节点名称 */
node_objid=op_topo_parent(op_id_self());

/* 得到场景的名称,tmp_str 是字符串变量 */
op_ima_obj_attr_get(op_topo_parent(node_objid),"name",tmp_str);
sprintf(subnet_name,"top. %s", tmp_str);
if (op_prg_odb_ltrace_active("anim")==OPC_TRUE) {
    printf("subnet %s\n",subnet_name);
}

/* 将场景内容显示在动画浏览器中 */
op_anim_ime_nmod_draw (vid, OPC_ANIM_MODTYPE_NETWORK,net_topo,subnet
                        _name,OPC_ANIM_MOD_OPTION_NONE,OPC_ANIM_
                        DEFPROPS);
small_line();/* 动画宏函数 */
...
```

(3) 动画宏函数:模型中实现了三个动画宏函数,分别为:

small_line():节点间画两条线;

big_line():节点间画三条线;

thick_line():节点图标变化,不画线。

下面介绍 small_line()函数,读者可以试着将 Anim 状态下的 small_line()函数更换为 big_line()或 thick_line()以查看不同的动画效果,代码如下。

```
void small_line(void)
{
    FIN(void small_line(void));
    /* 创建宏 */
    mid=op_anim_macro_create ("line_draw");
    /* A 节点的坐标保持在坐标(B,C)中 */
    op_anim_mme_nobj_pos (mid, OPC_ANIM_OBJTYPE_NODE,
        OPC_ANIM_REG_A_STR,OPC_ANIM_REG_B_INT, OPC_ANIM_REG_C_INT,
        OPC_ANIM_VERTEX_ICON_CTR);
    /* D 节点的坐标保持在坐标(E,F)中 */
    op_anim_mme_nobj_pos (mid, OPC_ANIM_OBJTYPE_NODE,
        OPC_ANIM_REG_D_STR,OPC_ANIM_REG_E_INT, OPC_ANIM_REG_F_INT,
        OPC_ANIM_VERTEX_ICON_CTR);
```

```
/* i=3 */
op_anim_mgp_reg_set (mid, OPC_ANIM_REG_I_INT, 3);
/* X=B+3 */
op_anim_mgp_arop (mid, OPC_ANIM_REG_I_INT,OPC_ANIM_AROP_ADD,
    OPC_ANIM_REG_B_INT,OPC_ANIM_REG_X_INT);
/* Y=C+3,点(X,Y)与发送源(B,C)的横坐标和纵坐标都差3 */
op_anim_mgp_arop (mid, OPC_ANIM_REG_I_INT, OPC_ANIM_AROP_ADD,
                OPC_ANIM_REG_C_INT, OPC_ANIM_REG_Y_INT);
/* U=E+3 */
op_anim_mgp_arop (mid, OPC_ANIM_REG_I_INT, OPC_ANIM_AROP_ADD,
                OPC_ANIM_REG_E_INT, OPC_ANIM_REG_U_INT);
/* V=F+3,点(U,V)与接收点(E,F)的横坐标和纵坐标都差3 */
op_anim_mgp_arop (mid, OPC_ANIM_REG_I_INT, OPC_ANIM_AROP_ADD,
                OPC_ANIM_REG_F_INT, OPC_ANIM_REG_V_INT);
/* 表示设置标识符完毕 */
op_anim_mgp_setup_end (mid);
/* 画线从(B,C)到(E,F) */
op_anim_mgp_line_draw (mid, OPC_ANIM_COLOR_PINK|OPC_ANIM_STYLE_
        SOLID|OPC_ANIM_PIXOP_XOR,OPC_ANIM_REG_B_INT,
        OPC_ANIM_REG_C_INT, OPC_ANIM_REG_E_INT,
        OPC_ANIM_REG_F_INT);
/* 画线从(X,Y)到(U,V) */
op_anim_mgp_line_draw (mid, OPC_ANIM_COLOR_YELLOW|OPC_ANIM_
        STYLE_SOLID|OPC_ANIM_PIXOP_XOR,OPC_ANIM_REG_X_INT,
        OPC_ANIM_REG_Y_INT,OPC_ANIM_REG_U_INT,
        OPC_ANIM_REG_V_INT);
/* 动画宏制作完毕 */
op_anim_macro_close (mid);
FOUT;
}
```

> **小技巧…** op_anim_mgp_line_draw()函数中的粗体 OPC_ANIM_PIXOP_XOR 表示异或,即第一次调用宏时画直线,第二次调用时用异或,则会将第一次画的线抹去,更容易看到数据包在哪里传送。

3.5.3　调用动画

　　动画制作完毕后,接下来要在无线收信机的两个管道阶段中加入自定义动画程序。以默认管道阶段为例,这两个管道阶段分别是:接收功率阶段(dra_power)和错误纠正阶段(dra_ecc)。在接收功率阶段管道画线,在错误纠正阶段擦除线(可选)。

1. 接收功率阶段

　　下面的代码实现在接收功率阶段,具体在 wireless_lan 子目录下的 wsn_wlan_

power.ps.c 文件中。

（1）定义外部变量的代码如下。

```
extern      Anvidvid；
extern      Anmidmid；
```

这两个变量在结果收集进程中已经定义，这里引用为外部变量。

（2）定义图样句柄的代码如下。

```
Andid * line_ptr；
```

（3）得到发送节点和接收节点名称的代码如下。

```
char tx_nodename [256]，rx_nodename [256]；
/* 得到发送节点 id */
tx_nodeid＝op_topo_parent (op_td_get_int (pkptr, OPC_TDA_RA_TX_OBJID))；
/* 得到接收节点 id */
rx_nodeid＝op_topo_parent (op_td_get_int (pkptr, OPC_TDA_RA_RX_OBJID))；
op_ima_obj_attr_get (tx_nodeid, "name", tx_nodename)；
op_ima_obj_attr_get (rx_nodeid, "name", rx_nodename)；
```

（4）画线，将画线句柄放到包中指定域（粗体部分是画线的代码），并更新节点图标，代码如下。

```
/* 如果是广播发送或者是发送给本节点 */
if ((pk_dhstruct_ptr->address1==MAC_BROADCAST_ADDR)
  ||(my_address==pk_dhstruct_ptr->address1))
{
  /* 为图样句柄 line_ptr 分配内存 */
  line_ptr＝(Andid *) op_prg_mem_alloc (sizeof (Andid))；
  /* 调用 mid 宏画线，发送节点和接收节点分别代入实际参数，返回句柄 lint_ptr */
  *line_ptr＝op_anim_igp_macro_draw (vid, OPC_ANIM_RETAIN, mid,
          OPC_ANIM_REG_A_STR, tx_nodename, OPC_ANIM_REG_D_STR,
          rx_nodename，OPC_EOL)；
  /* 将此句柄填入路由层 wsn_wlan_mac 包中的 line_andid 域，为擦除节点时引用 */
  op_pk_nfd_set (pkptr, "line_andid", line_ptr, op_prg_mem_copy_create,
  op_prg_mem_free, sizeof (Andid))；
  /* 目标节点更新图标为 city_marker ▦ */
  op_anim_ime_nobj_update (vid, OPC_ANIM_OBJTYPE_NODE, rx_nodename,
          OPC_ANIM_OBJ_ATTR_ICON, "city_marker", OPC_EOL)；
}
```

> 有益提示 ···   MAC 层数据包 wsn_wlan_mac 需要增加一个包域
> "line_andid"，如图 3-35 所示。

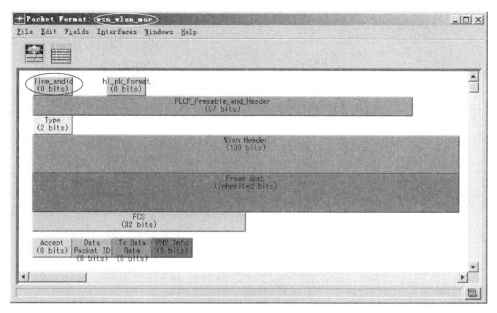

图 3-35 MAC 层包 wsn_wlan_mac 包格式

> 如果要查看 city_maker 是什么图标,可以在模型的节点上单击鼠标右键,在弹出菜单中选择"Edit Attribute",弹出节点属性对话框,勾选右下角的"Advanced"选项,则出来 icon_name 选项,如图 3-36 所示。可以看到节点目前是 adw_orig 图标。

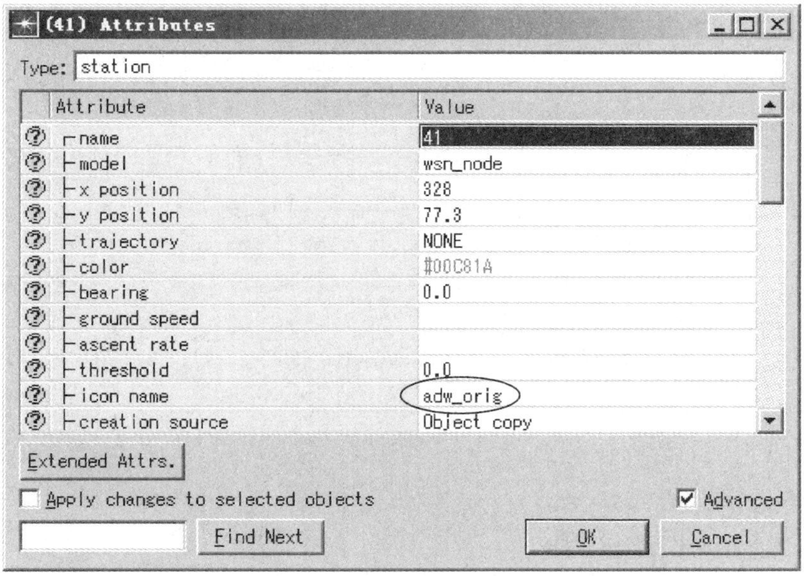

图 3-36 节点属性

单击 adw_orig,出现 Icon Palette 对话框,在对话框左上方的列表中选择＜All Icon Databases＞,则显示系统所有图标,图标是按照名称排序的,可以找到 city_maker 图标,如图 3-37 所示。

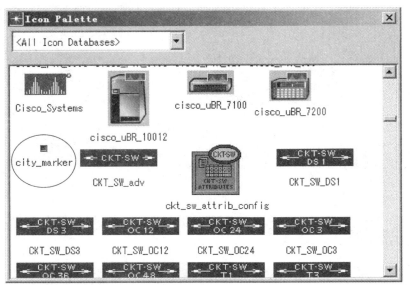

图 3-37　图标库

2. 错误纠正阶段

在经历 13 个管道阶段后,无线数据传输过程就结束了,接收节点又回到空闲状态,因此需要擦除接收功率阶段所画的线段。选择在错误纠正阶段(dra_ecc)加入这段动画程序,是因为它是无线管道阶段的最后阶段,下面对要加入的每句代码进行解释。这段代码实现在 wireless_lan 子目录下的 wlan_ecc. ps. c 中。

(1) 定义变量的代码如下。

```
Andid *        line_ptr;
Objid          rx_nodeid;
char           rx_nodename [256];
```

(2) 从数据包中取得图样 ID 号 line_ptr,擦除图样,更新节点图标的代码如下。

```
if (my_address==pk_dhstruct_ptr→address1){
  /* 分配地址 */
  line_ptr=(Andid  * ) op_prg_mem_alloc (sizeof (Andid));
  /* 从包中取得图样 ID */
  op_pk_nfd_get (pkptr, "line_andid", &line_ptr);
  /* 擦除原来图样 */
  op_anim_igp_drawing_erase (vid, * line_ptr, OPC_ANIM_ERASE_MODE_XOR);
  /* 得到节点名称 */
  rx_nodeid=op25_topo_parent (op_td_get_int (pkptr,
  OPC_TDA_RA_RX_OBJID));
  op_ima_obj_attr_get (rx_nodeid, "name", rx_nodename);
  /* 更新节点图标为 adw_profile */
  op_anim_ime_nobj _update (vid, OPC_ANIM_OBJTYPE_NODE, rx_nodename,
                OPC_ANIM_OBJ_ATTR_ICON, "adw_profile", OPC_EOL);

}
```

为了显示完整路径连线,错误纠正阶段的代码可以不写。程序仿真结束之后,运行动画如图 3-38 所示。

图 3-38　完整路径图

3. 网络层动画

网络层在头文件中要定义外部变量的代码如下。

```
extern Anvid vid;
```

因为 Sink 接收完数据之后,图标在接收功率阶段改成了"city_marker" ▣ ,下面的代码把节点图标恢复为"adw_app" Ⓐ 。在 Sink 状态,有如下代码。

```
/* 恢复 Sink 状态下的原来图标 adw_app */
op_anim_ime_nobj_update (vid, OPC_ANIM_OBJTYPE_NODE, node_name,
                OPC_ANIM_OBJ_ATTR_ICON, "adw_app", OPC_EOL);
```

3.6　其他技巧

3.6.1　网络传输半径的确定

按照表 3-16 计算,网络模型面积为 500000 m²,节点密度为 $800/500000 = 0.0016/m^2$。这样,按照传输半径从 40~100 m 变化,可根据半径和密度计算出邻居数,如表 3-16 所示。可以看到随着传输半径的增加,邻居数也相应增加了。

表 3-16　邻居节点数随传输半径变化

传输半径/m	面积/m²	邻居节点数
40	5024	8.0
50	7850	12.6
60	11304	18.1
70	15386	24.6
80	20096	32.2
90	25434	40.7
100	31400	50.2

　　在设置中,最大邻居数为 48。每个节点在初始化时,申请了 48 个邻居节点内存,然后扫描网络将在传输半径范围内的节点放到邻居列表中。如果按照每个邻居 48 个节点,根据网络密度倒推出来最大传输半径。R＝97.7,也就是说当传输半径大于 98 时,程序会内存错误。而且因为节点分布不均匀,还要考虑到一定的冗余度。所以传输半径要设置更小。

 关键概念····· Heinzelman 在 LEACH 协议中,提出无线传感网中发送数据的能量消耗公式:

$$\begin{cases} E_{\text{member}} = lE_{\text{elec}} + l\varepsilon_{\text{fs}}d^2, & d < d_0 \\ E_{\text{member}} = lE_{\text{elec}} + l\varepsilon_{\text{amp}}d^4, & d > d_0 \end{cases}$$

式中,E_{elec} 表示发射电路损耗的能量。若传输距离小于阈值 d_0,功率放大损耗采用自由空间模型;当传输距离大于或等于阈值 d_0 时,采用多路径衰减模型。ε_{fs}、ε_{amp} 分别为这两种模型中功率放大所需的能量,l 表示数据的比特数,如表 3-17 所示。

表 3-17　发送模型参数列表

参　　　数	值
距离阈值 d_0/m	87
传输半径 r/m	15
E_{elec}/(nJ/b)	50
ε_{fs}/(pJ/b/m^2)	10
ε_{amp}/(pJ/b/m^4)	0.0013

　　设 l＝1024 b,根据 E_{member} 和 d 的关系作图,如图 3-39 所示。可以看到当传输距离超过 87 m 之后,能耗增长很快,所以建议传输半径最好小于 87 m。

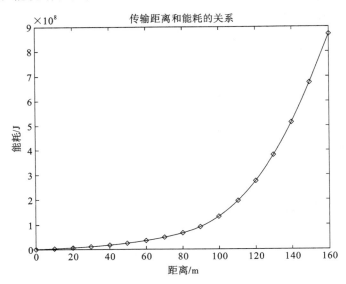

图 3-39　传输半径和发送能量

3.6.2 调试日志

修改程序代码之后如果编译成功,但是运行后结果不正确,则需要对程序进行调试,OPNET 可以使用 ODB 调试或者和 VC 联调。

有时 OPNET 运行会提示错误,如 Pocket Pointer is NULL,同时给出了出错事件编号。这时候可以根据 ODB 提示,定位到具体的代码。

有时 OPNET 没有错误提示,是逻辑错误,这时需要根据错误推测可能出错的地方。这时候可用 VC 联调,在怀疑出错的地方设置中断,然后跟踪。

当然,也可在程序中添加 printf 语句,这样在 development 状态下,ODB 窗口会打印出 printf 语句的信息。当打印信息过多时,ODB 窗口查看并不方便。

在程序中,添加了一个往文件中打印调试信息的函数,代码如下。

```
void sys_log(const char * str,…){
    char str_currtime[400],str_tmp[400];
    va_list argptr;
    FIN (void syslog(const char * str,…));
    /* 动态参数设置 */
    va_start(argptr, str);
    vsprintf(str_tmp, str, argptr);
    va_end(argptr);
    /* 打开文件 */
    if (NULL==(logfile_fp=fopen(filePath,"ab")))
        op_sim_end("WARNING !!! LOG Written File not Found !!! \n","","","");
        }
    sprintf(str_currtime,"%0.3lf:node:%d,%s\n",op_sim_time(),MyID,str_tmp);
    fprintf(logfile_fp,str_currtime);
    fclose(logfile_fp);
    FOUT;
}
```

其中,logfile_fp 和 LOG FILE 在 wsn_result. h 中定义。

```
FILE * logfile_fp;
#define LOGFILE "log. txt"
```

filePath 指文件全路径,是根据 currPath 和 LOGFILE 字符串连接来的。在 GEO 状态中,代码如下。

```
strcpy(filePath,currPath);
strcat(filePath,(char * )LOGFILE);
```

currPath 为引用全局收集进程的外部变量,currPath 在结果收集进程中保存模型当前路径。头文件中的代码如下。

```
extern char currPath[256];
```

函数的调用可以如同 printf 一样用多个参数,如:

```
sys_log("Send data")
```

或

```
sys_log("Senddata,HopCount:%d",D_HopCount);
```

因为该调试文件是写文件之前打开,写完关闭,因此可以结合 ODB 和 VC 联调,在中断时查看写文件的信息,也可以运行完毕再查看。

3.7   综合实验

下面通过四个完整的实验贯穿本章内容,帮助读者巩固复习和加深理解前面所讲的内容。首先增加路由方案,其次统计结果,对比不同路由方案的各种性能参数。

3.7.1   实验一:增加路由方案

在 GPSR 中选择下一跳节点是基于最短距离的,下面增加一种基于距离和能量两种考虑的路由方案。

在结果收集节点的结果收集进程 global_init 中,有保存节点剩余能量的数组 NodeArrayEnergy,但是这个数组是 global_init 的状态变量,而选择下一跳节点的代码在普通传感器节点的网络层进程中,为了读取到节点能量,这里需要给普通传感器节点增加一个属性 self_energy 以保存能量。

1. 给普通传感器节点添加 self_energy 属性

双击普通传感器节点,进入普通传感器节点模型,进入菜单 Interfaces→Model Attributes,打开模型属性窗口,如图 3-40 所示,添加节点能量属性,添加 double 类型的 self_energy 属性。

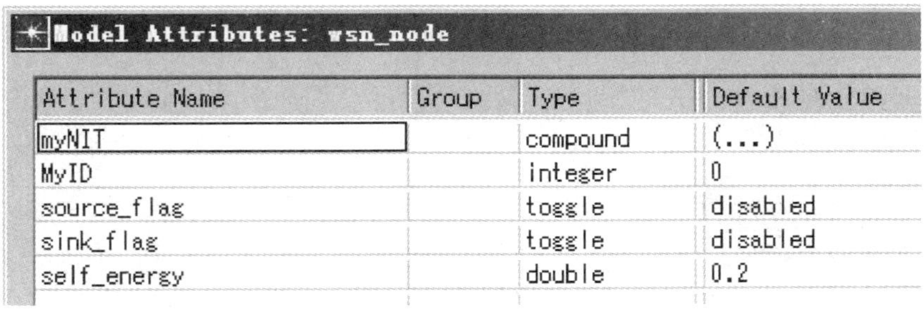

图 3-40   添加节点能量属性

2. 在结果收集节点 global_init 进程添加能量更新代码

(1) 在 ScanNetwork 状态中添加节点能量初始化代码,代码如下(黑体部分是新添加的代码)。

```
/* 得到节点总数 */
node_number=op_topo_object_count(OPC_OBJTYPE_NODE_MOB);
for ( i=0; i<node_number; i++){
    /* 得到节点 ID */
    other_node_objid=op_topo_object(OPC_OBJTYPE_NODE_MOB,i);
    /* 将节点 ID 保存到 NodeArray 数组 */
    NodeArray[i]=other_node_objid;
    /* 设置节点初始能量 */
    op_ima_obj_attr_set(other_node_objid,"self_energy",NODE_INIT_ENERGY);
    ...
}
```

（2）在 Idle 状态的入口，添加更新节点能量的代码如下。

```
for (i=0; i<node_number; i++){  /* 循环节点 */
    /* 得到发送中断节点 ID */
    other_node_objid=op_topo_parent(op_intrpt_source());
    if (NodeArray[i]==other_node_objid){
        /* 计算节点消耗能耗 */
        NodeConsumedEnergy=OVERHEAR_POWER * NodeOhBits * 1.0/wlan_data_rate
                           +TRANS_POWER * NodeTxBits * 1.0/wlan_data_rate
                           +RECV_POWER * NodeRxBits * 1.0/wlan_data_rate;
        /* 减去此次能耗 */
        NodeArrayEnergy[i]=NodeArrayEnergy[i]-NodeConsumedEnergy;
        op_ima_obj_attr_set(other_node_objid,"self_energy", NodeArrayEnergy[i]);
        if (NodeArrayEnergy[i] < 0){/* 如果能量耗尽,则将结果写入文件,结束仿真 */
            ...
        }
        ...
    }
    ...
}
```

 有益提示 ...　上面的代码中，NodeArrayEnergy[i]是结果收集节点中记录节点能量的数组，而 self_energy 是普通传感节点的节点属性。

3. 在普通传感节点的路由层添加代码

（1）在函数中添加下一跳选择函数 GPSR_E_NextHop()，代码如下。

```
int GPSR_E_NextHop(double destination_x, double destination_y){
    double nodeEnergy,dEMetric;
    FIN (int GeoRoutingNextHop(double destination_x, double destination_y));
    MinDistance= MAX_VALUE;
    if (NeighborNumber>0){
```

```
for (k=0;k<NeighborNumber; k++){
    /* 邻居节点到目标距离 */
    NeighborToDestinationDistance=
        sqrt(pow((NeighborListX[k] −destination_x),2)
        +pow((NeighborListY[k] −destination_y),2));
    /* 得到邻居节点名称 */
    sprintf(other_node_name,"%d",NeighborList[k]);
    /* 得到邻居节点 ID */
    other_node_objid=
        op_id_from_name(op_topo_parent(op_topo_parent(op_id_self())),OPC_OBJ-
        TYPE_NODE_MOB,other_node_name);

    /* 得到节点剩余能量 */
    op_ima_obj_attr_get(other_node_objid,"self_energy", &nodeEnergy);
    /* 取距离除以剩余能量作为衡量 */
    dEMetric=NeighborToDestinationDistance/nodeEnergy;
    /* 若邻居节点离 sink 比本节点更近,且 dEMetric 值更小 */
    if((NeighborToDestinationDistance<NodeToSinkDistance)
        &&(dEMetric<MinDistance))
    { /* 这个条件是必须的,否则可能远离 Sink */
        MinDistance=dEMetric;
        NextHopIdx=k;
    }
}else {
    op_sim_end("\r\n Amazing Error: No Neighbor! \n","","","");
}
FRET(NeighborList[NextHopIdx]);
}
```

上面的代码中,下一跳的成本度量为

deMetric ＝邻居节点到 Sink 距离/邻居节点剩余能量
＝Distance/Energy

实际上,这个函数是可以探讨的。读者可以试着做以下实验。

(1) 将公式中的分子:邻居节点到 Sink 距离,替代为:本节点到 Sink 距离—邻居节点到 Sink 距离,这样成本度量对距离更加敏感。这个差值越大越好,deMetric 的公式也要做相应改变。

(2) 距离和能量不是正比关系,可以将成本度量变为

deMetric＝Distance^k/Energy

k 的范围可考虑为 0.5～4,对比不同 k 值情况下路由方案的能耗、网络寿命、延时等参数,求出结果最好的 k 值。

(2) 路由层发送和转发的代码:假设该路由方案为 3,在 NotifyAppSendData 和 GPSR 状态添加 scheme_idx＝3 的相关代码,粗体为新添加的代码。

```
if (scheme_idx==1){
    NextHopID=GeoRoutingNextHop(GlobalSinkX,GlobalSinkY);
}else if (scheme_idx==2){
    NextHopID=DGR_NextHop(D_DeviationAngle,GlobalSinkX,GlobalSinkY);
}else if (scheme_idx==3){ /* 基于角度的路由方案 */
    NextHopID=GPSR_E_NextHop(GlobalSinkX,GlobalSinkY);
}
```

4. 运行并查看结果

运行之后，查看动画效果，如图 3-41 所示。因为是基于能量选择路由，所以每次选择的节点和以前节点都不一样，每次都形成不同的路径，而在图 3-38 中，因为只是基于距离选择下一跳，所以总是走了同一条路径。

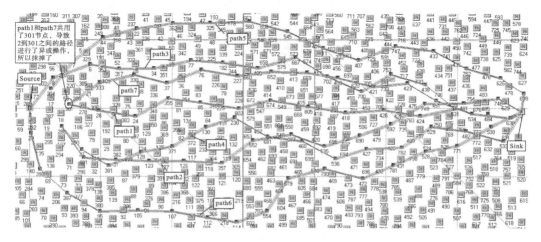

图 3-41　路由方案结果动画图

3.7.2　实验二：不同参数路由方案比较

下面对比刚才最短路径 GPSR 和高效最短路径 GPSR_E 两种方案在不同传输路径下的性能参数，并将结果使用 Matlab 和 Gnuplot 进行画图。

1. 设置仿真参数

因为这里是对不同路由方案的不同传输半径的对比，所以需要读取两个参数：一个是 scheme_idx；另一个是 MaxTxRange。这两个参数分别写入 SimResult 目录下的 0-0-y.txt 和 0-0-x.txt 中。为了作图方便，我们希望以 scheme_idx 为主排序字段（1,3），MaxTxRange 为次排序字段（40,50,60,70）。下面设置仿真参数。

（1）将 scheme_idx 设置为 1，将传输半径设置为 40 to 70 by 10，运行仿真。结束之后，将 SimResult 目录复制粘贴到一个目录（假设为 E:\bak），重命名为 SimResult_1，然后清空 SimResult 目录。

（2）将 scheme_idx 设置为 3，将传输半径设置为 40 to 70 by 10，运行仿真。结束之后，将 SimResult 目录复制粘贴到 E:\bak 下，重命名为 SimResult_3。

这样运行结束之后,GPSR(scheme_idx＝1)路由方案的结果保存在 SimResult_1 目录中,GPSR_E(scheme_idx＝3)的路由方案的结果保存在 SimResult_3 目录中。

> **小技巧...** 因为模型每次运行结束时都将实验结果数据追加到文件结尾,如果只需要本次实验的结果数据,需要在运行仿真之前,将 SimResult 子目录下的文件全部删除,这样运行结束之后,该子目录出现的文件就是本次仿真的干净数据。运行结束之后,建议将 SimResult 文件夹备份到其他地方,作为画图的数据。

要多次仿真时,运行前将强制编译的选项去掉,否则每次运行时都要重新编译,浪费时间,如图 3-42 所示。

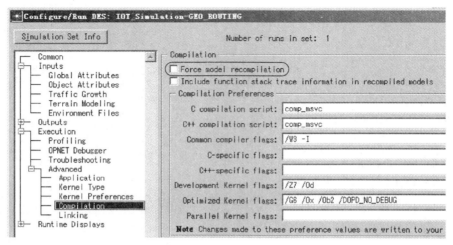

图 3-42　强制编译选项

> **有益提示...** 如果一次将参数全部设置好,如图 3-43 所示,然后运行仿真,这样运行出来的结果是交错的。如 0-0-x.txt 和 0-0-y.txt 结果如图 3-44 所示,编程处理起来比较麻烦。

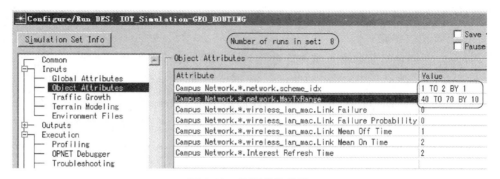

图 3-43　仿真参数设置

也可以在步骤(1)和(2)中间不清空目录,这样出来的结果如图 3-45 所示,是较理想的结果。

1	40.000000	1	1.000000
2	40.000000	2	3.000000
3	50.000000	3	1.000000
4	50.000000	4	3.000000
5	60.000000	5	1.000000
6	60.000000	6	3.000000
7	70.000000	7	1.000000
8	70.000000	8	3.000000

0-0-x.txt　　　0-0-y.txt

图 3-44　文件内容

1	40.000000	1	1.000000
2	50.000000	2	1.000000
3	60.000000	3	1.000000
4	70.000000	4	1.000000
5	40.000000	5	3.000000
6	50.000000	6	3.000000
7	60.000000	7	3.000000
8	70.000000	8	3.000000

0-0-x.txt　　　0-0-y.txt

图 3-45　两次结果写到一起的文件结果

2. 运行结果作图

1）结果文件分析

在路由层 Network 中的 SimParameters 状态中，读取了仿真参数 MaxTxRange 和 scheme_idx，并且将这两个参数分别赋值给 XAxis 和 YAxis 两个变量中，每次运行结束，这两个参数分别写入 0-0-x.txt 和 0-0-y.txt 中，代码如下。

```
if (op_ima_sim_attr_exists("Campus network. * . network. MaxTxRange")){
  op_ima_sim_attr_get_dbl("Campus network. * . network. MaxTxRange", &MaxTxRange);
  XAxis=(double)MaxTxRange;
} else {
  MaxTxRange=MAX_TRANSMISSION_RANGE;
}
if (op_ima_sim_attr_exists("Campus network. * . network. scheme_idx")){
  op_ima_sim_attr_get_int32("Campus network. * . network. scheme_idx", &scheme_idx);
  YAxis=(double)scheme_idx;
} else {
  scheme_idx=1; / * 1：GPSR, 2：DGR,3：GPSRA * /
}
```

这里对比两种路由方案在不同传输半径的网络寿命和跳数，从 3.3.3 小节中的结果收集文件对应表中可以查到，网络寿命保存在 3-8.txt 中，平均跳数保存在 2-10.txt 中。

因此，用到的文件是 SimResult 子目录下的文件，如表 3-18 所示。

表 3-18　性能参数对应文件列表

参　　数	文　　件	参　　数	文　　件
路由方案	0-0-y. txt	网络寿命	3-8. txt
传输半径	0-0-x. txt	平均跳数	2-10. txt

根据这四个文件中的数据画图。

2）使用 Matlab 作图

代码如下。

```
%打开文件
x=importdata('e:\bak\simResult_1\0-0-x. txt');
r1=importdata('e:\bak\simResult_1\3-8. txt'); %GPSR
r3=importdata('e:\bak\simResult_3\3-8. txt'); %GPSR_E
% 画图
```

```
plot(x(:,1),r1(:,1),'b*:')
hold on %继续添加
plot(x(:,1),r3(:,1),'ro—')
    legend('GPSR','GPSR\_E',2) %设置标识及位置
xlabel('传输半径(米)') %x 坐标
ylabel('网络寿命(秒)') %y 坐标
```

结果如图 3-46 所示。可以看到,考虑了能量效率的路由方案 GPSR_E 的网络寿命比 GPSR 的有较大的提高。

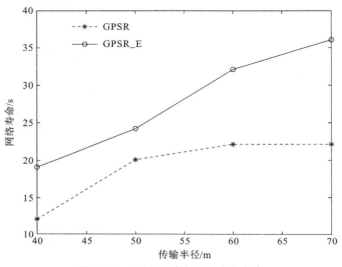

图 3-46　Mablab 对比不同路由方案

如果中间不清空 SimResult 目录,两次结果写到一起,如图 3-45 中的结果,那么代码如下。

```
x=importdata('E:\IOT_Simulation\SimResult\0-0-x.txt');
r1=importdata('E:\IOT_Simulation\SimResult\3-8.txt');
% x 的 1 到 4 行,r1 的 1 到 4 行
plot(x(1:4,1),r1(1:4,1),'b*:')
hold on
% x 的 1 到 3 行,r1 的 5 到 8 行
plot(x(1:4,1),r1(5:8,1),'ro—')
...
```

 小技巧...　英文投稿时通常需要用 latex 将论文编辑成 pdf,其中图片通常用 eps 格式,在菜单中选择 File→Save as,然后选择 eps 格式,可将图保存为 eps 图。

3) 使用 Gnuplot 作图

Gnuplot 没有处理数据的语句,也无法引用数组的具体行列,在 Gnuplot 要读取文件之前,首先需要将数据处理好放到文件中。下面使用 Gnuplot 对比两种路由方案的平均跳数。

将 SimResult_1 目录下的 0-0-x. txt（第 1 列），SimResult_1 目录下的 2-10. txt（第 2 列）和 SimResult_3 目录下的 2-10. txt（第 3 列）合并为一个文件，如图 3-47 所示。

1	40	30	36.351351
2	50	21	26.319149
3	60	17	22.079365
4	70	14	18.732394

图 3-47 Gnuplot 作图文件 hopcount. txt 内容

接下来建立一个新文件，写入下面的代码，保存为 hopcount. plt，如果安装了 Gnuplot，双击则可打开文件，并显示图片，如图 3-48 所示。可看到考虑到能量的路由方案 GPSR_E 比 GPSR 的跳数增加了，这是因为 GPSR_E 考虑了能量和距离两个因素，每次都选择了不同的路径，导致了跳数增加。

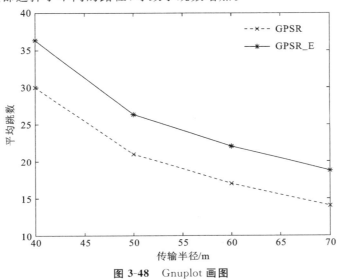

图 3-48 Gnuplot 画图

```
＃横坐标
set xlabel '传输半径（米）'
＃纵坐标
set ylabel '平均跳数'
＃图例位置
set key right top reverse vertical box
＃画图,lt(linetype) 1 表示红色,3 表示蓝色,pointtype 5 表示方块,3 表示星号
plot 'E:\bak\hopcount. txt' u 1:2 title 'GPSR' with linespoints lt 1 pointtype 2,'E:\bak\
hopcount. txt' u 1:3 title 'GPSR_E' with linespoints lt 3 pointtype 3
＃输出文件格式
set terminal postscript eps color solid
＃输出文件名
set output "hopcount. eps"
replot
```

 小技巧... SimResult 目录下的 txt 因为换行符无法显示，用 Windows 的记事本打开会显示为一行，最好用其他文本编辑软件（如 NotePad＋＋、Editplus）打开，使用 Excel 将数组整理成 3 列，然后另存为 tab 做分隔符的 txt 文件。

3.7.3 实验三:多随机种子多参数做 Errorbar 图

上面的实验中,每种路由方案在每个传输半径都只运行一次,出来的参数只是一次运行的结果。而新的方案需要多次运行测试其性能的稳定性。OPNET 提供了随机种子的设置,具体来说,针对不同的 seed 值进行一系列仿真,如果不同 seed 值对应的仿真结果相近,则表明建立的模型有较高的稳健性。一般在发布仿真结果之前都要改变仿真种子进行多次测试,如果结果完全改变,则说明模块有疏漏,所得的结果只是一个特例,而不能反映系统的性能。Errorbar 图可将运行结果的均值和方差一起显示,更好地反映模型的性能和稳定性。

下面对系统设置多个参数,多个随机种子进行测试。

1. 仿真参数设置

设置 scheme_idx 为 1 TO 3 BY 1,传输半径为 40 TO 70 BY 10,随机种子设置为 255 TO 2200 BY 200,这样总共运行次数为 $3 \times 4 \times 10 = 120$ 次,如图 3-49 所示,然后运行仿真。

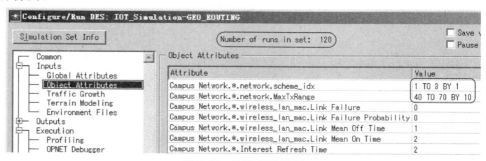

图 3-49 仿真参数设置

2. 运行结果作图

这里涉及每个参数 120 个值的处理,要对每个路由方案的每个传输半径的性能参数求平均值和标准偏差,而且需要考虑每个性能参数对应的路由方案和半径,编程较为复杂。下面分别就 Matlab 和 Gnuplot 如何做 Errorbar 图,进行讲解。

1) 文件分析

首先需要分析要编程的文件序列,打开目录下 0-0-x.txt,该文件保存传输半径前 30 个数是 40,这 30 个数中,前 10 个是 scheme_idx=1 的数,然后依次是 scheme_idx 为 2 和 3,如表 3-19 所示。

表 3-19 参数对比序号表

传输半径	路由方案	序 号	传输半径	路由方案	序 号
40	1	1～10	60	1	61～70
40	2	11～20	60	2	71～80
40	3	21～30	60	3	81～90
50	1	31～40	70	1	91～100
50	2	41～50	70	2	101～110
50	3	51～60	70	3	111～120

> OPNET 在对多参数进行仿真时,是按照参数的字母排序进行仿真的,比如两个参数分别是 MaxTxRange 和 scheme_idx,因为按照字母顺序 M 在 s 前面,所以仿真时就以 Max-TxRange 为主仿真序号,scheme_idx 为次仿真序号。实际上我们统计时是想要以 scheme_idx 为主仿真序号的,但如果修改参数名称,则模型中的相应代码都需要修改。这提醒我们以后设置仿真参数时注意参数名定义的字母顺序。不过,在 Matlab 中,对数组的 scheme_idx 列进行排序可解决这个问题。

这里我们对平均延时和 MAC 层平均每包能耗进行对比,这两个文件对应的是 2-7. txt 和 3-6. txt,加上 0-0-x. txt 和 0-0-y. txt,需要用到四个文件。

2)Matlab 作图

将 Matlab 作图代码定义为函数,入口参数 route 表示路由方案数,seed 表示种子数,resultIndex 表示要查看的性能参数(1. 延时;2. 跳数;3. 能量),代码如下。

```
function myErrorbar(route,seed,resultIndex)
    %打开文件
    range=importdata('e:\bak\SimResult\0-0-x. txt')
    scheme=importdata('e:\bak\SimResult\0-0-y. txt')
    if resultIndex==1 %延时
        param=importdata('e:\bak\SimResult\2-7. txt')
    elseif resultIndex==2 %跳数
        param=importdata('e:\bak\SimResult\2-10. txt')
    elseif resultIndex==3 %能量
        param=importdata('e:\bak\SimResult\3-6. txt')
    end

    %列转化为行
    range=range'
    scheme=scheme'
    param=param'

    %凑成3列,第一列路由方案,第二列传输半径,第三列延时
    data=[scheme;range; param]
    data=data'

    %根据第一列排序,注意这里将按照路由方案排序了,表中的顺序不一样了,按路由
    %方案——传输范围表示为:
    %1-40,10 个,1-50,10 个,1-60,10 个,1-70,10 个,2-40,10 个…
    data=sortrows(data,1)

    rangenum=length(data)/seed/route %传输半径数

    %x 数组保存传输半径的范围40~70
    for i=1:rangenum
        x(i)=data(seed * i,2);
    end
```

```matlab
x=x'
%按照方案数
for i=1:route
    %按照传输半径
    for j=1:rangenum
        sum=0 %求和
        for k=1:seed
            sum=sum+data((i-1) * rangenum * seed+(j-1) * seed+k,3);
        end
        m(j)=sum/seed
        sumd=0 %标准偏差
        for k=1:seed
            sumd=sumd+(data((i-1) * rangenum * seed+(j-1) * seed+k,3)-m(j))^2
        end
        if seed>1
            s(j)=sqrt(sumd/(seed-1))
        else
            s(j)=0
        end
    end
    m=m'
    s=s'
    %画图,三种方案
    if i==1
        h=errorbar(x,m,s,'ro-');
    elseif i==2
        h=errorbar(x,m,s,'b * :');
    elseif i==3
        h=errorbar(x,m,s,'co:');
    end
    set(h,'LineWidth',1.5);
    hold on;
end
%设置图例
legend('GPSR','DGR','GPSR\_E',1);
%设置 x,y 轴
font_size=12;
lx=xlabel('');
set(lx,'String','Max Trans Range(m)', ...
    'FontName','Times New Roman', ...
'FontSize',font_size);
ly=ylabel('')
if resultIndex==1
    set(ly,'String','End to End Delay(s)', ...
```

```
            'FontName','Times New Roman',...
            'FontSize',font_size);
    elseif resultIndex==2
            set(ly,'String', 'Average Comm. Energy (Joules/Report)',...
                'FontName','Times New Roman',...
                'FontSize',font_size);
    elseif resultIndex==3
            set(ly,'String', 'Hop Counts',...
                'FontName','Times New Roman',...
                'FontSize',font_size);
    end
end
```

保存文件为 myErrorbar. m,运行之后,接下来在交互式窗口输入 myErrorbar (3,10,1),出来延时 Errorbar 图,如图 3-50 所示,可以看到平均跳数从小到大依次是 GPSR、DGR、GRSP_E,在 Matlab 命令行下输入命令 myErrorbar(3,10,3),则出来的是 3 种方案的跳数对比图,这里因为数据的标准偏差太小,所以 Errorbar 不明显。

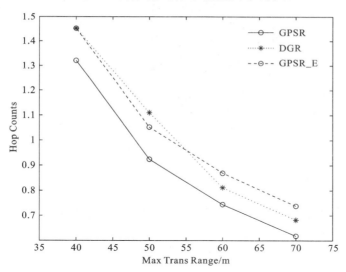

图 3-50　三种路由方案的延时对比

 小技巧...　　Matlab 的函数定义脚本保存时必须和函数同名。

3) Gnuplot 作图

Gnuplot 只能根据现成的数据作图,需要计算原始数据的均值和偏差存入文件供它读取后画图。这里使用 Excel 进行文件处理。

(1) 将数据拷贝到 Excel,输入标题,打开要处理的文本文件(0-0-y. txt,0-0-x. txt, 2-7. txt,3-6. txt,2-10. txt),将数据粘贴到 Excel 中,图 3-51 所示的是一部分数据。

(2) 在 Excel 中,选中数据部分区域,选择菜单"插入"→"数据透视表",弹出创建

	A	B	C	D	E
1	方案	传输半径	时延	跳数	每包能耗
2	1	40	0.131848	30	1.319779
3	1	40	0.132261	30	1.319779
4	1	40	0.132098	31	1.319779
5	1	40	0.131661	30	1.319779
6	1	40	0.132166	30	1.319779
7	1	40	0.131789	32	1.319779
8	1	40	0.131707	30	1.319779
9	1	40	0.131648	29	1.319779
10	1	40	0.132309	30	1.319779
11	1	40	0.131998	28	1.319779
12	2	40	0.182018	37	1.450893
13	2	40	0.181558	34	1.45414
14	2	40	0.181477	35.25	1.452641
15	2	40	0.181645	36.25	1.453442

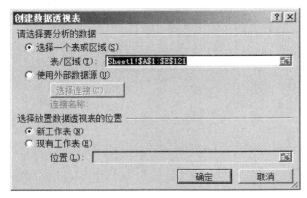

图 3-51　Excel 处理性能数据

数据透视表对话框，确认区域为$A$1:$E$121，选择放置数据透视表的位置为新工作表，单击“确定”按钮，如图 3-52 所示。

图 3-52　数据透视表

(3) 在新出现的 sheet4 的右侧，出现了各列列表，如图 3-53 所示。将“方案”拖放

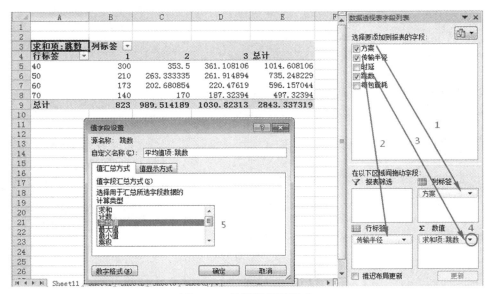

图 3-53　设置数据透视表

到列标签列表框,将"传输半径"拖放到下面的行标签列表框中,将跳数拖放到数值列表框中,单击"求和项:跳数"项的向下箭头,在菜单选择"值字段设置",在出现的对话框中选择平均值。确定之后,图中的数据变为平均值。

(4) 复制刚才得到的平均值透视表,粘贴到下方,下方的平均值设置为标准偏差,如图 3-54 所示。

3	平均值项:跳数	列标签	▼	复制为1-4列		
4	行标签 ▼	1	2	3	总计
5	40	30	35.35	36.1108106	33.8202702
6	50	21	26.3333335	26.1914894	24.5082743
7	60	17.3	20.2680854	22.047619	19.87190147
8	70	14	17	18.732394	16.57746467
9	总计	20.575	24.73785473	25.77057825	23.69447766
10					
11					
12	标准偏差项:跳数	列标签	▼	复制为5-7列	
13	行标签 ▼	1	2	3	总计
14	40	1.054092446	0.921954446	0.92001783	2.918898145
15	50	1.054092553	1.143958926	1.066898652	2.733840674
16	60	1.418136492	1.079049576	1.054888995	2.301784207
17	70	1.054092553	1.054092553	1.054092553	2.233412469
18	总计	6.155620738	7.143350942	6.684881163	6.99090806

图 3-54 求均值和标准偏差

(5) 将上图中标识的数据复制到新工作表中,将框 1 复制为第 1~4 列,框 2 复制为第 5~7 列。然后将新工作表数据复制到文本文件 HopCount. txt 中,文本文件共有 4 行 7 列。

(6) 接下来编辑 Gnuplot 批处理文件,代码如下。

```
#plot 实际要一行写完,否则会出错,这里是为了显示美观分了三行
plot "HopCount. txt" using 1:2:5 with yerrorlines title "GPSR",
     "HopCount. txt" using 1:3:6 with yerrorlines title "DGR",
     "HopCount. txt" using 1:4:7 with yerrorlines title "GPSR_E"
set xlabel "Max Trans Range(m)"
set ylabel "HopCount"
replot
```

将文件保存为 HopCount. plt,双击使用 gnuplot 打开,如图 3-55 所示。

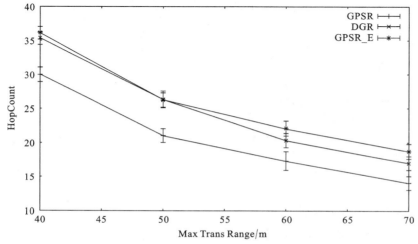

图 3-55 Gnuplot 画 Errorbar

3.7.4　实验四：增加普通传感器节点应用层统计项

在模型中，没有对应用层包进行统计，为了使大家熟悉节点收集消息的处理过程，添加一项应用层发送包的个数统计项。

1. 头文件编程

（1）在 wsn_intrpt_code.h 中添加中断码如下。

```
#definem_APP_LAYER_SEND_DATA   801
```

（2）在 wsn_global.h 中添加全局变量，记录应用层包大小。因为这里要统计应用层发送数据的大小，所以这里要添加一个全局变量统计代码如下。

```
int app_data_transmitted;
```

（3）在 wsn_result.h 添加文件句柄和文件名常数，用于写文件。将应用层发送的包的个数写入文件 6-1.txt 中，代码如下。

```
FILE * for_matlab_app_pk_send_num_fp;
#define APP_PK_SEND_FILE "6-1.txt"
```

2. 普通传感器节点应用层编程

（1）在 init 状态中得到 global_init 的进程 id，首先需要获得结果收集进程的进程 id 号。因此需要：定义状态变量 init_pro_id；在 init 状态中得到结果收集进程编号。代码如下。

```
init_pro_id=op_id_from_name(op_id_from_name(op_topo_parent(node_objid),
    OPC_OBJTYPE_NODE_FIX,"init"),OPC_OBJTYPE_PROC,"global_init");
```

（2）在发送数据时，添加远程中断，m_generate_packet（）函数的使用如下，黑体部分为新加代码。

```
static void m_generate_packet (void) {
    FIN (m_generate_packet());
    ...
    op_pk_send (pkptr, APP_TO_NETWORK_STRM);
    /* 设置发送包大小全局变量 */
    app_data_transmitted=pkt_size;
    /* 发送远程中断 */
    op_intrpt_schedule_remote(op_sim_time(),m_APP_LAYER_SEND_DATA ,init_pro_id);
    FOUT;
}
```

3. 结果收集节点编程

（1）在文件中添加中断宏，在结果收集节点的进程中，单击 [HB] 在 Header block 添加代码如下。

```
#define APP_DATA_INTRPT (op_intrpt_type()==OPC_INTRPT_REMOTE
&& op_intrpt_code()==m_APP_LAYER_SEND_DATA)
```

（2）添加统计状态变量的代码如下。

```
int app_data;
int app_data_sum;
```

在 Varinit 状态中将这两个变量初始化为 0。

（3）添加状态处理，在进程模型中添加新强制状态 APP_DATA，设置进入条件为 APP_DATA_INTRPT，无条件返回，如图 3-56 所示。

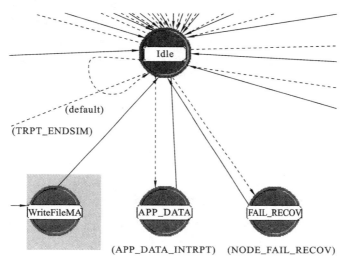

图 3-56　添加新状态 APP_DATA

双击状态 APP_DATA，进入进程状态，代码如下。

```
/* 包数累加 1 */
app_data=app_data+1;
/* 包大小累加 */
app_data_sum=app_data_sum+app_data_transmitted;
/* 重置为 0 */
app_data_transmitted=0;
```

（4）文件相关的处理包括以下三个步骤。

① 在 FileMAT 中添加文件打开语句，代码如下。

```
if (NULL==(for_matlab_app_pk_send_num_fp=
fopen(filename(APP_PK_SEND_FILE),"ab")))
    op_sim_end("WARNING !!! Results Written File not Found !!! \n","","","");
```

② 在文件结束时，在函数 write_result_data()中添加写参数代码如下。

```
fprintf(for_matlab_app_pk_send_num_fp,"%d\n",app_data);
```

③ 在函数 fclostall() 中关闭文件,代码如下。

```
fclose(for_matlab_app_pk_send_num_fp);
```

4. 运行结果检查

编译运行程序,运行结束之后,检查 SimResult 目录下是否有 6-1.txt,如果有,打开检查里面写入的数据,如果其数据为 3-8.txt 数据的 2 倍,则证明添加统计应用层包项成功。

检查发现 6-1.txt 的最后一项为 44,而 3-8.txt 最后一项为 22,运行成功!

 小技巧…   3-8.txt 中保存的是仿真时间,应用层发送间隔为 0.5 s。所以应用层发送包的个数=仿真时间/发送间隔=2×仿真时间。可修改应用层进程中包发送间隔时间,改变应用层包发送周期。

大规模传感器网络 OPNET 模型调试

无线传感器网络(wireless sensor network,WSN)是由大量静止或移动的传感器以自组织和多跳的方式构成的无线网络。众多传感器节点以协作的方式感知、采集、处理和传输网络覆盖区域内被感知对象的信息,并最终把这些信息发送给 Sink 节点。OPNET 作为专业通信仿真开发软件,具有强大的对象和代码调试功能。本章基于OPNET 基本调试方法,介绍对基于 OPNET 的大规模传感网 OPNET 模型 IOT_Simulation 的仿真与调试。本章所有内容皆基于该模型。

4.1 查看 OPNET 日志文件

查看 OPNET 的仿真日志有助于更快地定位错误,帮助我们更快地入门。OPNET仿真结束后产生两种日志文件,分别是仿真日志(discrete event simulation log,DES log)和错误日志(Error log)。

查看日志文件的方法有两种:① 在工程编辑器工作空间的空白处单击鼠标右键,选择 Open DES Log 打开仿真日志文件;② 单击菜单栏的 DES,在下拉菜单中选择Open DES Log,打开仿真日志文件。如图 4-1 所示,它的内容是在仿真过程中由进程调用 OPNET 函数 op_prg_log_handle_create()和 op_prg_log_entry_write()写入的。

选择 Help→Error Log,可以打开错误日志文件,如图 4-2 所示。错误日志文件以文本方式保存为<home>/op_admin/err_log,除了在菜单中打开,也可以在 OPNET控制台(console)窗口输入 op_vuerr 命令查看。clear 选项可以选择清空全部错误日志或保留最后多少行的错误日志。错误日志包含了函数调用堆栈信息,我们可以通过阅读错误日志精确定位出错位置。

下面给出一段完整的错误提示代码。

```
<<<Recoverable Error>>>错误类型
* Time:15:37:04 Tue Apr 22 2014
* Product:modeler
* Program:modeler(Version 10.5.A PL1 Build 2569)
* System:Windows NT 6.1 Build 7601
* Package:process(ip_dispatch)at module(top.switch 3 rsm.ip)
* Function:op_prg_mem_alloc(size)
* Error:Request to allocate(0)bytes failed.出错原因
```

T (0)、EV (279)、MOD (top. switch 3 rsm. ip)、

KP (op_prg_mem_alloc) 出错时间、事件、进程模块、出错函数

* Function call stack：(builds down)

Call Block

Count Line# Function

----

0)   1 10737419280x09254d0e [name not available]

1)   1 1879048703 0x00004c00 [name not available]   可忽略的

2)   1 －805306207 0x0000c400 [name not available]   内存消息

3)   1268 m3_main

4)   1914 sim_main   仿真核心程序调用堆栈

5)   1 2362 sim_ev_loop

6)   280522 sim_obj_qps_intrpt

7)   30 15 ip_dispatch [wait exit execs]   出错进程

8)   10756 ip_dispatch_init_phase_2 ()   出错状态

9)   10475 ip_rte_proto_intf_attr_objid_table_build

10)   12599 ip_rte_support_intf_objid_add   出错函数堆栈

11)   3830981 op_prg_mem_alloc (size)

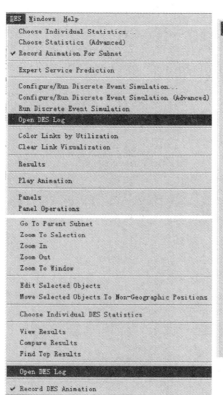
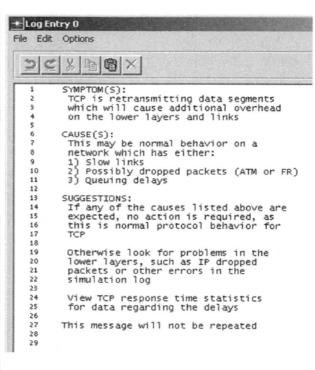

图 4-1　仿真日志文件

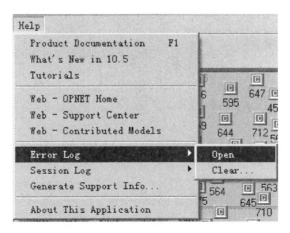

图 4-2　错误日志文件

其中,有用的信息包括错误类型、出错原因、出错时间、错误事件、出错所在进程模块、函数调用堆栈以及最终出错函数。

 有益提示…　　出错时,要获得准确的函数调用堆栈信息,在编写函数时必须使用 FIN(function begin)、FOUT(function out)、FRET(function return)等界定函数范围的标识符,而且必须使它们配对。如果 FIN 后漏掉 FOUT 或 FRET,可能出现如下错误:<<<Program Abort>>> Standard function stack imbalance。

注意程序即使运行成功,也有可能存在潜在危机。如在使用外部文件(external file)层层调用的子程序中,较容易出现以上错误。而提示信息可能不会给出真正出错的位置(没有配对 FIN 和 FOUT/FRET 的子程序),给出的位置是由于函数堆栈不平衡不断积累最终导致内存泄漏时的程序(真正可能有错误的程序是该程序的父程序或祖父程序)位置,造成找错困难,因此我们编写程序时切记使 FIN 和 FOUT/FRET 配对。

4.2　使用 OPNET Debugger 调试

OPNET Simulation Debugger (ODB)是开发仿真核心的组成部分,并自动链接到每个仿真。在 ODB 控制下运行仿真不需要特别的准备,有很高的灵活性。

ODB 的目的是提供一种环境,用于分析程序的运行,环境中的高级抽象(如变量名、数据结构等)是可维护和可访问的。在 OPNET Modeler 的环境中,被分析程序的高级抽象主要包括对象(如模块和子模块)和动态数据实体(如数据包和事件)。

4.2.1　ODB 调试概述

默认使用的优化仿真核心(optimized)是为了加快仿真速度而不产生 ODB 调试信息。要产生 ODB 调试信息,点击工具栏上的图标 出现仿真配置选项,如图 4-3 所示。将仿真核心类型(simulation kernel)选择为 Development,勾选 Use OPNET

Simulation Debugger(ODB)选项,点击 Run 运行启动 Modeler 10.5 版本的 ODB 调试。

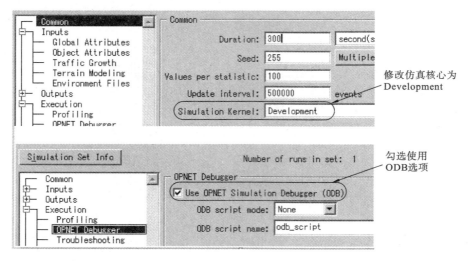

图 **4-3** Modeler 10.5 中启动 ODB 调试的仿真选项配置

有益提示 ... 同时仿真多组参数时,不会进入 ODB。

ODB 为控制和管理仿真行为提供一个交互式环境。ODB 支持断点(breakpoint)定义,跟踪并显示仿真诊断信息。ODB 功能的实现有赖于进程模型中编写的相应程序支持,作为 ODB 指令激活调试状态(breakpoint、trace 和 action)的依据,可以在 ODB 窗口中输入 help <参数:all,basic,action,event,memeory,misc,object,packet,process,scripting,stop,trace>查看感兴趣的指令,如图 4-4 所示。

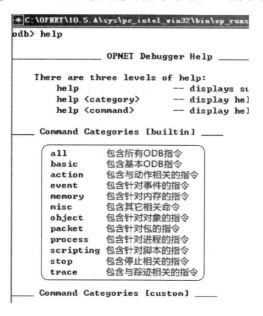

图 **4-4** help 指令带来的参数列表

　　ODB 常用的指令分为 Basic、Event、Object、Packet、Stop、Trace、Process 几类。Basic 类指令主要包含一些基本的操作；Event 类指令主要针对事件进行操作；Object 类指令主要针对各类对象(如节点、信道等)进行操作。Packet 类指令处理所有与包相关的操作。它们的用法如表 4-1 所示。

表 4-1　ODB 常用指令名称及其功能描述

指令类型	指令名称	功　能　描　述
Basic 类	tstop	为与特定时间最接近的事件设置断点
	cont	继续事件运行直至下一个断点
	next	执行下面几个事件
	quit	退出程序
	status	显示用户当前所设的断点,跟踪信息
	mstop	为特定进程模块设置断点
	delstop	取消断点设置
Event 类	evprint	打印事件信息
	evstop	在某个事件处设置断点
Object 类	attrget	获取某类的属性
	attrprint	打印目标的属性信息
	attrset	设置目标的属性值
	objassoc	打印与目标关联的信息
	objid	获取目标的 id
	objpkmap	打印由指定目标所拥有的包的列表
	objprint	打印目标的信息
	objmap	打印所指定类型的目标列表
Packet 类	iciprint_pk	打印与包关联的 ici 信息
	pkmap	打印指定的包的列表
	pkstop	为指定的包设置断点
	pttrace	跟踪所指定的包树
	pktrace	跟踪所指定的包
Trace 类	fulltrace	显示所有事件调用函数的情况
	ltrace	激活对某个标签的跟踪
	mtrace	针对某个指定模块,显示调用该模块所执行的程序
	deltrace	取消对某个标签的跟踪
Process 类	promap	打印进程模块当前包含的进程信息
	prodiag	执行隶属于某进程诊断块中的程序
	proldiag	将诊断块中的标签激活,并执行诊断块中的程序

有益提示…

（1）proldiag 带的参数有两个，分别是进程 ID 和标签（label）。它的效果等同于 3 条指令的叠加，首先用 ltrace 激活标签；然后用 prodiag 执行进程诊断块中的程序，并且打印标签被激活程序段的信息；在执行完程序后，deltrace 取消对标签的跟踪。

（2）如果不想让 debug 窗口自动关闭，可以在 Edit→Preferences 中将 consle_exit_pause 改为 TRUE，仿真完后会提示 Press ＜ENTER＞ to continue，按两次＜ENTER＞才会关闭 debug 窗口。

4.2.2　ODB 断点功能简介

使仿真在合适的地点停止是 ODB 的基本功能之一。ODB 支持断点（breakpoint）定义，跟踪并显示仿真诊断信息。

ODB 推进进程的运行有两种方法，一是单步执行（通过 next 命令），仿真会在下一个事件发生前自动中断，并显示仿真诊断信息。通过这种方法，用户可以精细地操控仿真的运行，但是仿真可能需要执行成千上万的事件才能到达用户感兴趣的事件。因此，ODB 提供了第二种运行方式，断点执行（通过 cont/c 命令）。用户可以自定义断点的位置，仿真执行到断点事件之前才会停止并显示信息。

当中断发生时，ODB 打印下一个事件的信息。标准格式的事件信息如下。

```
_____(ODB10.5.A：Event)_____
* Time：0.0741848742007 sec，[00d00h00m00s．074ms184us874ns201ps]
* Event：execution ID（12），schedule ID（＃20），type（stream intrpt）
* Source：execution ID（11），top. pksw2. node1. proc（processor）
* Data：instrm（0），packet ID（0）
> Module：top. pksw2. node1. xmt（pt－pt transmitter）
```

第一行（标签为 Time）以两种格式显示了仿真时间，第一种是双精度时间（秒），第二种是将时间划分为标准的时间单元（天、小时、分钟、秒）。

第二行（标签为 Event）显示了事件的信息，分别为当前事件 ID（execution ID）、计划 ID（schedule ID）、中断类型（type）。计划 ID 表示当前事件处在仿真核心事件列表中的位置，与事件 ID 可能不相同，因为随着事件的增加和消减，仿真核心列表是不断变化的。常见的中断类型包括流中断、自我中断、定期中断、访问中断、失败中断、多播中断等。

第三行（标签为 Source）显示信息等待事件的起源，包括事件 ID（execution ID）及与其相关的完整模块名称。

第四行（标签为 Data）显示了事件携带的信息，不同的事件携带的信息是不同的。

第五行（标签为 Module）指明当前中断的接收方，top. pksw2. node1. xmt（pt-pt transmitter）指明了物件的阶层关系和类型，本例中 Module 类型为点对点发射机。OPNET 中最高层物件永远为 top，代表全球网。

ODB 支持多种设置断点的方式，不仅可以直接通过控制台命令设置断点，也可以通过在模型代码中增加 op_prg_odb_bkpt(label) 函数设置断点标签，并在 ODB 中激活该断点标签设置断点。

方式一：通过控制台命令设置断点，常用的命令包括 prostop、tstop、pkstop、evstop 等，具体作用请查看表 4-1。evstop 命令的作用是为指定的等待事件设置断点，断点将在事件发生前发生，如图 4-5 所示。

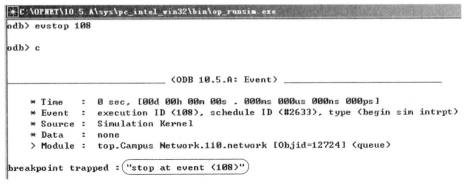

图 4-5　evstop 设置断点

方式二：通过 op_prg_odb_bkpt(label) 在进程模型中设置断点。这个断点以断点标签（label）来标识，通过 ODB 命令 lstop（针对所有断点标签）、mlstop（针对指定模块的断点标签）和 prostop（针对指定进程的断点标签）等命令激活断点标签，则程序运行到 op_prg_odb_bkpt() 设置过该标签的地方就会中断，如图 4-6 所示。在模块代码中添加代码：

```
op_prg_odb_bkpt("eth_bcast_pk");
```

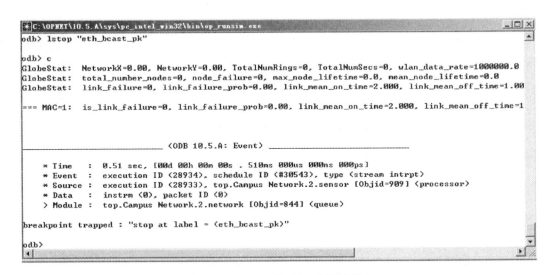

图 4-6　op_prg_odb_bkpt() 设置断点

在 ODB 中使用 lstop 加入断点并运行。

使用 status 命令显示用户当前所设置的断点及跟踪信息等。尝试在程序中加入不同的断点，显示结果如图 4-7 所示。

可以使用 delstop 命令来删除断点，它带的参数为 breakpoint_id，breakpoint_id 需要通过输入 status 指令查看，如图 4-7 中的 1＞和 2＞；也可以使用 delstop all 删除所有断点。

```
※C:\OPNET\10.5.A\sys\pc_intel_win32\bin\op_runsim.exe
odb> tstop +360

odb> lstop "eth_bcast_pk"

odb> evstop 108

odb> pkstop 2

odb> prostop 2

odb> status

Breakpoints :
        0)      stop at time = (360) sec.
        1)      stop at label = (eth_bcast_pk)
        2)      stop at event (108)
        3)      stop at access of packet (2)
        4)      stop at invocation of process (2)
```

图 4-7   查看断点信息

4.2.3   ODB 信息追踪功能简介

在 ODB 中,用户可以通过跟踪仿真信息(trace)来了解程序的进度和运行状态,有助于排查错误。

trace 用于观察动态仿真环境中进程逻辑的执行,跟踪进程的进度,并核实使用的参数和调用函数的返回值。trace 提供的信息主要来自:KPs(kernel procedure)、用户自定义函数、进程。其中用户自定义函数必须包含 FIN、FOUT/FRET 等界定函数范围的标识符。

一个标准的进程信息跟踪如图 4-8 所示,第一行为调用的进程 ID,最后一行为进程返回信息,中间部分为该进程的信息,根据其中调用的函数不同,信息显示也有区别。

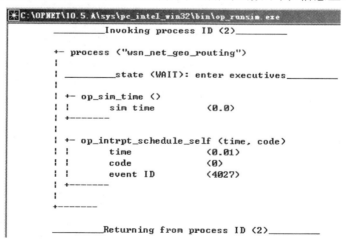

图 4-8   标准进程 trace

如果跟踪特定的模块,信息跟踪将包含该模块调用的所有进程信息,如果调用的进程继续调用了子进程,则输出的信息将包括调用的子进程信息及其返回信息。

　　与设置断点类似,ODB 支持多种设置信息跟踪的方式,可以直接通过控制台命令设置跟踪,也可以通过在模型代码中增加 op_prg_odb_ltrace_active (label)函数设置跟踪标签,并在 ODB 中激活该跟踪标签。

　　方式一:通过控制台命令设置信息追踪,常用的命令包括 fulltrace、protrace、pktrace、pttrace 等,具体作用请查看表 4-1。以 fulltrace 命令为例,其作用为显示仿真中产生的所有信息,如图 4-9 所示。

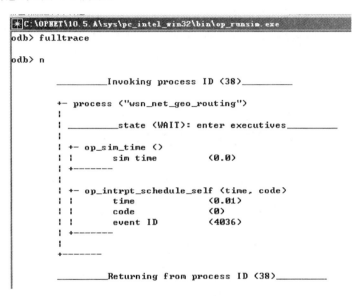

图 4-9　fulltrace 跟踪结果

　　方式二:通过 op_prg_odb_ltrace_active (label)函数在进程模型中设置跟踪标签。这个跟踪以其标签(label)来标识,通过 ODB 命令 ltrace(针对所有跟踪标签)、mtrace(针对指定模块的跟踪标签)和 proltrace(针对指定进程的跟踪标签)等命令激活跟踪标签。一般的使用方法为:

```
if (op_prg_odb_ltrace_active("label")==OPC_TRUE){
  printf(…)
}
```

printf 打印需要观察的变量,在 ODB 中激活标签就可以看到仿真中这些变化的情况。

　　本例中在进程模型代码中加入如下代码,粗体部分为准备输出到屏幕的部分。

```
if (op_prg_odb_ltrace_active ("tcp"))
  {
    op_prg_odb_bkpt ("tcp");
    printf("This is prompt");
  }
```

　　在 ODB 中通过 lstop "tcp" 及 ltrace "tcp"追踪信息,如图 4-10 所示。图中"This is prompt"即为 printf 的输出。

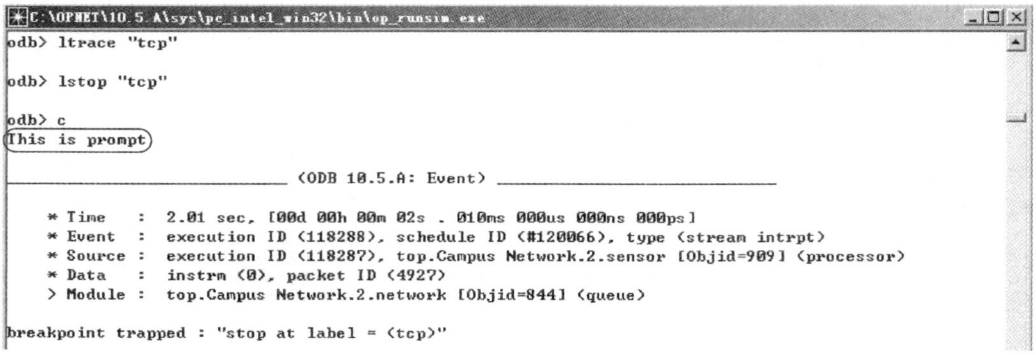

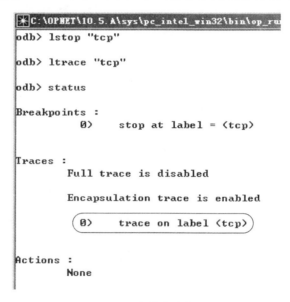

图 4-10　op_prg_odb_ltrace_active（）设置跟踪标签

与断点一样，使用 status 命令，可以显示当前存在的跟踪标签，如图 4-11 所示。

图 4-11　查看跟踪信息

可以使用 deltrace 命令来删除跟踪，它带的参数为 trace_id，trace_id 需要通过输入 status 指令查看，也可以使用 deltrace all 删除所有断点。

4.2.4　ODB 映射功能简介

在 ODB 中，映射列表是指使用 map 指令得到的一列基于某种条件选择的仿真实体。映射列表提供每个被选中的实体的信息，如其 ID 和类型等。

两个最常见的选择映射方式是：

（1）选择一个特定的实体。在这种情况下，结果列表只包括单一指定实体（主要用于简单的确认该实体位置）；

（2）选择某一特定类型的所有实体。

当其他 ODB 命令需要使用实体的 ID 时，假如你并不知道其 ID，就可以使用映射指令得到你所需要的 ID。而且，对于动态变化的实体而言，通过映射非常容易得知当前的仿真状态。

常用的映射指令如表 4-2 所示。

表 4-2　常用 map 命令

map 命令	说　明
objmap	显示指定对象 ID(object ID)、全名、类型及其父类对象 ID
pkmap	显示指定包 ID、包树 ID 及其所有者名称
promap	显示指定进程模块包含的所有进程 ID、关联模型、标签、所有者对象 ID
ptmap	显示属于某一个包树的所有包，包括其包 ID、包树 ID 及其所有者名称

以上指令中，除 ptmap 必须接包树 ID 外都可以接 all 使用，可以显示所有符合条件的 ID。下面展示使用 map 指令的结果，以 promap all 和 objmap<obj ID>为例。

promap all 指令结果如图 4-12 所示，其中更多数据没有在图中截出（共有 3220 条结果，如果想要全部显示，在 ODB 窗口标题栏单击鼠标右键，选择“属性”，然后选择“布局”，将“屏幕缓冲区大小”中的高度设为 3300 即可）。

```
C:\OPNET\10.5.A\sys\pc_intel_win32\bin\op_runsim.exe
odb> promap all

Active Processes
process ID      process model        process tag         owner objid
----------      -------------        -----------         -----------
0               wsn_result_collection(none)               809
1               wsn_mac_interface    (none)              843
2               wsn_net_geo_routing  (none)              844
3               wsn_mac_layer        (none)              896
4               wsn_application_layer(none)               909
5               wsn_mac_interface    (none)              953
6               wsn_net_geo_routing  (none)              954
7               wsn_mac_layer        (none)              1006
8               wsn_application_layer(none)               1019
9               wsn_mac_interface    (none)              1063
10              wsn_net_geo_routing  (none)              1064
11              wsn_mac_layer        (none)              1116
12              wsn_application_layer(none)               1129
13              wsn_mac_interface    (none)              1173
14              wsn_net_geo_routing  (none)              1174
15              wsn_mac_layer        (none)              1226
```

图 4-12　promap all 指令结果

objmap 指令结果如图 4-13 所示。

```
C:\OPNET\10.5.A\sys\pc_intel_win32\bin\op_runsim.exe
odb> objmap 88

 Obj ID        Obj Name                          Obj Type              Parent ID
--------------------------------------------------------------------------------
    88         top.Campus Network.87             mobile node                   1
```

图 4-13　objmap 指令结果

4.2.5　使用 ODB 调试 IoT_Simulation 模型实例

在掌握了 ODB 的常用指令及具体使用方法后，即可通过 ODB 的调试来掌握仿真模型的内部逻辑。本节通过三个具体的调试实例来讲解如何使用 ODB 跟踪调试仿真模型。

1. 包结构错误调试实例

编写完模块后，有时候会出现各种类型的错误，导致仿真中断。这里给出使用 ODB 追踪错误的一个实例。仿真结束后，message 窗口提示仿真在 0.51 s 时由于内存错误导致仿真中止，EV(28934) 表明第 28934 个事件出错，如图 4-14 所示，接下来，启动 ODB 进行调试。

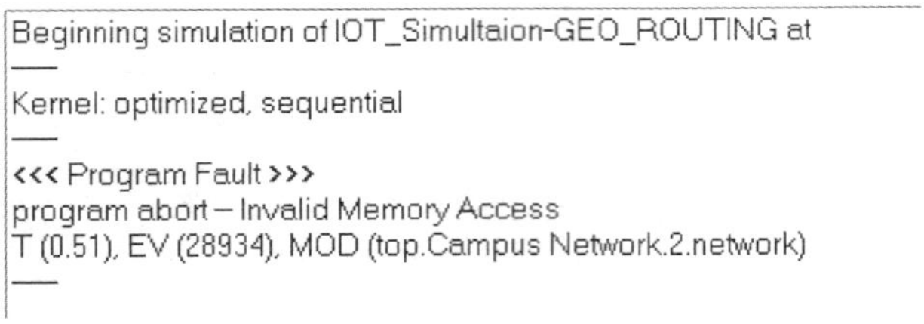

```
Beginning simulation of IOT_Simultaion-GEO_ROUTING at

Kernel: optimized, sequential

<<< Program Fault >>>
program abort – Invalid Memory Access
T (0.51), EV (28934), MOD (top.Campus Network.2.network)
```

图 4-14　仿真出错提示

让仿真停止在第 28934 个事件执行之前，如图 4-15 所示，在事件栏中可以看到当前中断类型为流中断。

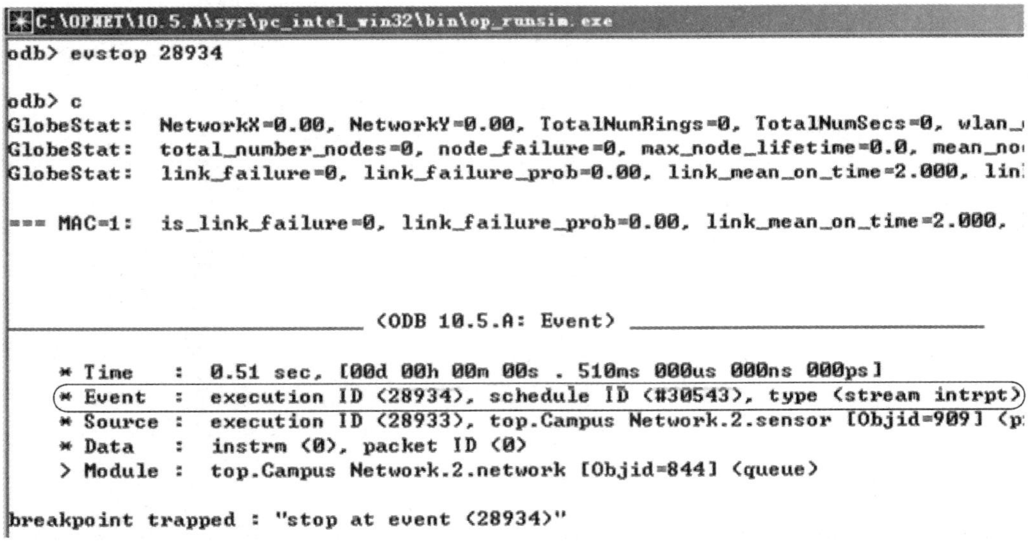

```
C:\OPNET\10.5.A\sys\pc_intel_win32\bin\op_runsim.exe
odb> evstop 28934

odb> c
GlobeStat:   NetworkX=0.00, NetworkY=0.00, TotalNumRings=0, TotalNumSecs=0, wlan_
GlobeStat:   total_number_nodes=0, node_failure=0, max_node_lifetime=0.0, mean_no
GlobeStat:   link_failure=0, link_failure_prob=0.00, link_mean_on_time=2.000, lin

=== MAC-1:   is_link_failure=0, link_failure_prob=0.00, link_mean_on_time=2.000,


_____ <ODB 10.5.A: Event> _____

  * Time     : 0.51 sec, [00d 00h 00m 00s . 510ms 000us 000ns 000ps]
  * Event    : execution ID (28934), schedule ID (#30543), type (stream intrpt)
  * Source   : execution ID (28933), top.Campus Network.2.sensor [Objid=909] (p
  * Data     : instrm (0), packet ID (0)
  > Module   : top.Campus Network.2.network [Objid=844] (queue)

breakpoint trapped : "stop at event (28934)"
```

图 4-15　仿真调试一

接着需要查看第 28934 个事件的执行细节以便将错误定位，如图 4-16 所示。为了观察中间代码的执行情况，启动完全跟踪(fulltrace)后输入 status 命令，就可以查看已设定的中断和跟踪。

接下来输入 next 命令，让仿真执行下一个事件。只截取最后部分的信息栏，如图 4-17 所示，从进程信息栏中可以看出问题出在 op_pk_nfd_get() 函数这里，非法使用 op

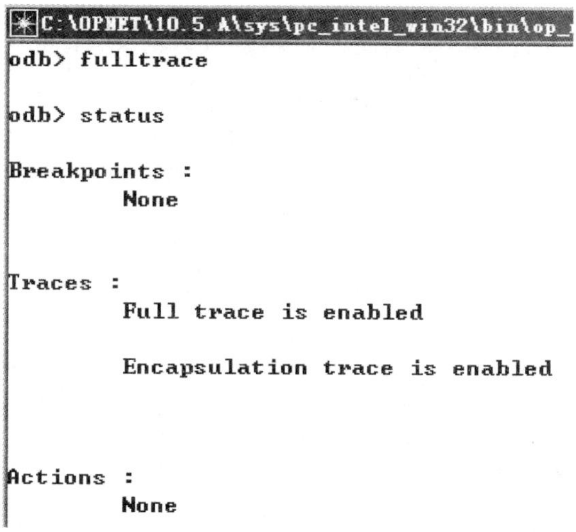

图 4-16　仿真调试二

_pk_nfd_get()函数；当前代码要为包设置下一跳的地址，而不是从包中获取信息，因此该处使用的函数应当为 op_pk_nfd_set()函数。

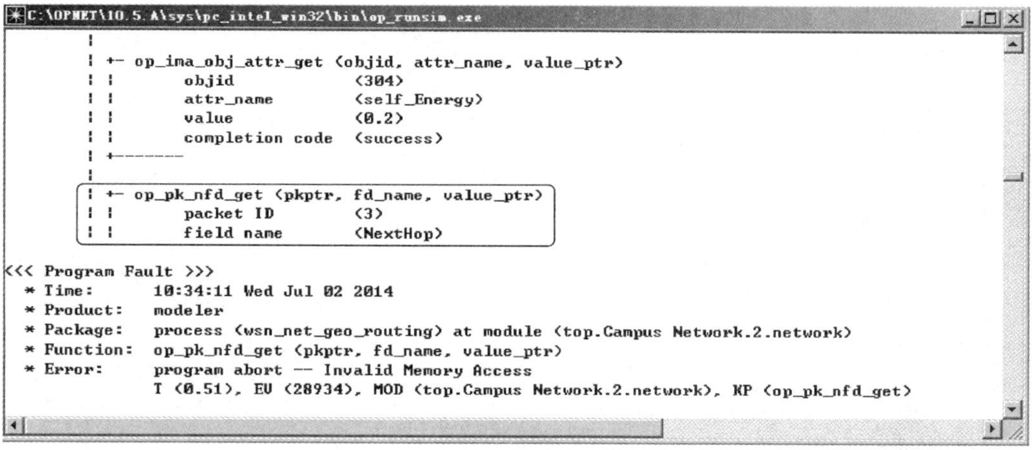

图 4-17　跟踪程序直至发现错误

2. 逻辑错误调试实例

在运行模块时，有时仿真运行通过，但结果和预期的完全不同。例如，某个端口正常情况下应该收到数据包，然而仿真结果显示吞吐量为零。在这种没有错误提示的情况下，应该如何发现逻辑上的错误呢？

以第 3 章的模型 IoT_Simulation 为例，该示例原来有两种路由方案：最短路径路由（GPSR）和方向地理路由（DGR），后面又增加了一种基于能量的最短路径路由（GPSR_E）。这三种路由中，DGR 是多路路由，GPSR 和 GPSR_E 是单路路由。

在添加 GPSR_E 之后，运行仿真，仿真结束后打开 SimResult 子目录下的 3-8. txt 查看网络寿命，发现 GPSR_E 的网络寿命（8.566415）低于 GPSR 的网络寿命（22.047995）。而正常情况下，GPSR_E 基于节点剩余能量选择下一跳，网络寿命要比

GPSR 的要长,这说明代码中出现了逻辑错误。

首先查看两种路由的发包数,查看仿真模型目录下 SimResult 子目录中的1-8.txt,发现 GPSR 的发包数为 44,GPSR_E 的发包数为 22,这说明 GPSR_E 少发了包。

为了追踪该异常,在普通节点网络层进程模型 NotifyAppSendData 状态中添加追踪代码,在发送包的函数之后添加打印语句。粗体部分为加入的语句。

```
for (i=1; i<=path_number; i++){
    D_DeviationAngle=initiated_angle+deviation_angle_step * i;
    packet_pkptr=op_pk_copy(pkptr);
    ...
    op_pk_send_delayed(packet_pkptr, NETWORK_TO_MAC_STRM, 0.02 * i);
    printf("time:%lf,send a packet\n",op_sim_time());
    data_packet_size_transmitted=op_pk_total_size_get(packet_pkptr);
    ...
}
```

运行之后,在 ODB 界面得到的结果如图 4-18 所示。

从图 4-18 可以看出,GPSR_E 每次都会发送四个包(时间相同的包有四个),只有多路路由 DGR 才会同时发送 4 个包,因此应该是 path_number 赋值部分产生了错误。检查网络层进程模型 SimParameters 状态代码,成功找到错误,如图 4-19 所示。

```
C:\OPNET\10.5.A\sys\pc_intel_win
odb> c
GlobeStat:    NetworkX=0.00, Net
GlobeStat:    total_number_nodes
GlobeStat:    link_failure=0, li

=== MAC=1:   is_link_failure=0,

time:0.510000,send a packet
time:0.510000,send a packet
time:0.510000,send a packet
time:0.510000,send a packet
time:1.010000,send a packet
time:1.010000,send a packet
time:1.010000,send a packet
time:1.010000,send a packet
time:1.510000,send a packet
time:1.510000,send a packet
time:1.510000,send a packet
time:1.510000,send a packet
```

```
33
34    if(scheme_idx == 1){//GPSR
35        path_number = 1;
36    }else{
37        path_number = 4;
38    }
```

图 4-18　执行结果　　　　　　　　　　图 4-19　错误代码

原来路由方案只有两种,最短路由 GPSR 和多路路由 DGR,分别对应的 scheme_idx 为 1 和 2,当添加了新的路由方案 3 之后,此处代码没有修改,将 GPSR_E 的 path_number 也判断为 4。

实际上 path_number 只有在 scheme_idx=2 时,才应该是 4,在 scheme_idx=1 或 3(代表 GPSR 和 GPSR_E)时都应该为 1。所以函数应该修改,如图 4-20 所示。

修改之后,运行仿真,可以看到 GPSR_E 的网络寿命达到了 32 s,比 GPSR 的网络寿命加长了 10 s。

此外,如果使用 VC 对该模型进行追踪,可以在代码 op_pk_send_delayed(packet_pkptr,

```
27
28    if(scheme_idx == 2){ //DGR
29        path_number = 4;
30    }else{
31        path_number = 1;
32    }
33
```

图 4-20   正确代码

NETWORK_TO_MAC_STRM, 0.02 * i)处设置断点,并监视 i 的值,会发现在该处 i 增加了,与逻辑不符,同样可以找到错误。

3. 内存错误调试实例

在实际运行仿真时,经常会遇到内存访问错误。而造成内存错误的原因多种多样,并且非常隐蔽,以第 3 章的模型 IOT_Simulation 为例。如图 4-21 所示,焦点放在出错事件上,我们得知是第 7247 个事件出错,之后启动 ODB。

```
Beginning simulation of IOT_Simultaion-GEO_ROUTING at

Kernel: development (not optimized), sequential

<<< Program Fault >>>
program abort – Invalid Memory Access
T (0.01), EV (7247), MOD (top.Campus Network.3.network), KP (op_prg_mem_alloc)
```

图 4-21   仿真出错提示

接下来与包结构错误调试过程类似,得到的关键部分信息如图 4-22 所示。

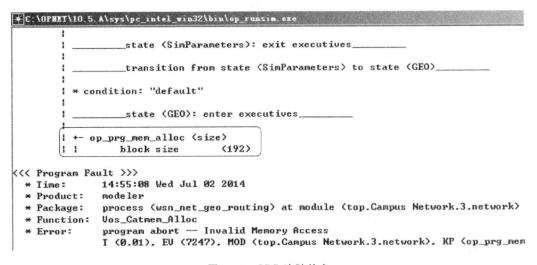

图 4-22   ODB 追踪信息

从图 4-22 可以看出,出错函数是 op_prg_mem_alloc(),该函数用于申请分配内存。错误的原因是无效的内存访问(invalid memory access)。

在本章使用的 IOT_Simulation 模型代码中涉及该函数的地方只有一处,即迅速定位到网路层进程模型函数模块中 SetNIT()函数处,如图 4-23 所示。

其中 MAX_NEIGHBOR_NUMBER 是一个常数,在进程模型 include 子目录的 wsn_constant.h 中定义如下。

```
void SetNIT(void)
    {
    FIN (void SetNIT(void));
    /* NeighborNumber is the number of neighbors */
    NeighborList = (int*)op_prg_mem_alloc(MAX_NEIGHBOR_NUMBER*sizeof(int));
    NeighborListX = (double*)op_prg_mem_alloc(MAX_NEIGHBOR_NUMBER*sizeof(double));
    NeighborListY = (double*)op_prg_mem_alloc(MAX_NEIGHBOR_NUMBER*sizeof(double));
    /*初始化*/
    for (i=0; i< MAX_NEIGHBOR_NUMBER; i++)
        {
        NeighborList[i] = -1;
        NeighborListX[i] = -1;
        NeighborListY[i] = -1;
        }
    /*得到节点数*/
    node_number = op_topo_object_count(OPC_OBJTYPE_NODE_MOB);

    NeighborNumber = 0;
    for ( i=0; i < node_number; i++)
        {
        other_node_objid = op_topo_object(OPC_OBJTYPE_NODE_MOB,i);
        op_ima_obj_attr_get(other_node_objid,"name",&other_node_name);
        NeighborID = atoi(other_node_name); /*得到邻居节点ID*/
        if (other_node_objid != node_objid)
            {
            op_ima_obj_attr_get(other_node_objid,"x position",&neighbor_x_pos);
            op_ima_obj_attr_get(other_node_objid,"y position",&neighbor_y_pos);
            /*求邻居到自己的距离*/
        HopDistance = sqrt((neighbor_x_pos - my_x_pos)*(neighbor_x_pos-my_x_pos)
                + (neighbor_y_pos - my_y_pos)*(neighbor_y_pos - my_y_pos));
        if (HopDistance < MaxTxRange) /*距离小于一定的半径节点作为邻居*/
            {
            NeighborList[NeighborNumber] = NeighborID;
            NeighborListX[NeighborNumber] = neighbor_x_pos;
            NeighborListY[NeighborNumber] = neighbor_y_pos;
            NeighborNumber++;
            }
        }
    }
    FOUT;
    }
```

图 4-23　SetNIT()函数

define MAX_NEIGHBOR_NUMBER 48

MAX_NEIGHBOR_NUMBER 表示节点保存的最大邻居节点数目。NeighborList、NeighborListX、NeighborListY 每次分配的内存大小是固定的。

导致无效的内存访问的原因经常是内存越界,即使用的内存超过了分配的内存。在本例中有可能是 NeighborList、NeighborListX、NeighborListY 内存越界。为了验证这个想法,在 FOUT 语句上面加入如下语句:

printf("当前节点邻居数:%d\n",NeighborNumber);/* 该语句用于打印邻居节点实际数目 */

```
C:\OPNET\10.5.A\sys\pc_int
odb> c
GlobeStat:   NetworkX=0.00,
GlobeStat:   total_number_
GlobeStat:   link_failure=(

=== MAC=1:   is_link_failu

当前节点邻居数: 52
```

图 4-24　运行结果

添加完成,保存后,单击进程模型窗口中 图标进行编译。再次使用 ODB 调试,调试界面直接输入 c,回车运行,结果如图 4-24 所示。

从结果中可以看出,当前邻居数大于程序预设的最大邻居数,实际使用的内存超过了分配的内存,这就是导致内存错误的原因。

接下来分析为什么当前邻居数大于程序预设的最大邻居数(48),从 SetNIT() 函数中的判定条件 if(HopDistance < MaxRange)可知,所有在节点附近 MaxRange 范围内的节点都是其邻居节点,由此可知应该是 MaxRange 设置过大导致的。在 wsn_constant.h 中查看 MaxRange 发现其大小为 100。将其修改为 80 以内之后问题解决。

4. 其他错误

代码编译出错时,OPNET 会提示代码出错地址的行号,单击即可进入修改。有时候提供的错误信息无法定位代码,如图 4-25 所示。

Line	Block	Error
23	WAIT_SinkSrc	syntax error : missing ';' before 'type'
33	WAIT_SinkSrc	'_op_fstack_local_info_ptr' : undeclared identifier
33	WAIT_SinkSrc	left of '->op_last_line_passed' must point to struct/union
115	WAIT_SinkSrc	left of '->op_last_line_passed' must point to struct/union
132	WAIT_SinkSrc	left of '->op_last_line_passed' must point to struct/union
150	WAIT_SinkSrc	left of '->op_last_line_passed' must point to struct/union

图 4-25　错误提示

一般出现这类错误的原因是代码中的大括号不匹配。如果刚修改过代码,则必须对刚刚修改的代码进行检查。若修改的代码过多,不记得修改了哪里,则解决方法是:逐个检查每个状态的代码。检查方法是把这个状态的代码首先剪切为空白,保存,编译,如果错误提示取消,就是该状态出错,否则恢复该状态代码,继续检查下一个状态。

4.3　OPNET 与 VC6 联合调试

ODB 调试功能很强大,与 Visual C++6.0(简称 VC6)调试相比,它更侧重于逻辑上的调试。不足的是,即使是在 fulltrace 下也只能显示函数的调用情况和代码的返回值,而一些有关赋值、比较的结果却显示不出来。所以 ODB 调试一般用于全局错误定位,VC6 一般用于局部精细地跟踪程序,查看变量的变化,或进入函数查看细节。

VC6 提供了一个非常直观、功能强大的调试环境,支持设置断点、观察变量、单步跟踪、追踪子程序等操作。本节以 VC6 为例,主要介绍 OPNET 与 VC6 联合调试需要进行的一些准备工作。OPNET 与 VC6 联调大致可分为以下几个步骤:

(1) 设置环境变量;

(2) 设置 OPNET 参数;

(3) 首次联调选择 OPNET 强制编译(force compile);

(4) 绑定(attach)OPNET 仿真进程;

(5) 观察变量。

4.3.1　环境变量的设置

在正确使用 VC6 调试之前,必须保证 VC6 的安装及环境变量设置正确。本节以 VC6 为例,介绍 VC6 和 OPNET 环境变量的设置。如果用户使用 VS2010 进行联调,对环境变量做相应的修改即可。

正确安装 VC6,默认目录为(以下均以默认目录为例):

C:\Program Files\Microsoft Visual Studio

环境变量的设置分为两部分：一部分是 VC6；另一部分是 OPNET。

1. VC6 的环境变量设置

VC6 的环境变量设置如表 4-3 所示。

表 4-3　环境变量设置(VC6)

变　量　名	变　量　值
include	C:\Program Files\Microsoft Visual Studio\VC98\atl\include
	C:\Program Files\Microsoft Visual Studio\VC98\mfc\include
	C:\Program Files\Microsoft Visual Studio\VC98\include
lib	C:\Program Files\Microsoft Visual Studio\VC98\mfc\lib
	C:\Program Files\Microsoft Visual Studio\VC98\lib
MSDevDir	C:\Program Files\Microsoft Visual Studio\Common\MSDev98
path	C:\Program Files\Microsoft Visual Studio\Common\Tools\WinNT
	C:\Program Files\Microsoft Visual Studio\Common\MSDev98\bin
	C:\Program Files\Microsoft Visual Studio\Common\Tools
	C:\Program Files\Microsoft Visual Studio\VC98\bin

 有益提示...　OPNET 其实是调用 VC6 的编译和链接程序来进行联合调试，如果环境变量设置不正确，则无法进行联合调试。所以，如果联合调试中出现编译或链接相关错误，可检查环境变量设置是否正确。

2. OPNET 的环境变量设置

OPNET 的环境变量设置如表 4-4 所示，其中<opnet_dir>表示 OPNET 安装目录，<version_num>表示版本号。

表 4-4　环境变量设置(OPNET)

变　量　名	变　量　值
include	<opnet_dir>\<version_num>\sys\include
	<opnet_dir>\<version_num>\models\std\include
lib	<opnet_dir>\<version_num>\sys\lib
	<opnet_dir>\<version_num>\sys\pc_intel_win32\lib
path	<opnet_dir>\<version_num>\sys\pc_intel_win32\bin

4.3.2　修改 OPNET 有关与 VC6 联合调试的标识

设置好环境变量后，还要修改 OPNET 中相应的标识，虽然是在 OPNET 中设置，但实际上这些标识是传递给 VC6 的编译和调试程序。

在 OPNET Model 10.5 项目编辑器中选择 Edit→Preferences,弹出 Preferences 对话框,修改以下属性值,如表 4-5 所示。

表 4-5　与调试相关属性的设置

变　量　名	变　量　值
bind_shobj_flags_devel	/DEBUG
comp_flags_devel	/Zi

(1) 在 bind_shobj_flags_devel 的值后面加上/DEBUG,这一步的作用是在集成的动态链接库(* . dll)文件中加入调试信息。

(2) 在 comp_flags_devel 后面加上/Zi ,这一步的作用是在编译时产生调试信息。

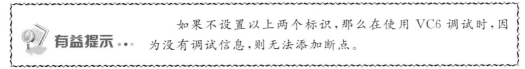

> 如果不设置以上两个标识,那么在使用 VC6 调试时,因为没有调试信息,则无法添加断点。

4.3.3　仿真时 OPNET 与 VC6 联合调试的步骤

首先,设置仿真属性,在 DES 菜单中选择 Configure→Run Discrete Event Simulation,参照图 4-26 所示设置,这使仿真处于编译模式,运行仿真将弹出 ODB 窗口。

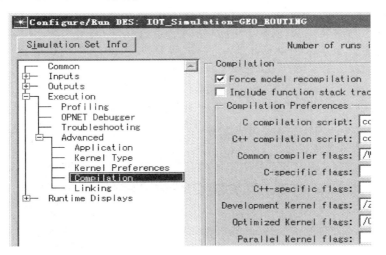

图 4-26　与调试相关的仿真属性

如果是第一次联合调试,将 Force model recompilation 选项选上(今后的调试为了加快速度,可以把该选项去除),这将强制编译所有的进程模型。具体操作如图 4-26 所示。

单击[Run]执行后,将出现 ODB 控制台窗口,接下来需要用 VC6 来调试 OPNET 进程,可通过如下两种方法来调试 OPNET 进程。

方法一:打开任务管理器,然后在 op_runsim_dev. exe 上单击鼠标右键,选择调试,如图 4-27 所示。

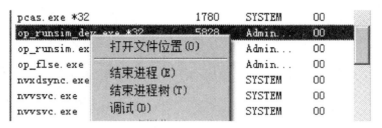

图 4-27　任务管理器

 　　　　　　　　　　如果用户使用的是 VS2010,而且 VS2010 已经启动,在 Debug 菜单下单击 attach to process,然后选择 op_runsim_dev.exe 也可以调试。但如果是在 Win7 下使用 VC6,在单击 attach to process 后弹出窗口的进程列表可能为空,这是 VC6 在 Win7 下运行存在 Bug 所导致的,此时可选用方法二。

方法二:在命令行下使用 msdev -p [pid]命令。

 　　　　　　　　其中,pid 为 op_runsim_dev.exe 的进程 ID,msdev 为 VC6 的命令行程序,如果用户所使用版本为 VS2010,可使用 VsJITDebugger -p [pid]。

　　在 VC6 窗口中使用快捷键 Ctrl+B 新建断点,会出现如图 4-28 所示的新建断点对话框,在文本框中输入进程模型的名字。

　　　　　　　　　快速输入进程模型名字技巧:在 OPNET 需要调试的进程模型窗口中选择菜单 File→ Save As,在出现的窗口下方的 File name 处直接复制该进程模型的名称,然后粘贴到图 4-28 所示的中断点设置的对话框中。

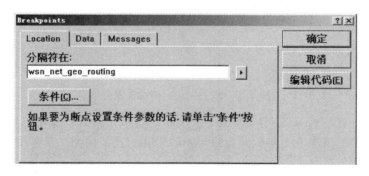

图 4-28　新建断点对话框

　　单击"确定"按钮,即可创建一个断点,在 ODB 调试控制台中输入 c(continue 的简写),然后回车。

　　此时,VC6 中即可出现正在运行的仿真模型的代码调试信息,如图 4-29 所示,其中包括代码窗口、断点、变量监视窗口。

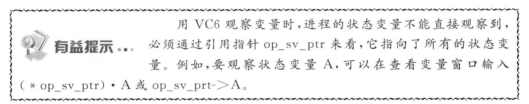

图 4-29 VC6 代码调试界面

之后,就可以在 VC6 中像调试一般程序一样,进行加断点、单步执行、观察变量的值等操作了。

> **有益提示** ⋯
>
> 用 VC6 观察变量时,进程的状态变量不能直接观察到,必须通过引用指针 op_sv_ptr 来看,它指向了所有的状态变量。例如,要观察状态变量 A,可以在查看变量窗口输入(* op_sv_ptr)・A 或 op_sv_prt->A。

4.4 仿真模型的跟踪调试

在熟悉了第 3 章的 IoT_Simulation 仿真模型和 OPNET 与 VC6 的联调步骤后,即可通过 C 语言代码级的调试来掌握仿真模型的内部运行机制。本节通过三个具体的实例来讲解 VC6 是如何跟踪调试仿真模型的。

4.4.1 实例一:找到 IoT_Simulation 的源节点

因为 OPNET 是基于离散事件驱动的仿真,由相关事件来触发代码的执行,整个仿真模型需要有一个节点在最开始的时候驱动整个仿真的运行,此节点即为源节点。在整个 IoT_Simulation 仿真模型中,只有一个源节点,由它产生并发送数据包,经过多跳到达 Sink 节点(接收端)。当我们找到源节点时,右击该节点,选择 Edit Attributes,可以查看该节点的属性,每个节点都有 source_flag 属性,只有源节点的 source_flag 值为 1。

IoT_Simulation 网络模型节点众多,跟踪调试时多个节点进程并发运行,下面介绍一种通过调试查找源节点的方法。

首先在进程模型窗口中双击 Node Attribute 模块,在打开的窗口中添加如图 4-30
所示代码(矩形框内)。

```
1   // my object ID
2   node_objid =op_topo_parent(op_id_self());
3
4   // set node ID
5   op_ima_obj_attr_get(node_objid, "name", &node_name);
6   MyID = atoi(node_name);
7   op_ima_obj_attr_set(node_objid,"MyID",MyID);
8
9   // my position
10  op_ima_obj_attr_get(node_objid,"x position",&my_x_pos);
11  op_ima_obj_attr_get(node_objid,"y position",&my_y_pos);
12
13  // sink flag
14  op_ima_obj_attr_get(node_objid, "sink_flag", &sink_flag);
15
16  // source flag
17  op_ima_obj_attr_get(node_objid, "source_flag", &source_flag);
18
19  if(source_flag == 1)
20  {
21      printf("");
22  }
23  /**       get the objid of the application layer sensor module      **/
24  /**       used when generating remote intrpt to the sensor source   **/
25  app_pro_objid = op_id_from_name(node_objid,OPC_OBJTYPE_PROC,"sensor");
26
27  /**       get the objid of the init procedure in the init node      **/
28  /**       this node initializes the network and does statistics     **/
29  /**       the objid is used to generate remote intrpt for accounting **/
30  init_pro_id = op_id_from_name(op_id_from_name(op_topo_parent(node_objid)
31      ,OPC_OBJTYPE_NODE_FIX,"init"),OPC_OBJTYPE_PROC,"global_init");
```

图 4-30　进程模型的代码编辑器

保存后,单击进程模型窗口中的 图标进行编译。此时,由于 OPNET 代码有更
新,因此需要重新加载 VC6。按照先前的方式重新在 OPNET 网络模型中单击 图标
运行。

我们的目的是找到源节点,因此找到添加的代码块,在 printf("")代码处按下 F9
设置断点,在上方的 MyID 处也设置断点,如图 4-31 所示。

```
    // set node ID
    op_ima_obj_attr_get(node_objid, "name", &node_name);
●   MyID = atoi(node_name);
    op_ima_obj_attr_set(node_objid,"MyID",MyID);

    // my position
    op_ima_obj_attr_get(node_objid,"x position",&my_x_pos);
    op_ima_obj_attr_get(node_objid,"y position",&my_y_pos);

    // sink flag
    op_ima_obj_attr_get(node_objid, "sink_flag", &sink_flag);

    // source flag
    op_ima_obj_attr_get(node_objid, "source_flag", &source_flag);
    if (source_flag == 1)
        {
●       printf("");
        }
```

图 4-31　设置断点

此时按下 F5 运行程序,会在设置的断点处停止运行,然后按 F10 单步运行至第二
个断点,在变量监视窗口添加(＊op_sv_ptr)·MyID,发现其值为 2,添加(＊op_sv_ptr).
source_flag,其值为 1,如图 4-32 所示,因此这个节点就是源节点。

现在返回到 OPNET 网络模型窗口,找到节点 2,如图 4-33 所示。

```
if (source_flag == 1)
    {
    printf("");
    }

/**     get the objid of the application layer sensor module    **/
/**     used when generating remote intrpt to the sensor source **/
app_pro_objid = op_id_from_name(node_objid,OPC_OBJTYPE_PROC,"sensor");

/**     get the objid of the init procedure in the init node    **/
/**     this node initializes the network and does statistics    **/
/**     the objid is used to generate remote intrpt for accounting **/
init_pro_id = op_id_from_name(op_id_from_name(op_topo_parent(node_objid),
```

名称	值
(*op_sv_ptr).MyID	2
(*op_sv_ptr).source_flag	1

图 4-32　监视窗口

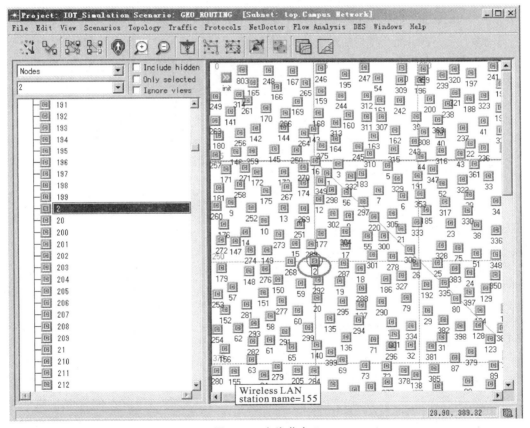

图 4-33　查找节点 2

 小技巧… 在网络模型窗口输入快捷键 Ctrl＋B,可在左边出现查找窗口,输入 2 即可找到包含数字 2 的所有节点。

右击节点 2,选择 Edit Attributes 查看其属性,发现其 source_flag 值为 enabled,因此这个节点就是源节点。

4.4.2 实例二:跟踪数据包的处理流程

为了熟悉整个协议的流程和 OPNET 的运作,需要找到一条线索,最直观的线索就是追踪一个数据包从产生到消亡的过程。在 4.4.1 小节中已经找到了源节点,最开始源节点会产生数据包,这个数据包会往底层传输,经过物理层传给下一跳,再经过很多中间节点,最终到达目标节点。

下面结合 OPNET 和 VC6 联调来追踪源节点发送的第一个数据包,看它在网络中是如何传送的。在 VC6 调试窗口中继续按下 F10 单步运行,如图 4-34 所示,矩形框内代码的作用是得到 sensor 进程(可以在节点模型中找到)的 ID 号,用以通知应用层去发送数据包(这是网络层进程 network 的 NodeAttribute 状态的代码部分)。

```
// source flag
op_ima_obj_attr_get(node_objid, "source_flag", &source_flag);

if(source_flag == 1)
{
    printf("");
}
/**     get the objid of the application layer sensor module     **/
/**     used when generating remote intrpt to the sensor source   **/
app_pro_objid = op_id_from_name(node_objid,OPC_OBJTYPE_PROC,"sensor");

/**     get the objid of the init procedure in the init node      **/
/**     this node initializes the network and does statistics     **/
/**     the objid is used to generate remote intrpt for accounting **/
init_pro_id = op_id_from_name(op_id_from_name(op_topo_parent(node_objid)
        ,OPC_OBJTYPE_NODE_FIX,"init"),OPC_OBJTYPE_PROC,"global_init");
}
FSM_PROFILE_SECTION_OUT (state4_enter_exec)
```

图 4-34 单步调试

继续单步运行,在图 4-35 所示的代码处停止。

```
/** state (GEO) enter executives **/
FSM_STATE_ENTER_FORCED (3, "GEO", state3_enter_
    FSM_PROFILE_SECTION_IN ("wsn_net_geo_routin
    {
    SetNIT(); //MAX_NEIGHBOR_NUMBER is the maxi
    }
    FSM_PROFILE_SECTION_OUT (state3_enter_exec)
```

图 4-35 单步调试

再按下 F11 进入 SetNIT() 函数,这个函数的主要功能是做一些内存分配的工作,每个节点都有邻居节点,并且每个节点的路由表要将它所有邻居节点的位置信息保存到为它分配的内存区域中。如图 4-36 所示,矩形框部分的代码的功能就是给邻居信息表分配内存空间。

图 4-36 中循环部分代码完成初始化,MAX_NEIGHBOR_NUMBER 是一个常量,常量的定义在模型目录下的 include 子目录的 wsn_constant. h 文件中,如图 4-37 所示,最大的邻居数量是 48。

现在程序到达 SrcInit 模块里面,因为从源节点开始一直运行,从 GEO 模块结束后有一个判断语句,源节点进入 SrcInit 模块,Sink 节点进入 SinkInit 模块,其他节点则进入 WAIT_SinkSrc 模块,现在这个节点是源节点,根据判定条件程序进入 SrcInit 模块,

```
void SetNIT(void)
    {
    FIN (void SetNIT(void));
    // NeighborNumber is the number of neighbors
    NeighborList = (int*)op_prg_mem_alloc(MAX_NEIGHBOR_NUMBER*sizeof(int));
    NeighborListX = (double*)op_prg_mem_alloc(MAX_NEIGHBOR_NUMBER*sizeof(double));
    NeighborListY = (double*)op_prg_mem_alloc(MAX_NEIGHBOR_NUMBER*sizeof(double));
    //初始化
    for (i=0; i< MAX_NEIGHBOR_NUMBER; i++)
        {
        NeighborList[i] = -1;
        NeighborListX[i] = -1;
        NeighborListY[i] = -1;
        }
```

图 4-36　单步调试

```
#define PI_VALUE 3.1415926359

//Optional Idle Record
#define IDLE_ENERGY_RECORD_FLAG 0

#define MAX_VALUE 1000000
#define MAC_BROADCAST_ADDR  -1

#define MAX_TRANSMISSION_RANGE 70
#define MAX_NEIGHBOR_NUMBER 48
```

图 4-37　常量的定义

其代码部分如图 4-38 所示。网络层进程利用远程中断函数 op_intrpt_schedule_remote()
给应用层进程发送中断。op_sim_time()函数返回当前的仿真时间,NETWORK_
READY_INTRPT_CODE 是事件的中断码。

```
/** state (SrcInit) enter executives **/
FSM_STATE_ENTER_FORCED (7, "SrcInit", state7_enter_exec, "wsn_net_geo_routing [SrcInit enter execs]")
    FSM_PROFILE_SECTION_IN ("wsn_net_geo_routing [SrcInit enter execs]", state7_enter_exec)
    {

    // highlight source node
    op_anim_ime_nobj_update (vid, OPC_ANIM_OBJTYPE_NODE, node_name, OPC_ANIM_OBJ_ATTR_ICON, "D", OPC_EOL);

    D_SeqNum = 0;

    GlobalSrcID = MyID;
    GlobalSrcX = my_x_pos;
    GlobalSrcY = my_y_pos;

    op_intrpt_schedule_remote(op_sim_time(),NETWORK_READY_INTRPT_CODE,app_pro_objid);
    }
    FSM_PROFILE_SECTION_OUT (state7_enter_exec)

/** state (SrcInit) exit executives **/
FSM_STATE_EXIT_FORCED (7, "SrcInit", "wsn_net_geo_routing [SrcInit exit execs]")
```

图 4-38　中断函数

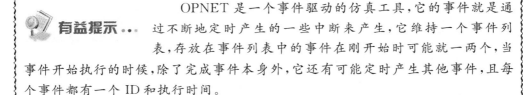

有益提示 …… OPNET 是一个事件驱动的仿真工具,它的事件就是通过不断地定时产生的一些中断来产生,它维持一个事件列表,存放在事件列表中的事件在刚开始时可能就一两个,当事件开始执行的时候,除了完成事件本身外,它还有可能定时产生其他事件,且每个事件都有一个 ID 和执行时间。

继续单步运行,程序进入 Idle 状态,之后进入 NotifyAppSendData 状态,在该状态源节点首先得到自己和 Sink 的距离,通过它自己和 Sink 的坐标,计算二者的距离,代码部分为 SrcToSinkDistance＝sqrt((GlobalSrcX － GlobalSinkX) * (GlobalSrcX － GlobalSinkX)＋(GlobalSrcY － GlobalSinkY) * (GlobalSrcY － GlobalSinkY)),如图 4-39 中第一个框所示。

```
/** state (NotifyAppSendData) enter executives **/
FSM_STATE_ENTER_FORCED (8, "NotifyAppSendData", state8_enter_exec, "wsn_net_geo_routing
    FSM_PROFILE_SECTION_IN ("wsn_net_geo_routing [NotifyAppSendData enter execs]", stat
    {
    //这里的代码普通节点也有,但是这是源节点的计算
    SrcToSinkDistance = sqrt((GlobalSrcX - GlobalSinkX)*(GlobalSrcX - GlobalSinkX)
                        + (GlobalSrcY - GlobalSinkY)*(GlobalSrcY - GlobalSinkY));
    //节点到目标距离
    NodeToSinkDistance = SrcToSinkDistance;
    EstimatedHopNum = ceil(SrcToSinkDistance/(MaxTxRange*0.7));//DGR

    app_pkptr = op_pk_copy(pkptr); //应用层数据

    pkptr = op_pk_create_fmt ("DATA");
```

图 4-39　节点与 Sink 节点的距离计算函数

下面都是一些参数的设定,去掉该断点,继续运行程序,现在该节点知道目标节点的值,只需要创建一个数据包,并将数据包发送给它的下一跳节点。创建一个 DATA 的数据包代码为 pkptr＝op_pk_create_fmt ("DATA"),如图 4-39 中第二个框所示。

接下来需要设置 DATA 的包域,DATA 包有很多包域,如 Source、Sink、PreviousHop、HopCount、SeqNum、NextHop、DeviationAngle,这些包域通过 op_pk_nfd_set() 函数进行设置。可以通过监视窗口看到 (* op_sv_ptr). D_Source 的值为 2,(* op_sv_ptr). D_HopCount 的值为 1,如图 4-40 所示。

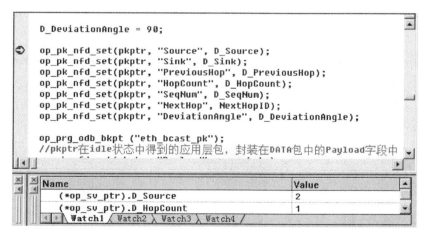

图 4-40　变量的实时监测值

继续运行会遇到一个路由算法选择的判断,根据 scheme_idx 的值,有三种不同的方式判断它的下一跳节点,选择 scheme_idx 值为 2,故进入多路路由算法 DGR_NextHop() 函数中,如图 4-41 所示。

在 VC6 代码中查找函数"DGR_NextHop",在图 4-42 所示的函数入口位置设置断点,运行程序使程序中断到图中标识处。

```
for (i = 1; i<= path_number; i++)
    {
    D_DeviationAngle = initiated_angle + deviation_angle_step * i;

    packet_pkptr = op_pk_copy(pkptr);
    if (scheme_idx == 1)
        {
        NextHopID  = GeoRoutingNextHop(GlobalSinkX,GlobalSinkY);
        }
    else if (scheme_idx == 2)
        {
        NextHopID  = DGR_NextHop(D_DeviationAngle,GlobalSinkX,GlobalSinkY);
        }
    else if (scheme_idx == 3){
        NextHopID  = GPSR_E_NextHop(GlobalSinkX,GlobalSinkY);
    }
```

图 4-41　路由的下一跳判定函数

```
FIN (int DGR_NextHop(double deviation_angle, double destination_x, double destination_y));

SrcToSinkDistance = sqrt((GlobalSrcX - GlobalSinkX)*(GlobalSrcX - GlobalSinkX) + (GlobalSrc
EstimatedHopNum = ceil(SrcToSinkDistance/(MaxTxRange*0.7));//** MIN: for alpha adjustment

alpha = deviation_angle*(EstinatedHopNum- D_HopCount)*(EstimatedHopNum- D_HopCount)*(Estima

x_s = MaxTxRange*cos(2*PI_VALUE*alpha/360);
y_s = MaxTxRange*sin(2*PI_VALUE*alpha/360);
MinDeltaDistance = MAX_VALUE;
if (NeighborNumber > 0)
    {
    for (k = 0;k< NeighborNumber; k++)
        {

    if (NeighborList[k] == GlobalSinkID)
        {
        NextHopIdx = k;
        break;
        }
```

图 4-42　设置断点

它需要在周围邻居节点中寻找下一跳节点,因此使用循环语句遍历它所有的邻居节点,如图 4-42 中矩形框所示。继续单步运行程序到达 FRET,并在此设置断点,如图 4-43 所示,FRET 是 function return 的缩写,这个程序出去以后会返回一个参数,这个参数就是下一跳节点的值。再按 F5 运行程序把循环部分跳过,然后取消断点,继续单步运行。

```
            {
            MinDeltaDistance = DeltaDistance;
            NextHopIdx = k;
            }
        }
    NextHopEntry = NeighborList[NextHopIdx];
    }
else {
    op_sim_end("\r\n Amazing Error: No Neighbor!
    }
FRET(NextHopEntry);
```

图 4-43　设置断点

该函数返回结果到变量 NextHopID,可看到 NextHopID 的值变成了 18,如图 4-44 所示。

```
        else if (scheme_idx == 2)
            {
            NextHopID  = DGR_NextHop(D_DeviationAngle,GlobalSinkX,GlobalSinkY);
            }
        else if (scheme_idx == 3){
            NextHopID  = GPSR_E_NextHop(GlobalSinkX,GlobalSinkY);
        }

        op_pk_nfd_set(packet_pkptr, "NextHop", NextHopID);
        op_pk_nfd_set(packet_pkptr, "DeviationAngle", D_DeviationAngle); //DGR用

        op_pk_send_delayed(packet_pkptr, NETWORK_TO_MAC_STRM, 0.02*i);

        //printf("time:%lf,myID:%d,nexthopID:%d,seqNum:%d,HopCount:%d\n",op_sim_ti
```

名称	值
(*op_sv_ptr).D_Source	2
(*op_sv_ptr).D_HopCount	1
(*op_sv_ptr).NextHopID	18
(*op_sv_ptr).D_PreviousHop	2

图 4-44　变量的实时监测值

现在分析下一跳节点的选择过程,节点的最大传输半径可由程序设定,在运行仿真时我们设置的最大传输半径为 60(wsn_constant.h 文件中)。也就是说,在周围 60 m 的距离内,源节点的邻居节点是有限的,而有一个邻居节点是最合适的。举例来说,在距离 60 m 的地方不一定有邻居节点,可能在距离 45 m 的地方有一个在路径上最合适的邻居节点。网络层的任务就是找出这个邻居节点,把它选做下一跳,这就是路由算法。

继续运行程序,需要注意,数据包依次经过网络层、MAC 层初始化模块、MAC 层、物理层才发送出去。运行后继续中断,如图 4-45 所示。这时(＊op_sv_ptr). NextHopID 的

```
for (i = 1; i<= path_number; i++)
    {

    D_DeviationAngle = initiated_angle + deviation_angle_step * i;

    packet_pkptr = op_pk_copy(pkptr);
    if (scheme_idx == 1)
        {
        NextHopID  = GeoRoutingNextHop(GlobalSinkX,GlobalSinkY);
        }
    else if (scheme_idx == 2)
        {
        NextHopID  = DGR_NextHop(D_DeviationAngle,GlobalSinkX,GlobalSinkY);
        }
    else if (scheme_idx == 3){
        NextHopID  = GPSR_E_NextHop(GlobalSinkX,GlobalSinkY);
    }

    op_pk_nfd_set(packet_pkptr, "NextHop", NextHopID);
    op_pk_nfd_set(packet_pkptr, "DeviationAngle", D_DeviationAngle); //DGR用

    op_pk_send_delayed(packet_pkptr, NETWORK_TO_MAC_STRM, 0.02*i);

    //printf("time:%lf,myID:%d,nexthopID:%d,seqNum:%d,HopCount:%d\n",op_sim_ti
```

名称	值
(*op_sv_ptr).D_Source	2
(*op_sv_ptr).D_HopCount	1
(*op_sv_ptr).NextHopID	295
(*op_sv_ptr).D_PreviousHop	2

图 4-45　变量的实时监测值

值变成了 295,可(* op_sv_ptr). D_PreviousHop 的值仍为 2,因为 DGR_NextHop 是多路径路由算法,程序中设置路径数(path_number)为 4,刚才发送出第一条路径数据到 18 号节点,现在选择第二条路径的下一跳节点为 295。经过四次循环之后,四条路径的数据被发送出去。

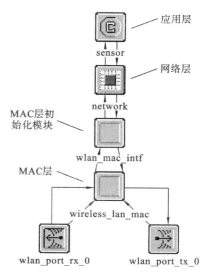

应用层

sensor

网络层

network

MAC层初始化模块

wlan_mac_intf

MAC层

wireless_lan_mac

wlan_port_rx_0   wlan_port_tx_0

图 4-46 进程模型

现在来分析数据包是如何传送的。首先它会被 18 接收到,因为 18 是下一跳邻居节点。现在节点 2 的网络层运行完毕,它就会往下面传送,这时把节点模型打开,如图 4-46 所示,你可以看到里面底层的运作,然后一直往下传。

传到最底层的物理层之后,数据包经过无线发送机发送到 18 号节点,18 号节点通过无线接收机接收到数据,数据包由下往上传输,数据包是由 MAC 层传到网络层之后,在网络层 Idle 判断 18 号节点不是 Sink 节点,所以进入 ChkSeq 状态。

在 VC6 里面找到这个状态的代码部分,如图 4-47 所示。在图中所示部分设置断点。

```
/** state (ChkSeq) enter executives **/
FSM_STATE_ENTER_FORCED (2, "ChkSeq", state2_enter_exec, "wsn_net_geo_routing [C
    FSM_PROFILE_SECTION_IN ("wsn_net_geo_routing [ChkSeq enter execs]", state2_
        {
        /** first check if this is a new data packet              **/
        if(D_SeqNum > last_data_seq)
            {
            last_data_seq = D_SeqNum;
            }

        if(D_NextHop != MyID) //不是发送给我的
            {
            op_sim_end("\r\n Amazing Error: Rcv a packet not destinated to me! \n",
            }

        }
    FSM_PROFILE_SECTION_OUT (state2_enter_exec)

/** state (ChkSeq) exit executives **/
FSM_STATE_EXIT_FORCED (2, "ChkSeq", "wsn_net_geo_routing [ChkSeq exit execs]")

/** state (ChkSeq) transition processing **/
```

名称	值
(*op_sv_ptr).MyID	18
(*op_sv_ptr).D_HopCount	1
(*op_sv_ptr).NextHopID	0
(*op_sv_ptr).D_PreviousHop	2

图 4-47 找到 ChkSeq

这时 MyID 的值变成了 18,说明 18 这个节点接收到了数据包。之后 18 节点再找它的下一跳邻居节点,如此循环直至数据包被传输到 Sink 节点。继续运行中断后,(* op_sv_ptr). D_HopCount 值变为 2,(* op_sv_ptr). MyID 值变为 327,如图 4-48 所示。

说明 18 号节点的下一跳邻居节点是 327。

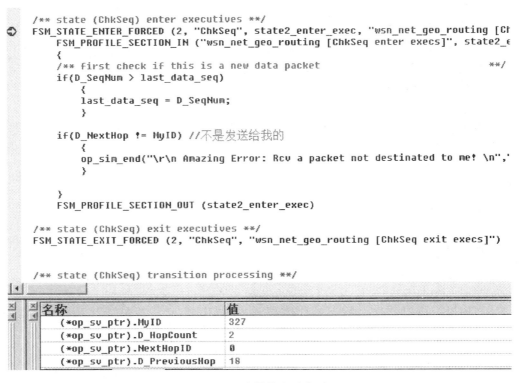

```
    /** state (ChkSeq) enter executives **/
    FSM_STATE_ENTER_FORCED (2, "ChkSeq", state2_enter_exec, "wsn_net_geo_routing [Ch
        FSM_PROFILE_SECTION_IN ("wsn_net_geo_routing [ChkSeq enter execs]", state2_e
        {
        /** first check if this is a new data packet                          **/
        if(D_SeqNum > last_data_seq)
            {
            last_data_seq = D_SeqNum;
            }

        if(D_NextHop != MyID) //不是发送给我的
            {
            op_sim_end("\r\n Amazing Error: Rcv a packet not destinated to me! \n",'
            }

        }
        FSM_PROFILE_SECTION_OUT (state2_enter_exec)

    /** state (ChkSeq) exit executives **/
    FSM_STATE_EXIT_FORCED (2, "ChkSeq", "wsn_net_geo_routing [ChkSeq exit execs]")


    /** state (ChkSeq) transition processing **/
```

名称	值
(*op_sv_ptr).MyID	327
(*op_sv_ptr).D_HopCount	2
(*op_sv_ptr).NextHopID	0
(*op_sv_ptr).D_PreviousHop	18

图 4-48　变量的实时监测

去掉所有断点运行完整程序,程序运行完成之后,界面如图 4-49 所示。

```
C:\OPNET\10.5.A\sys\pc_intel_win32\bin\op_runsim.exe
 Progress: Time (4.3 sec.), Events (500,372)
 Speed: Average (20,650 events/sec.), Current (20,650 events/sec.)
 Time: Elapsed (24 sec.)
|-------------------------------------------------------------------------|


|-------------------------------------------------------------------------|
 Simulation terminated by process (wsn_result_collection) at module (top.Campu
s Network.init.global_init)  :
 T (7.58561), EU (884782), MOD (top.Campus Network.init.global_init), PROC (op
_sim_end)  :
|-------------------------------------------------------------------------|



|-------------------------------------------------------------------------|
System Message: meets lifetime!

|-------------------------------------------------------------------------|


|-------------------------------------------------------------------------|
 Simulation Completed - Collating Results.
 Events: Total (885,589), Average Speed (34,062 events/sec.)
 Time: Elapsed (26 sec.), Simulated (7.6 sec.)
|-------------------------------------------------------------------------|
Press <ENTER> to continue.
```

图 4-49　仿真结束

可以通过动画仿真数据包的传输过程，如图 4-50 所示，如果数据包的传输路径和模型的预想是相同的，则说明仿真是成功的。

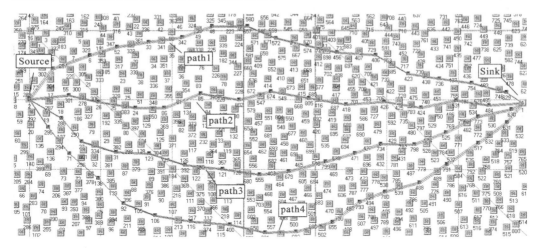

图 4-50　仿真的动画效果

 有益提示……　　　　　如果实际仿真的传输路径与上面的不符，可以检查参数的设置，本次仿真设置的最大传输距离为 60。

4.4.3　实例三：异常情况的调试

4.4.2 小节通过跟踪一个数据包传输的全过程来说明仿真模型的调试过程。在 IoT_simulation 仿真模型建立的初期，只设计了两条路由算法，分别为最短路径路由（GPSR）算法和方向地理路由（DGR）算法，之后为了考虑节点能量的损耗设计了一种基于能量的最短路径路由（GPSR_E）算法，下面结合设计该算法时出现的异常情况来调试分析。

在进程模型中单击 Edit Function Block 按钮，查看 GPSR_E 算法的代码部分，如图 4-51 所示。算法选择下一跳节点的函数为 GPSR_E_NextHop()，在最初的代码部分没有判定条件（NeighborToDestinationDistance ＜ NodeToSinkDistance），此语句的含义是判断邻居节点到目标节点的距离是否小于本节点到目标节点的距离。删除图中框内代码部分再来跟踪数据包的传输过程，看看数据包还能否正常传输。

保存后，单击进程模型窗口中的 图标进行编译，在 OPNET 网络模型中单击 图标运行，在 Object Attributes 中将路由算法选为 GPSR_E，即 scheme_idx 值为 3，如图 4-52 所示。

之后和前面两小节一样进行 OPNET 和 VC6 联合调试，在 VC6 中找到（GPSR_E）算法的代码部分函数 GPSR_E_NextHop()，并在此处设置断点，如图 4-53 所示。按 F10 单步调试，并监视变量 D_PreviousHop、D_NextHop 和 D_HopCount 值的变化情况，再次回到函数 GPSR_E_NextHop() 时，发现 D_PreviousHop＝2，D_NextHop＝18，D_Hop-Count＝1，如图 4-54 所示。

按 F5，继续运行程序，在函数 GPSR_E_NextHop() 处被中断，发现 D_PreviousHop＝

```
69  int GPSR_E_NextHop(double destination_x, double destination_y)
70  {
71      double nodeEnergy,dEMetric;
72
73      FIN (int GeoRoutingNextHop(double destination_x, double destination_y));
74      MinDistance = MAX_VALUE;
75      if (NeighborNumber > 0)
76      {
77          for (k = 0;k< NeighborNumber; k++)
78          {
79              NeighborToDestinationDistance = sqrt(pow((NeighborListX[k] - destination_x),2)
80                  + pow((NeighborListY[k] - destination_y),2));
81
82              sprintf(other_node_name,"%d",NeighborList[k]);
83              other_node_objid = op_id_from_name(op_topo_parent(op_topo_parent(op_id_self()))
84                  ,OPC_OBJTYPE_NODE_MOB,other_node_name);
85              op_ima_obj_attr_get(other_node_objid,"self_energy",&nodeEnergy);
86
87              dEMetric = sqrt(NeighborToDestinationDistance)/nodeEnergy;
88              //求距离最小的邻居
89              if ((NeighborToDestinationDistance<NodeToSinkDistance)&&(dEMetric < MinDistance))
90              //if ((NeighborList[k]!=2)&&(dEMetric < MinDistance)) //求距离最小的邻居
91              {
92                  MinDistance = dEMetric;
93                  NextHopIdx = k;
94              }
95          }
96      }
97      else {
```

图 4-51　GPSR_E 算法的代码部分

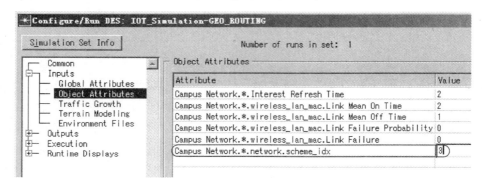

图 4-52　路由算法的设置

```
else if (scheme_idx == 3){
    NextHopID  = GPSR_E_NextHop(GlobalSinkX,GlobalSinkY);
}


op_pk_nfd_set(pkptr, "PreviousHop", MyID);
op_pk_nfd_set(pkptr, "NextHop", NextHopID);
op_pk_nfd_set(pkptr, "HopCount", D_HopCount+1);

//sys_log("send data %d",D_HopCount);

op_pk_send_delayed(pkptr, NETWORK_TO_MAC_STRM, 0);
```

图 4-53　设置断点

18,D_NextHop＝2,D_HopCount＝2,如图 4-55 所示。也就是说,18 号节点将数据重新传回 2 号节点。

按 F5 继续运行程序,在函数 GPSR_E_NextHop()处被中断,发现 D_PreviousHop＝2,D_NextHop＝18,D_HopCount＝3,如图 4-56 所示。

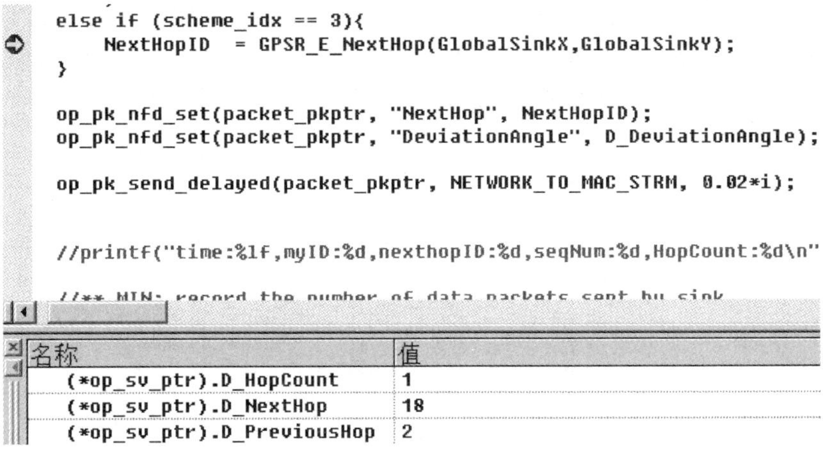

```
else if (scheme_idx == 3){
    NextHopID  = GPSR_E_NextHop(GlobalSinkX,GlobalSinkY);
}

op_pk_nfd_set(packet_pkptr, "NextHop", NextHopID);
op_pk_nfd_set(packet_pkptr, "DeviationAngle", D_DeviationAngle);

op_pk_send_delayed(packet_pkptr, NETWORK_TO_MAC_STRM, 0.02*i);

//printf("time:%lf,myID:%d,nexthopID:%d,seqNum:%d,HopCount:%d\n"

//** MIN: record the number of data packets sent by sink
```

名称	值
(*op_sv_ptr).D_HopCount	1
(*op_sv_ptr).D_NextHop	18
(*op_sv_ptr).D_PreviousHop	2

图 4-54 变量的实时监测一

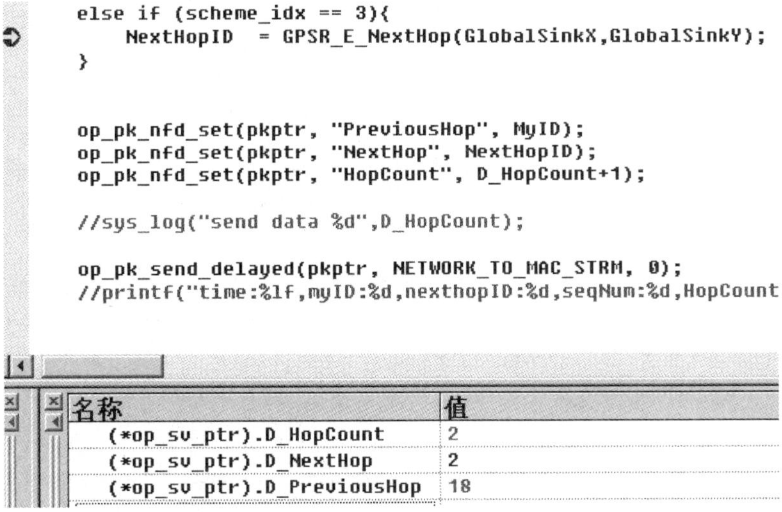

```
else if (scheme_idx == 3){
    NextHopID  = GPSR_E_NextHop(GlobalSinkX,GlobalSinkY);
}

op_pk_nfd_set(pkptr, "PreviousHop", MyID);
op_pk_nfd_set(pkptr, "NextHop", NextHopID);
op_pk_nfd_set(pkptr, "HopCount", D_HopCount+1);

//sys_log("send data %d",D_HopCount);

op_pk_send_delayed(pkptr, NETWORK_TO_MAC_STRM, 0);
//printf("time:%lf,myID:%d,nexthopID:%d,seqNum:%d,HopCount
```

名称	值
(*op_sv_ptr).D_HopCount	2
(*op_sv_ptr).D_NextHop	2
(*op_sv_ptr).D_PreviousHop	18

图 4-55 变量的实时监测二

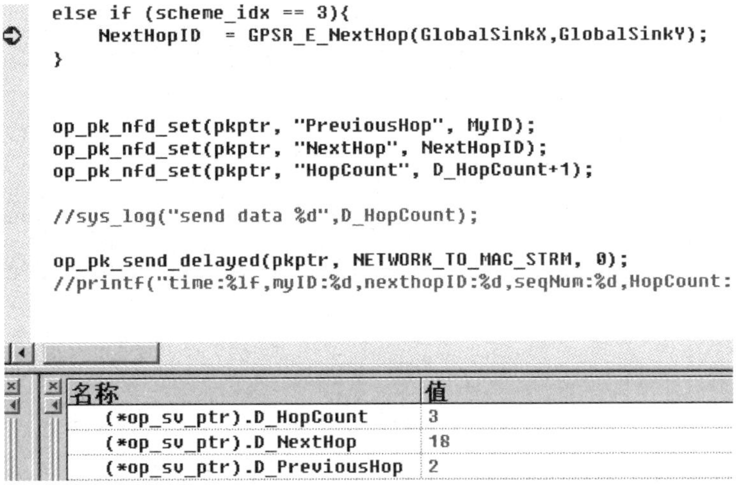

```
else if (scheme_idx == 3){
    NextHopID  = GPSR_E_NextHop(GlobalSinkX,GlobalSinkY);
}

op_pk_nfd_set(pkptr, "PreviousHop", MyID);
op_pk_nfd_set(pkptr, "NextHop", NextHopID);
op_pk_nfd_set(pkptr, "HopCount", D_HopCount+1);

//sys_log("send data %d",D_HopCount);

op_pk_send_delayed(pkptr, NETWORK_TO_MAC_STRM, 0);
//printf("time:%lf,myID:%d,nexthopID:%d,seqNum:%d,HopCount:
```

名称	值
(*op_sv_ptr).D_HopCount	3
(*op_sv_ptr).D_NextHop	18
(*op_sv_ptr).D_PreviousHop	2

图 4-56 变量的实时监测三

重复以上操作,发现数据包一直在源节点 2 与邻居节点 18 之间来回传输,数据包无法向外发到更远的地方。去掉断点运行完程序后,观察数据包传送路径动画图发现相似结果,如图 4-57 所示。数据包一直在源节点 2 与其邻居节点 18、289、177、20、276、251 之间来回传送,而无法传送到更远的地方。

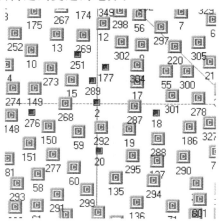

图 4-57　仿真的动画效果

接下来通过对第一跳节点 18 传回源节点 2 的跟踪调试来发现问题。如图 4-58 所示,现在 MyID=18,D_PreviousHop=2,且 D_HopCount=1。

```
/** state (GPSR) enter executives **/
FSM_STATE_ENTER_FORCED (5, "GPSR", state5_enter_exec, "wsn_net_geo_routing [GF
    FSM_PROFILE_SECTION_IN ("wsn_net_geo_routing [GPSR enter execs]", state5_e
    {
    if (scheme_idx == 1)
        {
        NextHopID  = GeoRoutingNextHop(GlobalSinkX,GlobalSinkY);
        }
    else if (scheme_idx == 2)
        {
        NextHopID  = DGR_NextHop(D_DeviationAngle,GlobalSinkX,GlobalSinkY);
        }
    else if (scheme_idx == 3){
        NextHopID  = GPSR_E_NextHop(GlobalSinkX,GlobalSinkY);
    }
```

名称	值
(*op_sv_ptr).D_HopCount	1
(*op_sv_ptr).NextHopID	0
(*op_sv_ptr).D_PreviousHop	2
(*op_sv_ptr).MyID	18

图 4-58　变量的实时监测四

按 F11 进入函数 GPSR_E_NextHop(),并单步运行,此时发现 other_node_name 的值为 2,如图 4-59 所示。

此时 nodeEnergy 与 dEMetric 的值如图 4-60 所示,节点 2 的节点能量相当大,导致距离与能量比值 dEMetric 相当小。

现在通过跟踪调试的变量值分析出错原因,每次源节点 2 将数据包传送给其邻居节点后,它的邻居节点都会将源节点 2 选为其下一跳节点,将数据包传输给源节点 2,这是因为节点选择其下一跳节点的依据是其邻居节点到 Sink 节点的距离与该节点能

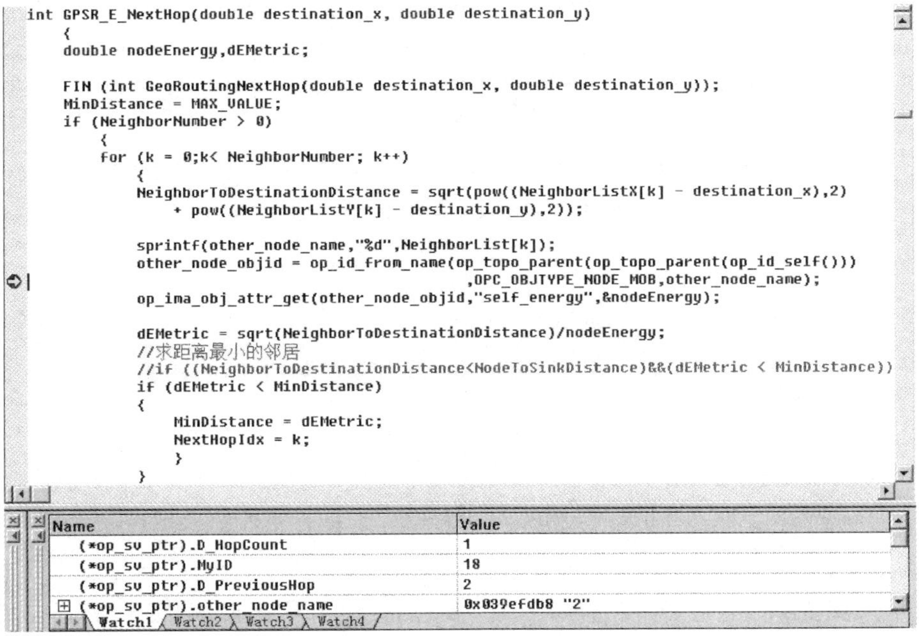

```
int GPSR_E_NextHop(double destination_x, double destination_y)
    {
    double nodeEnergy,dEMetric;

    FIN (int GeoRoutingNextHop(double destination_x, double destination_y));
    MinDistance = MAX_VALUE;
    if (NeighborNumber > 0)
        {
        for (k = 0;k< NeighborNumber; k++)
            {
            NeighborToDestinationDistance = sqrt(pow((NeighborListX[k] - destination_x),2)
                + pow((NeighborListY[k] - destination_y),2));

            sprintf(other_node_name,"%d",NeighborList[k]);
            other_node_objid = op_id_from_name(op_topo_parent(op_topo_parent(op_id_self()))
                                    ,OPC_OBJTYPE_NODE_MOB,other_node_name);
            op_ima_obj_attr_get(other_node_objid,"self_energy",&nodeEnergy);

            dEMetric = sqrt(NeighborToDestinationDistance)/nodeEnergy;
            //求距离最小的邻居
            //if ((NeighborToDestinationDistance<NodeToSinkDistance)&&(dEMetric < MinDistance))
            if (dEMetric < MinDistance)
            {
                MinDistance = dEMetric;
                NextHopIdx = k;
                }
            }
```

Name	Value
(*op_sv_ptr).D_HopCount	1
(*op_sv_ptr).MyID	18
(*op_sv_ptr).D_PreviousHop	2
⊞ (*op_sv_ptr).other_node_name	0x039efdb8 "2"

Watch1 / Watch2 / Watch3 / Watch4

图 4-59　变量的实时监测五

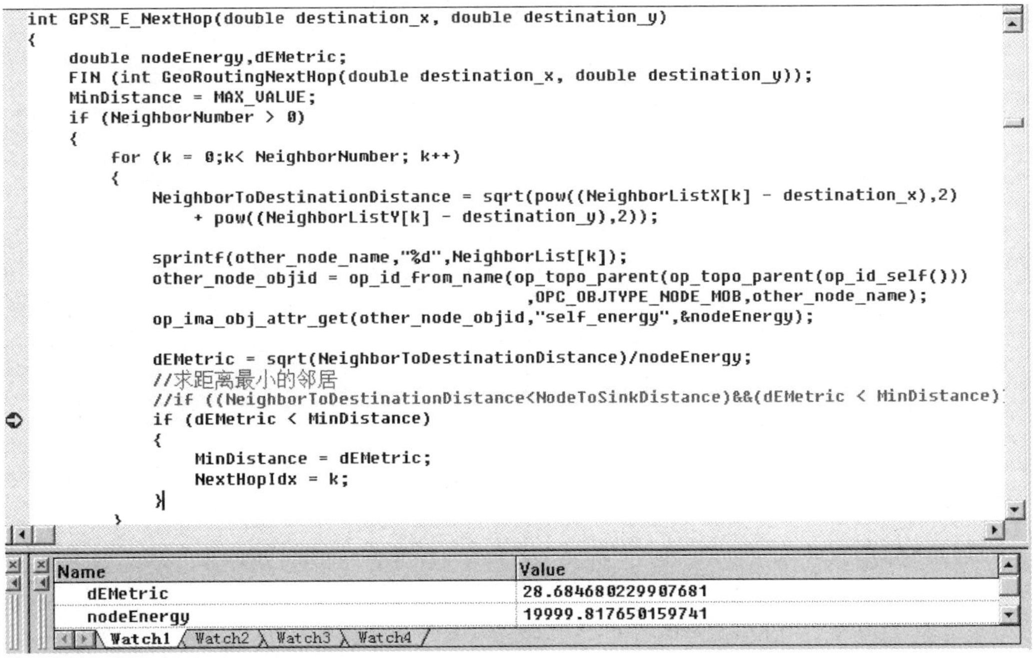

```
int GPSR_E_NextHop(double destination_x, double destination_y)
{
    double nodeEnergy,dEMetric;
    FIN (int GeoRoutingNextHop(double destination_x, double destination_y));
    MinDistance = MAX_VALUE;
    if (NeighborNumber > 0)
    {
        for (k = 0;k< NeighborNumber; k++)
        {
            NeighborToDestinationDistance = sqrt(pow((NeighborListX[k] - destination_x),2)
                + pow((NeighborListY[k] - destination_y),2));

            sprintf(other_node_name,"%d",NeighborList[k]);
            other_node_objid = op_id_from_name(op_topo_parent(op_topo_parent(op_id_self()))
                                    ,OPC_OBJTYPE_NODE_MOB,other_node_name);
            op_ima_obj_attr_get(other_node_objid,"self_energy",&nodeEnergy);

            dEMetric = sqrt(NeighborToDestinationDistance)/nodeEnergy;
            //求距离最小的邻居
            //if ((NeighborToDestinationDistance<NodeToSinkDistance)&&(dEMetric < MinDistance)
            if (dEMetric < MinDistance)
            {
                MinDistance = dEMetric;
                NextHopIdx = k;
            }
        }
```

Name	Value
dEMetric	28.684680229907681
nodeEnergy	19999.817650159741

Watch1 / Watch2 / Watch3 / Watch4

图 4-60　变量的实时监测六

量的比值 dEMetric，这个值最小的节点被选为邻居节点，由于节点 2 是源节点，它的能量初始值远远大于普通节点的能量，2 号节点的 dEMetric 值远远小于其他节点的 dEMetric值，所以其邻居节点将源节点选择为邻居节点。导致数据包在 2 号节点和其邻居指点之间重复传输。为解决该问题，在判定条件中添加代码 NeighborToDestinationDistance＜NodeToSinkDistance，如图 4-51 所示，这段代码的作用是比较邻居节点到 Sink 的距离与该节点到 Sink 节点距离的大小，如果邻居节点到 Sink 节点的距离大于该节点到 Sink 节点的距离，则一定不会选这个邻居节点为下一跳节点，保证了数据包会向着 Sink 节点的方向发送，而不会重新发送到源节点 2。

修改之后运行仿真模型，发现数据包的传送路径恢复正常，动画效果如图 4-61 所示。可发现 Source 节点发出的数据包不再通过单路传输，而是综合了节点剩余能量，选择了不同的路径发送。

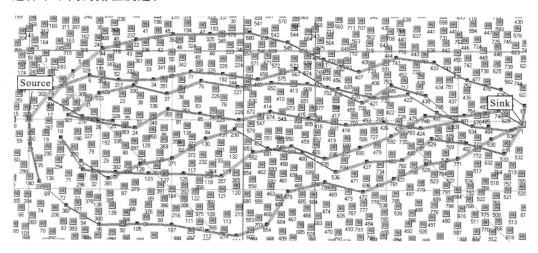

图 4-61   仿真的动画效果

5

OPNET 网络层仿真

网络层是物联网通信中最重要的一层,它的核心功能是数据的转发和路由。路由算法是研究网络层的热点,本章首先介绍两种最经典的路由算法:地理路由和定向扩散路由,及其仿真,接下来介绍了 ZigBee 协议仿真。

5.1 地理路由

5.1.1 地理路由概述

无线传感器网络中,网络层的主要功能是路由,它为源节点找到一条通向目标节点的传输路径,接着数据分组从源节点以多跳的方式传送到目标节点。研究人员已经提出多种路由协议,比较典型的路由协议包括 flooding、gossiping、SPIN、directed diffusion、rumor、LEACH 以及从 Ad hoc 网继承过来并改进的 DSDV、AODV、DSR 等协议。这些路由协议大多是通过路由探测包获得网络节点间的连接关系和链路特性,从而确定路由并存储路由表。基于链路状态建立的端到端的路由会因路由中若干节点的失效、移动而经常中断,路由维护的代价较大。层次化路由策略是局部的先应式路由与全局的反应式路由的结合,以期达到提高数据传输效率和网络可扩展性的目的。层次化路由仍然需要维护正在使用的端到端的路由信息,对动态变化网络的适应能力也很有限。

基于地理位置信息的路由协议(后面简称为地理路由)能够很好地解决上述问题。地理路由的应用与定位技术密不可分,随着定位技术的发展,节点可以方便地获得自身、邻居节点以及目标节点的地理位置信息。节点利用这些位置信息,可以避免路由探测包的盲目泛洪,从而进行有效的路由发现和路由维护,甚至可以基于无状态的分布式的非端到端的数据转发。以贪婪路由算法为例,它在整个数据传输中不需要建立端到端的基于全局链路状态的路由,不需要存储路由信息表,也不需要发送路由更新信息,只要求网络中每个节点准确地存储周围邻居节点的状态信息,可节省能量的消耗,降低节点的内存、计算能力要求;同时能够提供很好的数据传输保障,具有良好的网络可扩展性和鲁棒性。

1. 位置服务

地理路由必须事先得到足够的位置信息才能够正常工作,包括如下三种位置信息:

① 节点自身的地理位置信息;② 节点的所有一跳邻居节点地理位置信息;③ 目标节点的地理位置信息。通常可以借助现有的全球定位系统(GPS)及各种定位算法获得节点自身的地理位置信息;通过节点间的信息交换,可获得所有一跳邻居节点的地理位置信息;目标节点的地理位置信息的获取是地理路由协议难点,当目标节点静止时,可以通过目标节点的一次性泛洪广播来通告所有节点;当目标节点运动时,需要通过位置服务获取目标节点的地理位置信息。

下面以两种典型的位置服务算法为例介绍位置服务。在 DREAM 算法中,每个移动节点都要维护一个位置信息的数据库,记录网络中各移动节点的位置信息。每个节点周期性地接收来自其他移动节点的 hello 报文,更新自己的位置信息数据库。DREAM 的定位性和鲁棒性最强,但扩展性差,不适用于大规模的无线传感器网络。另一种比较常见的算法是 GLS,它是一种新的跟踪移动节点位置的分布式位置服务,具有很强的可扩展性。通过与地理转发的结合,GLS 可以很好地扩展到大规模的无线传感器网络。每个节点周期性地向小部分节点(它的 server)发送更新包,报告其当前位置。由于 GLS 采用分布式位置服务器,并不指定特定的节点作为服务器,某一节点出错对整个网络的影响不大。

2. 地理路由的分类

根据节点在发送数据前是否需要建立路由,可以将地理路由协议分为位置辅助路由协议和基于位置信息的路由协议两类。其中,基于位置信息的路由协议又可以分为定向区域泛洪和贪婪路由算法。下面分别介绍这两种路由协议。

1) 位置辅助路由协议

位置辅助路由算法与从 Ad hoc 网继承过来的改进算法(如 DSDV、AODV 和 DSR)的区别在于,发送的路由请求分组不用进行全面泛洪,而是借助地理位置信息进行有限的区域性泛洪,增强路由发现的目标性,减少大量无用分组的传递,它是基于路由请求分组全网泛洪协议的改进。下面介绍位置辅助路由的典型算法 LAR(location-aided routing)。该算法中,源节点 S 通过位置服务获得目标节点 D 在 t_0 时刻的位置 $L:(X_d,Y_d)$ 和平均移动速度 V,于是可以估计出 t_1 时刻 D 出现的区域。该区域是一个以点 (X_d,Y_d) 为中心,以 $r=v(t_1-t_0)$ 为半径的圆,将其称为期望域。根据期望域可以限制在一定的区域内进行路由搜索,将此区域称为寻找域。只有在寻找域内的节点才转发路由请求分组,减少了路由寻找的开销。如果在规定时间内没有找到合适的路径,源节点扩大寻找域重新发送路由请求分组。随着寻找域的扩大,路由发现的可能性相应增加,当寻找域扩大到全网范围就成了一般的泛洪算法。寻找域的限定是该算法的关键,如果寻找域过小将降低路由发现成功的概率,出现无法建立路由的情况;寻找域过大将会带来多余的控制开销。

此类路由协议虽然减少了路由请求分组转发的节点数目,但仍然是基于链路状态建立的端到端路由,对于网络拓扑动态性变化快的网络不太适用。

2) 基于位置信息的路由协议

基于位置信息的路由协议中,节点在发送数据前不需要寻找路由、不需要保存路由表,节点直接根据自己、邻居节点和目标节点的位置信息来确定数据转发策略。贪婪路由和定向泛洪路由是两种最典型的路由算法,在这两种路由协议中,源节点将数据分组传送给一个(贪婪路由)或多个(定向区域泛洪)距离目标节点更近的邻居节点。还有另外一种基于分层网络结构下的分层路由算法,在网络中按照不同的网络层次采用不同的路由协议,在不同的层次进行路由时可能需要位置服务的支持。下面介绍这三种基于位置信息的路由协议。

(1) 贪婪路由算法。

该类算法只需要本节点、所有邻居节点及目标节点的地理位置信息,仅存储少量信息即可进行路由选择的算法。路由的选择以到达目标节点的距离为依据,源节点将数据传给距离目标节点更近的邻居节点,中间节点继续选择距离目标节点更近的节点为下一跳节点,依此类推,直至数据传送到目标节点。对于中间节点 S,通常会有多个邻居节点距离目标节点更近。这些离目标节点更近的邻居节点集合称为 N(S)。基于不同的度量标准在 N(S) 中选择下一跳节点,所得到的贪婪算法具有不同的性能。

常见的下一跳节点选择策略有以下四种。

① 从 N(S) 中选择距离目标节点 D 最近的节点,从而可使到达目标节点的跳数最少,减少数据在节点中因排队、处理带来的延时。如果信号能量足够大,节点一跳传输范围的半径将越大。但是半径越大,节点相互干扰的可能性越大,同时也带来了较大的能量消耗。由于所选择节点处于通信的边缘,它的移动极易造成路由的中断。

② 节点 S 从 N(S) 中选择距离自己最近的邻居节点作为下一跳节点,从而降低了节点间相互干扰的可能性。这种算法存在的缺点就是常常出现距离中间节点 S 非常近的节点被选中,增加了到目标节点的跳数。它虽然减少了通信能量消耗,但是大大增加了通信的跳数。

③ 从 N(S) 中选择节点 F,使得 ∠FSD 最小,从而缩小数据分组传送的范围。但该选择策略会出现环路由。

④ randomized compass 路由算法,该算法将中间节点与目标节点的连线分为两侧区域,随机地从 N(S) 中选取一侧区域中角度最小的节点作为下一跳节点,该算法具有无环路的特点。

贪婪路由算法的优点:无须维护全局网络的链路状态信息,每个节点只需要知道周围邻居节点的位置信息;每一次转发都是局部决策,可以进行无状态的完全分布式的非端到端的数据转发;不需要存储路由信息表,也不需要发送路由更新信息,只要求准确地存储周围邻居节点的状态信息即可,不但节省了能量的消耗,同时也降低了节点的内存、处理要求;提供很好的数据传输保证,具有良好的网络可扩展和鲁棒性。

贪婪路由算法的缺点:在地理环境因素的影响和网络节点密度低的情况下,会出现节点找不到距离目标节点更近的邻居节点来作为下一跳节点的现象,这种情况称为局部最优化问题,也称为通信空洞。目前的下一跳选择策略所选择的节点不一定满足数据传输的 QoS 要求,同时能量的消耗也不平衡。改进方法是在基于地理贪婪的背景下,通过概率转发、随机选取、竞争转发等方法选择下一跳节点,均衡传输业务,避免拥塞的发生和能量消耗不平衡的现象。通过状态最佳门限过滤,优先选择延时低、传输速率高、能量状态好的节点作为下一跳节点,保证数据分组所经历的路径具有一定的可靠性和实时性。

(2) 定向区域泛洪。

在定向区域泛洪路由协议中,节点将向目标节点方向的所有邻居节点转发数据分组。该算法具有很好的鲁棒性,但是它将加重网络负载。DREAM 是一种典型的定向区域泛洪路由协议。协议中源节点和每个中间节点分别计算自己到目标节点的路径。基于目标节点的移动信息可以确定期望域(方法与 LAR 相同)。由期望域就可以确定一个夹角范围,称为转发域。中间节点将数据分组转发给转发域的所有一跳邻居节点,直到数据分组成功递交给目标节点。转发域的确定是该算法的关键。

DREAM 算法能保证无环路由,具有较好的鲁棒性。每次数据分组转发都是发送给目标节点方向的多个节点,类似于提供了到目标节点的多条路径,某条链路分组的丢弃不会影响到其他链路上的分组。相对于位置辅助路由算法,DREAM 算法控制分组中只有位置更新分组和 ACK 分组,携带信息少,并且位置更新分组发布的周期依据节点的移动速度确定,控制分组的数目和传播范围均得到了进一步优化。但是,虽然限制了到目标节点的泛洪范围,在节点数目多、数据量大的网络中,数据分组在转发区域内进行泛洪,将会消耗大量的能量。

(3) 分层路由协议。

分层路由可以减少网络中节点处理事件的复杂度,其扩展性好,适合大规模网络。典型的基于位置信息的分层路由算法有终端路由算法和网格路由算法,这两种算法都是基于两层路由。其中一层采用基于位置信息的路由协议。

首先介绍终端路由算法,该算法结合了 TLR(terminode local routing)和 TRR(terminode remote routing)两种路由算法。TLR 使用距离矢量信息确定路由并转发数据分组,但是分组转发的范围(跳数)有限,其上限称为本地半径。距离节点 S 的跳数不大于本地半径的所有节点都是 S 的 TLR 可达节点。对于 TLR 算法不可到达的节点,采用 TRR 算法转发数据分组。TRR 类似于源路由协议,源节点给出一个到目标节点的路由估计。它由一系列的 anchor 来标识,在源节点发送的每一个数据分组的包头中携带一个 anchor 列表。数据分组将沿着 anchor 标识的路径传输。通过结合 TRR 和 TLR 可避免路由环路。该协议的分组递交成功率和路由开销均比 DSR 协议有所改进。每个节点在转发数据分组时仅依靠本节点或其他少数节点的信息,因此该协议可扩展性好。

在网格路由中,网络的覆盖区域被划分为小的方形区域,每个区域称为一个网格。每个网格中选择一个节点作为该网格所有节点的群首(leader),负责转发数据分组。在每个网格中,节点运行群首选择协议来维护该网格的群首。以往的路由协议都是逐跳查找路由,网格协议采用逐网格查找路由的方式。它采用类似于 LAR 的寻找域来缩小路由搜索范围进行路由寻找。仅有网格的群首才能转发路由请求分组。转发数据分组不使用节点 ID 标识节点,而是采用网格 ID。网格群首的选择是动态的,当原先的群首离开该网格时,就会选出新的群首,以此来维护路由。与 DSR、AODV、LAR 等协议所确定的路由中有一个节点失效或移动而导致整个路由中断的情况不同,一个网格中其他节点可以作为后备节点。只要网格中有节点,经历该网格的路由就不会因单个节点的失效和移动而中断。该算法增加了路由生存时间,使得路由对节点的移动不太敏感,降低了路由维护的控制开销。

5.1.2 贪婪路由算法

在贪婪路由算法中,最经典的是贪婪周边无状态路由算法(greedy perimeter stateless routing,GPSR)。本节以 GPSR 为例介绍贪婪路由算法。

1. GPSR 路由算法

GPSR 基于地理位置信息使用贪婪算法建立路由,当源节点 S 向目标节点 D 转发数据分组时,它首先在自己所有的邻居节点中选择一个距离 D 最近的节点作为数据分组的下一跳,然后将数据分组传送给它。该过程一直重复,直到数据分组到达目的节点 D 或者某个最佳主机。在发生最佳主机问题的时候,数据分组采用边界转发的策略来实现路由。GPSR 算法包括贪婪转发和边缘转发两种转发数据包方法,任何情况下优先使用贪婪转发,只有在贪婪转发不可用的区域才使用边缘转发。下面详细介绍这两种数据包转发方法。

1)贪婪转发

在 GPSR 算法中,数据包由源节点标记要发送数据包的目标节点,每一个中间的转发节点都知道它的邻居节点的位置,转发节点在选择数据包的下一跳节点时使用贪婪转发策略,即选择地理位置最接近目标节点的节点作为下一跳节点,依此类推,每一次转发都会更加接近目标节点,直至到达目标节点。图 5-1 中给出了贪婪转发选取下一跳节点的示例,当节点 x 接收到一个目标节点为 D 的数据包,图中虚线的圆表示节点 x 的覆盖范围,虚线的弧线是以 y 和 D 之间距离为半径的圆弧,从图中可以看出节点 y 是 x 覆盖范围内最接近 D 的,所以 y 是 x 所选择的下一跳节

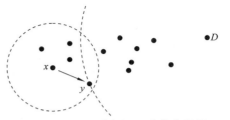

图 5-1　GPSR 选择下一跳节点示例

点,依次执行这样的贪婪转发,直至数据包被送达目标节点 D。

节点的邻居节点位置的确定是另一个必须解决的问题,在 GPSR 中使用一个简单的信标算法来确定节点周边的邻居节点位置,具体过程如下:每个节点周期性的以广播方式传送一个信标,信标中包括节点自身的位置信息,位置信息被编码成两个 4 字节的浮点数值,用于标记节点的 x 坐标和 y 坐标。为了避免邻居节点发送的信标产生冲突,用 B 表示信标间的时间间隔,节点发送信标的时间统一分布在 $[0.5B, 1.5B]$ 之间。

节点并不是永久保留邻居节点的位置信息,设节点保留位置信息的最长时间为 T,节点在超过 T 时间间隔后,仍然没有收到邻居节点发送的信标,节点就认为邻居节点失效或超出覆盖范围,将这个邻居节点的位置信息删除。

贪婪转发的最大优点是仅依赖转发节点的一跳邻居节点(也成为直接邻居节点)。节点需要保持的状态信息非常少,仅需要保持其邻居节点的位置信息,在多跳路由有效的网络中,节点的无线覆盖范围内邻居节点的数目比网络总节点数小很多,所以每个节点所保持的状态信息几乎可以忽略不计。

另外一个需要考虑的问题是邻居节点的移动性。由于邻居节点的移动,邻居节点的位置信息在信标间会相应地发生变化。邻居节点的精度也会发生变化。原有的邻居节点会离开,新的邻节点可能会进入覆盖范围。由于存在上述情况,如何选取信标间隔来保持当前的邻居节点表,取决于网络中节点移动性和节点的覆盖范围。这里有一个保证路由工作的最低要求,即必须保持路由节点周围一跳范围的拓扑结构,只有这样才能做出有用的转发决策。

GPSR 的这种信标机制额外产生了主动路由协议流量,为了减少信标所带来流量开销,在节点转发的数据包上添加转发节点自己位置,并且所有节点的网络接口被设置

为混杂模式,这样可以保证当前转发节点覆盖范围内的其他所有节点都可以接收到转发包的一个拷贝。这种机制以较小的开销(每个包 12 B)允许让所有的包成为信标(也就是扮演了信标的功能,可以向其他节点传递位置信息)。当任一节点转发一个数据包时,可以重新设置它的信标间隔计时器。这种优化减少了网络中正在转发数据包区域内的信标流量。

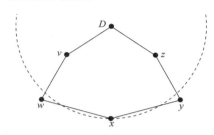

图 5-2　GPSR 贪婪转发失效的情况

只使用一跳邻居节点的位置信息进行贪婪转发,存在着固有的缺点:考虑一种特殊的拓扑结构,到目标节点仅有的一条路径需要数据包在几何上暂时远离目的节点。具体的含义通过图 5-2 中给出的拓扑结构来说明。图中 x 要发送的数据包的目标节点是 D,节点 x 到 D 的距离比邻居节点 w 和 y 到 D 的距离更近。图中的虚线的弧线是以 x 到 D 的距离为半径的圆弧。尽管到目标节点 D 存在两条路径:$(x \rightarrow y \rightarrow z \rightarrow D)$ 和 $(x \rightarrow w \rightarrow v \rightarrow D)$。当 x 使用贪婪转发时,x 在其覆盖范围内找不到一个离 D 更近的节点作为下一跳,x 不会将数据包给 w 或 y。因为 x 是最接近目的节点 D 的节点。这就是贪婪算法失效的情况,此时必须用到其他机制来进行数据包的转发。

2)右手法则与边缘转发

在图 5-2 中,节点 x 的覆盖范围与 D 周围以 x 和 D 之间的距离为半径的圆的交叉区域中没有邻居节点的,如图 5-3 中的灰色区域。站在 x 的角将这片没有满足贪婪转发节点的阴影区域称为空洞。GPSR 中采用右手法则解决这种情况下的数据转发问题。右手法则如图 5-4 所示,它规定从节点 y 到节点 x 后,下一条要遍历的边是从边 (x, y) 到节点 x 逆时针方向的相继的边。右手法则遍历一个密闭的多边形区域(平面)内部使用顺时针的边顺序。这种情况下,由节点 x、y、z 组成的三角形顺序为 $(y \rightarrow x \rightarrow z \rightarrow y)$。该法则遍历外部区域时,相同三角形的外部区域以逆时针边顺序遍历。

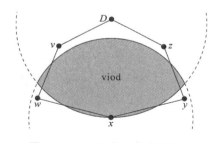

图 5-3　GPSR 中 x 节点的空洞

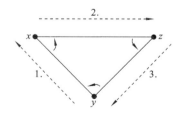

图 5-4　右手法则

使用右手法则解决图 5-3 中的空洞问题,根据右手法则以 $(x \rightarrow w \rightarrow v \rightarrow D \rightarrow z \rightarrow y \rightarrow x)$ 为序意味着遍历了图中标记的空洞区域,到达比 x 更接近目标节点的节点(包括目的节点 D 本身)。将这种利用右手法则定义的边遍历顺序进行数据包转发的策略称为边缘转发。

2. GPSR 仿真模型

由于第 3 章以 GPSR 为示例介绍传感器网络仿真模型,本节不再赘述,仅介绍仿真模型中有关 GPSR 的核心内容。

由于 GPSR 中要求每个节点都能够获得自身无线覆盖范围内的邻居节点列表,要实现此功能节点必须借助位置服务。而位置服务超出了路由算法研究的范畴,因此,在仿真模型中采取变通的方法实现位置服务的功能。具体做法是:由于仿真场景中的每个传感器节点的坐标位置和节点的无线覆盖范围都已知,利用这些信息即可计算出每个节点的所有一跳邻居节点。在仿真开始时利用函数 SETNIT 完成上述计算任务(在节点的网络层进程的 GEO 状态的入口代码中),可以在节点模型的网络层进程找到 SETNIT 函数的定义。

由于仿真模型支持多种路由算法,所以在运行仿真时需要指定仿真采用的路由算法,模型中使用全局属性 scheme_idx 设置(设置方法请参考第 3 章内容)。在程序中读取 scheme_idx 属性的值(在节点的网络层进程的 GPSR 状态的入口代码中),然后调用对应的路由算法函数。如第 3 章所述,scheme_idx 的值为 1 时调用 GPSR 路由算法函数 GEORoutingNextHop()。

3. 基于角度仿真模型

GPSR 是一种基于距离的路由选择算法,除此之外,还有另一种基于角度的路由算法。本小节首先介绍基于角度的贪婪路由策略,然后在第 3 章的仿真模型的基础上添加新的路由算法,并与 GPSR 进行对比。

1) 基于角度的路由

地理路由方案通常有两类,分别是基于距离和基于角度的。GPSR 是典型的基于距离的路由,它选择距离节点 Sink 最近的邻居节点作为下一跳,如图 5-5 中节点 h 选择距离节点 Sink 最近的邻居节点 i 作为下一跳。而在基于角度的路由方案中,则选择与 h 和 Sink 所在直线的角度最小的邻居节点作为下一跳,即图 5-5 中的节点 j。与基于距离的路由方案相比,基于角度的方案倾向于获取更短的源节点与目标节点之间的直线距离(即欧几里得距离),这种路由方案可能需要更多的跳数。

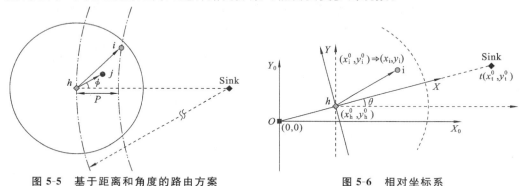

图 5-5　基于距离和角度的路由方案　　　　图 5-6　相对坐标系

2) 选择下一跳节点的代码实现

在第 3 章的基本模型中,实现了 GPSR 这种基于距离的路由方案,下面在基本模型基础上添加一种基于角度的路由方案,将其命名为 GPSR-A。

在图 5-6 所示的相对坐标系中,X_0、Y_0 为绝对坐标系,O 为绝对坐标系的原点,h 为需要寻找下一跳的节点,i 为下一跳的候选节点。

以 h 为原点,h 与 Sink 之间连线为 X 轴的坐标系被称为相对坐标系。h 的绝对坐标信息 (x_h^0, y_h^0) 可通过广播形式告之一跳范围内的各邻居节点,那么再根据 i 自身的绝对坐标 (x_i^0, y_i^0) 以及 Sink 的绝对坐标 (x_t^0, y_t^0),则可以计算出 i 在相对坐标系中的坐标

(x_i, y_i)，如下面公式所示。

$$\begin{cases} x_i = \cos\theta \cdot (x_i^0 - x_h^0) + \sin\theta \cdot (y_i^0 - y_h^0) \\ y_i = \cos\theta \cdot (y_i^0 - y_h^0) - \sin\theta \cdot (x_i^0 - x_h^0) \end{cases}$$

$$\theta = \arctan\left(\frac{y_t^0 - y_h^0}{x_t^0 - x_h^0}\right)$$

根据公式求出 y_i 之后，y_i 越小，则角度越小。选择下一跳的函数代码如下。

```
int GPSRANextHop(double destination_x, double destination_y)
{
  double theta;
  double xi,yi;
  FIN (int GPSRANextHop (double destination_x, double destination_y));
  /* 求 θ */
  theta=atan2((destination_y-my_y_pos),(destination_x-my_x_pos));
  MinDistance=MaxTxRange;/* 假设初值为最大传输半径 */
  if (NeighborNumber>0){
      for (k=0;k<NeighborNumber; k++){
          yi=cos(theta) * (NeighborListY[k]−my_y_pos)
          −sin(theta) * (NeighborListX[k]−my_x_pos);
          Xi=cos(theta) * (NeighborListX[k]−my_x_pos)
          +sin(theta) * (NeighborListY[k]−my_y_pos);
          yi=abs(yi);
          if (yi<MinDistance && xi>0) { /* 找出最小的纵坐标 */
              MinDistance=yi;
              NextHopIdx=k;
          }
      }
  }else { /* 没有邻居节点,退出仿真 */
      op_sim_end("\r\n Amazing Error: No Neighbor! \n","","","");
  }
  FRET(NeighborList[NextHopIdx]);
}
```

3）设置仿真模型

在发送和转发状态添加该路由方案，参考第 3 章介绍的基本模型，假设该路由方案为 3，在 NotifyAppSendData 和 GPSR 状态添加代码 scheme_idx=3 的选项，粗体为新添加的代码。

```
if (scheme_idx==1){
    NextHopID=GeoRoutingNextHop(GlobalSinkX,GlobalSinkY);
}else if (scheme_idx==2){
    NextHopID=DGR_NextHop(D_DeviationAngle,GlobalSinkX,GlobalSinkY);
}else if (scheme_idx==3){ /* 基于角度的路由方案 */
    NextHopID=GPSRANextHop(GlobalSinkX,GlobalSinkY);
}
```

下面测试新添加的路由方案，设置 scheme_idx 仿真属性值为 3，运行仿真。运行仿真动画，可以看到从源到目标的路径的是一条比较直的路径，如图 5-7 所示。

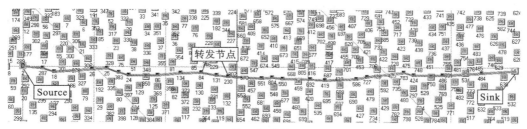

图 5-7 基于角度的路由方案

5.2 移动多媒体地理位置路由

多媒体传感器网络(mobile multimedia sensor network,MMSN)是一种结合了无线传感器网络、嵌入式多媒体系统和节点移动性等多种技术的一种移动多媒体系统。本节介绍 MMSN 中的移动多媒体地理位置路由,通过 OPNET 仿真验证 MGR 在MMSN 中节省能量和 QoS 方面的性能。

5.2.1 多媒体传感器网络概述

MMSN 中的传感器节点具有移动性和多媒体功能,这些传感器能够被其他系统收集的环境信息控制,以提供交互式多媒体服务。由于 MMSN 需要承载多媒体业务,所以传统的路由方案不能满足其需求。移动多媒体地理位置路由(mobile multimedia geographic routing,MGR)方案能够最小化能量消耗并且满足 MMSN 中特殊应用对平均端到端延迟的限制,因此可以应用在 MMSN 中。

为了方便描述,表 5-1 给出了本节中可能用到的符号及其具体含义。

表 5-1 本节使用的符号

符 号	定 义
S	源节点
T	接收端节点
H	当前节点
D_s^t	从源节点到接收端节点的距离
$D_{h \to t}$	从当前节点到接收端节点的距离
T_{hop}	在每个传感器节点上的平均每跳延时
T_{QoS}	应用特殊的端到端延时目标
$T_{h \to t}$	根据 T_{QoS} 的要求,余下的从当前节点到接收节点必须被保证的数据传输时间
$t_{s \to h}$	数据包传输到当前节点经历的延时
$H_{h \to t}$	根据 T_{QoS} 的要求,从当前节点到接收节点被期望的跳数
D_{hop}	MGR 中下一跳选择期望的跳数距离
E_{hop}	一跳数据传输的能量消耗
E_{ete}	一次成功的数据传输的端到端能量消耗

下面介绍 MMSN 的典型架构,由于 MMSN 中节点具有移动性,一些多媒体传感器节点能够移动到各种危险的地点收集全面的信息,如图像和视频流。在延长网络生命期的同时,为了在低带宽、不可靠的传感器网络中提供传输延时方面的 QoS 保证,以前的方案是通过利用多个不相交节点组成的路径实现负载均衡、降低路径干扰、增大带宽聚合和快速的包传输等技术来解决。但是,这些研究针对的是静态 WSNs 中的多媒体传输,而 MMSN 具有如下的特点。

(1) 传统的 WSNs 具有收集标量数据(如温度、湿度、气压等)的内在特点,它很难详细描述复杂事件和现象。MMSN 中的多媒体传感器可以提供更全面的信息,如图片、文本消息、音频和视频。

(2) 移动性融合进多媒体传感器节点提升了网络性能。例如:定位移动节点到最优位置提供快速的多媒体服务;接近目标利用高分辨率图像或视频流增强事件描述;传感器节点在更大区域传播多媒体流;各种在传统移动传感器网络中的优势(如负载均衡、能量效率、改善数据收集的公平性和覆盖范围最优化等)。

(3) 虽然多媒体传感器节点提供了这些优点,但是网络拓扑变得动态化,这给数据通信和数据管理带来了困难。

图 5-8 给出了 MMSN 的一个示例架构,当一个移动多媒体传感器节点(mobile multimedia sensor node,MMN)在 MMSN 中移动时,它周期性的在一个新的位置发送一个多媒体流。如果采用地理位置路由方案,对于每一个多媒体流 MMN 设置一个单独到接收节点的路径。随着时间的推移,当 MMN 沿着某一个轨迹移动时将建立一系列的路径。如图 5-8 所示,被构造的到达接收节点的路径序列可能是:Path-A,Path-B,Path-C,Path-D,Path-E。

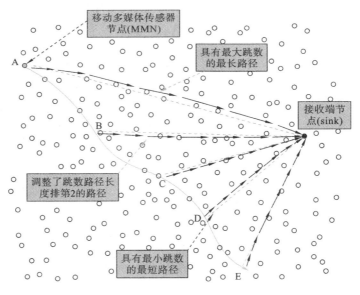

图 5-8　简单的多媒体传感器网络示例架构

5.2.2　移动多媒体地理位置路由

由于在 MMSN 中需要支持多媒体服务,所以需要考虑延迟和能量消耗两方面的性能。在 MMSN 中优先考虑延时保障的 QoS,其次是最小化能量消耗以延长传感器网络的寿命。因此,在设计移动多媒体路由(MGR)方案时需要在能量消耗和延时中进行权衡。

1. 延时与能量消耗的权衡

首先分析两个邻居节点间的延时,它是排队延时、处理延时、传播延时和传输延时的总和,具体含义如下。

(1)排队延时:为了简化问题,假定网络具有稳定的数据包速率。每一跳的排队延时认为是一个常量,表示为 T_q。

(2)处理延时:假定每个节点处理和转发一个固定长度的数据包具有类似的延时,将处理延时表示为 T_p。

(3)传播延时:与其他延时相比可以忽略传播延时。

(4)传输延时:假定每对源-接收端之间传输的数据包大小不变。每对中间传感器节点之间的传输延时(表示为 T_{tx})保持恒定。

可以认为每一对中间节点间具有相似的延时,用等式 $T_{top} = T_q + T_p + T_{tx}$ 估算。那么,从当前节点到接收端节点的延时就与这两个节点间的跳数成比例。所以,从源节点传输一个数据包到接收端节点的端到端能量消耗,与传输中经过的跳数成比例。将一跳传输所需的基本的能量模型表示如下。

$$E_{hop} = C \cdot D_{hop}^{\alpha}$$

式中:C 为一个常量;D_{hop} 表示传输距离;α 为依赖于环境的路径损耗指数,假定在自由空间传播时它的典型值等于 2。

接下来,分析端到端的能量消耗。如果给定一个固定大小的数据包和一个固定的传播距离,可以认为每个传感器在转发数据包时将消耗相同的能量。为了简化问题,设置 C 的值为 1,α 的值为 2,则能量模型变为 $E_{hop} = D_{hop}^2$。用 $H_{s \to t}$ 表示从源节点到接收端节点的跳数,那么端到端能量消耗的模型可以用下面的公式估算。

$$E_{ete} = \sum_{i=1}^{H_{s \to t}} E_{hop}(i) = E_{hop} \cdot H_{s \to t} = D_{hop}^2 \cdot H_{s \to t}$$

可以发现,D_{hop} 的值呈线性增长,一些传感器设备可以在不同的功率水平传输数据,可以假定传感器节点能够控制功率,从而减少端到端的能量消耗。

一种典型的情况是地理位置路由机制(如 GPSR)在贪婪方式下在每一跳最大化前进。由于这种基于距离的方案几乎都采用最大的每一跳逼近 Sink,所以,如果基于上面提出的能量模型,当越多的能量被消耗时,端到端延时越小。

2. 端到端延时的目标

用 D_s^t 表示源和接收端之间的距离,用 R_{max} 表示传感器节点的最大传输范围,那么,最小的端到端延时 T_{min} 为 $T_{min} = D_s^t / R_{max}$,这是通过利用最短路径来实现的(每一跳具有最大前进)。那么,对于一个确定的网络拓扑结构,一个多媒体应用需要调整端到端延时 T_{QoS} 的目标至少满足下面的限制:$T_{QoS} > T_{min}$,否则不能实现延时的 QoS。

3. 在当前节点计算期望的跳数距离

用 $t_{s \to h}$ 表示数据包传输到当前节点经历的延时,用 $t_{current}$ 表示做出路由决定时的当前时间,用 t_{create} 表示数据包在源节点被创建的时间,那么,$t_{s \to h}$ 通过 $t_{current}$ 和 t_{create} 之间的差可以很容易地计算出来。接着,余下的从当前节点到接收节点必须被保证的数据传输时间 $T_{h\to t}$ 可以通过如下公式计算出来。

$$T_{h\to t} = T_{QoS} - t_{s\to h}$$

基于 $T_{h\to t}$ 和 T_{hop},从当前节点到接收节点被期望的跳数可以使用如下公式估算出来。

$$H_{h\to t} = \frac{T_{h\to t}}{T_{hop}}$$

基于从上一跳节点接收到的数据包,当前节点将知道目标节点的位置。然后,从当前节点到接收节点的距离 $D_{h\to t}$,可以根据当前节点自己的位置和接收节点的位置计算出来。用 D_{hop} 表示下一跳选择期望的跳数距离。D_{hop} 可以使用如下公式计算。

$$D_{hop} = \frac{D_{h\to t}}{H_{h\to t}}$$

4. 选择下一跳的方法

基于 D_{hop} 的计算,MGR 中下一跳理想位置的选择如图 5-9 所示。

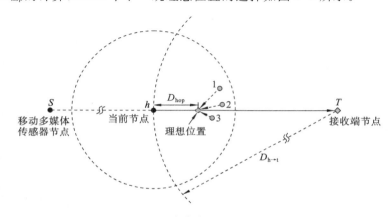

图 5-9　MGR 方案中理想位置选择示例

下一跳的绝对坐标和下一跳候选位置 j 分别用 (x_s, y_s) 和 (x_j, y_j) 表示。j 和理想位置之间的距离 ΔD_j 可以用下面公式计算。

$$\Delta D_j = \sqrt{(x_s - x_j)^2 + (y_s - y_j)^2}$$

当一个节点接收到一个数据包时都需要用上述方法计算下一跳的理想位置,MGR 选择最接近理想位置的节点作为它的下一跳节点,而不像传统的地理位置路由协议那样使用最接近接收端的邻居作为下一跳。MGR 下一跳选择算法如下。

> begin
> notation
> h　is the current node to select the next hop node;
> V_h　is the set of node h's neighbors in the forwarding area;
> POS_h　is position of the current node;
> POS_t　is position of the sink node;
> initialization
>   calculate $T_{h\to t}$ based on T_{QoS} and $t_{s\to h}$;
>   calculate $H_{h\to t}$ based on $T_{h\to t}$ and T_{hop};

```
        calculate D_{h→t} based on POS_h and POS_t;
        calculate D_{hop} based on D_{h→t} and H_{h→t};
for each neighbor j in V_h do
    calculate ΔD_j according to Eqn.(5);
end for
for each neighbor j in V_h do
    if ΔD_j = min { ΔD_k‖k∈V_h } then
        select j as NextHop;
        break;
    end if
end for
Return j
```

5.2.3　MMSN 的 OPNET 仿真

本节介绍在第 3 章仿真模型的基础上实现 MGR,重点介绍节点的移动和 MGR 路由算法的实现。

1. 节点移动进程模型

第 3 章的仿真模型中节点是静止的,为了实现 MMSN 的仿真,需要实现源节点的移动。首先创建如图 5-10 所示的进程模型 node_mobile。

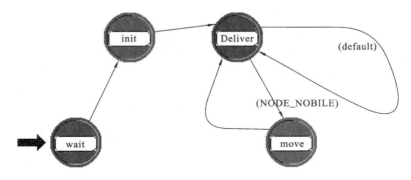

图 5-10　节点移动进程模型

然后在 header block 中加入如下的代码,其中 NODE_MOBILE 对应于图 5-10 中的 Delivery 到 move 的状态转移条件。

```
# include <../include/wsn_global.h>
extern Anvid vid;                                    /* 动画 */
# define NODE_MOBILE_INTRPT_CODE 101010      /* 定义节点移动中断代码 */
# define MOBILE_INTRPT_CODE 10101             /* 定义移动中断代码 */
# define NODE_MOBILE (op_intrpt_type()==OPC_INTRPT_SELF)&&(op_intrpt_
code()==MOBILE_INTRPT_CODE)                  /* 定义状态转移条件 */
```

move 状态的入口代码根据需要周期性地调用 move_node 函数实现节点的移动,函数的形式参数是节点每次移动的横坐标和纵坐标的步进值,函数体中首先获取当前节点的坐标值,然后设置新的坐标位置,最后实现动画功能,在 function block 中的具体代码如下。

```
static void move_node (double x_step, double y_step)
{
  int node_id;
  char * node_name;
  double xpos, ypos, newx, newy;
  FIN (static void move_node (double x_step, double y_step));
  node_id＝op_topo_parent(op_id_self());
  node_name＝(char *)op_prg_mem_alloc(32 * sizeof(char));
  op_ima_obj_attr_get(node_id, "name", node_name);
  /* 设置节点新位置的坐标值 */
  op_ima_obj_attr_get_dbl (node_id, "x position", &xpos);
  op_ima_obj_attr_get_dbl (node_id, "y position", &ypos);
  newx＝xpos＋x_step;
  newy＝ypos＋y_step;
  op_ima_obj_attr_set_dbl (node_id, "x position", newx);
  op_ima_obj_attr_set_dbl (node_id, "y position", newy);
  /* 动画相关 */
  op_anim_ime_nobj_update (vid, OPC_ANIM_OBJTYPE_NODE,
      node_name, OPC_ANIM_OBJ_ATTR_ICON, "blank", OPC_EOL);
  op_anim_ime_nobj_update (vid, OPC_ANIM_OBJTYPE_NODE,
      node_name, OPC_ANIM_OBJ_ATTR_XPOS, newx, OPC_EOL);
  op_anim_ime_nobj_update (vid, OPC_ANIM_OBJTYPE_NODE,
      node_name, OPC_ANIM_OBJ_ATTR_YPOS, newy, OPC_EOL);
  FOUT;
}
```

2. MGR 路由算法实现

接下来按照第 3 章介绍的方法添加 MGR 算法,这里仅给出核心过程的实现,详细步骤不再赘述。

首先,在网络层进程中添加从 Idle 到 GEO 的状态转移条件,如图 5-11 所示。

在 header block 中添加 NODE_MOBILE 的宏定义,如下所示。

```
#define NODE_MOBILE ((op_intrpt_type()==OPC_INTRPT_REMOTE)
    &&(op_intrpt_code()==NODE_MOBILE_INTRPT_CODE))
```

在 GEO 的入口处开始添加更新节点当前坐标的代码,如下所示。

```
/* 获得移动节点当前的位置信息 */
op_ima_obj_attr_get(node_objid,"x position",&my_x_pos);
op_ima_obj_attr_get(node_objid,"y position",&my_y_pos);
SetNIT(); /* (MAX_NEIGHBOR_NUMBER is the maximum number of neighbors */
```

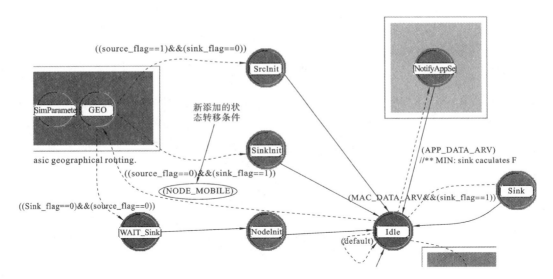

图 5-11　添加状态转移条件

添加状态变量，如图 5-12 所示。

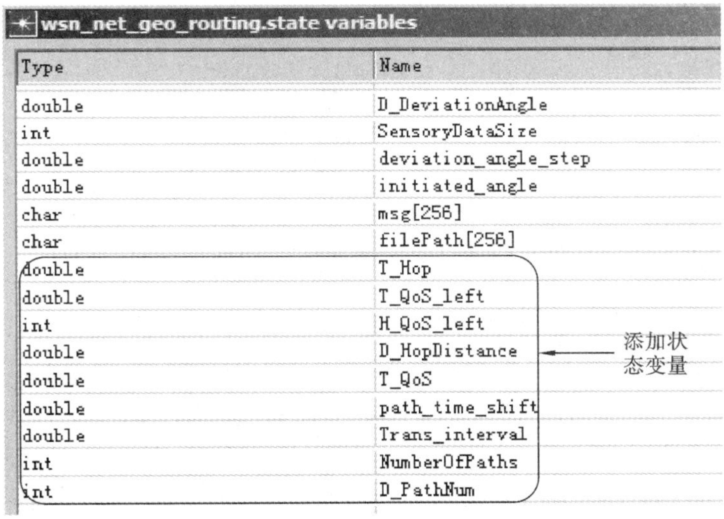

图 5-12　添加状态变量

在网络层进程的 GPSR 状态的入口处添加路由算法调用代码，如图 5-13 所示。

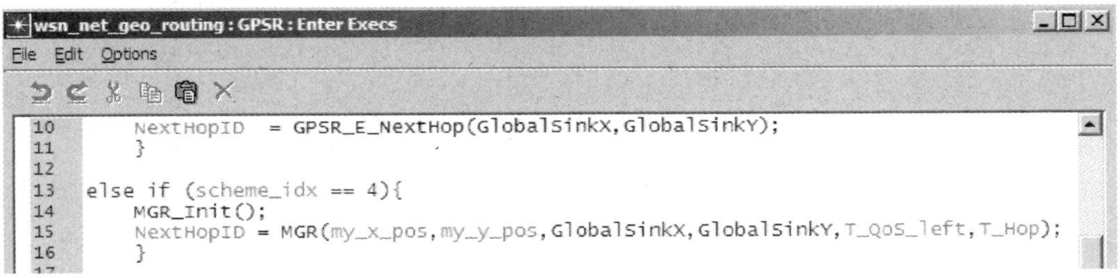

```
10      NextHopID = GPSR_E_NextHop(Globalsinkx,Globalsinky);
11      }
12
13  else if (scheme_idx == 4){
14      MGR_Init();
15      NextHopID = MGR(my_x_pos,my_y_pos,GlobalsinkX,GlobalsinkY,T_QoS_left,T_Hop);
16      }
17
```

图 5-13　添加路由算法调用代码

接下来在 function block 中添加函数 MGR_Init()与 MGR()的代码如下所示。

```
void MGR_Init(void)
    {
        FIN (void MGR_Init(void));
        T_Hop=0.00264;
        path_time_shift=Trans_interval/NumberOfPaths * (D_PathNum-1);
        data_ete_delay=op_sim_time() - op_pk_creation_time_get(pkptr);
        data_ete_delay=data_ete_delay - path_time_shift;
        T_QoS_left=T_QoS - data_ete_delay;
        FOUT;
    }
int MGR(double current_x, double current_y, double destination_x,double destination_
y, double QoS_left_time, double average_hop_delay)
    {
        double y_t_o;
        double x_t_o;
        double y_h_o;
        double x_h_o;
        double y_i_o;
        double x_i_o;
        double y_i;
        double x_i;
        double DeltaDistance;
        double MinDeltaDistance;
        double theta;
        FIN (int MGR(double current_x, double current_y, double destination_x, double
        destination_y, double QoS_left_time, double average_hop_delay));
        if (QoS_left_time<=0)
          D_HopDistance=MaxTxRange;
        else {
            H_QoS_left=(int)(QoS_left_time/average_hop_delay)+1;
            D_HopDistance=sqrt((my_x_pos-GlobalSinkX) * (my_x_pos-GlobalSinkX)+
                      (my_y_pos-GlobalSinkY) * (my_y_pos-GlobalSinkY));
            D_HopDistance=D_HopDistance/(H_QoS_left * 1.0);
            if (D_HopDistance>MaxTxRange)
              D_HopDistance=MaxTxRange;
        }
        MinDeltaDistance=MAX_VALUE;
        if (NeighborNumber>0)
        {
            for (k=0;k<NeighborNumber; k++)
            {
            if (NeighborList[k]==GlobalSinkID)
```

```
{
    NextHopIdx=k;
    break;
}
y_t_o=destination_y;                    x_t_o=destination_x;
y_h_o=my_y_pos;                         x_h_o=my_x_pos;
y_i_o=NeighborListY[k];                 x_i_o=NeighborListX[k];
theta=atan((y_t_o - y_h_o)/(x_t_o - x_h_o));
/ * if node is in the fourth region * /
if ((y_t_o<y_h_o)&&(x_t_o<x_h_o))
    theta=theta+3.1415926;
/ * if node is in the third region * /
if ((y_t_o>y_h_o)&&(x_t_o<x_h_o))
    theta=3.1415926 - theta;
x_i=cos(theta) * (x_i_o-x_h_o)+sin(theta) * (y_i_o-y_h_o);
y_i=cos(theta) * (y_i_o-y_h_o)-sin(theta) * (x_i_o-x_h_o);
DeltaDistance=sqrt((D_HopDistance-x_i) * (D_HopDistance-x_i)+
                    y_i * y_i);
if (DeltaDistance<MinDeltaDistance)
    {
    MinDeltaDistance=DeltaDistance;
    NextHopIdx=k;
    }
}
NextHopEntry=NeighborList[NextHopIdx];
}else
    op_sim_end("\r\n Amazing Error: No Neighbor! \n","","","");
    FRET(NextHopEntry);
}
```

在网络场景中打开任意一个节点模型,并将其另存为 wsn_node_mobile_mgr。打开节点模型 wsn_node_mobile_mgr,单击 create processor 按钮添加一个模型,将其重命名为 mobility,将 process model 属性设置为 node_mobile,以实现节点的移动,然后保存。在网络场景中只有源节点(ID 为 2)是移动的,所以需要将节点 2 的 model 属性设置为 wsn_node_mobile_mgr。最后,可以根据实际情况调整节点 2 的初始位置,这里将节点 2 放置在网络场景的左上角。为了测试 MGR 路由算法,还需要在运行仿真时设置 scheme_idx 的值为 4。

5.3 定向扩散路由

定向扩散路由协议(directed diffusion,DD)是基于数据为中心的、查询驱动的路由协议,它的提出为以数据为中心的无线传感器网络路由设计指出了发展的主流方向,其后的无线传感器网络路由协议设计都或多或少受到这种思想的影响。

5.3.1　定向扩散路由简介

DD 协议是一个重要的基于数据的、查询驱动的路由协议。该协议采用属性/值命名传感器节点产生的数据，由兴趣扩散、梯度建立、路径加强和数据传播阶段组成，如图 5-14 所示。

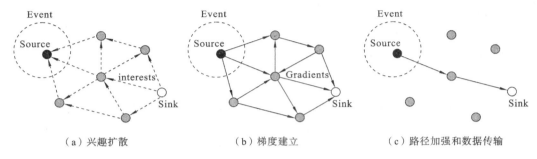

（a）兴趣扩散　　　　　（b）梯度建立　　　　　（c）路径加强和数据传输

图 5-14　定向扩散路由方案

1）兴趣扩散阶段

在兴趣扩散阶段，Sink 节点根据不同的应用需求定义不同的兴趣报文，采用属性-值对（对象的类型、对象实例、数据发送间隔时间、持续时间、位置区域等）来命名查询任务，将查询任务封装成兴趣报文。Sink 节点将兴趣报文通过泛洪逐级扩散，收到兴趣报文的节点查询自己的缓冲区中是否有相同的查询记录，如果没有，就往缓存中加入一条新记录；否则，丢弃报文。然后将兴趣转发给邻居节点，最终泛洪到整个网络，找到所匹配的查询数据，如图 5-14（a）所示。

2）梯度建立阶段

DD 协议最大的特点是引入了梯度的概念，梯度定义了一个数据的传输方向和传输速率。兴趣扩散的同时反向建立了从源节点到 Sink 节点的数据传输梯度。一个节点接收到其邻居节点发来的兴趣时，它会将该兴趣发送给所有的邻居节点，这就使得每对邻居节点都建立了一个指向对方的梯度，如图 5-14（b）所示。

3）路径加强和数据传输

在数据传输阶段，源节点会沿着已建立好的梯度，以较低速率发送数据信息，Sink 节点会对最先收到新数据的邻居节点发送一个加强信息，接收到加强信息的邻居节点依照同样的规则，加强它最先收到新数据的邻居节点，从而形成一条"梯度"值最大的路径，如图 5-14（c）所示。后续数据就可以沿着这条路径以较高的数据传输速率进行数据传输。

虽然 DD 协议可以减小泛洪到网络中的冗余信息，采用查询驱动具有较高的健壮性。但是 DD 协议本身也存在不足：中间节点会将第一次接收到的兴趣报文以泛洪方式扩散给它所有的邻居节点。随着扩散深度的增加，网络中转发的兴趣报文的数目也呈指数增长。当网络中节点数目增多时，泛洪扩散兴趣报文就会给整个网络带来巨大能量开销；而且，网络中源节点个数有限，向整个网络扩散也会造成能量消耗，导致整个网络寿命缩短。因此，在兴趣扩散阶段合理减少兴趣报文的扩散范围，可以很好延长网络的生命周期。

5.3.2 模型实现

1. 头文件

（1）在 wsn_intrpt_code.h 中添加中断码。

```
# define SINK_SEND_EI_CODE      1101 /* 开始运行时 Sink 节点发送兴趣包自中断 */
# define INTEREST_TIMEOUT_CODE 1201              /* 兴趣包过期中断 */
```

（2）在 wsn_constant.h 中添加常数。

```
/* 普通兴趣包和加强兴趣包的时间差 */
# define DIFF_INTREST_REFRESH_LIFE        3
/* 节点转发普通兴趣包时,在 0.2 s 内随机延时后广播 */
# define BROADCAST_MEAN_DELAY              0.2
```

2. 包结构

（1）兴趣包 SINK_INTEREST。

兴趣包结构如图 5-15 所示,ReportRate:兴趣包速率,取值 0 时为普通兴趣包,取 1 时为加强兴趣包。其他字段不再赘述。

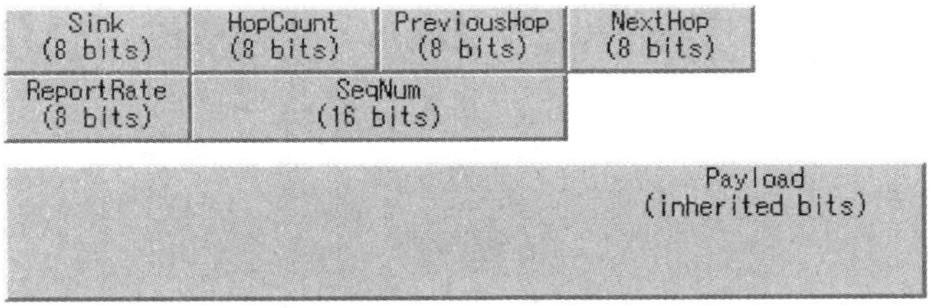

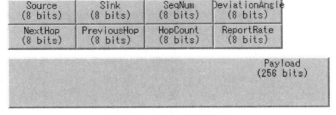

图 5-15　兴趣包结构图

（2）数据包 DATA。

数据包结构如图 5-16 所示。数据包中也添加了 ReportRate 字段。

图 5-16　数据包结构图

3. 节点属性

为节点添加一个属性,如图 5-17 所示。该属性为兴趣包更新时间,即过了这个时间之后,如果没有新的兴趣包,源节点停止发送数据包,中间节点重置路由表。

这个属性只在 Sink 节点中设置。在应用层和网络层都需要读取这个属性,读取该属性的代码如下。

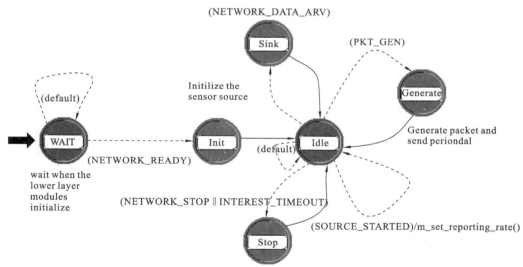

图 5-17　节点属性

```
/* Sink 节点的 name 为"1"，根据 name 得到 Sink 的 Objid */
sink_objid＝op_id_from_name(op_topo_parent(node_objid),OPC_OBJTYPE_NODE_MOB,"
1");
/* 得到相应属性 */
op_ima_obj_attr_get(sink_objid,"Interest Refresh Time",&interest_refresh_time);
/* interest_life 是加强兴趣包周期，比普通兴趣包周期稍长 */
interest_life＝interest_refresh_time＋DIFF_INTEREST_REFRESH_LIFE;
```

4. 应用层

应用层进程模型如图 5-18 所示。在第 3 章的基础模型上改变了触发数据包发送的条件。原来在 Init 状态中自动触发 PKT_GEN 中断，然后周期性产生数据包，现在则修改为收到 SOURCE_STARTED 之后执行函数 m_set_reporting_rate()，在该函数设置包发送速率。接着周期性产生数据包。其中 SOURCE_STARTED 在头模块中的定义代码如下。

图 5-18　应用层进程模型图

```
/* 收到网络层 LOW_RATE_CODE 或 HIGH_RATE_CODE 消息之后 */
#define SOURCE_STARTED ((op_intrpt_type()＝＝OPC_INTRPT_REMOTE)
                        &&((op_intrpt_code()＝＝LOW_RATE_CODE)
                        ||(op_intrpt_code()＝＝HIGH_RATE_CODE)))
```

函数 m_set_reporting_rate() 的代码如下。

```
void m_set_reporting_rate (void)
{
  FIN (void m_set_reporting_rate(void));
  /* 根据中断类型设置速率 */
  if (op_intrpt_code()==LOW_RATE_CODE){
    pkt_interval=low_rate_interval;
  }else if (op_intrpt_code()==HIGH_RATE_CODE){
      pkt_interval=high_rate_interval;
  }
  /* 使用当前速率 */
  if (op_ev_valid(pkt_gen_event)==OPC_TRUE){
    op_ev_cancel(pkt_gen_event);
  }
  pkt_gen_event=op_intrpt_schedule_self (
                op_sim_time()+pkt_interval, PKT_GEN_CODE);
  /* 重置兴趣包过期事件句柄 */
  if (op_ev_valid (next_interest_event)==OPC_TRUE){
    op_ev_cancel (next_interest_event);
  }
  next_interest_event=op_intrpt_schedule_self (
      op_sim_time()+interest_life, INTEREST_TIMEOUT_CODE);
  FOUT;
}
```

5. 网络层

1）进程模型

网络层进程模型如图 5-19 所示，具体修改请查看图上说明。

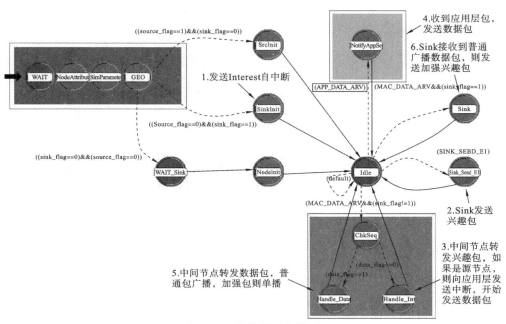

图 5-19　网络层进程模型

有益提示... 图中,普通包的流程是:1→2→3→4→5→6。其中 1~3 是兴趣包的广播,4~6 是数据包的广播。加强包的流程为: 6→3→4→5→6。其中 6→3 为加强兴趣包的单播,4→5→6 为加强数据包的单播。加强数据包的包发送速率比普通数据包的要快。

2)状态变量

新加状态变量如下。

(1)兴趣包字段变量代码如下。

```
int      \I_Sink;                    /*  Sink 节点  */
int      \I_PreviousHop;             /*  上一跳  */
int      \I_NextHop;                 /*  下一跳  */
int      \I_HopCount;                /*  从 Sink 过来的跳数  */
int      \I_ReportRate;              /*  报告速率,0:普通兴趣,1:加强兴趣  */
int      \I_SeqNum;                  /*  兴趣消息序号  */
```

(2)兴趣包周期控制代码如下。

```
double     \interest_life;           /*  加强兴趣包周期,过时清空路由表  */
double     \interest_refresh_time;   /*  Sink 发送普通兴趣包周期  */
Evhandle   \next_interest_event;     /*  清空路由表的倒计时句柄  */
```

(3)序列号代码如下。

```
int      \m_data_seqnum;             /*  源节点的数据包序列号  */
int      \m_interest_seqnum;         /*  Sink 节点兴趣包序列号  */
int      \m_last_data_seq;           /*  最新的数据包序列号  */
int      \m_last_interest_seq;       /*  最新的兴趣包序列号  */
```

(4)路由表代码如下。

```
int      \m_next_hop;                /*  前一跳节点  */
int      \m_precedent_node;          /*  下一跳节点  */
```

(5)其他代码。

```
Packet * \in_pkptr;                  /*  兴趣包指针  */
int      \D_ReportRate;              /*  数据包中发送速率  */
int      \interest_size;             /*  兴趣包大小  */
int      \data_flag;                 /*  是否数据包,0:兴趣包,1:数据包  */
int      \new_interest_packet_flag;  /*  是否新兴趣包,在 ChkSeq 中赋值  */
int      \new_data_packet_flag;      /*  是否新数据包,在 ChkSeq 中赋值  */
```

3)主要代码

(1)在 SinkInit 状态中,添加自中断代码如下。

```
op_intrpt_schedule_self(op_sim_time()+0.2, SINK_SEND_EI_CODE);
```

（2）在 Sink_Send_EI 状态中，发送 INTEREST 包的代码如下。

```
SendInterest(0);
/* 为下一次发送兴趣包定时 */
op_intrpt_schedule_self(op_sim_time()+interest_refresh_time,
                    SINK_SEND_EI_CODE);
```

其中函数 SendInterest()代码如下。

```
void SendInterest(int reportRate)
{
    FIN(void SendInterest(int reportRate));
    /* 创建包 */
    in_pkptr=op_pk_create_fmt("SINK_INTEREST");
    op_pk_nfd_set(in_pkptr, "Sink", MyID);
    /* 设置兴趣包序号 */
    op_pk_nfd_set(in_pkptr, "SeqNum", m_interest_seqnum);
    last_interest_seq=m_interest_seqnum;
    m_interest_seqnum++;
    /* 前一跳 */
    op_pk_nfd_set(in_pkptr, "PreviousHop", MyID);
    /* 普通兴趣包广播，加强包单播 */
    if(reportRate==0){
        op_pk_nfd_set(in_pkptr, "NextHop", MAC_BROADCAST_ADDR);
    }else{
        op_pk_nfd_set(in_pkptr, "NextHop", m_precedent_node);
    }
    /* 设置跳数、速率、包大小 */
    op_pk_nfd_set(in_pkptr, "HopCount", 0);
    op_pk_nfd_set(in_pkptr, "ReportRate", reportRate);
    op_pk_total_size_set (in_pkptr, interest_size);

    /* 给结果收集进程发送中断收集参数 */
    msg_packet_size_transmitted=op_pk_total_size_get(in_pkptr);
    op_intrpt_schedule_remote(op_sim_time(),m_SINK_IN_TRANS_INTRPT_CODE,
                        init_pro_id);
    op_pk_send_delayed(in_pkptr, NETWORK_TO_MAC_STRM, 0);
    FOUT;
}
```

（3）在 Handle_Interest 状态中，中间节点转发兴趣包。因为代码较为复杂，这里用流程图代替，如图 5-20 所示。

（4）NotifyAppSendData 状态中增加 scheme_idx 为 4 的路由方案，如图 5-21 所示。

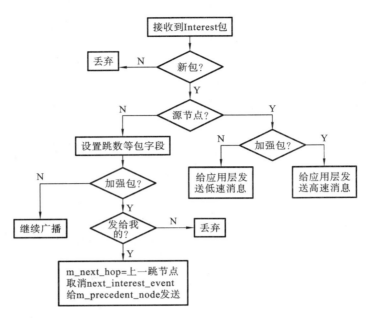

图 5-20 处理兴趣包

```
37
38      for (i = 1; i<= path_number; i++)
39      {
40
41          D_DeviationAngle = initiated_angle + deviation_angle_step * i;
42
43          packet_pkptr = op_pk_copy(pkptr);
44          if (scheme_idx == 1)
45              {
46              NextHopID  = GeoRoutingNextHop(GlobalSinkX,GlobalSinkY);
47              }
48          else if (scheme_idx == 2)
49              {
50              NextHopID  = DGR_NextHop(D_DeviationAngle,GlobalSinkX,GlobalSinkY);
51              }
52          else if (scheme_idx == 3){
53              NextHopID  = GPSR_E_NextHop(GlobalSinkX,GlobalSinkY);
54          }else if (scheme_idx == 4){
55              if(D_ReportRate == 0)
56              {
57                  NextHopID = MAC_BROADCAST_ADDR;
58
59              }else{
60                  NextHopID = m_next_hop;
61
62              }
63              op_pk_nfd_set(packet_pkptr, "ReportRate", NextHopID);
64
65          }
```

图 5-21 增加路由方案

 有益提示 ...　　　　在 Handle_Interest 状态中,在加强兴趣包传送过程中, 源节点将 D_ReportRate 的值修改为 1。其他节点取自己的 上一跳节点作为 m_next_hop。

（5）Handle_Data 状态中的代码为接收到数据包之后处理的流程，流程图如图5-22所示。

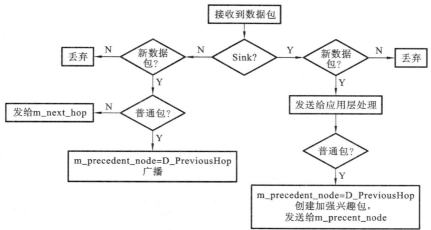

图 5-22　处理数据包流程

6. 仿真结果

仿真结果如图 5-23 所示。因为广播动画线太多，如果不进行擦除，则图上全是广播的线条，所以这里动画采用了动态擦除（参照第 3 章动画模型）。但是动态擦除又无法显示加强包的完整路线，图 5-23 是初期普通兴趣包定向扩散仿真结果的动画抓图。

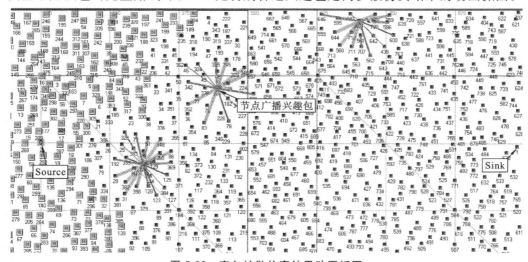

图 5-23　定向扩散仿真结果动画抓图

5.4　ZigBee 协议仿真

5.4.1　ZigBee 概述

ZigBee 是一种应用广泛的无线传感器网络的通信协议栈，基于分层模型设计，每一层为上层提供一系列特殊的服务，数据实体提供数据传输服务，管理实体则提供所有其他的服务。所有的服务实体通过服务接入点(server access point,SAP)为上层提供服务,每个 SAP 都通过一定数量的服务原语来实现所需要的功能。

ZigBee 协议栈的体系结构如图 5-24 所示,其中物理层(physical layer,PHY)和介质访问控制层(medium access control sub-layer,MAC)采用 IEEE 802.15.4 标准;Zigbee 联盟制定了网络层(network layer,NWK)和应用层(application layer,APL)架构。应用层包括应用支持子层(application support sub-layers,APS)、应用框架(application framework,AF)、ZigBee 设备对象(zigBee device objects,ZDO)以及用户定义应用对象(manufacturer-defined application objects,MDAO)。

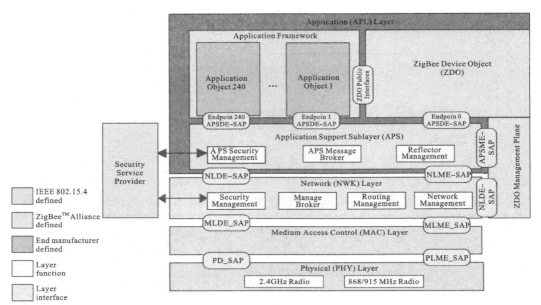

图 5-24　Zigbee 协议栈整体架构

1. ZigBee 的技术特点

ZigBee 的技术特点如下。

(1) 数据传输速率低,只有 10～250 Kb/s。

(2) 功耗低。在低耗电待机模式下,两节普通 5 号干电池可使用 6～24 个月,免去了充电或者频繁更换电池的麻烦。

(3) 成本低。ZigBee 数据传输速率低,协议简单,且免收专利费,所以大大降低了成本。

(4) 网络容量大。每个 ZigBee 网络最多可支持 255 个设备。

(5) 延时短。通常延时为 15～30 ms。

(6) 安全。ZigBee 提供了数据完整性检查和鉴权功能,采用先进加密标准 AES-128 加密算法。

(7) 覆盖范围小。有效覆盖范围为 10～75 m,具体依据实际发射功率的大小和各种不同的应用模式而定,基本上能够覆盖普通的家庭或办公室环境。

(8) 工作频段灵活。使用频段为 2.4 GHz、868 MHz(欧洲)及 915 MHz(美国),均为免许可频段。

2. 各层功能介绍

1）物理层

物理层实现物理无线信道和 MAC 子层之间的接口,提供物理层数据服务和物理层管理服务。具体功能包括:

(1) 物理层数据收发;

(2) 物理层测量(包括对接收机数据信号质量、信道能量水平测量,以及空闲信道评估);

(3) 收发机状态设置;

(4) 物理层属性设置。

2）介质访问控制子层

介质访问控制子层负责处理所有的物理无线信道访问,并产生网络信号、同步信号;支持 PAN 连接和分离,提供两个对等 MAC 实体之间可靠的链路。具体功能包括:

(1) MAC 层设备地址及地址表示;

(2) 信道接入(超帧结构、信道接入算法、保障时隙 GTS、帧间间隔、同步);

(3) 定义 MAC 层帧结构;

(4) 网络的组织与维护;

(5) MAC 层属性管理。

3）网络层

网络层主要负责网络管理、路由管理和网络安全管理。具体功能包括:

(1) 网络的建立与维护(建立网络、节点加入/离开网络、节点的重启);

(2) 网络编址(树形编址、随机编址);

(3) 路由(树路由、网状网路由);

(4) 广播;

(5) 组播;

(6) PAN 标识冲突管理;

(7) 信标发送时间管理;

(8) 网络层属性管理;

4）网络协调器

网络协调器负责如下工作:

(1) 发起一个新的 Zigbee 网络;

(2) 设定各项网络参数;

(3) 分配网络地址并规范网络地址分发原则。

5）应用层

ZigBee 应用层由应用支持层、ZigBee 设备和制造商所定义的应用对象组成,主要任务是维持绑定表、在绑定的设备之间传送消息。应用支持层负责上层应用程序对象与下层网络层的协调,具体功能包括:

(1) 维护绑定(binding)表,用来配对两个网络节点间所需服务的对应表,所谓绑定就是基于两台设备的服务和需求将它们匹配连接起来。

(2) 在绑定的设备之间传送消息;

（3）处理 64 位 IEEE 地址与 16 位 NWK 地址间的对应。

6）设备对象

ZigBee 设备对象的功能包括：

（1）定义设备在网络中的角色（ZigBee 协调器、路由器和终端设备）；

（2）发起和响应绑定请求；

（3）在网络设备之间建立安全机制。

ZigBee 设备对象还负责发现网络中的设备，并且决定向他们提供何种应用服务。

3. ZigBee 网络通信

从应用的角度看，通信的本质就是端到端的连接。端点之间的通信是通过称为串的数据结构来实现的，这些串是应用对象之间共享信息所需要的全部属性的容器。每个接口都能接收或发送串格式的数据。端点 0 和端点 255 是两个特殊的端点，端点 0 用于整个 ZigBee 设备的配置和管理。应用程序可以通过端点 0 与 ZigBee 堆栈的其他层通信，从而实现对这些层的初始化和配置。附属在端点 0 的对象被称为 ZigBee 设备对象 ZDO。端点 255 用于向所有的端点广播。端点 241～254 是保留端点。

所有的端点都使用应用支持子层 APS 提供的服务。APS 通过网络层和安全服务提供层与端点连接，并为数据传送、安全和绑定提供服务，因此能够适配不同但兼容的设备，APS 使用网络层 NWK 提供的服务。NWK 负责设备到设备的通信，并负责网络中设备初始化所包含的活动、消息路由和网络发现。应用层可以通过 ZigBee 设备对象 ZDO 对网络层参数进行配置和访问。

ZigBee 协调器（zigBee coordinator）负责启动和配置一个 ZigBee 网络，一个 ZigBee 网络只有一个 ZigBee 协调器，它负责保证 ZigBee 网络正常工作以及保持同网络其他设备的通信。

ZigBee 路由器与传统计算机网络中的路由器功能类似，用于实现路由功能，将消息转发到其他设备。ZigBee 网络的网状拓扑或树形拓扑可以有多个 ZigBee 路由器，ZigBee 星形网络不支持 ZigBee 路由器。

ZigBee 终端设备功能最简单，存储容量小，用于执行具体的感知功能，并把采集到的传感数据通过 ZigBee 网络传输到目的地。

按照设备功能的完备性，又可以将上述三种设备分为全功能 FFD（full function device）设备和精简功能 RFD（reduced function device）设备。FFD 可充当 ZigBee 协调器、路由器和终端设备，而 RFD 只能充当终端设备。FFD 可以和多个 RFD 设备或多个其他 FFD 设备通信，而一个 RFD 只能与一个 FFD 通信。

ZigBee 网络层支持星形（star）、树形（cluster tree）和网状形（mesh）三种网络拓扑结构，如图 5-25 所示。在星形拓扑结构中，整个网络由唯一的 ZigBee 协调器创建和管理。协调器负责发起和维持一个 ZigBee 网络的正常工作，为网络终端设备转发数据。在网状和树形拓扑结构中，ZigBee 协调器负责启动网络和设置重要的网络参数，ZigBee 路由器用于扩展网络，使其能够覆盖更大的范围。在树形网络中，路由器采用分组路由策略来传送数据和控制信息，树形网络支持基于信标通信方式。在网状网络中，设备之间使用完全对等的通信方式，基于信标通信方式。

ZigBee 网络层的主要功能是确保 MAC 层正常工作，并且为应用层提供服务接口。

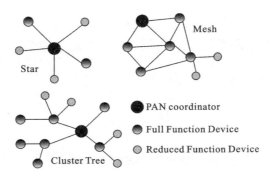

图 5-25　ZigBee 支持的网络拓扑

为了向应用层提供服务接口,网络层提供了两个必要的功能服务实体,它们分别为数据服务实体和管理服务实体。网络层的功能参考模型如图 5-26 所示。

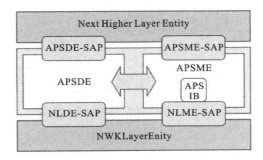

图 5-26　网络层功能参考模型

5.4.2　OPNET 官方 ZigBee 模型

1. 模型介绍

在 OPNET 14.0 以上的版本中自带了 ZigBee 网络模型,但是其应用层和网络层代码并不公开。本节介绍 OPNET 14.5 中的 ZigBee 模型。

1) 支持的功能特性

OPNET 14.5 的 ZigBee 模型支持的特性如下。

(1) 应用层特性,包括生成并接收应用流量。

(2) 网络层特性:包括建立网络、加入网络和允许网络连接、分配地址、维护邻居表、Mesh Routing Process、网络广播、Tree Routing Process、传送和接收数据、移动性和信标调度。

(3) MAC 层特性:包括信道扫描、基于竞争操作模式的 CSMA/CA。

2) 未实现的功能特性

OPNET 14.5 的 ZigBee 模型未实现的功能特性包括:多播流量、间接传输(Indirect transmission)、安全、时隙模式、非竞争操作模式和对其他应用模型的支持(例如:HTTP、email 和其他标准网络应用,定制应用,ACE 和 ACE Whiteboard 应用)。

2. 节点模型

OPNET 14.5 的 ZigBee 模型支持 ZigBee 协调器、ZigBee 终端设备、ZigBee 路由器

三种节点模型,如图 5-27 所示,节点模型属性如下。

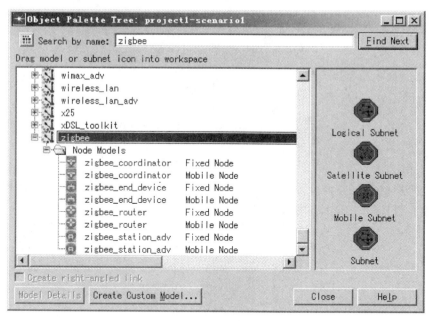

图 5-27　ZigBee 模型支持的节点类型

1) 局部属性

(1) 应用流量属性:目标、包间隔时间、包大小、开始时间、结束时间。

(2) ZigBee 参数:MAC 参数、Network 参数、PAN ID、物理层参数。其中,MAC 参数和 Network 参数下面有很多子参数,是研究的重点。

2) 全局属性(在 Configure/Run Simulation 对话框中设置)

(1) Network Formation Threshold(为了输出报告,指定当 ZigBee 网络完全建立起来后无网络连接的静止期)。

(2) Report Snapshot Time(设置记录快照的时间点,多个值之间用逗号分隔。可用于可视化网络拓扑)。

3. 配置 ZigBee

1) 创建网络拓扑

ZigBee 拓扑不能使用 OPNET 提供的导入特性(如从 VNE 服务器或设备配置文件导入),必须手工创建网络拓扑。模型支持树形(tree)、星形(star)和网状(mesh)三种拓扑结构,默认使用的是树形拓扑结构,可以在 ZigBee 协调器节点的网络参数属性中设置采用的网络拓扑。

树形拓扑的创建:在网络场景中添加一个协调器节点、若干路由节点、终端节点。由于默认的拓扑是树形网络,所以不用修改参数。

星形拓扑的创建:在网络场景中添加一个协调器节点和若干终端设备。设置协调器节点的网络参数为 Default Star Network。

网状拓扑的创建:在网络场景中添加一个协调器节点和若干终端设备。设置协调器节点的网络参数为 Default Mesh Network。

2）配置 ZigBee 参数

模型中 ZigBee 参数的配置如图 5-28 所示，包括应用流量、网络参数、MAC 参数和物理层参数的设置。参数的具体含义请参考 ZigBee 规范。

图 5-28　配置 ZigBee 参数

有益提示···　　　　图 5-28 所示配置 ZigBee 参数中的 Beacon Enabled Net-work 参数设置在 OPNET 模型中并未实现，可以将其忽略。

3）添加流量到 ZigBee 网络模型

为创建的 ZigBee 网络模型添加流量：所有的 ZigBee 设备模型都可以发送和接收 ZigBee 流量。节点模型的 Application Traffice 属性可以设置流量的目标节点和流量特性（可以指定包大小、包间隔时间和持续期），如图 5-28 所示。默认的应用流量的目标节点 Destination 是随机选择的，可以设置固定的某个节点。如果不希望节点发送应用流量，可以将 Destination 设置为 No Traffic，此时将忽略其他参数。

4. ZigBee 仿真实例

1）创建网络仿真场景

新建项目和网络仿真场景，在场景中添加一个协调器节点、一个路由器节点和两个终端节点。两个终端节点向协调器节点发送应用层数据，确保终端节点与路由器的距离超过 1200 m，而路由器与协调器以及路由器与终端节点的距离小于 1200 m。由于终端节点与协调器节点之间的距离超出了最大的传输距离，所以必须通过路由节点将终端节点的数据转发给协调器节点。

> 有益提示 ⋯   模型中节点传输距离默认为 1200 m,要实现终端节点通过路由器转发数据到协调器,则必须保证终端节点和协调器的距离大于 1200 m,而终端节点和路由节点的距离以及路由节点和协调器节点的距离小于 1200 m。

2) 设置 ZigBee 仿真参数

设置两个终端节点 Application Traffic 的发送数据的目标节点为协调器,数据包的间隔时间为 1 s,数据包使用 exponential (800)字节,Start Time 可以根据实际情况设置,如图 5-29 所示。路由器和协调器的 Application Traffic 的发送数据的目标节点设置为 No Traffic。

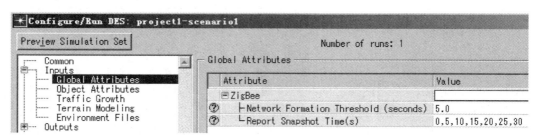

图 5-29   设置仿真参数

在 Choose Individual DES Statistics 中设置收集的统计量,两个终端节点设置为 Data Traffic Sent (bits/sec),协调器设置为 Data Traffic Rcvd (bits/sec)。

3) 运行仿真

仿真运行参数中,仿真时间设置为 1 min,ZigBee 属性设置中指定 Report Snapshot Time(s)的值为:0,5,10,15,20,25,30,这样可以在仿真结束后可视化的显示指定时间点的 ZigBee 树形结构,如图 5-30 所示。

图 5-30   设置仿真运行参数

仿真运行结束后,选择菜单 Protocol→ZigBee→Visualize Tree Structure,在界面中选择相应的 Snapshot Time,即可以可视化的方式显示 ZigBee 树形结构,图 5-31 所示的为第 20 s 时的树形结构。

查看仿真结果,可以发现当 ZigBee 网络建立后,协调器收到的数据等于两个终端节点发送数据之和。

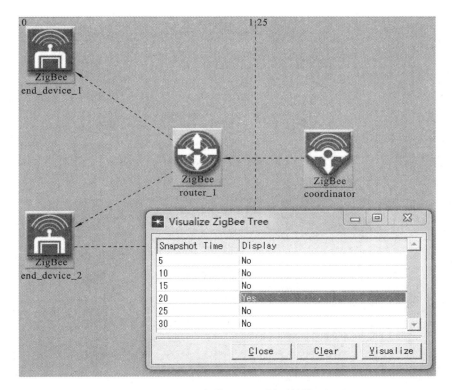

图 5-31　可视化 ZigBee 树形结构

5.4.3　开放源代码 IEEE 802.15.4/ZigBee 仿真模型

OPNET 自带 ZigBee 模型中有很多功能没有实现,而且不能看到网络层和应用层代码。本节将介绍一个开放源代码的 IEEE 802.15.4 MAC/ZigBee 仿真模型。模型源文件可以从其官方网站 http://www.open-zb.net 下载,本节的内容基于 OPNET 14.5,仿真模型版本为 2.0。

1. 模型概述

1) 实现的功能

IEEE 802.15.4 MAC/ZigBee 仿真模型物理层实现了 IEEE 802.15.4 标准的物理层(2.4 GHz,传输速率 250 Kb/s)。MAC 层实现的功能包括 IEEE 802.15.4 规范中的信标使能通信模式、基于时隙的 CSMA/CA(slotted-CSMA/CA)、GTS(保障时隙)机制。

模型的网络层实现了 ZigBee 标准中的基于层次的树形路由。应用层可以产生尽最大努力(best effort)流量,在竞争访问期(contention access period,CAP)/在非竞争访问期(contention free period,CFP)的实时(包括确认帧或非确认帧)流量。

另外,该模型实现的电池模块可以计算剩余的能量等级。

2) 与 OPNET 的 ZigBee 模型的对比

OPNET 的 ZigBee 网络层和应用层实现较全面,但是无法看到源代码,MAC 层实现较为简单,仅实现了信道扫描(channel scanning);基于竞争操作模式的 CSMA/CA,

并未实现 MAC 层的时隙模式（slotted mode）和非竞争操作模式。OPNET 的 ZigBee 模型之所以仅实现了非时隙的 CSMA/CA，是因为这种模式可以支持星形、树形和网状拓扑结构。而基于时隙的 CSMA/CA，只能用于星形和树形拓扑，这是因为网状拓扑要实现对信标帧冲突管理太复杂了。

IEEE 802.15.4 MAC/ZigBee 开源仿真模型的 MAC 层实现较为全面，基本上把 IEEE 802.15.4 规范中的特性都实现了，更适合用来研究 MAC 层协议。

3）仿真参数配置

首先介绍模型的参数配置，模型支持两种节点类型，wpan_analyzer_node 和 wpan_sensor_node，前者用来进行统计结果分析，后者为 ZigBee 节点模型，如图 5-32 所示。

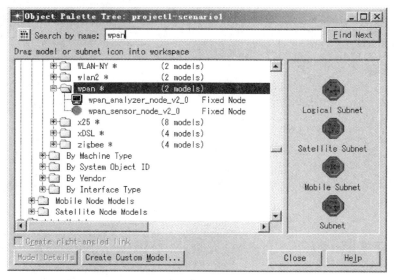

图 5-32　节点模型

下面介绍节点属性的设置，首先向新建的场景中添加一个 wpan_analyzer_node 节点和两个 wpan_sensor_node 节点。wpan_analyzer_node 节点的属性如图 5-33 所示，仅用于收集仿真结果，不用做任何设置。

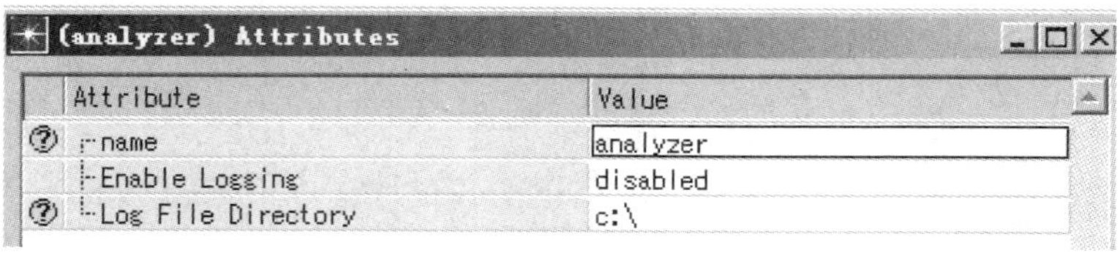

图 5-33　wpan_analyzer_node 节点属性

wpan_sensor_node 节点是仿真的重点，它的属性设置也较为复杂。图 5-34 所示的为 PAN Coordinator 的设置。当设置终端节点时，只需要将图 5-34 中的 Device Mode 设置为 End Device 即可，同时忽略 WPAN Setting 中的配置内容。当节点为协调器时，则需要将 Device Mode 设置为 PAN Coordinator，同时设置 WPAN Setting 中的内容。

下面介绍仿真流量 Traffic Source 的设置，如图 5-35 所示。Traffic Source 用于产生确认和非确认的应用数据，这些应用数据可以由协调器或者终端节点产生。产生的

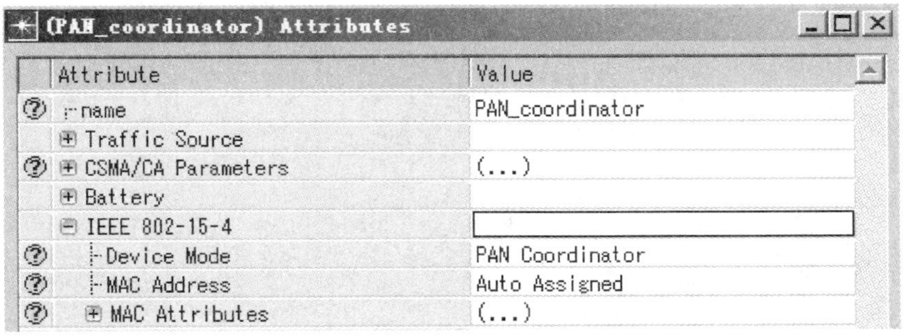

图 5-34　协调器节点属性设置

应用数据将作为 MAC 帧的净荷(MAC service data unit，MSDU)在 CAP 期间被传输出去。确认数据和非确认数据可以单独设置,它们都有各自的起始时间(start time)和停止时间(stop time)属性,所以可以独立地产生各自的流量。MSDU Interarrival Time 属性设置两个连续的 MSDU 到达的时间间隔。MSDU Size 属性指定数据包的大小。MSDU 数据生成后被封装到 MAC Header 中,作为一个 MAC 帧被存储在节点的缓冲区中。默认的 MAC header 大小(MAC_HEADER_SIZE)是 104 b。最大允许的帧长(包括 Frame Header 和净荷)等于"aMaxPHYPacketSize"(1016 b)。当 CAP 激活时,从缓冲区中移除帧,并将其包裹到 PHY header 中,发送到指定的 Destination MAC Address。

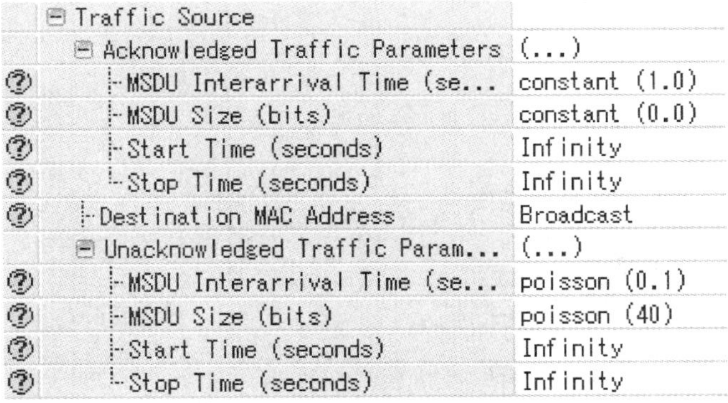

图 5-35　设置 Traffic Source 流量

有益提示…　如果目的 MAC 地址设置为广播(broadcast),将忽略 Acknowledged Traffic Parameters,确认流量不会被产生。要保证停止时间要比起始时间晚,否则数据流量不会产生。

在信标使能模式中,CAP 使用基于时隙的 CSMA/CA 机制。这种机制基于退避时期,一个退避时期等于 aUnitBackoffPeriod(20 个符号时间)。当设备希望在 CAP 传输数据帧时,它必须定位下一个退避时期的边界并且等待随机个数的退避时期。如果信道忙,则继续等待随机个数的退避时期。如果信道空闲,设备在下一个退避时期的边界开始传输数据。CSMA/CA 的参数设置包括 Maximum Backoff Number 和 Maximum Backoff Number,前者的取值范围为 0~5,表示最大退避次数,退避超过这个数值则放弃发送;后者的取值范围为 0~3,表示设备试图访问信道最少等待的退避时期。

IEEE 802.15.4 属性设置如图 5-36 所示,其中最重要的是 Beacon Order(BO)和 Superframe Order(SO),它们决定了超帧结构(超帧长度和活跃期)。它们必须满足关系:$0 \leqslant SO \leqslant BO \leqslant 14$。详细的属性如表 5-2 所示。

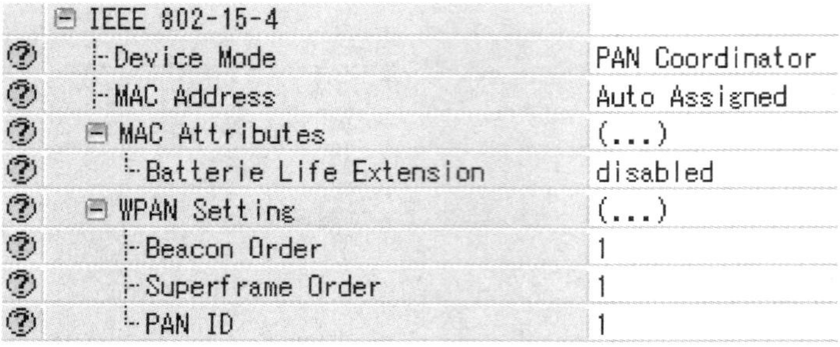

图 5-36   设置 IEEE 802.15.4 属性

表 5-2   IEEE 802.15.4 属性列表

属 性 名	取 值	描 述
Device Mode	[End Device/PAN Coordinator]	节点是协调器还是终端节点
MAC Address	[Auto Assigned]/手动指定	设备的 16 b 短 MAC 地址
Beacon Order	0~15	指定信标间隔周期 BI(Beacon Interval)。如果设置为 15,则不传送信标(即非信标使能模式)
Superframe Order	0~15	信标活动部分的长度。特殊情况:SO=15 时,信标之后就是非活跃期,也即不存在活跃期
PAN ID	默认为 1,可以指定任意的整数值	PAN 标识符
Battery Life Extensio	[enabled/disabled]	如果打开此属性,初始的退避指数 $BE=(2, macMinBE)$。如果关闭此属性,初始的退避指数 $BE=macMinBE$

GTS 属性的设置如图 5-37 所示,当终端设备发送 GTS 请求到协调器时,CFP 被激活,CFP 为对时间有严格要求的数据提供实时保证。协调器根据接收到的请求,检查是否有足够的资源,然后为终端设备分配 GTS 时隙。CFP 最多支持 7 个 GTS,每个 GTS 可以包含多个时隙。获得 GTS 的设备可以直接访问信道,而不用和其他在同一个 PAN 内的设备进行竞争。GTS 只能由 PAN 协调器分配,在整个 GTS 内只能由终端设备和协调器占用信道,数据可以是从终端设备到 PAN 协调器(属性 Direction 的值为 transmit),也可以是从 PAN 协调器到终端设备(属性 Direction 的值为 receive)。节点可以请求一个 transmit 方向的 GTS,或者请求一个 receive 方向的 GTS。在分配 GTS 时,要保证 CAP 的长度不能小于最小 CAP 长度(即 aMinCAPLength,440 个符号时间)。GTS Permit 属性用来控制协调器是否接受来自终端设备的 GTS 请求,这个属

性仅对协调器有效。当请求的 GTS 被分配给终端设备后,这个终端设备的应用层开始产生 MAC 帧中的净荷数据(MAC service data unit,MSDU)。MSDU 的大小由 MS-DU Size 属性设定。帧净荷被包裹上 MAC Header 成为一个 MAC 帧存放在缓冲区里(缓冲区的容量由 Buffer Capacity 属性设定)。默认的 MAC header 大小(即 MAC_HEADER_SIZE)是 104 b,最大允许的帧长(包括帧头和净荷)等于 aMaxPHYPacketSize(1016 b)。超过缓冲区容量的帧将被丢弃。当请求的 GTS 激活时,帧从缓冲区中删除,包裹上 PHY Header,以 250 Kb/s 的传出速率发送到网络上。详细的属性如表5-3 所示。

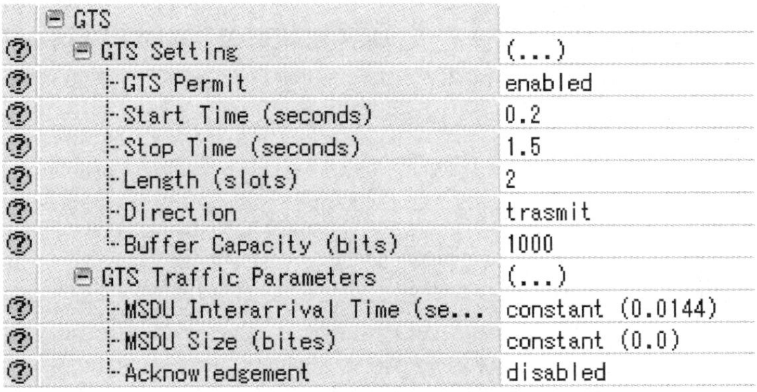

```
⊟ GTS
  ⊟ GTS Setting                        (...)
    ┝GTS Permit                        enabled
    ┝Start Time (seconds)              0.2
    ┝Stop Time (seconds)               1.5
    ┝Length (slots)                    2
    ┝Direction                         trasmit
    ┕Buffer Capacity (bits)            1000
  ⊟ GTS Traffic Parameters             (...)
    ┝MSDU Interarrival Time (se...     constant (0.0144)
    ┝MSDU Size (bites)                 constant (0.0)
    ┕Acknowledgement                   disabled
```

图 5-37　设置 GTS 属性

表 5-3　GTS 属性

属性名	取值	描述
GTS Permit	[enabled/disabled]	是否接受 GTS 请求
Start Time	[second]	何时开始产生 GTS 数据流量。时间是仿真时间。如果设置为 Infinite,则不会产生数据流量
Stop Time	[second]	何时开始结束 GTS 数据流量。时间是仿真时间。如果设置为 Infinite,则数据流量直到仿真结束才停止
Length	0~15 slots	请求的 GTS 要占用几个超帧时隙
Direction	[transmit/receive]	transmit:End Device → PAN Coordinator receive:End Device ← PAN Coordinator
Buffer Capacity	[bits]	先进先出(FIFO)buffer 的容量(b)。存储从应用层到达的数据
MSDU Interarrival Time	PDF * [sec]	两个连续 MSDU 的间隔时间
MSDU Size	PDF[bits]	范围为 0 ~ aMaxMACFrameSize,超过 aMaxMACFrameSize 的值自动设置为边界值。aMaxMACFrameSize = aMaxPHYPacketSize − MAC_HEADER_SIZE=(1016−104) b=912 b
Acknowledgement	[disabled/enabled]	产生的数据是否需要确认

有益提示 ... 当资源不足时，PAN 协调器禁止分配 GTS。已经分配到一个 GTS 的终端设备还是可以利用 CAP 传输数据的。

4) IEEE 802.15.4/ZigBee 模型的 MAC 层实现

IEEE 802.15.4/ZigBee 模型 wpan_sensor_node 节点模型内部结构如图 5-38 所示。图中，Traffic Sink 进程模型负责处理 MAC 层进程中接收到的流量，更新 Local 和 Global 统计，最后销毁从 MAC 层收到的数据包；Synchro 进程只对协调器起作用，向外发送信标帧进行同步；wpan_mac 进程负责处理 MAC 层协议所有的操作，也是最核心的进程模型。Traffic Source 进程产生 CAP 期的流量，包括要求确认和不要求确认的流量；GTS Traffic Source 进程产生使用 GTS 机制的时间关键的流量，包括要求确认和不要求确认的流量；BATTERY MODULE 进程计算已经消耗的和剩余的能量，电流消耗的默认值设置为 MICAz mote。

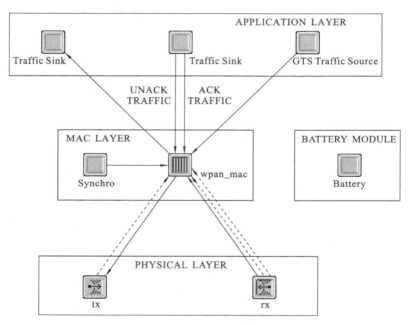

图 5-38　wpan_sensor_node 节点模型结构

5.4.4　基于 IEEE 802.15.4 的体域网仿真

1. 体域网与 IEEE 802.15.4

近年来，无线人体局域网（wireless body area network，WBAN）逐渐成为研究热点，吸引了许多学术界和工业界的研究人员，在医疗护理、体育和娱乐、军工企业、社会公共等领域应用需求很大。目前，在 WBAN 中广泛使用的无线标准是 IEEE 802.15.4，它支持非常低的功耗，特别适合低速率、近距离的无线传输。

在 WBAN 中，佩戴于人体的传感器（如心电图 ECG、脑电图 EEG、重力加速计等）作为终端节点（end device），如图 5-39 所示。通常情况下，人体传感器不会直接和外界接入点直接通信,因此引入 Personal Server(PS)作为连接人体传感器和外界接入点的桥梁。除了路由人体感知数据包之外还可以有其他功能,如人体感知信息融合、降低数据冗余度,如作为 ZigBee 网络协调器。

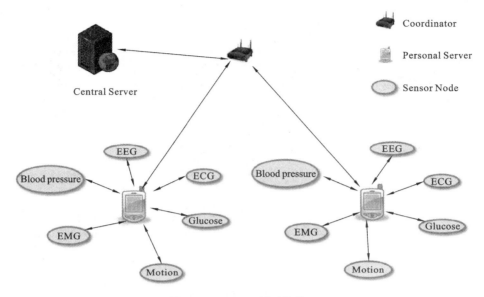

图 5-39　WBAN 树形结构图

与传统的无线传感器网络(wireless sensor network,WSN)中 QoS 特性不同,WBAN 中对业务实时性、可靠性等服务质量(quality of service,QoS)要求更高。而且,对于不同的 WBAN 应用场景,QoS 要求也需量身定做。比如,在医院的真实应用中,在带宽有限的情况下,不同传感数据的 QoS 及传输优先级将不同。本节的示例将采用开放源代码的 IEEE 802.15.4/ZigBee OPNET Simulation Model 仿真模型。

2. IEEE 802.15.4 MAC 协议与树形拓扑

1) IEEE 802.15.4 信标使能模式

IEEE 802.15.4 提供两种操作模式:信标模式和非信标模式。在非信标模式中,使用非时隙的 CSMA/CA 机制进行通信,这种机制比信标模式中采用的基于时隙的 CSMA/CA机制简单,所有节点均以竞争方式接入信道。信标模式更适合实时数据传送和周期性的数据传送,也更适合在 WBAN 中实现 QoS。下面介绍信标模式下的网络通信。

在信标模式中,有一个非常重要的概念:超帧(superframe),它是一个周期性的时间结构,分为活跃期(active)和可选的非活跃期(inactive)。每个协调器都有自己的超帧,超帧结构如图 5-40 所示。协调器周期性发送信标帧,节点通过信标帧进行同步操作。两个相邻信标帧的时间间隔称为信标间隔(beacon interval,BI)。节点在活跃期打开接收机接收数据或者准备接收数据,在非活跃期休眠以节约能量。超帧的活跃期的持续时间用参数 SD(superframe duration)表示,它被划分为 16 个相等的时隙(aNum-SuperframeSlots)。整个活跃期又被分为竞争访问期(CAP)和非竞争访问期(CFP),节点在 CAP 阶段采用基于时隙的 CSMA/CA 机制访问信道,而在 CFP 内则采用 TDMA(time division multiple access)进行通信,使用保障时隙(guaranteed time slot,GTS)描述时隙资源,在 CFP 中包括一个或多个 GTS,被分配给某个设备的 GTS 包括一个或多个时隙,用于和协调器通信。

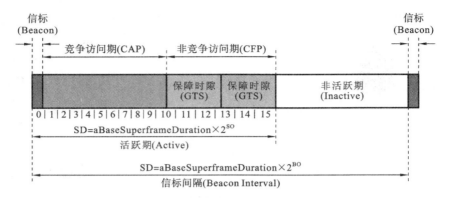

图 5-40　超帧结构

信标间隔 BI 和超帧持续时间 SD 分别由信标阶(beacon order,BO)和超帧阶(superframe order,SO)决定,计算方法如以下公式所示。SO 和 BO 必须满足:$0 \leqslant SO \leqslant BO \leqslant 14$。

$$BI = aBaseSuperframeDuration \times 2^{BO} \tag{5-1}$$

$$SD = aBaseSuperframeDuration \times 2^{SO} \tag{5-2}$$

$$(aBaseSuperframeDuration = aBaseSlotDuration \times aNumSuperframeSlots$$
$$= 60 \times 16 = 960 \ symbols)$$

基于时隙的 CSMA/CA 机制有三个重要的参数:NB(number of backoff)、CW(content windows)和 BE(backoff exponent)。其中 NB 表示退避次数,初始值为 0,最大值为 4。当节点完成随机延迟,并监测到信道繁忙,则 NB 加 1;若 NB 超过最大值,则发送失败。CW 为竞争窗,表示发送数据前需要确认信道空闲的次数,默认值为 2。当确认信道空闲成功一次,则 CW 值减 1;当 CW 为 0 并且网络信道空闲时开始传输数据。BE 表示退避指数,表示检测信道是否空闲之前需要随机退避时间,BE 的取值范围是 0~5,默认值为 3。

IEEE 802.15.4 协议对 NB、BE 和 CW 值的设定不是强制性的,可以根据实际情况进行调整,具有较高的灵活性。后面将对这些参数进行适当的调整以满足 QoS 需求。

IEEE 802.15.4 信标模式中 CFP 使用保障时隙(guaranteed time slot,GTS)为接入设备提供信道访问。设备访问信道前必须申请 GTS,GTS 请求命令帧格式如图 5-41 所示。

节点(end device 或 router)使用 GTS 进行数据传输时,必须向其父节点(路由器或协调器)发送 GTS 分配请求命令帧,当命令帧中 Characteristics Type 域的值为 1 时,表示申请 GTS,GTS Length 域表示所申请时隙个数。父节点接收到 GTS 请求命令帧后发送确认帧。父节点在分配 GTS 时必须同时满足如下三个条件:

(1)父节点当前超帧的 CFP 中剩余时隙个数不小于节点请求的 GTS 长度;

(2)父节点中已分配的 GTS 数小于 7(每个超帧最多分配 7 个 GTS);

(3)分配 GTS 后,父节点的 CAP 长度不小于 aMinCAPLength 的值(IEEE 802.15.4 规定的 CAP 最小长度,其值为 440 个符号)。

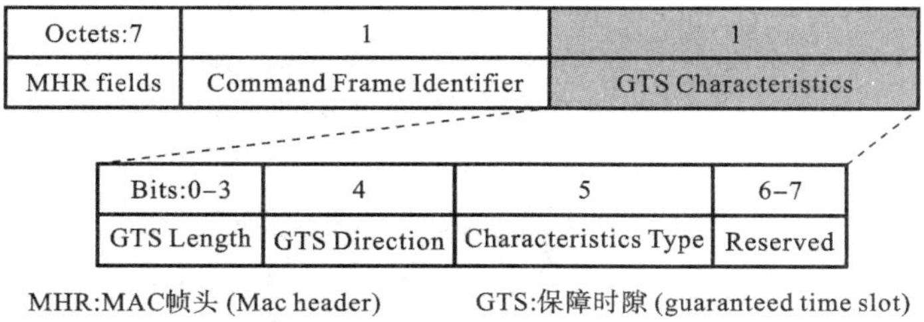

图 5-41　GTS 申请命令帧格式

在带宽资源允许的情况下,父节点使用先来先服务原则为节点分配 GTS,并将 GTS 分配情况存入信标帧的 GTS 域。请求 GTS 的节点在约定的信标周期内对收到的信标帧的 GTS 域进行分析,判断是否被分配了 GTS,如果父节点为自己分配了 GTS,则可在指定的 GTS 时隙范围内发送数据,否则 GTS 分配请求失败。

2) 树形拓扑结构

树形编址是 ZigBee 当中默认的地址分配机制。使用树形编址时,必须事先确定三个网络参数:子节点最大数目 Cm、子节点中路由器的最大数目 Rm、网络最大深度 Lm。规定协调器的深度为 0,地址为 0;协调器子设备的深度为 1,每向下一级深度增 1。当确定了 Cm、Rm 和 Lm 的值后,就可以根据以下公式计算出叶子节点(即非路由器节点和协调器)的地址。

$$A_n = A_{parent} + Cskip(d) \times Rm + n \tag{5-3}$$

$$Cskip(d) = \begin{cases} 1 + Cm \times (Lm - d - 1), & Rm = 1 \\ \dfrac{1 + Cm - Rm - Cm \times Rm^{Lm-d-1}}{1 - Rm}, & \text{其他} \end{cases} \tag{5-4}$$

网络中允许的最大地址计算式如下。

$$Amax = Cskip(0) \times Rm + Cm - Rm \tag{5-5}$$

式(5-3)、式(5-4)和式(5-5)中的 Cskip(d)表示深度为 d 的路由器节点的子节点中,路由器子设备之间的地址间隔。n 表示父节点下的第 n 个终端设备,n 的取值范围为 1~(Cm−Rm)。Amax 表示可以使用的最大地址编号,超过 Amax 的地址无法使用。例如:Cm=7,Lm=5,Rm=5 时,协调器(d=0)的子节点中路由器子设备间的地址间隔 Cskip(0)=(1+7−5−7×5^{5−0−1})/(1−5)=1093,又由于 Rm=5,所以协调器下面只能有 5 个路由器子节点,它们的地址必须为 R1=1、R2=1094、R3=2187、R4=3280、R5=4373,即每个路由器下面可以容纳的子孙节点数目为 1093 个。由于 Cm=7,所以在协调器下面还可以有 2 个(7−5=2)终端节点,它们的地址利用式(5-3)计算,分别为 5466 和 5467。这里需要注意,通常协调器根据路由器加入网络的先后顺序从小到大依次分配地址,协调器也根据终端节点加入网络的先后顺序从小到大分配地址。本例网络中最大地址为 Amax=1093×5+7−5=5467,大于或等于 5468 的地址将被浪费。同理,可以计算出路由器 R1 等其他路由器子节点的地址分配。

从上面的示例分析可以看出,树形编址有如下缺点:① 存在地址空间的浪费,超过 Amax 的地址空间被浪费掉;② 树形地址分配是一种预分配机制,规划网络时就需要认真选择 Lm、Cm 和 Rm 三个参数,一旦参数确定,设备地址就确定下来,网络拓扑也就确定了。如果网络拓扑结构需要变动,则很有可能受到地址空间的限制。所以,这种编址方式不够灵活。

树形拓扑结构中采用的路由称为树路由,又称为层次路由(hierarchical routing)。树形编址的优点是路由算法简单,它是与树路由算法密切相关的编址方式。树路由中数据包沿着树的路径传播,它依赖于树形编址。比较路由器的目标地址和自身地址,即可知道下一跳节点地址。在树形编址中,通过 Cskip(d) 函数计算为路由器子节点预留的地址段,如果目标地址不在这个地址段范围,表示目标地址节点不是自己的子孙节点,那么下一条地址应该是路由器的父节点。例如,假设目标地址是 D,路由器的深度为 d,路由器地址为 A,当 D<A 或 D≥A+Cskip(d−1) 时,路由器把数据包发往父节点。如果 A<D<A+Cskip(d−1),数据包应该发给路由器的一个子节点。如果 D≥A+Cskip(d)×Rm,则说明目标节点是路由器的末端子节点类型,下一跳直接到达目标节点;否则,目标节点是路由器子节点。因为每个路由器子节点占用 Cskip(d) 地址段,所以 $\lfloor[D−(A+1)]/Cskip(d)\rfloor+1$ 表示目标节点属于第几个路由器子节点的地址段,下一跳地址应当为 $A+1+\lfloor[D−(A+1)]/Cskip(d)\rfloor×Cskip(d)$,其中"|x|"表示不大于 x 的最大整数。

由此可见,树路由除了必需的几个网络参数之外,不需要存储其他信息,计算也比较简单,比较适合在 WBAN 的低功耗应用中采用。

3. QoS 仿真示例

基于 IEEE 802.15.4 信标使能的通信模式可以实现一种简单的 QoS 方案。人体上可能带有多个传感器节点(如 EEG、ECG),利用基于时隙的 CSMA/CA 机制中竞争访问期(CAP)的退避指数(backoff exponent,BE)可以实现不同传感器节点间的服务区分。另外,读者也可以基于 GTS 和树路由很轻松地设计出适用于不同场景的 QoS 方案,并且修改模型的源代码,本书不再赘述。

1) QoS 方案

退避指数表示节点在探测信道忙闲状态时需要随机退避等待的时间,它的值要根据电池寿命扩展参数 macBattLifeExtPeriod 设置,如果这个属性值为 TRUE,则 BE=min(2,macMinBE),即 2 和 macMinBE 之间的最小值;如果这个属性值为 FALSE,则 BE=macMinBE。因为在人体局域网中节点电池的更换相对比较容易,假设 macBattLifeExtPeriod 属性值为 FALSE,也就是说,macMinBE 的值即为 BE 的值。用 T 表示随机退避等待的时间,用 R 表示 0~(2^{BE}−1) 之间的随机整数,可用下式表示。

$$T = aUnitBackoffPeriod×R=20(symbols)×R \qquad (5\text{-}6)$$

可见,BE 值的选取直接影响随机退避时间 T,BE 的范围为 0~macMaxBE,而 macMaxBE 的值在 0~5 之间。较小的 BE 值意味着设备有较大的可能优先使用信道发送数据。由此可见,如果节点的退避指数不同,则节点在使用 CSMA/CA 机制访问信道时,占用信道的概率也不相同。通过调节每个 End Device 的 BE 值实现服务区分,BE 越小,End Device 的优先级越高,从而保证在竞争访问期内的服务质量。

2) 性能评估

假设病人身上携带三个传感器节点,这三个传感器节点都需要和 PS 通信。三个传感器节点 node_1、node_2 和 node_3 的 BE 值分两种情况:第一种情况,三个传感器节点的 BE 值都为 3;第二种情况,三个传感器节点的 BE 值分别为 1、2 和 3。三个传感器节点在 CAP 内的流量开始时间相同,流量速率设置为 100/0.03 b/s,仿真时间为 50 s。

BE 两种取值的 CAP 队列延时仿真结果如图 5-42 和图 5-43 所示。当节点的 BE 值相等时,三个节点要发送的数据在队列中的延时集中在 0.005～0.010 s 之间。设置不同 BE 值后,node_1 节点的队列延迟在 0.003～0.004 s 之间,node_2 节点的队列延迟在 0.006～0.008 s 之间,node_3 节点的队列延迟在 0.008～0.012 s 之间。仿真结果表明,三个节点将数据发送出去的延迟随着 BE 值的增大依次增加,实现了按照优先级发送数据的设计目的。

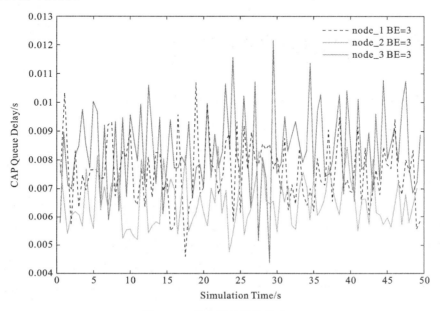

图 5-42　节点退避指数都为 3

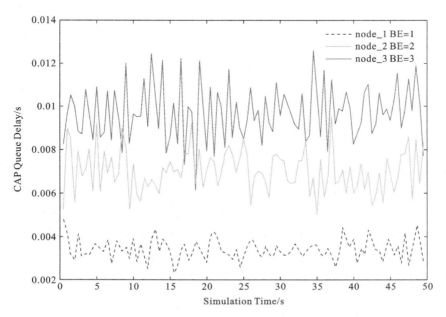

图 5-43　节点退避指数依次为 1,2,3

6

绿色物联网仿真

绿色物联网,一般指节能减排、减少环境污染、减少资源浪费以及对人体和环境没有危害排放的新一代物联网设计理念,通过对网络设备进行改造、优化,并引入新技术,以达到降低能耗的目的。物联网作为一种全新的网络形态,除包括无线传感器网络之外,还包括无线、有线接入网,IP 核心网以及大型计算处理管理平台,几乎涉及 ICT(Information,Communication,Technology)产业的各个领域。庞大的网络规模所带来的电力消耗,使其成为限制 ICT 产业节能减排的最大瓶颈。同时,受到物联网自身特点的限制,其发展也非常依赖低功耗、高能效的绿色技术的研究与应用。所以,做好物联网"绿化"工作,既是经济社会发展的要求,也是产业自身发展的需要。

在无线传感网中,节点的资源限制使得降低节点能耗、提高网络寿命最为重要;同时,由于无线链路的高动态性,可靠的数据传输也不可或缺。因此,向 Sink 可靠地传送传感数据需要一个高能效和高容错性的路由解决方案。本章介绍的两个路由协议:REER 和 KCN,主要用于不可靠环境下,密集部署的无线传感网的多跳协作通信。

6.1 REER 路由协议

大范围部署的传感器通常工作在无人维护的情况,有时可能在恶劣的环境中,由于环境噪声和节点障碍,节点之间的连接可能会丢失。此外,节点也可能会由于电池电量耗尽、环境变化或恶意破坏而死亡。这种情况下,可靠和节能的数据传输至关重要。

为解决这些问题,近年来有大批研究人员致力于通过提高能效、可靠性或实现低成本的传感器设计来延长网络的寿命。然而,在这些设计目标中,可靠性和高能效通常是相互冲突的。我们考虑两个极端的路由协议:单播和洪泛。对一个可靠的网络而言,单播路由是高能效的,但不适合动态网络。洪泛适合动态的和容易出错的网络,但给传感器网络带来更高的开销。一些路由协议尝试在两个极端之间做出平衡,以便适用于不同类型的网络。例如,在定向扩散中,为提高可靠性,由周期性的洪泛探索路由。当一个路径被确定后,为节约开销,将在一段时间内使用它进行单播。

从优化 WSN 网络层路由算法能耗的角度,提出了一个可靠的高能效路由(reliable energy-efficient routing,REER)协议,利用无线网络的广播特性,建立了一个类似单播的路径,在密集的无线传感器网络中实现了高可靠性、高能效的数据传输。

6.1.1 REER 协议

1. 概述

本小节主要介绍 REER 路由协议。REER 路由协议的工作原理如图 6-1 所示。

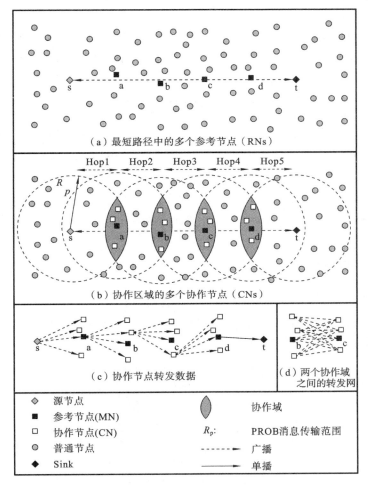

图 6-1 REER 路由协议描述

  首先,在源与接收端之间沿着最短路径,每隔一定距离(比如 r)选定一组节点,我们称这组节点为参考节点(RNs)。如图 6-1(a)所示,s、a、b、c、d、t 都是参考节点。s 相对于 a 是上游节点,b 则是 a 的下游节点。

  从图 6-1(b)中可以看到,节点的传输半径为 R,对参考节点 b 来说,其上游参考节点传输覆盖的区域将是一个圆心在 a、半径为 R 的圆盘区间,而其下游参考节点 c 覆盖的区域将是一个圆心在 c、半径为 R 的圆盘区间,参考节点之间的距离 $r<R$,则这两个圆区间重叠,节点 b 将位于重叠区域内。我们称重叠区域为参考节点 b 的协作域(记为 CFb)。位于协作域内的多个节点成为节点 b 的协作节点(CNs)。

  当参考节点和协作节点确定之后,就可以转发数据了。数据包每一跳都通过广播发送,经过一组协作节点(即组逐组,而不是逐跳)中转后发往目标节点。如图 6-1(c)

所示,节点 a 广播发送数据包之后,协议域 b 内的所有节点都收到了 a 转发的数据包,然后协议随机选择协作域 b 中的一个节点转发数据包到协作域 c,如此往复,直至数据包到达目标节点。

图 6-1(d) 给出了两个连续协作域之间所有可能的无线链接,而每个链接质量是变化的。没有被选择为参考节点和协作节点的其他节点,在数据传播过程中进入睡眠模式以节省能量。

这个路由算法提供了一个在传统的多路径路由和单路径路由之间的有效的折中。它具有多路径路由方案容错的优点,又没有发送多个相同的数据包副本而产生相关开销的缺点。

REER 和传统的地理路由协议之间的主要区别如下。

(1) REER 是无状态的,并不需要存储任何邻居信息。

(2) 在不可靠的通信环境中,传统的路由协议可能无法实时提供数据,因为只有在尝试多次传输后才能发现链接/节点故障。在 REER 中,每个数据在每一跳中只广播一次。只要有一个参考节点在良好的状态中,数据包就能被成功传递。

(3) 在 REER 中,协作节点的数目在数据传输之前自适应地选择,这使得数目最小化,并能根据链路失败率实现所要求的可靠性。数据传送中,未被选中的节点将进入睡眠模式以节省能量。

2. 参考节点的选择

1) 虚拟坐标

在选择参考节点之前,首先要了解虚拟坐标,虚拟坐标示意图如图 6-2 所示。图中 h 为参考节点,t 为 Sink 节点,i 为 h 的邻居节点。我们将这几个点相对于节点 O 的坐标称为绝对坐标。

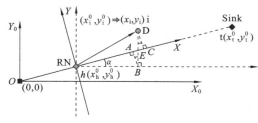

图 6-2 虚拟坐标示意图

在 h 选择下一个邻居节点时,为了方便计算到 h 的角度和距离,需要将 i 的绝对坐标 (x_i^0, y_i^0) 转化为相对于节点 h 的相对坐标 (x_i, y_i)。

根据上图,可以推导出下面的公式。

$$x_i = hA + AC = hB \times \cos\alpha + (BE + DE) \times \sin\alpha$$
$$= (x_i^0 - x_h^0) \times \cos\alpha + (y_i^0 - y_h^0) \times \sin\alpha$$
$$y_i = DC = AB + DC - AB = BD \times \cos\alpha - hB \times \sin\alpha$$
$$= (y_i^0 - y_h^0) \times \cos\alpha - (x_i^0 - x_h^0) \times \sin\alpha$$

$$\alpha = \arctan\left(\frac{y_t^0 - y_h^0}{x_t^0 - x_h^0}\right)$$

2) 参考节点的选择

(1) 参考节点条件。

上游节点 h 广播一个 PROB 消息,PROB 消息中包含了 h 的坐标 (x_h^0, y_h^0)。参考节点的选择如图 6-3 所示。D 点相对 h 点的坐标为 $(r,0)$,且在直线 ht 上。选择参考节点的标准有两个,假设参考节点为 i。

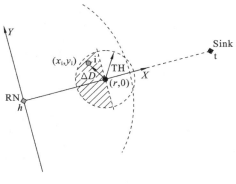

图 6-3　参考节点选择

① 第一次收到 PROB 包,即收到上游节点发过来的数据包。

② i 的虚拟横坐标 $X_i < r$,这是为了保证可靠性。

③ 节点 i 到 D 的距离 ΔD_i 小于某个设定值 TH。

条件 b 和 c 构成图中阴影部分的面积。

如果节点同时满足这三个条件,则开始参考节点筛选程序;否则,丢弃该数据包。

(2) 参考节点筛选。

满足上面条件的节点开始倒计时,倒计时的时间为

$$t_{rnc} = \tau \times \Delta D + \text{rand}(0, \mu)$$

式中:τ 为一个固定单位的时间;ΔD 表示节点距离 D 点的距离;$\text{rand}(0, \mu)$ 返回一个 $0 \sim \mu$ 的随机值,μ 是一个很小的常数。这个公式保证距离 D 越近的节点倒计时值越小。t_{rnc} 最小的节点成为参考节点。

(3) REP 和 SEL 消息。

假设 i 成为参考节点,则 i 在倒计时结束时,向上游参考节点 h 单播发送一个 REP 消息,REP 消息中包含有节点 i 的编号。

当 h 收到 REP 消息之后,广播发送一个 SEL 消息,将节点 i 的编号告诉其他节点。为了保证只有一个节点被选择为下游节点,h 只接收第一个 REP。

当节点 i 接收到 SEL 消息之后,则正式成为 h 的下游参考节点。其他节点将取消它们的倒计时。

选择参考节点的序列图如图 6-4 所示。

3. 协作节点选择

当 PROB 消息从源往目标传送时,每个参考节点只传送一次 PROB 消息。只在协作域建立的期间才传送 PROB 消息。

假设节点 i 是一个协作域内的节点,当 RN 选择向着 Sink 进行传播时,i 将会接收到更多的 PROB 消息。

当接收到第一个 PROB 时,一个中间节点将会变为一个协作节点的候选节点,同时启动一个协作节点决策定时器。当协作节点决策定时器定时时间结束时,i 执行一个节点决策程序,检查接收到的 PROB 的数目。如果接收到三个或者更多,则节点 i 成为协作节点。接着,它会计算出协作节点属于哪个参考节点的协作域,如图 6-5 所示。

图 6-5 (a) 中,节点 i 接收到三个 PROB 消息,分别存储在 RE[1]、RE[2]、RE[3] 数组中,其中 RE 为一个结构体,每个 RE 都包含三个参数:到源节点的跳数、发送 PROB 的参考节点编号、参考节点到 Sink 的距离。

节点 i 首先接收到节点 a 的 PROB 消息,将 RE[1] 的参考节点设置为节点 a,随后接

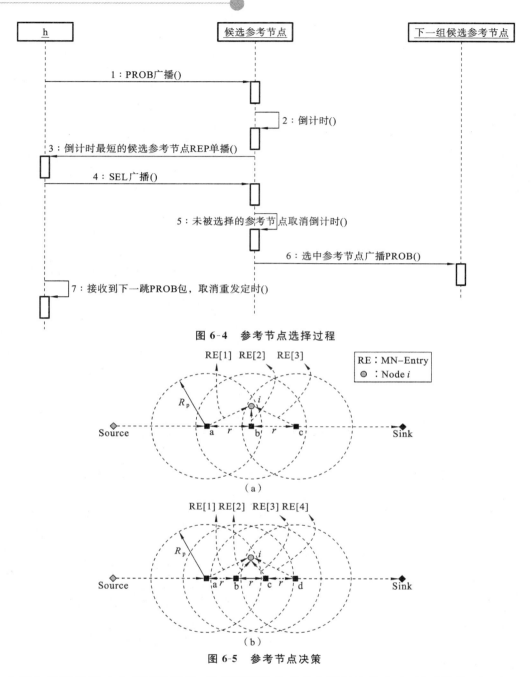

图 6-4　参考节点选择过程

图 6-5　参考节点决策

收到 b 发送的第二个 PROB 消息,将 RE[2]的参考节点设置为节点 b,最后接收到 c 发送的第三个 PROB 消息,将 RE[3]的参考节点设置为节点 c。因为节点 i 接收到三个 PROB 消息,因此成为协作节点。将第二个 PROB 消息的发送节点 b 设置为自己的参考节点。

也存在接收到四个 PROB 消息的情况,如图 6-5(b)所示,则节点可以将第二个 PROB 消息的发送节点 b 或者第三个 PROB 消息的发送节点 c 设置为参考节点。通过对比二者到节点 i 的距离来决定,距节点 i 近的节点将成为 i 的参考节点。

如果接收到五个或以上的 PROB 消息,则表示 r 设置得过小。

协作节点的决策流程图如图 6-6 所示。

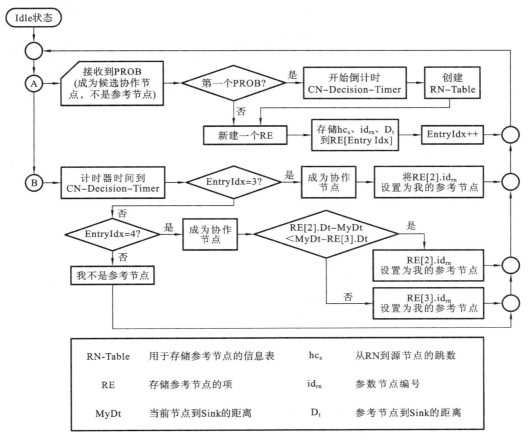

图 6-6 协作节点决策流程图

需要指出的是,本节只考虑了单流的例子。如果多流同时存在,REER 会为每一个流产生一个参考节点列表,它们每个都有一个不同的标识(flow-id)。

4. 数据包的转发

当参考节点 RNs 和协作节点 CNs 确定以后,就可以通过协作节点群逐跳转发数据包。

假设节点 i 接收一个广播数据包,令 Seq_{data}^i 为节点 i 迄今为止收到的所有的数据包中的最大序列号。首先,让 Seq_{data}^i 与 Data. SeqNum 比较。如果 Data. SeqNum 不大于 Seq_{data}^i,那么数据包要么是无效的,要么是由节点 i 的下游节点传播来的。在这种情况下,节点 i 将丢失数据。

候选节点(包括参考节点和协作节点)会设置一个定时器,定时器最先结束的节点被选为转发数据的节点,定时器的设置方案有两种:第一种基于随机值;第二种基于距离。

1) 基于随机值

候选节点 i 会随机地选择一个退避时间(t_b),它利用其退避定时器设置 t_b 来执行竞争。

$$t_b = rand(0, T_{max})$$

T_{max} 表示最大退避时间值,假设 N_{cf} 表示协作域中的节点数,为了与协作域的其他节点区分,至少应该给每个节点保留一个时间槽。

$$T_{max} = N_{cf} \times \Delta T$$

较大的 ΔT 可以减少数据并发广播的可能性,较小的 ΔT 可以降低数据包的延时。

当节点 i 监听到一个数据包的转发时,它也会用 hc_s^i(节点 i 到源节点的跳数)与 $Data.hc_s$(所接收的包的跳数)比较。如果 $hc_s^i = Data.hc_s$ 且 $Seq_{data} = Data.SeqNum$,这是有其他节点在向下游节点传播数据包,表明发送是成功的;否则,当重传定时器(ReTx 定时器)到期时,节点 i 会重传数据包,然后再次启动定时器,直到超出重试次数限制。

2)基于距离的方案

候选节点选择定时器的值是基于距离的,如下式所示。

$$T_{timer}^i = \frac{D_t^i - D_{min}}{D_{max} - D_{min}} \cdot T_{max}$$

在图 6-7 中,节点 1～4 中,节点 2 距离 Sink 最近,所以定时器设置最小,因此被选择为数据包转发节点。

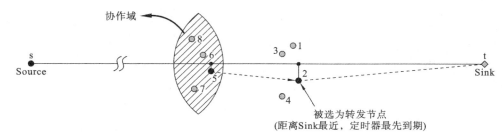

图 6-7　基于距离选择的方案

基于随机值的方案协作域内,每个候选节点转发数据的机会均等,所以一个协作域内各节点的能耗均衡。基于距离选择的方案选择距离 Sink 更近的候选节点转发数据,但是形成了固定的路径,路径上的节点首先耗尽能量,比如图 6-7 中,节点 5 的下一跳永远是节点 2。因此,基于距离的方案需要考虑节点剩余能量作为选择参考。

发送数据包的序列图如图 6-8 所示。

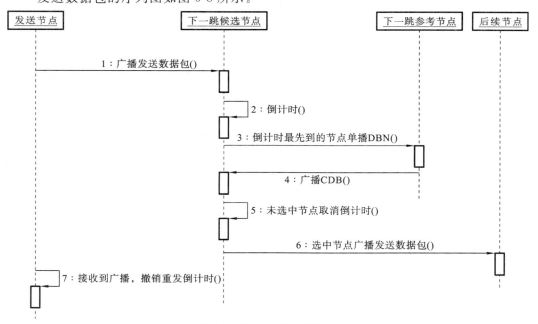

图 6-8　数据包发送序列图

（1）首先，上一跳节点广播发送数据包，候选节点收到数据包之后启动倒计时。

（2）当倒计时结束时，首先到期的节点会给自己的参考节点单播发送 DBN（data broadcast node）消息，参考节点如果接收到该消息，广播回复 CDB（choose data broadcast）消息。

 有益提示…　　　如果首先到期的为参考节点，则该节点直接发送 CDB 消息。

（3）未选中节点取消倒计时，被选中节点广播发送数据包。

（4）后续节点接收到广播数据包，重新开始发送数据的流程，最初发送节点接收到该广播包，取消重发倒计时。

（5）最后 Sink 节点收到广播数据包之后，发送一个 Sink 收到数据的广播包，其他节点收到该包之后取消图 6-7 中 2、7 两个倒计时。

6.1.2　REER 代码实现

基于第 3 章介绍的基础模型实现 REER 协议，下面将实现仿真的主要过程描述，详细内容可以参考本章所附代码。

1. 头文件

在 wsn_intrpt_code. h 中添加中断码，程序如下。

```
#define SRC_SEND_PROB_INTRPT_CODE        1101   /* 在 SrcInit 状态中发送的
自中断 */
#define REF_TIMER_EXPIRED_INTRPT_CODE   1102   /* REP 倒计时中断 */
#define COOP_TIMER_EXPIRED_INTRPT_CODE  1103   /* 设置协作节点中断 */
#define SEND_DBN_INTRPT_CODE             1104   /* DBN 倒计时中断 */
#define ERASE_NODE_ANIM_INTRPT_CODE      1105   /* 协作节点更新图标中
断 */
#define RE_TRANS_DATA_INTRPT_CODE        1106   /* 重传 DATA 包中断 */
#define RE_TRANS_PROB_INTRPT_CODE        1107   /* 重传 PROB 包中断 */
#define GOOD_TO_FAIL_INTRPT_CODE         1108   /* 节点禁用中断 */
#define FAIL_TO_GOOD_INTRPT_CODE         1109   /* 节点可用中断 */
```

2. 节点属性

在节点模型中给节点添加两个属性，如图 6-9 所示。这两个属性是为了动画更新节点图标所用的。

NodeFailureFlag 为 1 表示节点禁用，为 0 表示可用。

NodeFlag 为 0 是普通节点，为 1 是参考节点，为 2 是协作节点。在开始传输数据时，普通节点将进入睡眠状态以节省能量。

3. 包结构

实现 REER 协议需要添加的包有：PROB 包、REP 包、SEL 包、DBN 包、CDB 包、SINK_RECEIVED_DATA 包、CANCEL_RETRANS 包。其中，PROB 包、REP 包和

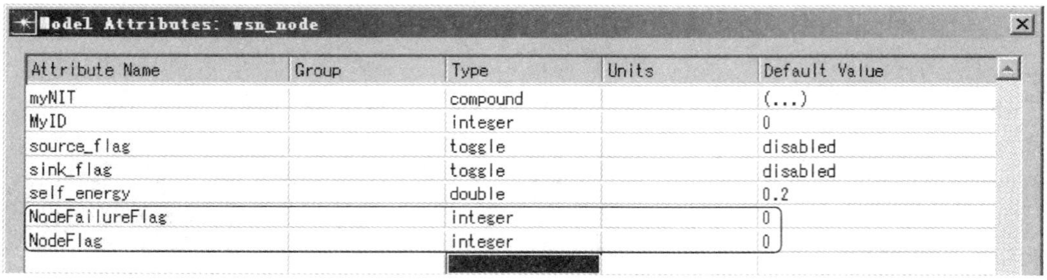

Model Attributes: wsn_node

Attribute Name	Group	Type	Units	Default Value
myNIT		compound		(...)
MyID		integer		0
source_flag		toggle		disabled
sink_flag		toggle		disabled
self_energy		double		0.2
NodeFailureFlag		integer		0
NodeFlag		integer		0

图 6-9　节点新加属性

SEL 包用于确定参考节点和协作节点；DBN 包、CDB 包和 SINK_DATA 包则在转发数据时使用；CANCEL_RETRANS 包是防止节点重复发送 PROB 包和 DATA 包所用。

1）PROB 包

PROB 包的结构如图 6-10 所示，字段说明如下：

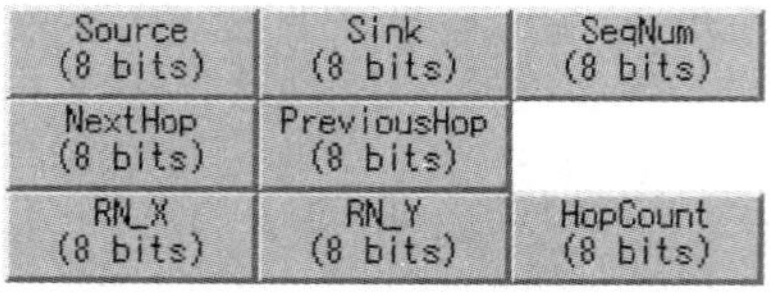

图 6-10　PROB 包结构

（1）Source 和 Sink 分别表示源和目标的节点编号；

（2）SeqNum 为 PROB 包的序号；

（3）NextHop 和 PreviousHop 分别表示上一跳和下一跳节点编号，当某个节点要发送数据包时，将 NextHop 设置为要发送的目标节点编号，将本节点编号设置为 PreviousHop；

（4）RN_X、RN_Y 分别表示参考节点 *X*、*Y* 坐标；

（5）HopCount 表示当前参考节点距离源节点的跳数。

收到 PROB 包的所有节点启动倒计时，倒计时首先到期的节点首先发送 REP 包。

当 Sink 节点接收到 PROB 包，广播一个 PROB 包，其他节点接收到 Sink 节点广播的包时，取消 REP 包定时。

2）REP 包

REP 包只有两个字段，即 PreviousHop 和 NextHop。倒计时到期节点将自己的节点编号填到 PreviousHop 中，单播发送到上一跳节点中。

3）SEL 包

SEL 包和 CDB 包有两个字段，即 Winner 和 NextHop。参考节点将发送 REP 的节点 ID 放入 Winner 字段中，然后广播；收到广播的节点，取消自己的倒计时。若 Winner 对应的节点收到该包，则成为参考节点，继续发送 PROB 包。

4）DBN 包

DBN 包有四个字段，即 PreviousHop、NextHop、SeqNum 和 HopCount，倒计时到期的协作节点发送 DBN 包到参考节点。

参考节点只接收本协作域的节点发送的 DBN 包，这是通过比较自己的 HopCount 和收到的 D_HopCount 的字段是否一致来判断的。

参考节点只接收第一个发送过来的 DBN 包。

5）CDB 包

CDB 包结果如图 6-11 所示；CDB 包和 DBN 包的字段相同，在下面两种情况下会发送 CDB 包。

Winner (8 bits)	NextHop (8 bits)	SeqNum (8 bits)	HopCount (8 bits)

图 6-11　CDB 包结构

（1）参考节点收到协作节点（假设为 i）的 DBN 包时，取消参考节点本身的倒计时，参考节点将 i 的编号放入 CDB 包 Winner 字段进行广播，收到 CDB 包的其他协作节点取消倒计时，如果是 i 收到 CDB 包，则广播发送保存的数据包。

（2）参考节点自己倒计时结束之前，如果没有收到 DBN 包，则直接广播发送 CDB 包，然后广播发送数据包。

6）SINK_DATA 包

Sink 节点收到包之后，广播发送 SINK_DATA 包，包中有三个字段，即 PreviousHop、NextHop 和 SeqNum，接收到该数据包的节点取消自己的 DBN 倒计时和重发倒计时。

7）CANCEL_RETRANS 包

CANCEL_RETRANS 包中有四个字段，即 PreviousHop、NextHop、SeqNum 和 HopCount。节点收到 CANCEL_RETRANS 包之后，取消重发倒计时。

4．网络层进程模型

1）进程模型图及说明

REER 代码全部在网络层模型中实现，网络层进程模型如图 6-12 所示。

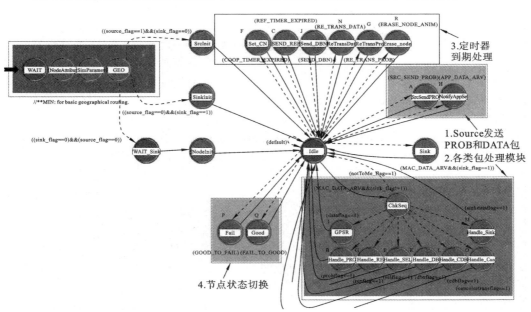

图 6-12　网络层进程模型示意图

因为是基于第 3 章基础模型修改的，所以这里只介绍添加的状态，包括：

（1）SrcSendPROB，用于发送 PROB 包；

（2）各类包处理模块，如 Handle_PROB、Handle_REP；

（3）定时器到期处理模块；

（4）节点失败和成功的状态切换处理模块。

各进程状态说明如表 6-1 所示,按照流程介绍各状态。

表 6-1 进程状态说明

状 态 名	操 作	转 移 条 件	编号
SrcSendPROB	广播 PROB 包,并设置重发倒计时	SrcInit 中源节点自中断时间结束之后	A
Handle_PROB	初始化 PROB 包数组,设置 Set_CN 倒计时,满足参考节点条件的节点进入 REP 倒计时。如果该序号的 PROB 包已经发送过,则取消 PROB 包重发倒计时	收到 PROB 包	B
Send_REP	REP 包倒计时到期的节点发送 REP 包给上一跳节点	REP 包倒计时到期	C
Handle_REP	将发送 REP 包的节点编号放入 SEL 包,广播发送 SEL 包	收到 REP 包	D
Handle_SEL	如果是 Winner,则广播 PROB 包,否则取消 REP 倒计时	收到 SEL 包	E
Set_CN	设置参考节点和协作节点。设置协作节点的参考节点	SET_CN 定时器到期	F
ReTransProb	重发 PROB 包	重传 PROB 包倒计时到期	G
NotifyAppSendData	广播数据包,并设置重发定时	源节点发送自中断,时间结束后	H
GPSR	如果是新数据包,参考节点和协作节点启动 DBN 定时,如果已经接收过该序号的数据包,则取消 DBN 定时和重发定时	收到 DATA 包	I
SendDBN	发送 DBN 包	DBN 包定时到期	J
Handle_DBN	将发送 DBN 包的节点编号放入 CDB 包中广播	收到 DBN 包	K
Handle_CDB	取消 DBN 定时	收到 CDB 包	L
Handle_SinkData	取消重发定时,取消 DBN 包定时	收到 SINK_DATA 包	M
ReTransData	重新发送 DATA 包	重传 DATA 包定时到期	N
Handle Cancel	取消重传定时	收到 CANCEL_RETRANS 包	O
Fail	将节点状态修改为禁用,设置节点可用定时	节点禁用定时到期	P
Good	将节点状态修改为可用,设置节点禁用定时	节点可用定时到期	Q

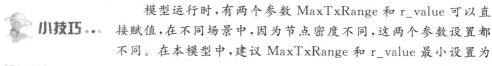

模型运行时,有两个参数 MaxTxRange 和 r_value 可以直接赋值,在不同场景中,因为节点密度不同,这两个参数设置都不同。在本模型中,建议 MaxTxRange 和 r_value 最小设置为 (70,40)。

2)进程属性

给进程添加以下属性,如图 6-13 所示。这些属性在运行前进行设置,其中:r_value 为每跳距离;max_TG 为发送数据包时 DBN 包倒计时最大时间;LinkFailureRatio 为链路失败率;NodeFailureRatio 为节点失败率。

Attribute Name	Group	Type	Units	Default Value
r_value		double		40
Max_TG		double		0.0
LinkFailureRatio		double		0.0
NodeFailureRatio		double		0.0

图 6-13 进程新加属性

定义对应的状态变量,在 SimParameters 状态中添加读取这些属性。读取节点属性的代码如下。

```
/* 读取节点失败率 */
if (op_ima_sim_attr_exists("Campus Network. * . network. LinkFailureRatio"))
{
  op_ima_sim_attr_get_dbl("Campus Network. * . network. LinkFailureRatio",
                          &LinkFailureRatio);
  XAxis=(double)LinkFailureRatio;
}else {
    LinkFailureRatio=LINK_FAILURE_RATIO;
  }
```

3)进程模型头模块

单击进程工具栏上的 图标,在头模块中添加代码如下。

(1)添加保存 PROB 包的结构。

```
typedef struct
{
  int             PkHopCountToSrc;       /* 到源的跳数 */
  int             PkSenderID;            /* 发送参考节点编号 */
  double          sender_x;              /* 发送节点横坐标 */
  double          sender_y;              /* 发送节点纵坐标 */
}BroadcastPkInfoEntry;
```

(2)定义 REER 所需常数的代码如下。

```
# define MAX_BPIE_NUM 8                /* BroadcastPkInfoEntry 数组元素个数 */
# define QDL 50                        /* 默认传输半径 */
# define TH 40                         /* 参考节点选择阈值 */
/* 参考节点选择退避时间单位(τ) */
# define TAU 0.0025
# define MU 0.005                      /* 参考节点选择(μ) */
/* DBN 包倒计时最大退避时间,公式(5)中的 Tmax */
# define MAX_TG_CNS 0.05
# define COOP_TIMER 5                  /* 协作节点确定时间 */
# define RE_TRANS_PROB_TIMER 0.3       /* PROB 重传时间 */
# define RE_TRANS_DATA_TIMER 0.1       /* 数据包重传时间 */
# define RE_TRANS_TIMES 5              /* 重传次数 */
# define NODE_FAILURE_RATIO 0          /* 默认节点失败率 */
# define LINK_FAILURE_RATIO 0          /* 默认链路失败率 */
# define GOOD_STATUS_TIME 30           /* 节点可用最大持续时间(s) */
# define NODE_FAILURE_ANIM 0           /* 节点动画更新标志 */
/* 源发送数据时更新所有节点动画的标识 */
# define SRC_SEND_DATA_NODE_ANIM_REFRESH 1
```

(3) 重传时间的确定。

假设三个连续参考节点依次为 A、B、C。从 A 广播完 PROB 消息之后,确定 B 为下一个参考节点,B 再次广播 PROB 消息给 C,A 节点收到 B 广播的 PROB 消息之后确认发送成功。

节点 A 发送 PROB 到节点 B 发送 PROB,这个过程的时间由以下几部分组成。

① 节点 A 广播 PROB 被节点 B 接收。

② 节点 B 的 REP 包倒计时时间,根据下式指定:

$$t_{rnc} = \tau \times \Delta D + rand(0, \mu)$$

式中,ΔD 最大定义为 TH。所以,这里

$$t_{rnc} < TAU \times TH + MU = (50 \times 0.0025 + 0.005) \ s = 0.13 \ s$$

③ 节点 B 将 REP 包发送到节点 A。

④ 节点 A 广播 SEL 包到节点 B。

⑤ 节点 B 广播 PROB。

这个过程中,主要是节点 B 的 REP 包倒计时时间较长,其他时间很短,每步不超过 0.001 s,可以忽略。因此,可认为总的时间为 0.13 s。

同理,从节点 B 到节点 C 确认发送成功,也需要同样的时间 0.13 s。也就是说,从节点 A 广播 PROB 消息之后经过 0.26 s,按照正常情况应该可以接收到节点 B 的广播包,可确认发送成功。

因此,如果节点 B 广播 PROB 包,但是节点 A 因为链路故障没有收到,如果节点 A 等待 0.26 s 之后仍然没有接收到节点 B 的 PROB 广播包,则可以给节点 B 重新发送 PROB 消息。节点 B 接收该包,发现已经发送成功,则会给节点 A 发送取消重发。

在上面定义中,设置重传 PROB 时间常数(RE_TRANS_PROB_TIMER)为 0.3 s。

同理,数据包的重传主要由 DBN 倒计时组成,重传倒计时的公式为

$$t_b = \mathrm{rand}(0, T_{max})$$

T_{max} 在上面定义为 MAX_TG_CNS，为 0.05 s，所以取数据包重传倒计时的时间为 2 倍的 T_{max}，即 0.1 s。

（4）中断码宏处理。

将中断码转换为对应的状态机处理的事件，代码如下。

```
#define SRC_SEND_PROB (op_intrpt_type()==OPC_INTRPT_SELF
                      && op_intrpt_code() == SRC_SEND_
                      PROB_INTRPT_CODE)
```

如果是自中断，且发送的中断码为 SRC_SEND_PROB_INTRPT_CODE，则状态即对应 SRC_SEND_PROB 事件，进入 SrcSendPROB 状态。其他中断码处理类似。

4）进程状态变量

单击进程工具栏上的 SV 图标，添加进程状态变量如下。

（1）包指针。

添加 DATA 和 PROB 包指针，以及这两个指针在中间节点的缓存指针，代码如下。

```
Packet *        \data_pkptr;
Packet *        \PROB_pkptr;
Packet *        \cached_data_pkptr;
Packet *        \cached_prob_pkptr;
```

（2）PROB 包保存数组相关变量的代码如下。

```
BroadcastPkInfoEntry *  \BPIE;               /* 数组指针 */
int                     \BPIE_index;         /* 数组个数 */
int                     \receive_Prob_num;   /* 接收到 PROB 包的个数 */
int                     \my_RefNodeIndex;    /* 协作节点主参考节点的数组下标 */
double                  D_rn_x;              /* 发送 PROB 包参考节点的横坐标 */
double                  \D_rn_y;             /* 发送 PROB 包参考节点的纵坐标 */
double                  \x_vcr;              /* 相对参考节点的虚拟横坐标 */
double                  \y_vcr;              /* 相对参考节点的虚拟纵坐标 */
int                     \D_Winner;  /* 被选中发送 DATA 或 PROB 包的节点编号 */
```

（3）接收包的标志，在 idle 状态中用于包分流的变量定义代码如下。

```
Boolean        \dataflag;              /* DATA 包 */
Boolean        \probflag;              /* PROB 包 */
Boolean        \repflag;               /* REP 包 */
Boolean        \cdbflag;               /* CDB 包 */
Boolean        \dbnflag;               /* DBN 包 */
Boolean        \selflag;               /* SEL 包 */
Boolean        \sinkdataflag;          /* SINK_DATA 包 */
Boolean        \cancelretransflag;     /* CANCEL_RETRANS 包 */
```

（4）接收标志，用于参考节点判断，当在 ChkSeq 接收到新的序号时，这些标志重置为 0,代码如下。

```
Boolean  \received_REP_flag;        /* 是否接收过 REP 包,接收过为 1,否则为 0 */
Boolean  \received_DBN_flag;        /* 是否接收过 DBN 包 */
Boolean  \received_Seq_flag;        /* 是否接收过该序号包 */
```

(5) 倒计时事件句柄,保留这些事件句柄是为了取消时间用,代码如下。

```
Evhandle    \ref_timer_evhandle;        /* REF 倒计时事件句柄 */
Evhandle    \send_DBN_evhandle;         /* DBN 倒计时事件句柄 */
Evhandle    \re_TRANS_Data_Handle;      /* 重传 DATA 包事件句柄 */
Evhandle    \re_TRANS_Prob_Handle;      /* 重传 PROB 包事件句柄 */
Evhandle    \node_fail_evhandle;        /* 节点失败事件句柄 */
```

(6) 重传,代码如下。

```
int      \re_Trans_Data_Num;     /* 重传 DATA 包计数 */
int      \re_Trans_Prob_Num;     /* 重传 PROB 包计数 */
Boolean  \bSendSucceed;          /* 取消重发之后,表示该序号发送成功设
                                    置该标识 */
```

(7) 节点属性和进程属性对应的变量(略)。

5. 关键代码

1) 节点对不同包的处理和分流

(1) idle 状态的出口代码读取包,并设置相应的包标识,代码如下。

```
/* 在每种包设置一个标识 */
dataflag=0;
probflag=0;
repflag=0;
…              /* 略去其他包标识,可参考模型代码 */
if (op_intrpt_type()==OPC_INTRPT_STRM)
{
  /* 读取包格式 */
  pkptr=op_pk_get(op_intrpt_strm());
  op_pk_format(pkptr,pk_format);
  if (strcmp(pk_format,"SENSED_DATA")!=0){ /* 应用层包不统计信息 */
    if (strcmp(pk_format,"DATA")==0){ /* 数据包 */
      dataflag=1; /* 设置数据包标识 */
      /* 读取字段 */
      op_pk_nfd_access(pkptr, "PreviousHop", &D_PreviousHop);
      op_pk_nfd_access(pkptr, "NextHop", &D_NextHop);
      …
      /* 读取包的大小,用于统计 */
      data_packet_size_received=op_pk_total_size_get(pkptr);
    }
```

```
else if(strcmp(pk_format,"PROB")==0){ /* PROB包 */
  PROBflag=1;
  …
  msg_packet_size_received=op_pk_total_size_get(pkptr);
}
else if(strcmp(pk_format,"REP")==0){ /* REP包 */
  repflag=1;
  … /* 读取包字段代码省略 */
  msg_packet_size_received=op_pk_total_size_get(pkptr);
}else if(…){/* 其他包省略 */
  …
}else {                        /* 非法包,销毁 */
      op_pk_destroy(pkptr);
}
/* 节点可用,节点为参考节点或协作节点,则统计网络层消息 */
if((NodeFailureFlag! ==1)&&(nodeflag! ==COMMON_NODE))
{
  op_intrpt_schedule_remote(op_sim_time(),
  m_ALL_DATA_RCVD_INTRPT_CODE,init_pro_id);
}
}
…
}
```

（2）设置包处理的状态条件。

在 ChkSeq 状态之后,设置新的包处理状态,如 PROB 包的处理状态为 Handle_PROB,其入口条件为 PROBflag==1,如图 6-14 所示。

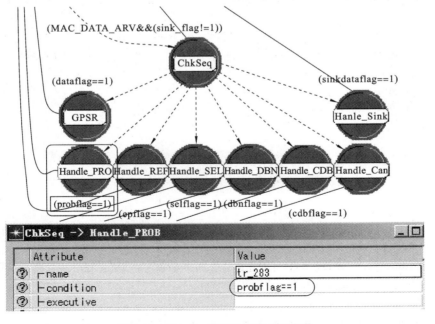

图 6-14 Handle_PROB 状态入口条件

2）节点收到 PROB 包后的处理

普通节点收到 PROB 包之后的处理代码,在 Handle_PROB 状态中的过程如下。

（1）收到 PROB 包,给数组分配内存,代码如下。

```
receive_Prob_num++;
if (receive_Prob_num==1){ /* 第一次收到 PROB 包 */
  /* 申请存储 PROB 数组存储空间 */
  BPIE=(BroadcastPkInfoEntry *)op_prg_mem_alloc(
          MAX_BPIE_NUM * sizeof(BroadcastPkInfoEntry));
  for (i=0; i<MAX_BPIE_NUM; i++)
  {
    BPIE[i].PkHopCountToSrc=MAX_VALUE;
    BPIE[i].sender_x=MAX_VALUE;
    BPIE[i].sender_y=MAX_VALUE;
    BPIE[i].PkSenderID=MAX_VALUE;
  }
  BPIE_index=0; /* 设置初始数组下标 */
  /* 发送自中断,启动倒计时,COOP_TIMER 表示倒计时到期之后 */
  op_intrpt_schedule_self(op_sim_time()+COOP_TIMER,
                    COOP_TIMER_EXPIRED_INTRPT_CODE);
}
```

（2）将新的 PROB 插入数组中,代码如下。

```
bNotInProbList=0;
for(i=0;i<BPIE_index;i++){
    if (BPIE[BPIE_index].PkSenderID==D_PreviousHop) bNotInProbList=1;
}
if(bNotInProbList==0){ /* 如果没有,则将发送该 PROB 包的参考节点加入数组 */
    BPIE[BPIE_index].PkHopCountToSrc=D_HopCount; /* 源节点到参考节点的跳数 */
    BPIE[BPIE_index].PkSenderID=D_PreviousHop; /* 参考节点编号 */
    BPIE[BPIE_index].sender_x=D_rn_x; /* 参考节点横坐标 */
    BPIE[BPIE_index].sender_y=D_rn_y; /* 参考节点纵坐标 */
    BPIE_index++;
}
```

（3）如果节点满足参考节点的筛选条件,则启动倒计时,代码如下。

```
if (D_PreviousHop! =GlobalSinkID){ /* 不是 Sink 发过来的 */
  /* 计算虚拟坐标,将节点的坐标转化为基于参考节点的虚拟坐标(x_vcr,y_vcr) */
  VCR(D_rn_x,D_rn_y);
  /* 第一次收到 PROB 消息,且满足其他条件,开始参考节点筛选程序 */
  if(((receive_Prob_num==1) ||(bSendSucceed==OPC_FALSE))
        && (x_vcr<r_value)
        && (((x_vcr-r_value) * (x_vcr-r_value)+y_vcr * y_vcr)<TH * TH))
```

```
{
    /* 计算倒计时 t_rnc,设置自中断 */
    cached_PROB_pkptr＝op_pk_copy(pkptr);/* 复制 PROB 包,下次继续传送 */
    t_rnc＝sqrt((x_vcr－r_value) * (x_vcr－r_value)＋y_vcr * y_vcr) * TAU
            ＋op_dist_uniform(MU);
    ref_timer_evhandle＝op_intrpt_schedule_self(op_sim_time()＋t_rnc,
                        REF_TIMER_EXPIRED_INTRPT_CODE);
}
}else{ /* 如果是 Sink 发过来的 */
    if (op_ev_valid(ref_timer_evhandle)){
        op_ev_cancel(ref_timer_evhandle);
    }
}
```

（4）收到后续节点广播的 PROB 包,收到之后取消自己的重发事件,代码如下。

```
/* 后面节点发的 PROB 包,取消重发 */
if(op_ev_valid(re_TRANS_Prob_Handle)&&
    (BPIE[my_RefNodeIndex].PkHopCountToSrc<D_HopCount)){
    op_ev_cancel(re_TRANS_Prob_Handle);
    bSendSucceed＝OPC_TRUE;
}
```

（5）如果是前面节点重发的 PROB 广播包,代码如下。

```
/* 重发过来的数据包,要提醒后面取消 */
if((bSendSucceed＝＝OPC_TRUE) /* 已经发送成功 */
            &&(BPIE[my_RefNodeIndex].PkHopCountToSrc＝＝D_HopCount))
{
    packet_pkptr＝op_pk_create_fmt("CANCEL_RETRANS");
    op_pk_nfd_set(packet_pkptr, "PreviousHop", MyID);
    …     /* 略去设置其他字段的代码 */
    op_pk_send(packet_pkptr,NETWORK_TO_MAC_STRM);
    …     /* 略去发送中断统计信息的代码 */
}
```

3）Sink 节点 PROB 包处理代码

处理代码如下。

```
if(PROBflag＝＝1){                            /* 如果是 PROB 消息 */
    cached_PROB_pkptr＝op_pk_copy(pkptr);     /* Sink 此处发送 PROB 包是为了使前
                                              面节点取消重发 */
    Send_PROB();
}
```

4）参考节点接到 REP 包的处理代码

处理代码如下。

```
if(received_REP_flag==0){
    /* 收到之后,将标识修改为 1,保证只接收第一个 REP 包 */
    received_REP_flag=1;
    /* 接收到 REP 包,接下来广播发送 SEL 包 */
    packet_pkptr=op_pk_create_fmt("SEL");
    op_pk_nfd_set(packet_pkptr, "Winner", D_PreviousHop);
    /* 设置广播地址 */
    op_pk_nfd_set(packet_pkptr, "NextHop", MAC_BROADCAST_ADDR);
    /* 发送包 */
    op_pk_send(packet_pkptr,NETWORK_TO_MAC_STRM);
    /* 取包大小,给结果收集进程发送收集消息中断 */
    msg_packet_size_transmitted=op_pk_total_size_get(packet_pkptr);
    op_intrpt_schedule_remote(op_sim_time(),
    m_ALL_DATA_TRANS_INTRPT_CODE,init_pro_id);
}
```

> **小技巧…**　在第 3 章介绍过结果统计模型,但是第 3 章中只有数据包,没有控制包,REER 协议中除了 DATA 包之外的 PROB 包、REP 包、SEL 包、DBN 包、CDB 包等都是控制消息包。如果要统计网络层控制消息,可将发送和收到的包的大小给 msg_packet_size_transmitted 和 msg_packet_size_received 赋值,然后给结果收集进程发送统计消息中断。

5) 节点收到 SEL 包的代码

处理代码如下。

```
/* D_Winner 是在 Idle 状态中读取的 SEL 包对应字段内容 */
if (D_Winner==MyID){      /* 如果本节点就是发送 REP 包的节点 */
    /* 设置节点为参考节点 */
    nodeflag=REF_NODE;
    BPIE[0].PkHopCountToSrc=D_HopCount+1;
    BPIE[0].PkSenderID=MyID;
    /* 初始化发送次数,发送 PROB 包 */
    re_Trans_Prob_Num=0;
    Send_PROB();
}else{ /* 如果不是,取消定时器 */
    if (op_ev_valid(ref_timer_evhandle)){
        op_ev_cancel(ref_timer_evhandle);
    }
}
```

6) Send_PROB 函数

除源节点外的后续参考节点发送 PROB 包时调用 Send_PROB()函数,该函数的代码如下。

```
void Send_PROB()
{
  FIN(Send_PROB());
  /* cached_PROB_pkptr 是缓存的包,可参考前文 2)中(3)的代码 */
  PROB_pkptr=op_pk_copy(cached_PROB_pkptr);
  /* 设置包字段 */
  op_pk_nfd_set(PROB_pkptr, "PreviousHop", MyID);
  op_pk_nfd_set(PROB_pkptr, "HopCount", D_HopCount+1);
  op_pk_nfd_set(PROB_pkptr, "RN_X", my_x_pos);
  op_pk_nfd_set(PROB_pkptr, "RN_Y", my_y_pos);
  /* 设置为广播 */
  op_pk_nfd_set(PROB_pkptr, "NextHop", MAC_BROADCAST_ADDR);
  /* 发送包 */
  op_pk_send(PROB_pkptr, NETWORK_TO_MAC_STRM);
    ...
  /* Sink 节点不设置重发标志 */
  if(MyID! =GlobalSinkID){
    /* 发送次数累加 */
    re_Trans_Prob_Num++;
    if(re_Trans_Prob_Num< RE_TRANS_TIMES){ /* 小于最大重传次数 */
      /* 设置定时自中断 */
      re_TRANS_Prob_Handle=op_intrpt_schedule_self(op_sim_time()
                    +RE_TRANS_PROB_TIMER,RE_TRANS_PROB_INTRPT_
                    CODE);
    }else{ /* 达到最大发送次数,结束仿真 */
      op_sim_end("\r\n Send PROB times to max,fail! \n","","","");
    }
  }
}
```

7) 节点 DBN 倒计时到期代码在 Send_DBN 状态中
代码如下。

```
if(nodeflag==COOP_NODE){    /* 协作节点 */
  packet_pkptr=op_pk_create_fmt("DBN");
  op_pk_nfd_set(packet_pkptr, "PreviousHop", MyID);
  op_pk_nfd_set(packet_pkptr, "NextHop",
              BPIE[my_RefNodeIndex].PkSenderID);
    ...
  op_pk_send(packet_pkptr,NETWORK_TO_MAC_STRM);
}else if(nodeflag==REF_NODE){    /* 参考节点 */
    received_DBN_flag=1;      /* 设置接收标识,不再接收 DBN 包 */
    Send_CDB(MyID);      /* 发送 CDB 包 */
    Send_Data();      /* 发送数据包 */
}
```

8）参考节点接收到 DBN 包的代码在 Handle_DBN 状态中
代码如下。

```
/* 如果没有接收过且跳数相符 */
if((received_DBN_flag==0)
   &&(D_HopCount==BPIE[my_RefNodeIndex].PkHopCountToSrc))
{
received_DBN_flag=1; /* 设置接收标识 */
if (op_ev_valid(send_DBN_evhandle)){ /* 取消自己的 DBN 倒计时 */
   op_ev_cancel(send_DBN_evhandle);
   }
/* 发送 CDB 包 */
Send_CDB(D_PreviousHop);
}
```

9）节点和链路状态的设置

REER 的优点是在不可靠环境中的高可靠性，因此需要模拟不可靠环境。模型中不可靠环境导致的失败分为两种：一种是节点失败；另一种是链路失败。

使用 Gilbert-Elliot 模型来模拟节点状态，使用 on 和 off 两状态，on 状态表示节点处于正常工作状态，off 状态则表示节点出现故障的状态。令 f 表示节点故障率，那么 off 状态的持续时间 T_{off} 可以表示为

$$T_{off}=T_{on}\times f/(1-f)$$

如果 on 状态的持续时间 T_{on} 是 30 s，$f=0.2$，则 $T_{off}=30\times0.2/(1-0.2)$ s=7.5 s。
（1）对于节点失败率的实现，步骤如下。
在头文件中定义状态正常时持续 30 s：

```
#define GOOD_STATUS_TIME 30
```

根据 GOOD_STATUS_TIME 和 NodeFailureRatio 计算失败的时间，失败时间计算代码在 NodeInit 状态中，NodeFailureRatio 是仿真参数，可以在仿真时设置。

```
/* 计算节点失败时间 */
FailStatusTime=(NodeFailureRatio * GOOD_STATUS_TIME)/(1-NodeFailureRatio);
/* 设置自中断,节点失败 */
node_fail_evhandle =op_intrpt_schedule_self(op_sim_time()
                    +op_dist_exponential(10), GOOD_TO_FAIL_INTRPT_CODE);
/* 节点失败标志 */
NodeFailureFlag=0;
```

然后为添加两个状态 Fail 和 Good，其中 Fail 状态中设置节点的 GOOD_TO_FAIL_INTRPT_CODE 自中断，代码如下。

```
/* 设置节点失败 */
NodeFailureFlag=OPC_TRUE;
/* 设置节点属性 */
```

```
op_ima_obj_attr_set(node_objid,"NodeFailureFlag",NodeFailureFlag);
if (NODE_FAILURE_ANIM==1) /* 直接更新节点图标 */
{
  op_anim_ime_nobj_update (vid, OPC_ANIM_OBJTYPE_NODE,
  node_name, OPC_ANIM_OBJ_ATTR_ICON,"obj_diff_remove", OPC_EOL);
}
/* 设置 FAIL_TO_GOOD_INTRPT_CODE 自中断 */
op_intrpt_schedule_self(op_sim_time()+
op_dist_exponential(FailStatusTime), FAIL_TO_GOOD_INTRPT_CODE);
```

Good 状态中的代码和这个类似,功能恰好相反。这样就可以实现节点在指定失败率的情况下,在可用和不可用状态进行切换了。

(2) 链路失败率的实现比较简单,在节点接收到数据包时,取 100 以内的随机数,如果小于链路失败率×100,且节点可用,不是 Sink 节点,则丢弃该数据包。代码如下。

```
if ( ((op_dist_uniform(100)<LinkFailureRatio * 100)
  ||(NodeFailureFlag==OPC_TRUE))&&(sink_flag! =1))
{
  if (NODE_FAILURE_ANIM){
    op_anim_ime_nobj_update (vid, OPC_ANIM_OBJTYPE_NODE,
    node_name, OPC_ANIM_OBJ_ATTR_ICON, "Connector:Bridge.s", OPC_EOL);
  }
}
```

6.1.3 性能分析与实验

1. 性能分析

1) 传输成功率

源点和目标节点之间有 $H-1$ 个协作区间。设 f 为每个传输节点传输失败的概率,p 为每次中继数据包成功传输的概率,那么

$$P=p^H=(1-f^{N_{cf}})^H$$

2) 能耗

设 e_{tx} 和 e_{rx} 分别为传输和接收一个数据包的能量消耗,将一个数据包成功发送到目标节点的总能耗 E 为

$$E=e_{tx} \cdot H+e_{rx} \cdot [3(H-2) \cdot N_{cf} \cdot (1-f)+2N_{cf} \cdot (1-f)+1]$$

注意:其中 $H-2$ 个协作域会接收数据包 3 次,只有最后一个协作域节点接收 2 次数据包。

3) 延时

设传输一个数据包的时间为 t_{data},数据传输之前的平均退避时间为 $\overline{t_b}$,那么一个数据包端到端的传输时间为

$$T_{ete}=t_{data} \cdot H+\overline{t_b} \cdot (H-1)$$

鉴于其他参数固定，P、E 和 T_{ete} 是 r 的递减函数。r 越小，N 和 H 越大，可靠性值 P 越高。然而，r 越小，每个数据包传输所需的能量也就越大，T_{ete} 同样也会增大。因此，r 是权衡稳定性、能量效率和延时的一个控制单元，r 的选择应合理兼顾可靠性和特定的 QoS 应用（如可靠性和端到端的延时约束）。

4）控制开销

取 n_s 为网络中传感器节点的个数，e_{ctrl} 为传递一个控制信息所消耗的能量，O_g 为 GPSR 中设置邻接信息表的控制开销，O_r 为 REER 中建立 RN 和 CN 的控制开销，则有

$$O_g = n_s \times e_{ctrl}$$
$$O_r = H \times 3 \times e_{ctrl}$$

节点的邻居节点数的计算公式为

$$k = \pi \times R \times \rho$$

在 GPRS 中，每个节点为了建立或者更新邻接信息表都会发出 hello 信息；而在 REER 中，为了建立参考节点和协作节点，每跳需要发送 3 个信息（即 PROB、REP、SEL）。通常，n_s 远大于 $3 \times H$。在 GPRS 中，每个节点需要在本地储存 k 个邻接表项，但是在 REER 中，除参考节点表外，节点不需要储存邻接信息。一旦协作域建立，参考节点和协作节点不需要再储存路由相关信息，同时其他节点也进入休眠模式以节省能量。因此，REER 可以很好地应用在传感器存储容量较低的密集无线传感器网络中。

2. 仿真实验

仿真参数如表 6-2 所示。

表 6-2   仿真参数

REER 参数	
r/m	40
τ/ms	2.5
μ/ms	5
ΔT/ms	10

仿真动画如图 6-15 所示。这是第一次发送数据结束的动画抓图，可以看到源节点的第一跳是广播发送，普通节点进入睡眠以节省能量。

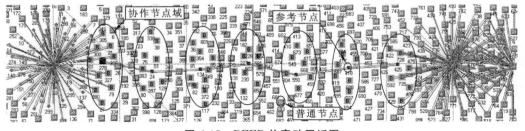

图 6-15   REER 仿真动画抓图

3. 实验设计

1）不可靠环境下，不同节点密度对 REER 的影响

设计在不同节点密度下的包成功发送率、每包能耗和平均延时。实验证明，节点密

度越高,包发送成功率越高。在某个链路故障率下,可找到最佳的节点密度使每包能耗最小。

2) 不同链路故障率下,REER 和 GPSR 对比

设计不同链路故障率(0~0.9)下,两种路由协议的包成功发送率、每包能耗、平均延时等指标的对比。实验证明,REER 对高链路故障率网络具有鲁棒性。且能量消耗远小于 GPSR。因为 REER 需要节点三阶段握手来确认转发节点,其平均延时比GPSR 的高。

 有益提示 ...　　REER 已经发表,读者可以从网上下载到其英文版本。链接地址为 http://www.ece.ubc.ca/~minchen/doc/Chen_IJSNET_REER.pdf.

6.2　KCN 路由协议

KCN(k-cooperative nodes)路由协议与 REER 协议类似,都是每跳寻找 k 个协作节点用于协作通信。但二者确认协作节点的方法不同,具体不同如下。

(1) REER 协作节点的确立是通过 PROB-REP-SEL 三阶段握手来确认的,而KCN 是通过邻居信息表直接得到下一跳的 k 个协作节点;与 REER 相比,KCN 确认协作节点快,缺点是需要保存邻居信息表。

(2) REER 数据发送是通过 DATA-DBN-CDB 三阶段握手确认以避免冲突,而KCN 给不同协作节点分配时间槽,类似于 TDMA,优先级大的 KCN 时间槽首先到期。时间槽要求越小越好,但是不能小于每跳延时。KCN 的优点是延时低,且数据转发节点不参与下一跳协作节点的选择。

(3) REER 没有考虑节点剩余能量,确定了参考节点之后不再改变,而 KCN 选择协作节点时加入了能量的考虑,且定期发送 PROB 消息,更换协作节点。

6.2.1　KCN 协议

1. 协作节点的选择

在 KCN 中,无参考节点和协作节点之分,所有节点都是协作节点。协作节点的选择是根据位置和剩余能量选择的。如图 6-16 所示,假设用户需要选择 k 个协作节点,假设节点 m 收到了上游节点的 PROB 包,里面包含了战略位置 f_m,节点 m 所做的操作如下。

(1) 在协作节点搜索域中,根据距离和能量选择 k 个协作节点。最近的节点依次为 1、2、3、4。距离和能量的公式为

$$Q(m)=\sqrt{\left(1-\frac{d}{R}\right)^2+\left(\frac{e_{\text{res}}}{e_{\text{init}}}\right)^2}$$

式中:d 为协作节点到战略位置的距离;R 为节点传输半径;e_{res} 为剩余能量;e_{init} 为初始

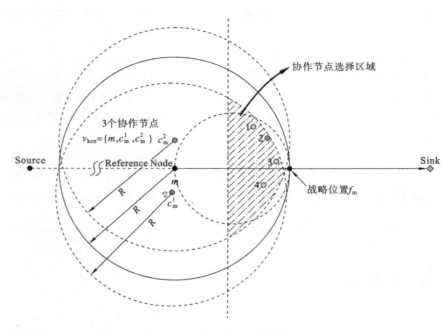

图 6-16   协作节点的选择

能量。

节点 m 将这 k 个节点按照 Q 值从大到小排序放入数组。

(2) 将节点 $1\sim4$ 的位置和剩余能量通知本跳的其他协作节点 C_m^1、C_m^2。

(3) 将节点 $1\sim4$ 的位置和剩余能量通知这四个节点。

(4) 计算下一跳战略位置 f_{m+1}，选择 $Q(m)$ 值最大的协作节点发送 PROB 消息。

协作节点转发数据包一段时间之后，节点能量减少，继续转发将会导致节点能量耗尽。需要更换一批协作节点，这里设置一个 KCN 选择周期 T，当 T 时间到时，节点重新发送一个 PROB 消息寻找新的 k 个节点。

2. 数据包的转发

1) 协作节点的时间槽的确定

假定有 k 个协作节点，则每跳协作节点需要 k 个时间槽，因为协作节点的 Q 值是从大到小放入数组中，数组中第一个节点的 Q 值最大，等待的时间为 $\tau\times1$，第 k 个节点的 Q 值的最小等待时间为 $k\times\tau$。

2) 转发数据包

时间槽最先到期的节点广播数据包，检测到有本跳广播包则取消倒计时。

6.2.2   KCN 代码实现

1. 头文件

在 wsn_global.h 中添加如下代码，其中结构 CNEntry 是用来保存协作节点的结构。

```
typedef struct
{
  int      ID;                  /* 节点编号 */
  double  x;                   /* 横坐标 */
  double  y;                   /* 纵坐标 */
  double  energy;              /* 剩余能量 */
}CNEntry;
/* 下面的全局变量是用来保存协作节点信息临时交换区 */
CNEntry * GlobalCNListTmp;        /* 本组协作节点的数组指针 */
int GlobalCNHopCountTmp;          /* 协作节点的跳数 */
```

在 wsn_intrpt_code.h 中添加中断代码如下。

```
#defineSRC_SEND_PROB_INTRPT_CODE           1201  /* 源节点发送 PROB 自中断 */
#define COOP_TIMER_EXPIRED_INTRPT_CODE 1202  /* 协作节点倒计时到期 */
#define CN_CANCEL_TIMER_INTRPT_CODE        1203  /* 取消其他协作节点倒计时 */
```

在 wsn_constant.h 中添加包发送间隔常数，代码如下。

```
#define T_DATA 0.5             /* KCN 应用层包间隔 */
```

2. 节点属性

在节点模型中给节点添加两个属性，如图 6-17 所示。

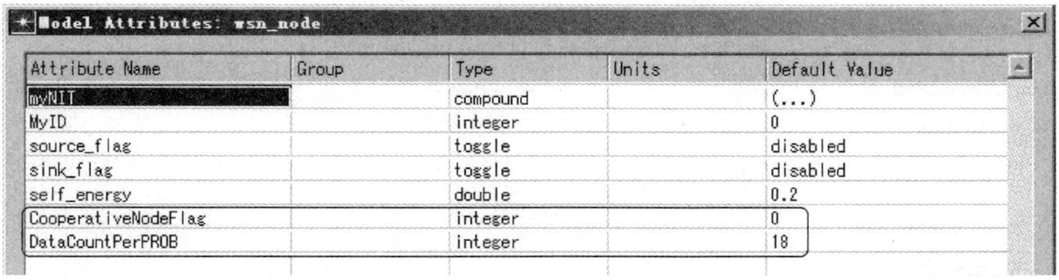

Attribute Name	Group	Type	Units	Default Value
myNIT		compound		(...)
MyID		integer		0
source_flag		toggle		disabled
sink_flag		toggle		disabled
self_energy		double		0.2
CooperativeNodeFlag		integer		0
DataCountPerPROB		integer		18

图 6-17 添加节点属性

其中，CooperativeNodeFlag 属性取 0 为普通节点，取 1 为协作节点，用于更新节点图标。不是协作节点的普通节点进入休眠状态，定期醒来参与协作节点选拔。DataCountPerPROB 属性表示 PROB 包之间发送 DATA 包的数目。

3. 包结构

KCN 协议中，只需添加一个 PROB 包，包结构如图 6-18 所示。具体包字段可参考 REER 协议中的 PROB 包字段。

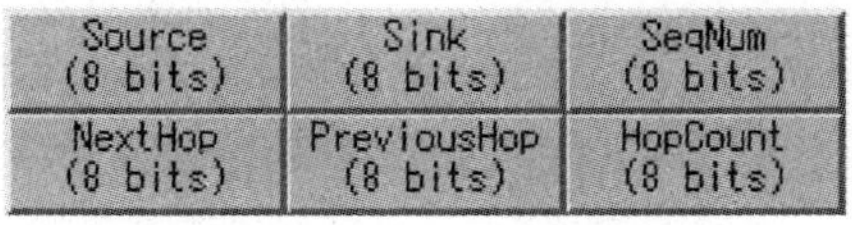

图 6-18 PROB 包结构

4. 网络层进程模型

1）进程模型图及说明

网络层进程模型如图 6-19 所示，图中只标出了和基础模型不同的状态，具体状态说明如表 6-3 所示。

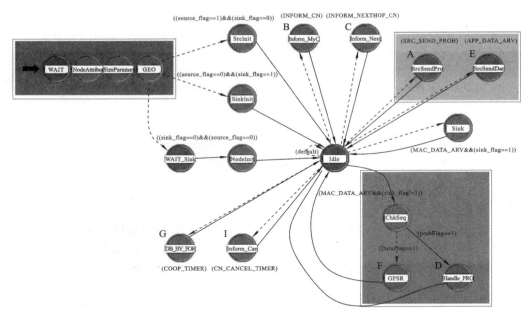

图 6-19   网络层进程模型图

表 6-3   进程状态说明表

状 态 名	操 作	转 移 条 件	编号
SrcSendPROB	根据邻居节点列表和节点能量选择下一跳的 k 个协作节点; 将 k 个协作节点通知下一跳所有协作节点; 选择距离 Sink 最近的协作节点转发 PROB 消息; 发送自中断继续发送 PROB 包	SrcInit 中源节点自中断时间结束之后	A
Inform_MyCN	作为本跳协作节点,从临时变量中读取协作节点	收到 REP 包	B
Inform_NextHOP_CN	作为下一跳协作节点,从临时全局变量中读取协作节点信息	接收到下一跳协作节点通知中断	C
Handle_PROB	根据邻居节点列表选择下一跳 k 个协作节点; 将 k 个节点放入全局变量中;通知下一跳所有协作节点;通知本跳所有协作节点;选择其中一个距离 Sink 最近的协作节点转发 PROB 消息	收到 PROB 包	D
SrcSendData	如果是 KCN 路由方案,则广播发送数据包	接收到应用层数据包启动	E
GPSR	如果是 KCN 路由方案,且本节点是协作节点,则开始倒计时	接收到数据包启动	F

续表

状　态　名	操　　作	转 移 条 件	编号
DB_BY_FORCE	GPSR 中倒计时结束之后，转发数据包，并给通知协作节点取消倒计时	倒计时到期启动	G
Inform_Cancel_timer	取消倒计时	接收到通知取消倒计时中断启动	H

2）进程属性

给进程添加以下属性，如图 6-20 所示。

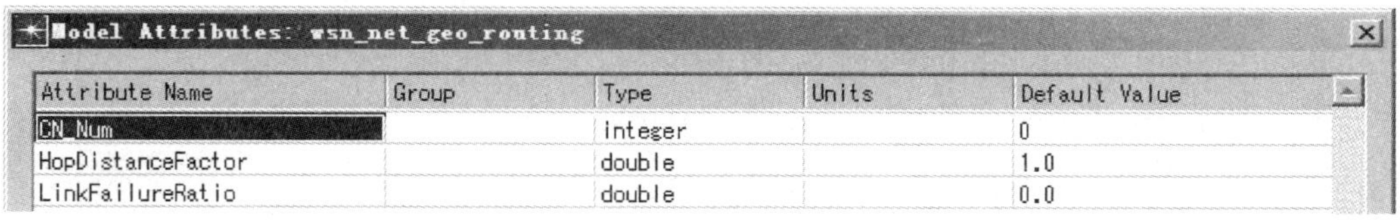
Model Attributes: wsn_net_geo_routing
Attribute Name | Group | Type | Units | Default Value
CN_Num | | integer | | 0
HopDistanceFactor | | double | | 1.0
LinkFailureRatio | | double | | 0.0

图 6-20　进程属性

CN_Num：每跳协作节点的个数。

HopDistanceFactor：范围为 0～1，距离因子，选择协作节点时，作为一个条件，要求协作节点的虚拟坐标 x_i 大于 MaxTxRange×HopDistanceFactor，这样保证同一跳协作节点不至于分布范围太大。

LinkFailureRatio：链路失败率。

3）头模块

在头模块中添加如下代码。

```
#define TAU                                  0.02  /* 协作节点时间槽 */
#define INFORM_CN_INTRPT                     3055  /* 通知下一跳协作节点 */
#define INFORM_CN_NEXHHOP_INTRPT             3056  /* 通知本跳协作节点 */
#define INFORM_CN_CANCEL_TIMER_INTRPT 3057  /* 通知协作节点取消倒计时 */
```

4）进程状态变量

（1）保存协作节点信息的状态变量，代码如下。

```
CNEntry *     \MyCNList;         /* 保存本跳所有协作节点的结构数组指针 */
CNEntry *     \NextHopCNList;  /* 保存下一跳所有协作节点的结构数组指针 */
int           \CNHopCount;       /* 协作节点所在跳数 */
```

（2）仿真属性对应变量，代码如下。

```
int       \CN_Num;               /* 协作节点数目，通过仿真属性得到 */
double    \HopDistanceFactor;    /* 距离因子 */
double    \LinkFailureRatio;     /* 链路失败率 */
int       \DataCountPerPROB;     /* PROB 包之间的 DATA 包个数 */
```

（3）其他变量代码如下。

```
int              \D_ProbSeqNum;           /* PROB 包序号 */
Boolean          \MyNextHopIsSink;        /* 是否为 Sink 周围一跳节点 */
Boolean          \CooperativeNodeFlag;    /* 本节点是否为协作节点标记 */
/* 是否为新的数据包,如果是新的数据包,则启动链路失败判断 */
Boolean          \bNewDataPacketFlag;
int              \dataFlag;               /* DATA 包标志 */
int              \probFlag;               /* PROB 包标志 */
Evhandle         \COOP_TIMER_evHandle;    /* 启动协作节点倒计时自中断句柄 */
double           \myEnergy;               /* 节点剩余能量 */
```

5. 关键代码

1) PROB 发送周期的确定

(1) 发送周期分析。

假设两个 PROB 消息之间的发生周期为 T_PROB,应用层数据包为定期发送,发送数据的间隔为 T_DATA,那么二者关系如图 6-21 所示。以 T_DATA 周期为一个基本周期,在 PROB 前后各插入 1 个 Idle 以区别 DATA 和 PROB 包。

图 6-21 T_DATA 和 T_PROB 关系图

首先确定一个参数,即每发送 x 个 DATA 包,才发送一个 PROB 包,则有公式:

$$T\_PROB = T\_DATA \times (x+3)$$

在程序中,取 T_DATA =0.5 s。将 x 设置为节点属性,如 $x=17$,则 T_PROB=10 s。

将 PROB 和 DATA 进行统一编号,假设 PROB 的序号为 S,$S+x+1$ 为下一个 PROB 包的序号。

协作节点保存自己接收到的 PROB 序号 S,每次接收到 DATA 包的序号(假设为 D),如果 $D-S \leqslant x$,则可以继续转发数据包;若 $D-S > x$,则表明该协作节点已经失效,变为普通节点。

(2) 应用层进程模型代码修改。

应用层进程模型中,主要是确定 DATA 包的发送,从上面的分析来看,每发送 x 个包,要休息 3 个周期。应用层代码修改如下。

① 添加两个整型状态变量 DataCountPerPROB、pk_num。

② 在 Init 状态中,添加如下代码。

```
/* 读取仿真属性 */
if (op_ima_sim_attr_exists("Campus Network. * .DataCountPerPROB"))
{
 op_ima_sim_attr_get_int32("Campus Network. * .DataCountPerPROB",
 &DataCountPerPROB);
}else {
     DataCountPerPROB=17;
   }
pk_num=0; /* 包序号赋初值 */
```

③ 在 Generate 状态中,进行包发送调度,代码如下。

```
/* 产生包并发送 */
m_generate_packet();

pk_num++;        /* 发送包计数 */
/* 如果已经发够 DataCountPerPROB 个数据包 */
if(pk_num==DataCountPerPROB){
  pk_num=0;                    /* 重新从 0 开始计算 */
  pkt_gen_event=op_intrpt_schedule_self(op_sim_time()+4*pkt_interval,
                                        PKT_GEN_CODE);
}else
  pkt_gen_event=op_intrpt_schedule_self(op_sim_time()+pkt_interval,
                                        PKT_GEN_CODE);
```

(3) 网络层代码修改。

① 在 SrcSendPROB 状态中,发送 PROB 包之后,下一次 PROB 的中断设置代码如下。

```
op_intrpt_schedule_self(op_sim_time()+T_DATA*(DataCountPerPROB+3),
                        SRC_SEND_PROB_INTRPT_CODE);
```

② 在 Idle 状态中,提取包序号,这里涉及 DATA 包和 PROB 包,代码如下。

```
if (strcmp(pk_format,"DATA")==0){
  ...
  op_pk_nfd_access(pkptr, "SeqNum", &D_SeqNum);
  ...
}else if (strcmp(pk_format,"PROB")==0){
  ...
  op_pk_nfd_access(pkptr, "SeqNum", &D_ProbSeqNum);
  ...
}
```

③ 在 ChkSeq 状态中对无效包的判断,代码如下。

```
/* 若 DATA 包编号与 PROB 包编号之差超过 DataCountPerPROB,将上次选中的协作
节点重置 */
if(D_SeqNum-D_ProbSeqNum>DataCountPerPROB){
  CooperativeNodeFlag=OPC_FALSE;
  op_ima_obj_attr_set(node_objid,"CooperativeNodeFlag",CooperativeNodeFlag);
}
```

2) 协作节点的确定

确定协作节点是 KCN 路由方案中最重要的部分,确定协作节点的函数代码如下。

```
/* 入口参数:Sink 坐标,协作节点个数,出口是下一跳,返回第一个协作节点的编号 */
int CooperativeNodeSelection(double destination_x,
                             double destination_y, int cn_num)
```

```
{
    double y_t_o,x_t_o;      /* Sink 节点坐标 */
    double y_h_o,x_h_o;      /* 本节点坐标 */
    double y_i_o,x_i_o;      /* 邻居节点坐标 */
    double y_i,x_i,theta;    /* 虚拟坐标 */
    double dDistance,dEnergy,dMetric;    /* 距离、能量,以及距离和能量综合权重 */
    double MaxDMetric,MaxEnergy;         /* 最大的综合权重和能量 */
    int bInSearchField;                  /* 节点是否为所有协作节点可达 */
    FIN (int CooperativeNodeSelection(double destination_x,
                                double destination_y, int cn_num));
    /* 初始化协作节点数组 */
    for(i=0;i<cn_num;i++){
        NextHopCNList[i].ID=-1;
        NextHopCNList[i].x=-1;
        NextHopCNList[i].y=-1;
        NextHopCNList[i].energy=-1;
    }
    /* 所有邻居节点协作标识重置 */
    for (k=0;k<MAX_NEIGHBOR_NUMBER;k++){
        NeighborAsCooperativeNodeFlag[k]=OPC_FALSE;
    }

    /* 开始求 cn_num 个协作节点 */
    for (i=0; i < cn_num; i++)
    {
      MaxDMetric=0; NextHopIdx=-1;    /* 初始化综合权重和邻居表索引下标 */
      for (k=0;k<NeighborNumber;k++){ /* 对所有邻居节点循环 */
        /* 源节点(编号为 2)能量比普通节点能量大,不参与选择 */
        if (NeighborList[k]==2) continue;

        /* 判断邻居节点是否所有协作节点可达 */
        bInSearchField=1;
        if(source_flag==0){ /* 源节点没有 MyCNList,不判断 */
          for(m=0;m<cn_num;m++){
              if(MyID! =MyCNList[m].ID){ /* 本节点不用判断 */
                  dDistance=sqrt(pow(MyCNList[m].x-NeighborListX[k],2)
                          +pow(MyCNList[m].y-NeighborListY[k],2));
                  if (dDistance>MaxTxRange){/* 不可达,则设置标识 */
                      bInSearchField=0;
                      break;
                  }
              }
          }
        }
```

```
                if(sqrt(pow(x_i--MaxTxRange/2,2))+sqrt(pow(y_i,2))
                   >MaxTxRange)
                bInSearchField=0
          if((bInSearchField==1)               /* 节点可达且没有被选择为协作节点 */
             &&(NeighborAsCooperativeNodeFlag[k]==OPC_FALSE))
            {
                /* 虚拟坐标计算 */
                y_t_o=destination_y;           x_t_o=destination_x;
                y_h_o=my_y_pos;                x_h_o=my_x_pos;
                y_i_o=NeighborListY[k];        x_i_o=NeighborListX[k];
                theta=atan((y_t_o-y_h_o)/(x_t_o-x_h_o));
                x_i=cos(theta)*(x_i_o-x_h_o)+sin(theta)*(y_i_o-y_h_o);
                y_i=cos(theta)*(y_i_o-y_h_o)-sin(theta)*(x_i_o-x_h_o);
                if(x_i<0) continue; /* 过滤与 Sink 反方向的邻居节点 */
                /* 距离理想坐标的距离 */
                dDistance=sqrt((MaxTxRange - x_i)*(MaxTxRange-x_i)
                              +y_i*y_i);
                /* GetNodeEnergy 函数返回节点能量 */
                dEnergy=GetNodeEnergy(NeighborList[k]);
                /* 距离和能量综合权重 */
                dMetric=sqrt( pow(1-dDistance/MaxTxRange,2)
                              +pow(dEnergy/NODE_INIT_ENERGY,2) );
                /* 下面条件中限制了 x_i 的大小,确保协作节点处于一定范围内 */
                if((x_i>MaxTxRange * HopDistanceFactor)
                      &&(dMetric>MaxDMetric)){
                MaxDMetric=dMetric;
                NextHopIdx=k;
                MaxEnergy=dEnergy;
                }
            }
       if(NextHopIdx! ==-1){/* 如果找到了某个邻居节点,则将邻居节点保存 */
          NextHopCNList[i].ID=NeighborList[NextHopIdx];
          NextHopCNList[i].x=NeighborListX[NextHopIdx];
          NextHopCNList[i].y=NeighborListY[NextHopIdx];
          NextHopCNList[i].energy=MaxEnergy;
          op_anim_ime_nobj_update (vid, OPC_ANIM_OBJTYPE_NODE,
                       other_node_name, OPC_ANIM_OBJ_ATTR_ICON,
                           "tree_node_expand_windows", OPC_EOL);
       else{ /* 没有找到,则不再进行下面的循环 */
       }
           break;
       }
    }
FRET(NextHopCNList[0].ID);
}
```

有益提示 ··· 在数组前面的协作节点权重较大,因此转发数据是优先选取数组前面的协作节点。

3) 协作节点信息的传递

当第 h 跳协作节点确定了第 $h+1$ 跳的 k 个协作节点之后,需要把这 k 个协作节点的信息通知第 $h+1$ 跳的 k 个协作节点,通知第 h 跳其他协作节点。

在程序实现过程中,模型中将这 k 个协作节点保存到一个临时全局数组中,然后给所需通知节点发中断,通知节点收到中断之后,从临时全局数组中读取这 k 个节点信息。

(1) 在 Handle_PROB 状态中,通知本跳和下一跳协作节点的代码如下。

```
GlobalCNHopCountTmp=D_HopCount+1;
for (i=0; i<CN_Num; i++){ /* 将信息拷贝到全局变量中 */
    GlobalCNListTmp[i]=NextHopCNList[i];
}
for (i=0; i<CN_Num; i++){ /* 通知下一跳所有协作节点 */
    if(NextHopCNList[i].ID==-1) continue; /* 如果是-1,则是无效节点 */
    sprintf(other_node_name,"%d",NextHopCNList[i].ID);
    /* 求协作节点的网络层进程 ID */
    network_pro_id=op_id_from_name(
                        op_id_from_name(op_topo_parent(node_objid),
                        OPC_OBJTYPE_NODE_MOB,other_node_name),
                        OPC_OBJTYPE_QUEUE,"network");
    /* 给协作节点网络层进程发送消息 */
    op_intrpt_schedule_remote(op_sim_time(), INFORM_CN_INTRPT,
                        network_pro_id);
}
for (i=0; i<CN_Num; i++) /* 通知本跳其他协作节点 */
{
    if(MyCNList[i].ID==-1) continue;
    sprintf(other_node_name,"%d", MyCNList[i].ID);
    network_pro_id=op_id_from_name(
                        op_id_from_name(op_topo_parent(node_objid),
                        OPC_OBJTYPE_NODE_MOB,other_node_name),
                        OPC_OBJTYPE_QUEUE,"network");
    op_intrpt_schedule_remote(op_sim_time(),INFORM_CN_NEXHHOP_INTRPT,
                        network_pro_id);
}
```

(2) Inform_MyCN 状态处理 INFORM_CN_INTRPT 中断,代码如下。

```
CooperativeNodeFlag=OPC_TRUE; /* 设置该节点为协作节点 */
/* 更新节点属性,显示动画用 */
op_ima_obj_attr_set(node_objid,"CooperativeNodeFlag",CooperativeNodeFlag);
```

```
/* 读取跳数 */
CNHopCount=GlobalCNHopCountTmp;
/* 第 h+1 跳协作节点收到该数组保存为本跳协作列表信息 */
for (i=0; i<CN_Num; i++){
    MyCNList[i]=GlobalCNListTmp[i];
}
```

（3）Inform_NextHOP_CN 状态处理 INFORM_CN_NEXHHOP_INTRPT 中断，代码如下。

```
/* 第 h 跳其他协作节点将数组保存为下一跳协作节点信息 */
for (i=0; i<CN_Num; i++){
    NextHopCNList[i]=GlobalCNListTmp[i];
}
```

4）数据包转发协作节点的确定

协作节点确定之后，下一步要发送数据包，数据包广播发送之后，每个协作节点根据其在数组的位置确定其倒计时时间。

（1）在 GPSR 状态中，当 scheme_idx 为 4 时，进入 KCN 处理，代码如下。

```
/* 是协作节点,且跳数相符 */
if((CooperativeNodeFlag==OPC_TRUE)&&(D_HopCount==CNHopCount)){
    for(i=0;i<CN_Num;i++){ /* 首先找到自己在数组中的位置 */
        if (MyID==MyCNList[i].ID){
            break;
        }
    }
    /* 根据数据中的位置计算倒计时时间,粗体部分为倒计时时间 */
    COOP_TIMER_evHandle=op_intrpt_schedule_self(op_sim_time()+(i+1)*TAU,
                        COOP_TIMER_EXPIRED_INTRPT_CODE);
    /* 广播信息之后图标变了,恢复原来图标 */
    op_anim_ime_nobj_update (vid, OPC_ANIM_OBJTYPE_NODE, node_name,
                        OPC_ANIM_OBJ_ATTR_ICON,
                        "tree_node_expand_windows", OPC_EOL);
}
packet_pkptr=op_pk_copy(pkptr); /* 保存包,倒计时到期之后发送 */
op_pk_destroy(pkptr);
```

（2）协作节点倒计时到期之后的代码如下。

```
/* 设置包字段,广播发送数据包 */
op_pk_nfd_set(packet_pkptr, "PreviousHop", MyID);
op_pk_nfd_set(packet_pkptr, "NextHop", MAC_BROADCAST_ADDR);
op_pk_nfd_set(packet_pkptr, "HopCount", D_HopCount+1);
op_pk_send(packet_pkptr, NETWORK_TO_MAC_STRM);
/* 通知结果收集进程,收集发送包数据 */
```

```
data_packet_size_transmitted＝op_pk_total_size_get(packet_pkptr)；
msg_packet_size_transmitted＝0；
op_intrpt_schedule_remote (op_sim_time()，
                    m_ALL_DATA_TRANS_INTRPT_CODE，init_pro_id)；
/＊ 更新发送节点图标 ＊/
op_anim_ime_nobj_update (vid，OPC_ANIM_OBJTYPE_NODE，node_name，OPC_
ANIM_OBJ_ATTR_ICON，"adw_error"，OPC_EOL)；
```

6. 仿真动画

仿真运行,协作节点设置为 4 个,图 6-22 所示的是协作节点动画抓图。

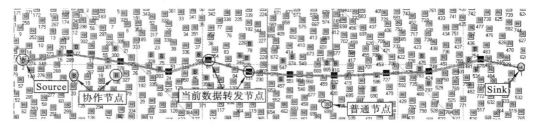

图 6-22 KCN 协议协作节点动画抓图

7

智能物联网仿真

本章主要介绍使用移动代理的无线传感器网络（wireless sensor network，WSN）——智能物联网仿真的相关内容。相对于传统的无线传感器网络数据收集方法，使用移动代理进行传感器数据收集和融合，可以有效地提高数据收集的效率和降低网络的能量消耗。本章首先介绍移动代理的基本概念以及作为移动代理关键问题的路由规划问题，其次介绍移动代理路由规划的经典算法，最后介绍智能物联网的仿真实现。

7.1 移动代理概述

7.1.1 移动代理

移动代理（mobile agent，MA）数据融合和收集技术是无线传感器网络实现智能化的一种新型技术。移动代理是一种特殊的软件模块，用于访问网络中的传感器节点，并对节点数据进行压缩和融合处理。移动代理和一般程序的区别在于它拥有观察和估计当前环境状态的能力，能根据信息决定怎么做并且执行相应的操作。在无线传感器网络中，借助移动代理独特的性能可以做到移动代理从一个传感器节点转发到另一个传感器节点。

设计使用移动代理关键的几个方面包括：考虑移动代理适用不同应用的灵活性；移动代理适应处理突发的情况；使用有效的迁移机制来提高移动代理的性能；根据应用场景设计移动代理策略。

1. 移动代理的特性

1）智能性

移动代理可以根据观察到的当前环境状态对下一步的操作做出改变，并且执行相应的操作；移动代理不需要外部的输入就可以自动执行预设的操作；多个移动代理可以共同完成同一个任务。这些方面就使得移动代理和传统的软件很容易区分开来，也可以说移动代理是智能的。

2）流动性

移动代理流动性的特点体现在它可以从一个传感器节点移动到另一个传感器节

点,可以根据移动代理的类型不同使得相同的节点完成不同的任务。移动代理可以根据所处环境的情况决定下一步操作的对象,这种特性使移动代理的移动更灵活。

3)可编程性

使用移动代理的优势就是完成不同的任务只需要派出不同的代理,也就是说只需要派出不同的处理程序,而不需要改变无线传感器网络中传感器节点的程序。如果不使用移动代理,要使网络完成不同的任务需要修改所有传感器网络的程序,或者在网络设计的时候就需要将所有的程序写入传感器;很显然,使用移动代理的方法使相同的硬件网络完成不同的任务变得简单而且易于实现。

2. 移动代理的结构

移动代理的结构包括代理标识、执行代码、访问路径、数据空间四部分。

(1)代理标识:用于区分不同的移动代理。

(2)执行代码:不同类型的移动代理携带不同的执行代码,用于完成不同的任务,在派出移动代理之前写入。

(3)访问路径:是移动代理在网络中移动的路径,移动代理按照规划好的路径访问网络中的对应节点。如果采用动态的路径规划方法,移动代理中只存放路径规划程序。

(4)数据空间:用于存放移动代理从节点获取的数据。移动代理从访问的节点收集到数据后进行压缩和融合,然后存储到数据空间中。

3. 移动代理在无线传感器网络中的使用

无线传感器网络由若干分布在特定区域中具有感应监控功能和无线数据传输功能的传感器节点组成,传感器节点通过多跳无线传输的方式把感应数据传送到远处的数据接收节点,即汇聚节点(又称为 Sink 节点),Sink 节点对接收到的数据进一步进行处理。无线传感器网络技术广泛用于军事、环境监测、安全监测等领域,特别是在大范围的无人监控环境中,与传统的有线网络相比,无线传感器网络的部署更加灵活而且费用低廉。

1)客户机/服务器模型

传统的无线传感器网络中,使用基于客户端/服务器模型,由传感器节点采集数据,同时把数据传递到汇聚节点。然而,这些数据在网络中传输时通常没有进行压缩,也没有利用数据之间的相关性来减少数据量,这些原始的数据流造成了传感器能量的浪费。基于客户机/服务器模型如图 7-1 所示。

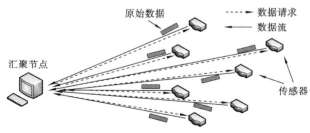

图 7-1　客户机/服务器模型

每个传感器节点将感知的数据传递给汇聚节点,这种模型会造成能量消耗过高,特别是收集数据的传感器节点分布密集时,传感器节点同时给汇聚节点传输数据,也会造成汇聚节点的数据流量过大和无线信号的相互干扰。

2）移动代理模型

移动代理在无线传感器网络中的使用提供了数据融合和传递的新方式。移动代理的使用可以对数据进行压缩和融合，大大减少了在网络中传播的数据流量，也降低了数据传输的能量消耗。

无线传感器网络中使用移动代理是由 Sink 节点派出移动代理，按照规划好的访问路径依次访问数据源传感器节点，收集数据源传感器节点感知的目标数据信息，融合感知数据，将收集融合后的数据带回到 Sink 节点。移动代理具有移动、自主、协作和异步等特点，已在网络监控、信息恢复、入侵检测和电子商务等方面得到广泛应用。基于移动代理的模型如图 7-2 所示。

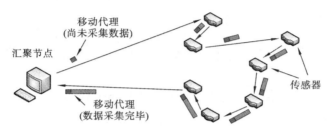

图 7-2　单移动代理模型

传感器网络中对于移动代理的设计包括四部分：体系结构（architecture）、路由规划（itinerary planning）、中间件设计（middleware design）、硬件设计（hardware design）。移动代理路由规划解决移动代理访问网络节点的顺序和路径，是无线传感器网络中有效实施移动代理机制的核心问题之一，目标是以尽可能小的 QoS 代价满足尽可能好的应用性能。

7.1.2　基于移动代理的无线传感器网络路由规划

基于移动代理的无线传感器网络包括数据源传感器节点、普通传感器节点、汇聚节点和移动代理四类实体对象。数据源传感器节点和普通传感器节点进行目标信息的监测和传递，数据源传感器节点是从传感器节点中选取的少量节点，传感器节点数量多、密度大，但是资源有限，传感器节点之间以无线多跳的自组织的方式连接；汇聚节点是接收者 Sink 和控制者 Commander，用于监听和处理网络事件消息，向网络发布查询请求或派发任务。无线自组织的无线传感器网络汇聚节点可以是 1 个或多个，汇聚节点的位置采用固定位置或者在网络中移动。

无线传感器网络示意图如图 7-3 所示，图中有 1 个固定的 Sink 节点，6 个数据源传感器节点，箭头标出的是 Sink 节点派出移动代理的路径。

无线传感器网络可以用加权无向图 $G(V,E)$ 表示，V 为节点集合，$v \in V$ 是图中的节点；E 为边集合，$e(i,j) \in E$ 表示节点 $v(i)$ 到 $v(j)$ 的边，边的权通常用来评估两个节点间通信的代价：能量消耗、信号路径损耗或延时等；Sink 为汇聚节点。

如图 7-4 所示 $G(V,E)$，节点集合 $V = \{22,6,79,15,\text{Sink}\}$，包括 4 个数据源节点和 Sink 节点，边集合 E 包括所有 V 中节点的连接，边的权值是节点间的估计跳数。

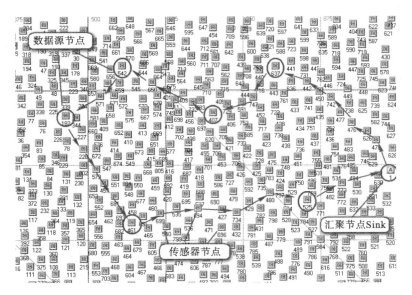

图 7-3   基于移动代理的无线传感器网络

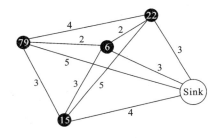

图 7-4   加权无向图 $G(V,E)$

1. 移动代理路由规划问题分类

1) 单移动代理路由规划问题

单移动代理路由规划是汇聚节点只派出一个移动代理,根据路由算法规划设计好的路由,以多跳的方式依次访问无线传感器网络中所有待访问的传感器节点,最后返回汇聚节点。移动代理在访问传感器节点时收集、融合传感器节点感知的数据,最终将所有收集到的数据带回汇聚节点。

单移动代理模型示意图如图 7-2 所示,Sink 派出一个移动代理,以多跳的方式访问所有的数据源节点,最后返回到 Sink 节点。

移动代理由 Sink 派出时只包含代理程序本身,在网络移动过程中逐渐增大。对于大规模的传感器网络,基于单代理的数据收集主要存在以下问题。

(1)数据延迟大,需要访问所有待访问的数据源传感器节点后才返回汇聚节点。

(2)不平衡的数据负载,位于路径最末端的节点因为移动代理的大小比派出时增加了从所有传感器节点收集的数据,接收和发送移动代理需要消耗更多的能量。

(3)数据累积大,不安全。

单移动代理路由规划问题为移动代理规划路由时需要考虑能量消耗、数据延迟等问题,以最小的能量消耗、最低的数据延迟为评价目标。

2) 多移动代理路由规划问题

多移动代理路由规划是汇聚节点派出多个移动代理,每个移动代理分别根据路由规划设计好的路由访问一组数据源传感器节点,多个移动代理访问节点的数据源传感器的并集等于无线传感器网络中所有待访问的传感器节点集合,返回汇聚节点。多移动代理模型示意图如图 7-5 所示。

多移动代理路由规划问题,可以看成单移动代理问题的迭代版本,可以分为以下

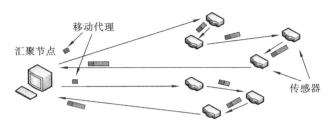

图 7-5 多移动代理模型

四步。

(1) 确定移动代理的数量:当采用多移动代理模型时,面临的问题就是用最少数目的移动代理来完成所有目标源节点数据收集,达到能量消耗少、延迟小、网络生存期长的目的。可以选择具有高节点密度的中心区域作为单个移动代理的访问中心位置,但是确定一个最优的移动代理数目是一个 NP 问题。

(2) 确定目标源节点分组:为了确定目标源节点访问分组,不同的多代理路由规划算法采用不同的分组方法,有密度分组的方法、树的分组方法等。

(3) 确定访问目标源顺序:确定每一组的目标源节点的访问顺序,也就是对移动代理的路由进行规划。问题简化为单移动代理路由规划问题,可以采用单移动代理路由规划算法。

(4) 单移动代理算法迭代:如果还有源节点不在这些编组中,基于源节点的剩余集,计算出下一个访问中心位置。重复(2)、(3)直到所有的源节点都在移动代理的访问路径中出现。

多移动代理路由规划的难点包括确定派出移动代理的数量和目标源节点的分组。

7.1.3 移动代理能量消耗

能量是无线传感器网络最重要的资源,其中通信能耗远大于处理和感知能耗,传感器的能量消耗主要集中在无线通信过程的发送和接收状态。

移动代理路由规划问题中,将能量的消耗作为关键的评价指标,所以现有的路由规划算法在进行路由规划时常根据能量的消耗来评价路由的优劣。访问移动代理路由中第 k 个目标源节点时的移动代理大小依赖于三部分:① 初始的移动代理大小 l_{ma}^0;② 访问第一个信息源节点的衰减负载大小 $l_{\mathrm{data}} \cdot (1-r_1)$,其中 r_1 是第一个信息源节点的衰减率,在第一个信息源节点,第一次收集数据没有融合率;③ 从第二个信息源节点到当前信息源节点的融合大小为 $\sum_{i=2}^{k} l_{\mathrm{data}} \cdot (1-r_i) \cdot (1-\rho_i)^1$,$\rho_i$ 是融合率(数据的压缩率),这样,随着目标源节点的增加,移动代理访问到第 k 个节点时的大小为

$$l_{\mathrm{ma}}^k = l_{\mathrm{ma}}^0 + l_{\mathrm{data}} \cdot (1-r_1) + \sum_{i=2}^{k} l_{\mathrm{data}} \cdot (1-r_i) \cdot (1-\rho_i)^1$$

传感器节点收到数据包消耗的能量包括:接收数据包能量消耗、控制能量消耗、发送能量消耗。用 m_{rx}、m_{tx} 分别表示节点接收、发送一个数据位的能量消耗,e_{ctrl} 表示节点的控制能量消耗(假设每一个节点的控制能量消耗完全一致),l_{rx} 表示传感器节点接收的数据包的大小,l_{tx} 表示传感器节点发送数据包的大小,一个传感器节点的能量消耗可

以表示为

$$e(l_{rx}, l_{tx}) = m_{rx} \cdot l_{rx} + (m_{tx} \cdot l_{tx} + c_{tx}) + e_{ctrl}$$

移动代理从第 $k-1$ 个节点移动到第 k 个节点的能量消耗可以表示为

$$E_{k-1}^k = m_p \cdot l_{data} + e(0, l_{ma}^{k-1}) + H_{k-1}^k \cdot e(l_{ma}^{k-1}, l_{ma}^{k-1}) + e(l_{ma}^{k-1}, 0)$$

式中:H_{k-1}^k 为节点 $k-1$ 和节点 k 之间的估计跳数;$m_p \cdot l_{data}$ 节点 $k-1$ 的数据处理能量;$e(0, l_{ma}^{k-1})$ 为节点 $k-1$ 的发送能量;$H_{k-1}^k \cdot e(l_{ma}^{k-1}, l_{ma}^{k-1})$ 为节点 $k-1$ 和节点 k 之间借助其他传感器节点多跳的能量;$e(l_{ma}^{k-1}, 0)$ 为节点 k 的接收能量。

图 7-6 显示了典型的单移动代理的数据传播场景,为了计算路由访问的能量消耗代价 E_1,我们把整个路由分成三部分:① 从汇聚节点到第一个信息源节点 S_1,只需要考虑移动代理本身的大小发送到第一个信息源节点的能耗,这一阶段的通信能耗表示为 E_{conv};② 第二部分为移动代理离开第一个信息源节点到它访问最后一个信息源节点终止的能耗,这一阶段的通信能耗为 E_{roam};③ 第三部分是代理访问完所有的信息源节点到返回汇聚节点的能耗,这一阶段的通信能耗为 E_{back}。

$$E_1 = E_{conv} + E_{roam} + E_{back} = E_{conv} + \sum_{k=2}^n E_{k-1}^k + E_{back}$$

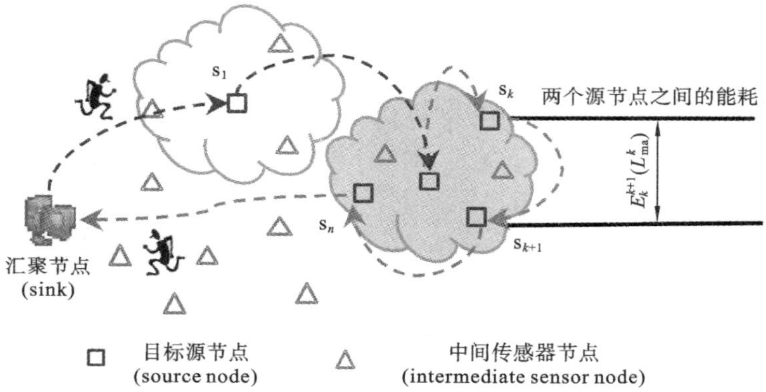

图 7-6 基于单移动代理的路由规划能量消耗模型

根据上面的公式,我们可以看到,能耗是无线传感器网络中信息源节点数目的平方函数,这就导致移动代理路由规划算法的能量消耗随着网络规模的增大和路径长度增加而急剧恶化,也就是说端到端的延迟呈现的趋势与路径能耗的趋势是一致的。因此,应该设计出能耗较低的无线传感器网络的移动代理路由规划算法。

7.1.4 移动代理模型

1. 节点模型

移动代理路由规划在仿真中采用的节点模型如图 7-7 所示,移动代理路由规划算法在网络层进程模型中实现。

2. 网络层进程模型

路由规划的相关算法通过网络层的进程模型添加。网络层进程模型如图 7-8 所示,图中各部分的主要功能如下。

(1)网络初始化:设置地理坐标,获取网络中的邻居节点信息等。

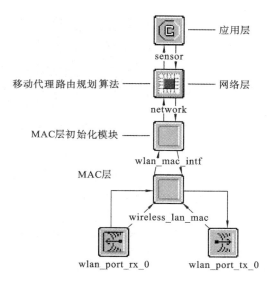

图 7-7 移动代理节点模型

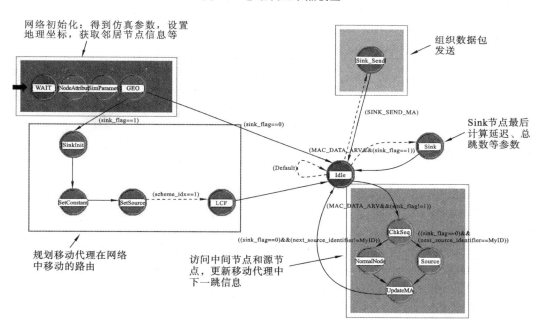

图 7-8 网络层进程模型

（2）执行进程模型中的路由规划算法，规划移动代理的路由。

（3）创建数据包，组织数据包的发送。

（4）根据路由规划算法规划好的路由顺序访问网络中的节点，Source 包括访问数据源节点时执行的代码，NormalNode 是中间节点，UpdateMA 进行移动代理中下一跳信息的更改。

（5）Sink 最后计算网络延迟、路由总跳数等参数。

3. 包结构

移动代理包结构 m_MOBILE_AGENT 如图 7-9 所示，图中各参数说明如下。

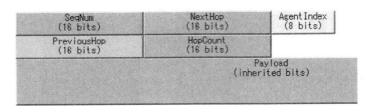

图 7-9   m_MOBILE_AGENT 代理包结构

AgentIndex:存放移动代理序号信息,只有使用多移动代理时使用。

SeqNum:记录移动代理数量,只有使用多移动代理时才使用。

PreviousHop:前一跳,每个节点接收到数据包之后,将数据包中的 PreviousHop 更改成当前节点 ID(MyID)。

NextHop:下一跳,根据路由规划算法规划好的下一跳 ID 填入 NextHop。

HopCount:当前跳数。

PayLoad:一个移动代理所携带的数据。

4. 模型中用到的主要变量

模型中用到的主要变量如表 7-1 所示。

表 7-1   主要变量

编号	变 量 名	数 据 类 型	含 义
1	sink_flag	int	汇聚节点标识
2	scheme_idx	int	规划路径算法编号
3	NeighborList	int *	邻居节点序号列表
4	NeighborListX	double *	邻居节点列表 X 坐标
5	NeighborListY	double *	邻居节点列表 Y 坐标
6	NeighborNumber	int	邻居节点数
7	total_src_number	int	数据源节点数
8	SensedDataSize	double	传感器数据大小
9	MaProcessingCodeSize	double	移动代理代码大小
10	SrcList	int *	传感器序列
11	SrcListX	double *	传感器序列 X 坐标
12	SrcListY	double *	传感器序列 Y 坐标
13	RequiredSrcNum	int	数据源节点数
14	GlobalSrcList	int *	源节点访问顺序列表
15	GlobalSrcListX	double *	源节点访问顺序列表对应 X 坐标
16	GlobalSrcListY	double *	源节点访问顺序列表对应 Y 坐标
17	NextDestID	int	移动代理下一个目标源节点序号
18	NextHopID	int	移动代理下一跳的序号

7.2　单移动代理经典算法

7.2.1　通用的单移动代理路由规划算法

通用的单代理路由规划算法伪代码如下。

```
SIP(u, V, t)
initialization
T←V
p←u
for  i=1  to  n  do
S[i]←f(p, T, t)
p←S[i]
T←T-{S[i]}
end for
Return  S
```

说明：u 为移动代理的起始点，一般起始点也是汇聚节点 Sink；V 为移动代理将要访问的数据源节点的集合；t 为汇聚节点 Sink；S 为存放 n 个数据源节点的路由访问序列；$f(p, T, t)$ 函数返回值是下一个待访问的节点，根据下一个数据源节点的选择算法决定下一个待访问的节点。

在进行单代理路由规划算法设计时，只需要将路由规划算法写入函数 $f(p, T, t)$。

7.2.2　最近最优先路由算法

最近最优先路由算法 LCF(local closest first)，是比较早出现的单代理路由规划算法，是一种思路简单、容易实现的算法。LCF 算法在路由规划确定下一个被访问数据源节点时，始终查找与当前节点距离最近的待访问的数据源传感器节点，作为下一个被访问的数据源节点。LCF 算法属于基于贪婪策略的路由算法，路由规划因为只考虑离当前节点最近，没有考虑整体的规划，所以路由整体效率不高，数据延迟较大，能量消耗高。

LCF 最近最优先路由算法代码如下。

```
/* 数据源节点访问标识初始化 */
for (k=0; k<RequiredSrcNum; k++)
{
  SrcVisitedFlag[k]=OPC_FALSE;
}
/* 从 Sink 节点出发选择第一个目标源传感器节点 */
MinDistance=MAX_VALUE;
for (k=0; k<RequiredSrcNum; k++)
{
```

```
            DistanceToSink＝sqrt((SrcListX[k] －sink_x_pos)
                           *(SrcListX[k] －sink_x_pos)
             +(SrcListY[k] －sink_y_pos)*(SrcListY[k] －sink_y_pos));
        if (DistanceToSink＜MinDistance){
            MinDistance＝DistanceToSink;
            FirstSrcIdx＝k; /* 记录第一个访问的节点的序号 */
        }
    }
    SrcVisitSeq＝0;           /* 已经在访问队列中的数据源节点数,从开始计数 */
    /* GlobalSrcList 用于存放节点的访问顺序,SrcList 用于存放待访问节点,GlobalSrcListX、
    GlobalSrcListy、SrcListX、SrcListY 分别存放相应节点在网络中的 X 坐标和 Y 坐标
    访问队列相关信息修改:队列当前节点号、节点坐标、节点访问标识、最后一个访问的节点号 */
    GlobalSrcList[SrcVisitSeq]＝SrcList[FirstSrcIdx];
    GlobalSrcListX[SrcVisitSeq]＝SrcListX[FirstSrcIdx];
    GlobalSrcListY[SrcVisitSeq]＝SrcListY[FirstSrcIdx];
    SrcVisitedFlag[FirstSrcIdx]＝OPC_TRUE;
    /* 第一个访问的节点的序号储存为访问序列中的最后一个节点 */
    LastSrcIndex＝FirstSrcIdx;
    /* 选择下一个目标源传感器节点,执行 RequiredSrcNum－1 次 */
    for (j＝1; j＜RequiredSrcNum; j＋＋)
    {
        MinDistance＝MAX_VALUE;
        for (k＝0; k＜RequiredSrcNum; k＋＋)
        {
            if ((SrcVisitedFlag[k]＝＝OPC_FALSE)&&(k！＝FirstSrcIdx))
            {
                DistanceBetweenSrc＝sqrt(
                        (SrcListX[LastSrcIndex] －SrcListX[k])
                       *(SrcListX[LastSrcIndex] －SrcListX[k])
                     +(SrcListY[LastSrcIndex] －SrcListY[k])
                       *(SrcListY[LastSrcIndex] －SrcListY[k]));
                if (DistanceBetweenSrc＜MinDistance){
                    MinDistance＝DistanceBetweenSrc;
                    NextSrcIndex＝k; /* 记录下一个待访问节点的序号 */
                }
            }
        }
        /* 访问队列相关信息修改:节点数、队列当前节点号、节点坐标、节点访问标识、
        最后一个访问的节点号 */
        SrcVisitSeq＋＋;
        GlobalSrcList[SrcVisitSeq]＝SrcList[NextSrcIndex];
        GlobalSrcListX[SrcVisitSeq]＝SrcListX[NextSrcIndex];
        GlobalSrcListY[SrcVisitSeq]＝SrcListY[NextSrcIndex];
        SrcVisitedFlag[NextSrcIndex]＝OPC_TRUE;
        LastSrcIndex＝NextSrcIndex;
    }
    /* 修改访问队列信息,从最后一跳传感器节点返回 Sink */
    GlobalSrcList[RequiredSrcNum]＝MyID;
    GlobalSrcListX[RequiredSrcNum]＝sink_x_pos;
    GlobalSrcListY[RequiredSrcNum]＝sink_y_pos;
```

7.2.3 能量效率路由算法/迭代的能量效率路由算法

无线传感器网络移动代理路由规划问题是 Sink 节点派出移动代理,移动代理按照规划好的路由从 n 个传感器节点收集数据后带回给 Sink 节点。路由的设计要考虑能量消耗、数据延迟等问题。IEMF(itinerary energy minimum for first-source-selection) 选择使路径能量消耗最小的数据源节点作为第一个数据源节点,IEMA(itinerary energy minimum algorithm)是 IEMF 的迭代版本,主要从减少能量消耗的方面来规划移动代理的路由。

1. IEMF

移动代理从 Sink 节点出发有 n 个数据源节点可以访问,分别作为 n 条路由的起点,路由中的其他 $n-1$ 个节点访问顺序采用 LCF 方法决定,这样规划出 n 条候选路由。根据移动代理能量消耗的计算公式计算出每条路由的能量消耗,找出能量消耗最小的一条路由作为移动代理的路由。

2. IEMA

IEMA 路由规划是 IEMF 的迭代版本,移动代理从 Sink 出发,路由访问的第一个节点有 n 个源节点可以选择,剩下的 $n-1$ 个节点按照 LCF 规划路由,找出 n 条路由中能量消耗最小的路由,确定第一个访问节点;路由访问的第二个节点有 $n-1$ 个节点可以选择,剩下的 $n-2$ 个节点按照 LCF 规划路由,找出 $n(n-1)$ 条路由中能量消耗最小的路由,确定第二个访问节点;算法迭代执行,直到第 k 个节点确定,剩下的 $n-k$ 个节点访问顺序用 LCF 算法确定。如果所有的 n 个节点都采用迭代的方法确定,最终得到的移动代理路由就是能量消耗最小的,但是随着网络中待访问的数据源节点数增加,计算无法实现,所以根据实际需要迭代一定的次数。

LCF 看作是迭代 0 次的算法 IEMA(0)。

IEMF 看作是迭代 1 次的算法 IEMA(1)。

IEMA(k)表示前 k 个节点用 IEMF 算法得到,后 $n-k$ 个节点用 LCF 算法得到。

3. IEMF 算法伪代码

IEMF 路由规划算法伪代码如下。

```
IEMF(t, V, t)
initialization
tmp←∞
for each v(v∈V)do
    if E(t|v|LCF(v,V−{v},t)|t)<tmp then
        tmp←E(t|v|LCF(v,V−{v},t)|t)
        S[1]←v
    end if
end for
IEMF(t, V, t)←S[1]
S←S[1]|LCF(S[1],V−{S[1]},t)
Return S
```

说明：

IEMF(t,V,t)为使用 IEMF 算法规划路由函数；| 为连接两个数据源节点序列的符号；LCF(v,T,t)为使用 LCF 算法规划的数据源节点的访问序列；V 为数据源节点集合；E 为节点之间的边的集合；S 为规划好的移动代理路由；E 为路由的能量消耗；tmp 为最小能量消耗。

4. IEMA 算法伪代码

IEMA 路由规划算法伪代码如下。

```
IEMA(k, t, V, t)
initialization
    u←t
    T←V
for i＝1 to k do
    S[i]←IEMF(u, T, t)
    u←S[i]
    T←T-{u}
end for
S←S[1]|S[2]| · · · |S[k]|LCF(u, T,t)
Return S
```

说明：

IEMA(k,t,V,t)为使用 IEMA 算法规划路由函数；| 为连接两个数据源节点序列的符号；LCF(v,T,t)为使用 LCF 算法规划路由函数；V 为数据源节点集合；S 为规划好的移动代理路由；u 为使用 IEMF 规划路由的起点；T 为未加入路由队列的数据源节点的集合。

7.3 多移动代理经典算法

能量消耗是无线传感器网络中信息源数目的平方函数,这就导致单移动代理算法随着网络规模的增大而急剧恶化,这种端到端的延迟呈现的趋势与路径能耗的趋势是一致的。因此,应该设计出无线传感器网络的多代理路径规划算法,这些算法应该自适应于一些特定的网络参数,如网络大小、信息源数目、衰减率、融合率、传感器数据大小等。特别需要说明的是,单移动代理可以看成是多代理算法具有一个代理的特殊输出。

多移动代理路由规划要解决两个问题:确定合适的移动代理的数量;每个移动代理的路由规划。

7.3.1 MST-MIP

MST-MIP(minimum spanning tree-multi-agent itinerary planning)是基于最小生

成树的多代理路由规划算法,是以 Sink 节点为根节点构造的最小生成树,每个从 Sink 发出的分枝派出一个移动代理访问所有分枝中的传感器节点,从而访问最小生成树中所有的传感器节点。

1. 最小生成树

全连通图 $G=(V,E)$(见图 7-10),(u,v) 定义为顶点 u 和 v 之间的边,$(u,v) \in E$,$w(u,v)$ 代表边 (u,v) 的权重。如果 G 存在子集 T,T 包含所有的顶点,$w(T) = \sum_{(u,v) \in T} w(u,v)$ 最小,T 就是图 G 的最小生成树。节点之间的距离用跳数来表示。

最小生成树示例如图 7-11 所示。

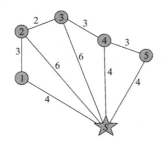
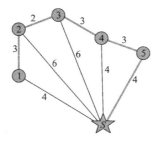

图 7-10 网络示意图 $G=(V,E)$ 图 7-11 G 的最小生成树

2. 跳数估计

跳数是一个数据源节点和另一个数据源节点通信时需要的转发次数。节点在接收数据、发送数据时都需要消耗能量。相对数据源节点之间的距离来说,数据源节点之间的跳数可以更准确地用于描述能量的消耗。D_j^i 表示传感器节点 i、j 之间的距离,H_j^i 表示传感器节点 i、j 之间的跳数,R 表示传感器节点间最大的传输距离,ξ 是设置的参数且 $0<\xi<1$,$R \times \xi$ 表示可能的最大传输距离。跳数估计表如表 7-2 所示,跳数估计公式:

$$H_j^i = \frac{D_j^i}{R \times \xi}$$

表 7-2 跳数估计表

节　　点	1	2	3	4	5	S
1		3	5	8	11	4
2			2	5	8	6
3				3	6	6
4					3	4
5						4

MST-MIP 算法中节点之间边的权重没有使用节点之间的距离,而是用更能准确描述能量消耗的节点之间的跳数表示。

3. 算法伪代码

MST-MIP 路由规划算法伪代码如下。

```
MST(t,V,t)
T⇐φ
V⇐{Sink}
while ∃(u∈V,v∉V) do
    查找 w(u,v) 值最小的(u,v)
    T⇐T∪(u,v)
    V⇐V∪v
end while
return T
```

7.3.2 BST-MIP

BST-MIP(balanced minimum spanning tree-multi-agent itinerary planning)是基于平衡最小生成树的多代理路由规划算法,是对基本的多代理最小生成树路由规划算法(MST-MIP)的改进。

1. MST-MIP 缺陷

MST-MIP 算法构造最小生成树采用的是贪婪算法,跳数的估计只考虑节点之间的距离,当数据源节点之间的距离比较小时,会将距离最近的节点选为最小生成树中的边。这样的结果会造成最小生成树中的边过长,一个移动代理从 Sink 节点出发需要访问的节点数量多。规划出的路径过长,会造成较大的路由访问延时和更多的能量消耗。

2. 平衡因子 a

平衡因子 a 的引入使得在考虑节点之间边的权重时,不仅要考虑节点之间的距离(估计跳数),还要考虑节点与 Sink 节点之间的距离(估计跳数)。

H_j^i 表示传感器节点 i、j 之间的跳数,H_s^i 表示传感器节点 i、Sink 之间的跳数,H_s^j 表示传感器节点 j、Sink 之间的跳数,引入平衡因子后节点之间的跳数转化为平衡后的权重表示。

$$w = a \times H_j^i + (1-a) \times (H_s^i + H_s^j)$$

这里平衡因子 $a = 0.6$,权重-平衡后的跳数估计表如表 7-3 所示。

表 7-3 权重-平衡后的跳数估计表

节点	1	2	3	4	5	S
1		5.8	11.8	17.6	22.6	4
2			6	11.8	16.8	6
3				5.8	10.8	6
4					5	4
5						4

3. 使用平衡因子后的权重

图 7-10 所示的网络估计跳数使用平衡因子 a 平衡后的权重如表 7-3 所示,权重平衡后的最小生成树如图 7-12 所示。

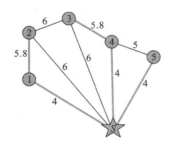

图 7-12   平衡最小生成树

7.3.3   遗传算法

将遗传算法应用到多移动代理路由规划中,可以很好地解决一些难题。多路由规划算法一般分为两个步骤:确定移动代理的数量,对源节点分组;每组分别进行路由规划。这里将标准的遗传算法进行改进以便适用于无线传感器网络的路由规划问题,从而可以将确定移动代理的数量和每个移动代理的路由规划一次完成。

1. 编码

传感器节点的编码采用整数编码的方式,编码分为两个部分:数据源分组编码和数据源顺序编码。数据源分组编码表示派出几个移动代理,每个代理访问几个数据源节点;数据源顺序编码表示数据源节点的访问顺序。

如图 7-13 所示,第一个移动代理访问 4 个数据源节点{6,3,2,4},第 2 个移动代理访问 3 个数据源节点{8,1,7},第三个移动代理访问 1 个数据源节点{5}。

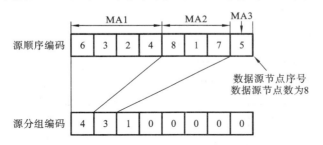

图 7-13   编码:8 个数据源节点分为 3 组

源分组编码按照节点的数量降序排列,如果不按分组节点数量降序排列,就会出现相同的多代理路由规划不同的编码的情况。图 7-14 派出与图 7-13 完全相同的 3 个移动代理,但是编码不同,源分组编码如果按降序排列就避免了这种情况的发生。

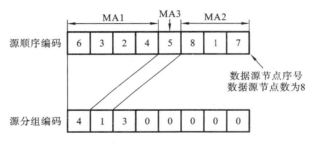

图 7-14   编码:8 个数据源节点分 3 组的另一种编码

小技巧 ··· 源分组编码如果按照每组节点的数量升序排列,也可以达到降序排列同样的效果。

2. 交叉

这里只对源节点顺序编码进行交叉操作,查找分组编码相同的基因,进行交叉操作的步骤如下。

(1)从种群中随机选择两个分组完全相同的基因作为双亲。

(2)随机选择数据源分组编码中的一个组。

(3)将数据源顺序编码 1 中对应的编码加入数据源顺序编码 2 中,将数据源顺序编码 2 中对应的编码加入数据源顺序编码 1 中。

(4)删除相同的基因,得到子女基因。

交叉操作示例如图 7-15、图 7-16、图 7-17 所示。

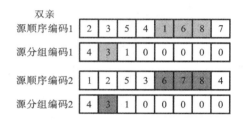

图 7-15 两个分组相同的基因

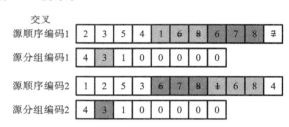

图 7-16 两个基因交叉

图 7-17 基因交叉的结果

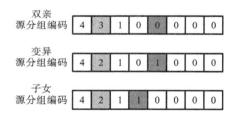

图 7-18 数据源分组编码变异

3. 变异

1)数据源分组编码变异

数据源分组编码变异步骤如下。

(1)待变异的数据源分组编码作为双亲,随机选择编码中两个分组,其中至少一个分组不能为 0。

(2)将排在前边的分组减 1,另一个分组加 1。

(3)降序排序,变异结束得到子女源分组编码。

数据源分组编码变异示例如图 7-18 所示。

2)数据源顺序编码变异

这是指种群中的待变异基因的数据源顺序编码随机选择两个数据源的顺序完成变异。因为数据源顺序编码中必须包括所有的数据源节点,所以一点变异,另一点应该也变异,也就变成了交换的操作。

数据源顺序编码变异示例如图 7-19 所示。

4. 适应度函数

每一个分组派出一个移动代理访问分组中所有的传感器节点，以所有移动代理的总能量消耗作为适应度函数。

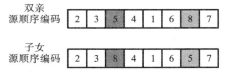

图 7-19 数据源顺序编码变异

$$E_{\text{migration}} = \sum_{m=1}^{i} \sum_{k=1}^{n} E_{mk}$$

式中：i 是移动代理的总数；n 是数据源节点总数；E_{mk} 表示每一个节点的能量消耗。

 有益提示… 这里的适应度函数采用的是总能量消耗，能量消耗的计算方法参考 7.1.3 小节移动代理的能量消耗的介绍。

5. 算法伪代码表示

GA-MIP 路由规划算法伪代码如下。

```
/* N 个源节点随机排列存储为 Source-Ordering-Code
随机初始化代理分组存储为 Source-Grouping-Code */
For i=1 to P                         /* p 是种群的大小 */
    随机初始化基因 G[i]
end for
for k=1 to I                         /* I 是进化的次数 */
  for i=1 to P
    选择 r1,r2,r3∈[0,1]，按照正态分布  /* r1、r2、r3 是随机数 */
    If r1≤pOC then                    /* pOC 是交叉率 */
      for j=1 to P
        if sgc[]in G[j] equals sgc[] in G[i] then
            基因 G[i],G[j]的 Source-Ordering-Code 进行交叉
            Break
        end if
      end for
    end if
    if r2≤pOM then                    /* pOM 是数据源顺序编码的变异率 */
        基因 G[i]的 Source-Ordering-Code 进行变异
    end if
    if r3≤pGM then                    /* pGM 是数据源分组编码的变异率 */
        基因 G[i]的 Source-Grouping-Code 进行变异
    end if
    Produce Child Gene G[N+i]
  end for
Sort G[]按适应度函数降序排列
选择 G[1]到 G[P]作为下一代的基因
end for
返回 G[]中最好的基因
```

7.4 移动代理仿真实现

本节在第 3 章的 IoT_Simulation 基础上建立移动代理仿真模型，以 LCF 算法为例介绍建立仿真模型进行仿真的详细过程。

7.4.1 建立移动代理路由规划模型

移动代理的路由规划由 Sink 节点对路由进行规划，图 7-20 所示的模型中箭头所指框中的状态移动代理路由规划中不再使用，删除多余状态后得到图 7-21 所示的模型。

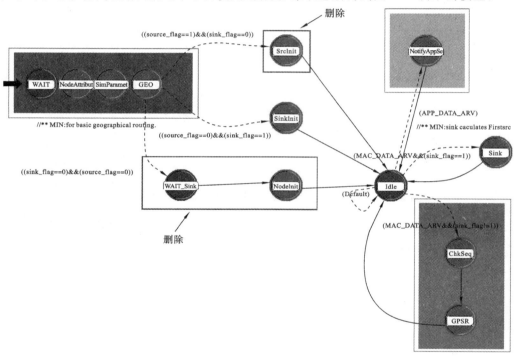

图 7-20 IoT_Simulation 模型

使用移动代理的路由规划初始化状态后，如果当前节点是 Sink 节点将进行路由的规划，需要加入必需的状态，根据操作功能的划分，这里添加的三个状态分别是：SetConstant——设置常量；SetSource——初始化数据源状态；LCF——LCF 算法规划路由。在路由执行部分添加访问 Source——数据源节点状态和 NormalNode——普通节点状态。

添加新状态后的 IoT_Simulation 如图 7-22 所示。

 有益提示 ... 路由规划部分添加三个状态，是将代码进行功能划分，状态的数量根据需要来添加就可以。图 7-22 中 1、2、3 标注的三个状态改了名字，只是为了更好地表示状态在路由规划中的作用。

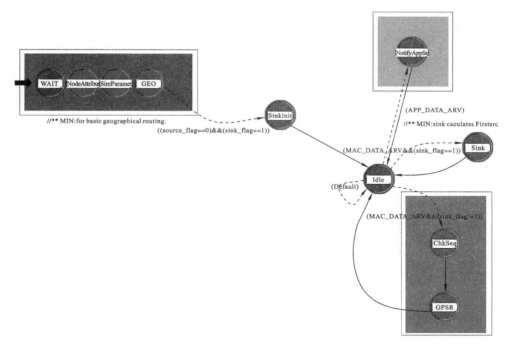

图 7-21　删除多余状态后的 IoT_Simulation 模型

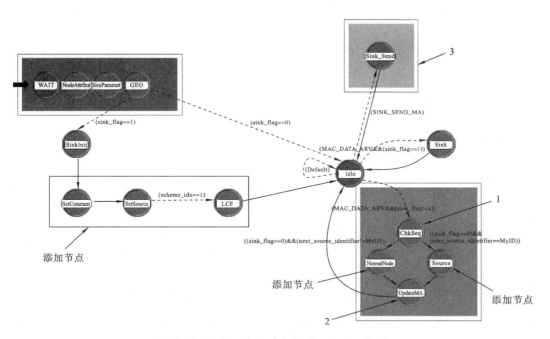

图 7-22　添加状态后的 IoT_Simulation 模型

7.4.2　模型中写入代码

1. SimParameters 状态中写入 MA 相关的参数设置代码

MA 相关的参数设置可以添加进 SimParameters 状态中,这里采用定义 MA_Parameter()函数,在 SimParameters 中调用 MA_Parameter()函数。

 小技巧…　　　MA_Parameter()函数要写入网络层的 FB 模块,函数中属性的设置要参考第 3 章中 Scheme_idx 的使用方法,其他与 MA 相关的参数要在网络层的 SV 模块中定义、函数中赋值。

仿真参数的属性如表 7-4 所示。

表 7-4　MA 相关的属性设置

变 量 名	含 义	默 认 值
LocalProcessingTime	本地处理时间	LOCAL_PROCESSING_RATE
ReducationRatio	数据衰减率	0.8
AggregationRatio	数据融合率	0.9
SensedDataSize	传感器感知数据大小	2048 b
MaProcessingCodeSize	移动代理代码大小	1024 b
RequiredSrcNum	数据源节点数目	10

其他与 MA 相关的参数如表 7-5 所示。

表 7-5　其他与 MA 相关的参数

变 量 名	含 义	值
ReducedPkPayloadSize	衰减后的数据大小	SensedDataSize×(1-ReducationRatio)
AggregatedReducedPkPayloadSize	融合后数据大小	ReducedPkPayloadSize×(1 − AggregationRatio)
ma_last_seq	移动代理的序号	从 0 开始计数,初始值设置为 −1
ma_seqnum	移动代理包计数	初始值 0,只在 Sink 中使用

2. SetConstant 状态写入设置 MA 常量代码

MA 路由规划中相关的常量设置,将相关常量设置的代码写入 SetConstant 状态,代码如下。

```
/* costant */
MaxNodeInTargetRegion=1000;                    /* 最大节点数 */
CommCostPerHop=100;                            /* 每一跳的能量消耗 */
MaRefreshTime=10;
MaxSrcNum=80;                                  /* 最大的数据源节点数 */
if (op_ima_sim_attr_exists("Campus Network. *. network. NormalizedTxRange"))
{
  op_ima_sim_attr_get_dbl("Campus Network. *. network. NormalizedTxRange",
                  &NormalizedTxRange);
  XAxis=(double)NormalizedTxRange;
}else {
    NormalizedTxRange=0.7;
}
```

有益提示…　　　常量的值需要根据具体的应用环境来设置。

3. Setsource 状态写入数据源节点选择代码

（1）数据源节点存储空间初始化代码如下。

```
/* 获得 Sink 节点坐标 */
op_ima_obj_attr_get(node_objid,"x position",&sink_x_pos);
op_ima_obj_attr_get(node_objid,"y position",&sink_y_pos);
/* 给数据源候选节点分配存储空间,存放节点 ID */
SrcCandidateArray=(int *)op_prg_mem_alloc(MaxNodeInTargetRegion * sizeof(int));
/* 存放节点坐标 */
SrcCandidateArrayX=(double *)op_prg_mem_alloc(MaxNodeInTargetRegion * sizeof
(double));
SrcCandidateArrayY=(double *)op_prg_mem_alloc(MaxNodeInTargetRegion * sizeof
(double));
/* 用于存放节点标识,OPC_FALSE 表示未被选为数据源节点 */
SrcCandidateArrayCheck=(Boolean *)op_prg_mem_alloc(MaxNodeInTargetRegion * si-
zeof(Boolean));
for (i=0; i<MaxNodeInTargetRegion; i++)
{
  SrcCandidateArray[i]=-1;
  SrcCandidateArrayX[i]=-1;
  SrcCandidateArrayY[i]=-1;
  SrcCandidateArrayCheck[i]=OPC_FALSE;
}
/* 用于存放数据源节点的 ID 及坐标信息 */
TotalSrcList=(int *)op_prg_mem_alloc(MaxSrcNum * sizeof(int));
TotalSrcListX=(double *)op_prg_mem_alloc(MaxSrcNum * sizeof(double));
TotalSrcListY=(double *)op_prg_mem_alloc(MaxSrcNum * sizeof(double));
for (i=0; i<MaxSrcNum; i++)
{
  TotalSrcList[i]=-1;
  TotalSrcListX[i]=-1;
  TotalSrcListY[i]=-1;
}
random_select_source_2((int)total_src_number); /* 调用选择数据源节点函数 */
/* 选择出的数据源节点动画页面显示状态改变 */
for (i=0; i<RequiredSrcNum; i++)
{
  sprintf(source_node_name,"%d",TotalSrcList[i]);
  op_anim_ime_nobj_update (vid, OPC_ANIM_OBJTYPE_NODE, source_node_name,
                OPC_ANIM_OBJ_ATTR_ICON, "adw_app", OPC_EOL);
}
```

（2）选择数据源节点的函数——random_select_source_2()。

random_select_source_2()函数的作用是选择数据源节点，函数采用随机的方法从网络中所有的候选节点中选择数据源节点，候选节点不包括 Sink 节点。代码如下。

```
voidrandom_select_source_2(int src_num)
{
  int sink_flag_tmp;
  FIN(void random_select_source_2(int src_num));
  /* 获得候选源节点信息 */
  SrcCandidateNum=0;                    /* 候选源节点数 */
  /* 网络中的节点总数 */
  node_number=op_topo_object_count(OPC_OBJTYPE_NODE_MOB);
  for ( i=0; i<node_number; i++)
  {
    other_node_objid=op_topo_object(OPC_OBJTYPE_NODE_MOB,i);
    op_ima_obj_attr_get(other_node_objid,"sink_flag",&sink_flag_tmp);
    /* 判断是否为 Sink,不是 Sink 将节点 ID、坐标存入候选节点数组 */
    if (sink_flag_tmp==0){
      /* 获取候选节点 ID 和坐标信息 */
      op_ima_obj_attr_get(other_node_objid,"name",&other_node_name);
      op_ima_obj_attr_get(other_node_objid,"x position",&tx_x_pos);
      op_ima_obj_attr_get(other_node_objid,"y position",&tx_y_pos);
      SrcCandidateID=atoi(other_node_name);
      /* 候选节点 ID */
      SrcCandidateArray[SrcCandidateNum]=SrcCandidateID;
      SrcCandidateArrayX[SrcCandidateNum]=tx_x_pos; /* 候选节点 x 坐标 */
      SrcCandidateArrayY[SrcCandidateNum]=tx_y_pos; /* 候选节点 y 坐标 */
      SrcCandidateNum++; /* 增加一个候选节点后总数增加 1 */
    }
  }
  /* 从候选节点中选择数据源节点,设置的数据源节点总数超过候选节点数,程序终
止 */
  if (src_num>SrcCandidateNum+1)
  {
    op_sim_end("\r\n Amazing Error: RequiredSrcNum is larger than
                    SrcCandidateNum in TargetRegion! \n","","","");
  }else {
      /* 数据源节点总数不超过候选节点总数时,从候选节点选择数据源节点 */
      RequiredSrcNum=src_num;
      TotalSrcNum=RequiredSrcNum;
      for (i=0; i<src_num; i++)
      {
          for (;;)
          {
          /* 产生不超过候选节点数的随机数 */
```

```
              SelectedSrcIndex=
                      floor(op_dist_uniform(100) * SrcCandidateNum/100);
              /* 没有选择过的候选节点选择 */
              if (SrcCandidateArrayCheck[SelectedSrcIndex]==OPC_FALSE)
              {
                      SrcCandidateArrayCheck[SelectedSrcIndex]=OPC_TRUE;
                      TotalSrcList[i]=SrcCandidateArray[SelectedSrcIndex];
                      TotalSrcListX[i]=rcCandidateArrayX[SelectedSrcIndex];
                      TotalSrcListY[i]=rcCandidateArrayY[SelectedSrcIndex];
                      break;
              }
          }
      }
  }
  FOUT;
}
```

4. LCF 状态写入 LCF 算法代码

模型中创建的新状态 LCF,需要将路由规划算法 LCF 写入其中,代码如下。

```
/* 为源节点访问标识数组分配空间 */
SrcVisitedFlag=(Boolean * )op_prg_mem_alloc(RequiredSrcNum * sizeof(Boolean));
for (i=0; i<RequiredSrcNum; i++)
{
  SrcVisitedFlag[i]=OPC_FALSE;
}
/* 为 GlobalSrcList 分配存储空间,用于存放规划的路由 */
GlobalSrcList=(int * )op_prg_mem_alloc((RequiredSrcNum+1) * sizeof(int));
GlobalSrcListX=
      (double * )op_prg_mem_alloc((RequiredSrcNum+1) * sizeof(double));
GlobalSrcListY=
      (double * )op_prg_mem_alloc((RequiredSrcNum+1) * sizeof(double));
/* 移动代理访问路由中所有节点后要返回 Sink,所以要将 RequiredSrcNum+1 */
for (i=0; i<RequiredSrcNum+1; i++)
{
  GlobalSrcList[i]=-1;
  GlobalSrcListX[i]=-1;
  GlobalSrcListY[i]=-1;
}
/* 确定路由中与 Sink 最近的节点为第一个节点 */
for (i=0; i<RequiredSrcNum; i++)
{
  SrcList[i]=TotalSrcList[i];
  SrcListX[i]=TotalSrcListX[i];
  SrcListY[i]=TotalSrcListY[i];
}
```

```
MinDistance=MAX_VALUE;
for (k=0; k<RequiredSrcNum; k++)
{
  DistanceToSink= sqrt(
      (TotalSrcListX[k] −sink_x_pos) * (TotalSrcListX[k] −sink_x_pos)
    +(TotalSrcListY[k] −sink_y_pos) * (TotalSrcListY[k] −sink_y_pos));
  if (DistanceToSink<MinDistance){
      MinDistance=DistanceToSink;
      FirstSrcIdx=k;
  }
}
/* 将选出的第一个数据源节点信息存入 GlobalSrcList */
SrcVisitSeq=0;
GlobalSrcList[SrcVisitSeq]=TotalSrcList[FirstSrcIdx];
GlobalSrcListX[SrcVisitSeq]=TotalSrcListX[FirstSrcIdx];
GlobalSrcListY[SrcVisitSeq]=TotalSrcListY[FirstSrcIdx];
for (k=0; k<RequiredSrcNum; k++)
{
  SrcVisitedFlag[k]=OPC_FALSE;
}
SrcVisitedFlag[FirstSrcIdx]=OPC_TRUE;
LastSrcIndex=FirstSrcIdx;
/* 选择下一个数据源节点执行 RequiredSrcNum−1 次 */
for (j=1; j<RequiredSrcNum; j++)
{
  MinDistance=MAX_VALUE;
  /* 找出离当前数据源节点最近的数据源节点的 ID */
  for (k=0; k<RequiredSrcNum; k++)
  {
    if ((SrcVisitedFlag[k]==OPC_FALSE)&&(k! =FirstSrcIdx))
    {
      DistanceBetweenSrc= sqrt(
          (TotalSrcListX[LastSrcIndex] −TotalSrcListX[k])
        * (TotalSrcListX[LastSrcIndex] −TotalSrcListX[k])
      +(TotalSrcListY[LastSrcIndex] −TotalSrcListY[k])
        * (TotalSrcListY[LastSrcIndex] −TotalSrcListY[k]));
      if (DistanceBetweenSrc < MinDistance)
      {
        MinDistance=DistanceBetweenSrc;
        NextSrcIndex=k;
      }
    }
  }
  /* 将选择出的数据源节点信息存入 GlobalSrcList */
```

```
SrcVisitSeq++;
GlobalSrcList[SrcVisitSeq]=TotalSrcList[NextSrcIndex];
GlobalSrcListX[SrcVisitSeq]=TotalSrcListX[NextSrcIndex];
GlobalSrcListY[SrcVisitSeq]=TotalSrcListY[NextSrcIndex];
SrcVisitedFlag[NextSrcIndex]=OPC_TRUE;
LastSrcIndex=NextSrcIndex;
/* 将 Sink 节点添加到路由的最后 */
GlobalSrcList[RequiredSrcNum]=GlobalSinkID;
GlobalSrcListX[RequiredSrcNum]=GlobalSinkX;
GlobalSrcListY[RequiredSrcNum]=GlobalSinkY;
/* 发送自中断 */
op_intrpt_schedule_self(op_sim_time(), SINK_SEND_MA_CODE);
}
```

 有益提示 · · ·   GlobalSrcList 是全局变量,在头文件 wsn_madd.h 中定义。

5. ChkSeq 状态代码写入

ChkSeq 状态主要是起到判断和分支的作用,决定包传递到 Source 状态还是 NormalNode 状态。next_source_identifier 变量的值如果等于当前的传感器节点的 ID,包将传递给 Source;否则包传递给 NormalNode。代码如下。

```
/* first check if this is a new data packet */
if (D_SeqNum>ma_last_seq){
  /* a new report, will be forwarded */
  ma_last_seq=D_SeqNum;
}
if (D_NextHop! =MyID){
  op_sim_end("\r\n Amazing Error: Rcv a Mobile Agent not
          destinated to me! \n","","","");
}
if (scheme_idx==1){
  /* 从存储路由的序列中取出下一个源的节点序号 */
  next_source_identifier=GlobalSrcList[GlobalSrcIdx];
}
```

6. Sink_Send_MA 状态代码写入

Sink_Send_MA 状态在模型中的作用主要是创建移动代理数据包,根据规划好的路由派出移动代理,将数据包传递给路由规划好的传感器节点。代码如下。

```
/* 创建移动代理数据包 */
pkptr=op_pk_create_fmt("m_MOBILE_AGENT");
op_pk_nfd_set(pkptr, "SeqNum", ma_seqnum);
printf("\nma_seqnum%d\n",ma_seqnum);
ma_last_seq=ma_seqnum;
```

```
ma_seqnum++;
op_pk_nfd_set(pkptr, "PreviousHop", MyID);
GlobalSrcIdx=0;
op_pk_nfd_set(pkptr, "NextHop",
                    GeoRoutingNextHop(GlobalSrcListX[GlobalSrcIdx],
                                      GlobalSrcListY[GlobalSrcIdx]));
op_pk_nfd_set(pkptr, "HopCount", 0);
op_pk_total_size_set(pkptr, MaProcessingCodeSize);
/* 向结果收集进程发送消息,其中 init_pro_id 指结果收集进程 id 号 */
op_intrpt_schedule_remote(op_sim_time(),m_SINK_IN_TRANS_INTRPT_CODE,
                            init_pro_id);
op_intrpt_schedule_remote(op_sim_time(),m_ALL_IN_TRANS_INTRPT_CODE,
                            init_pro_id);
/* 计算移动代理数据包的大小,赋值给全局变量 MaPkSize */
MaPkSize=op_pk_total_size_get(pkptr);
/* 发送数据包 */
op_pk_send_delayed(pkptr, NETWORK_TO_MAC_STRM, 0);
/* 向结果收集进程发送消息,其中 init_pro_id 指结果收集进程 id 号 */
op_intrpt_schedule_remote(op_sim_time(),m_SOURCE_DATA_INTRPT_CODE,
                            init_pro_id);
op_intrpt_schedule_remote(op_sim_time(),m_ALL_DATA_TRANS_INTRPT_CODE,
                            init_pro_id);
```

7. Source 状态代码及 NormalNode 状态代码写入

模型中的 Source 状态就是当前节点的 ID 等于路由中要访问的数据源节点的 ID,从当前节点要携带数据回 Sink 节点,所以当节点是路由中的第一个 Source 状态时只增加移动代理的大小,但是路由中的第二到最后一个节点还需要对数据进行融合。第一个数据源节点在移动代理中添加了收集的数据,但是从第二到最后一个节点添加收集的数据后,重复的数据需要进行融合的操作。

(1) Source 状态代码如下。

```
if (scheme_idx==1){
    GlobalSrcIdx++;
    /* 计算移动代理包大小 */
    if (GlobalSrcIdx==1)/* 移动代理从 Sink 出发后访问路由中第一个数据源传感器节点 */
    {
        MaPkSize=MaProcessingCodeSize+ReducedPkPayloadSize;
    }else if (GlobalSrcIdx > 1){
        /* 移动代理从 Sink 出发后访问路由中其他数据源传感器节点 */
        MaPkSize=MaProcessingCodeSize+ReducedPkPayloadSize
                +(GlobalSrcIdx-1)* AggregatedReducedPkPayloadSize;
    }else{
        op_sim_end("\r\n Amazing Error: GlobalSrcIdx <=0! \n","","","");
    }
    op_pk_total_size_set(pkptr, MaPkSize);
```

```
}
/* 计算本地处理时间 */
LocalProcessingTime＝SensedDataSize/LocalProcessingDataRate；
/* 计算包延迟 */
PacketDelayTime＝LocalProcessingTime＋MaOverheadTime；
/* 更新动画 */
op_anim_ime_nobj_update (vid, OPC_ANIM_OBJTYPE_NODE, node_name,
                    OPC_ANIM_OBJ_ATTR_ICON, "net_unsel", OPC_EOL);
```

（2）NormalNode 状态代码：NormalNode 节点只是转跳，不需要写入代码。

　有益提示 …　　　　移动代理能量模型中如果考虑 NormalNode 中转 MA 的能量消耗，相应的能量计算应该加到 NormalNode 状态中。

8. UpdateMA 状态代码写入
代码如下。

```
/* 修改移动代理的路由信息 */
if (scheme_idx＝＝1){
    /* 移动代理下一个目标源节点 ID 存入 NextDestID */
    NextDestID＝GlobalSrcList[GlobalSrcIdx];
    /* 根据下一目标信息计算下一跳的 ID 存入 NextHopID */
    NextHopID＝GeoRoutingNextHop(GlobalSrcListX[GlobalSrcIdx],
                            GlobalSrcListY[GlobalSrcIdx]);
}
/* 修改包中前一跳、下一跳、总跳数信息 */
op_pk_nfd_set(pkptr, "PreviousHop", MyID);
op_pk_nfd_set(pkptr, "NextHop", NextHopID);
op_pk_nfd_set(pkptr, "HopCount", D_HopCount＋1);
/* 发送数据包 */
op_pk_send_delayed(pkptr, NETWORK_TO_MAC_STRM, PacketDelayTime);
/* 计算传输报告总数 */
op_intrpt_schedule_remote(op_sim_time(),m_ALL_DATA_TRANS_INTRPT_CODE,
                    init_pro_id);
```

　有益提示 …　　　　调用 GeoRoutingNextHop()函数需要提供目标节点的地址信息，函数返回离目标最近的当前节点的邻居节点作为函数的返回值，也就是下一跳的信息。GeoRoutingNextHop() 函数在第 3 章基础模型中已经详细介绍。

9. Sink 状态代码写入
代码如下。

```
/* 将跳数和延时赋值给全局变量 */
data_ete_hop_count=D_HopCount;
data_ete_delay=op_sim_time()−op_pk_creation_time_get(pkptr);
op_pk_nfd_get (pkptr, "Payload", &app_pkptr);
op_pk_send(app_pkptr,NETWORK_TO_APP_STRM);
/* statistics, new report number and size */
op_intrpt_schedule_remote(op_sim_time(),m_SINK_DATA_INTRPT_CODE
                          ,init_pro_id);
op_intrpt_schedule_remote(op_sim_time(),NETWORK_STOP_SOURCE
                          ,app_pro_objid);
/* 销毁数据包 */
op_pk_destroy(pkptr);
/* 修改动画 */
op_anim_ime_nobj_update (vid, OPC_ANIM_OBJTYPE_NODE, node_name,
OPC_ANIM_OBJ_ATTR_ICON, "adw_app", OPC_EOL);
```

10. 程序中使用的局部变量和全局变量的定义

将需要的局部变量加入 SV 模块中,全局变量的定义加入相应的头文件,具体操作参照第 3 章的相关内容。

代码中用到的主要变量的说明如表 7-6 所示。

表 7-6　变量说明

编号	变量名	数据类型	含义
1	SrcCandidateNum	int	候选节点数
2	tx_x_pos	double	存放节点的 x 坐标
3	tx_y_pos	double	存放节点的 y 坐标
4	SrcCandidateID	int	候选节点 ID
5	SrcCandidateArray	int *	存放候选节点 ID 的数组
6	SrcCandidateArrayX	double *	存放候选节点的 X 坐标的数组
7	SrcCandidateArrayY	double *	存放候选节点的 Y 坐标的数组
8	TotalSrcNum	int	数据源节点总数
9	SrcCandidateArrayCheck	Boolean *	候选节点选为数据源节点标识
10	SelectedSrcIndex	int	数据源节点是否加入路由
11	TotalSrcList	int *	数据源节点序列数组
12	TotalSrcListX	double *	数据源节点 X 坐标数组
13	TotalSrcListY	double *	数据源节点 Y 坐标数组
14	next_source_identifier	int	下一个数据源的 ID
15	PacketDelayTime	double	包延迟时间
16	MaxSrcNum	int	最大的数据源节点数
17	sink_x_pos	double	Sink 节点 X 坐标
18	sink_y_pos	double	Sink 节点 Y 坐标

续表

编号	变　量　名	数据类型	含　义
19	DistanceToSink	double	传感器节点到 Sink 的距离
20	FirstSrcIdx	int	第一个数据源节点的 ID
21	SrcVisitedFlag	Boolean *	数据源节点访问标识
22	SrcVisitSeq	int	数据源节点访问序号
23	total_src_number	int	数据源节点总数
24	RequiredSrcNum	int	数据源节点数
25	source_node_name[32]	char	源节点名
26	LastSrcIndex	int	最后一个节点的 ID
27	DistanceBetweenSrc	double	到源节点的距离
28	NextSrcIndex	int	下一个源节点的 ID
29	MaPkSize	double	移动代理的大小
30	LocalProcessingTime	double	本地的处理时间
31	data_packet_flag	Boolean	数据包标识

 有益提示 …　可以在编译时提示变量未定义错误后再添加变量定义。

7.4.3　运行仿真

1. 设置仿真参数

（1）设置随机数种子。

仿真的运行需要设置随机数种子，如图 7-23 所示。

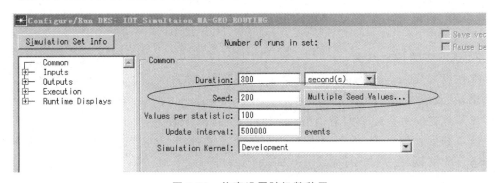

图 7-23　仿真设置随机数种子

（2）设置 Scheme_idx 参数值。

这里因为只加入了 LCF 一种路由规划算法，所以 Scheme_idx 值只能设置为 1；如果加入其他算法，可以为 Scheme_idx 选择其他值，如图 7-24 所示。

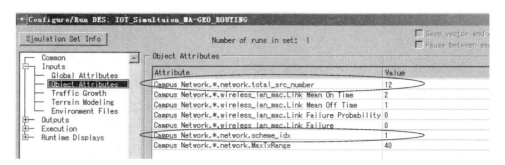

图 7-24　仿真设置 Scheme_idx 和 total_src_number 参数

（3）设置 total_src_number 参数值。

数据源节点数 total_src_number 值根据仿真的需要设置，如图 7-24 所示。

 有益提示…　　　　　　仿真参数的设置方法，详细步骤参照第 3 章的相关内容的介绍。这里三个参数的设置也可以设置多值，如图 7-25 所示形式。

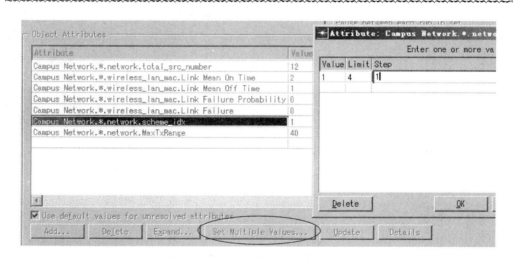

图 7-25　参数的多值设置

2. 运行查看仿真结果

参数设置完后运行仿真，结束后查看动画效果，如图 7-26 所示。LCF 算法是最近最优先算法，所以这里的动画的顺序是 1→538→498→123→139→149→225→1，两个数据源节点之间每跳的节点是调用 GeoRoutingNextHop() 函数产生的。

仿真结果收集在 SimResult 文件夹下的文本文件中，参照第 3 章介绍的方法查看分析运行的结果。

7.4.4　添加新路由规划算法

如果需要添加新的路由规划算法，比如 IEMF 或是多代理路由规划算法，可以在图 7-22 所示的模型基础上进行修改。

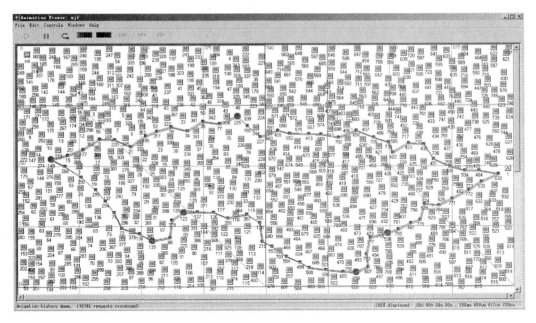

图 7-26　LCF 仿真结果图

1. 单路由规划算法的添加

1）添加路由规划状态

在图 7-22 基础上添加新状态 IEMF，IEMF 状态和 SetSource 状态以及 idle 状态的连接线后得到图 7-27 所示的模型，模型结构修改完成。

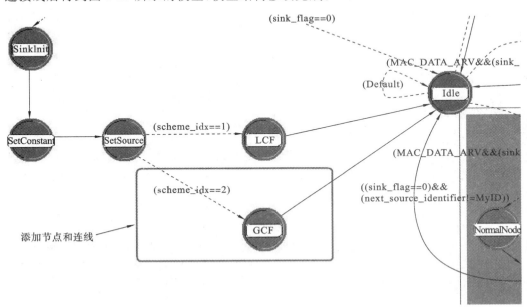

图 7-27　添加新状态后的 IoT_Simulation 模型

2）代码写入

在新添加的 IEMF 状态中写入 IEMF 路由规划算法的代码，代码的设计要参照 LCF 算法,从 TotalSrcList、TotalSrcListX、TotalSrcListY 数组取数据源节点信息,将最终的路由规划的结果存入 GlobalSrcList、GlobalSrcListX、GlobalSrcListY 数组。

3）参数的设置

在路由规划算法中设计使用了新的参数,包括常量、变量等,需要对对应参数的类型进行定义和赋值。

4）运行参数的设置

运行 IEMF 算法进行路由规划时,仿真参数 Scheme_Idx 设置成对应的值。

2. 多移动代理路由规划算法的设计

要在 IoT_simulation 模型中添加多路由规划算法,除了要完成类似单路由规划算法添加的步骤之外,还需要完成以下内容。

1）定义相关的变量

定义二维数组用于存放路由规划结果,数组定义 max_agent_number 行每行表示一个代理路由规划结果的信息,定义 total_src_number+1 列每列存放一个数据源节点的信息。这里使用 GlobalAgentGroupSrcList 数组用于存放 max_agent_number 个代理中数据源节点访问的顺序,GlobalAgentGroupSrcListX 和 GlobalAgentGroupSrc-ListY 分别用于存放每个对应数据源节点的坐标。

小技巧 ⋯
存放代理路由结果的数组定义成全局的变量更方便使用。在单代理路由规划算法中定义一维数组用于存放路由规划的结果,有关数组的定义和使用可以参考单代理路由规划算法。

有益提示 ⋯
数组中每行定义为 total_src_number+1 列,是因为在每个移动代理路由中最后一个数据源节点访问完后都要返回 Sink 节点,所以最后要添加 Sink 节点到每一个路由中。

2）修改 Sink_Send_MA 节点的代码

对 Sink_Send_MA 节点中的代码进行相应的修改,使得一个移动代理访问完路由中所有的数据源节点并返回到 Sink 节点后,下一个移动代理派出,直到所有的移动代理派出完成后,收集结果。代码如下。

```
if (total_src_list_is_empty() == OPC_FALSE)
{
  op_intrpt_schedule_self(op_sim_time()+agent_dispatch_delay, SINK_SEND_MA_
  CODE);
}
```

这里的代码是采用 total_src_list_is_empty() 函数值判断所有的数据源节点是否访问完成,如果没有访问完,继续派出移动代理;如果访问完成,说明多代理的路由规划结束。也可以根据需要采用其他方法解决。

3）下一目标节点信息的修改

Source 节点和 UpdateMA 中有关下一目标节点的信息及下一跳节点的信息读取需要做出相应的修改。如图 7-28 所示，添加了 scheme_idx 为 3 的多代理路由规划算法，Source 节点中添加代码如下。

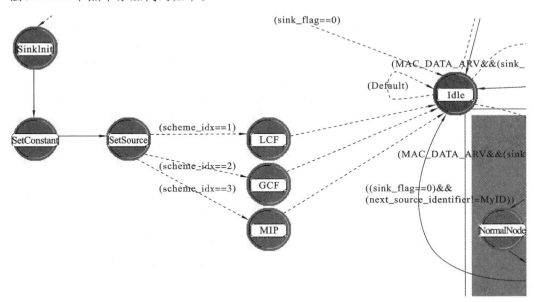

图 7-28　插入多代理路由规划算法节点

```
if(scheme_idx==3)
    GlobalAgentGroupSrcIdx[D_AgentIndex]++;
```

UpdateMA 中原有 scheme_idx 为 1、2 的两个单代理路由规划算法代码如下。

```
if(scheme_idx==1||scheme_idx==2)
{
/＊ 下一数据源节点信息读取 ＊/
NextDestID=GlobalSrcList[GlobalSrcIdx];
 /＊ 调用 GeoRoutingNextHop()函数计算下一跳节点 ＊/
NextHopID=GeoRoutingNextHop(GlobalSrcListX[GlobalSrcIdx],
GlobalSrcListY[GlobalSrcIdx]);
}
```

需要在 UpdateMA 中添加如下代码。

```
if(scheme_idx==3)
{
/＊ GlobalAgentGroupSrcIdx[D_AgentIndex]用来记录第 D_AgentIndex 个移动代理下
一个访问的是第几个数据源节点 ＊/
src_index_temp=GlobalAgentGroupSrcIdx[D_AgentIndex];
/＊ 下一数据源节点信息读取 ＊/
NextDestID=GlobalAgentGroupSrcList[D_AgentIndex][src_index_temp];
```

```
/* 调用 GeoRoutingNextHop()函数计算下一跳节点 */
NextHopID=GeoRoutingNextHop(GlobalAgentGroupSrcListX[D_AgentIndex][src_
index_temp],GlobalAgentGroupSrcListY[D_AgentIndex][src_index_temp]);
}
```

有益提示 ... 　为了实现多代理路由规划算法的仿真,还需要设置一些辅助的局部变量和全局变量,还有其他节点代码的一些修改,可以在仿真调试运行的过程中进行完善修改。

8

宽带物联网仿真

物联网应用将带来海量信息数据处理,物联网的发展需要能够承载更多业务的下一代宽带网络的支持。本章将介绍宽带物联网仿真,宽带物联网概念从两个方面介绍,一方面是物联网本身的带宽扩展,即多路径路由发送传感数据;另一方面是物联网和宽带通信的结合,即传感数据通过骨干网发送。

8.1 多路径带宽扩展算法

本节首先简要介绍多路径路由协议,然后着重解析两个多路径路由协议模型,即方向地理路由 DGR 和多源单目标的 LOTUS 路由算法。

8.1.1 多路径路由概述

近年来,研究人员通过无线传感器网络协议栈的网络层提出了许多路由协议,以适应不同应用的性能要求。在单路径路由中,每个 Source 节点选择能满足性能的单一路径向 Sink 节点传输数据。单路径路由对计算复杂性和资源要求较低,但是其网络吞吐量不足。此外,当遇到节点或链路故障,如因电源耗尽、拓扑变化或物理损坏时,寻找替代路径会招致额外的开销和延时。由于传感器节点的资源受限和无线链路的不可靠性,单路径路由方法已不能满足各种应用的性能要求。研究人员提出了另一种路由策略,即在密集部署的无线传感器或 ad hoc 网络中建立从源到目标的多条路由。

1. 多路径路由的优点

1) 可靠性和容错性

多路径路由中,有三种方法可以保证数据的可靠性和容错性:第一种是只利用最优路径传输数据,其他路径作为备份;第二种是利用所有路径传输数据的多份拷贝,只要接收到一份数据就成功;第三种是原始数据包加入额外的容错编码,然后将数据包分多条路径(不一定是所有路径)发送,Sink 节点只要接收到一定数量的数据包,就可恢复整个原始数据包。

2) 负载均衡和提高带宽

多条路径同时发送数据,使网络流量通过较多传感器节点发送,会降低传感器节点的平均能耗,使整个网络负载均衡,延长网络的寿命,同时提高了单位时间发送的数据量,提高了网络带宽。

3）完善的 QoS

QoS 的指标包括吞吐量、端到端的延时和丢包率等,有些多路径路由协议需要基于应用程序的 QoS 需求设计。例如,对延时要求高的数据包可通过容量高和延迟低的路径发送,而延时不敏感的非关键数据的数据包可以通过延迟高的路径转发。与单路径路由技术对比,多路径路由方法对具体应用的 QoS 需求处理更加灵活。

2. 多路径路由设计的基本原则

多路协议的主要目标是构建足够的高品质的路径。多路径路由协议设计包括路径发现、路径选择和路径维护三个组成部分。

1）路径发现

路径发现过程的主要任务是确定一组中间节点,构建从源到目标的多条路径。现有的多路径路由协议使用不同的参数选择节点。在这些参数中,路径不相交的数量是多路协议的主要标准。如图 8-1 所示,发现的路径一般归类为节点不相交、链路不相交或部分不相交的路径。对于节点不相交的路径（见图 8-1(a)）,路径之间没有共同的节点或链路。因此,任何一个节点或链路故障只影响包含它的路径。这种路径不相交更充分地利用了网络资源,比链路不相交的和部分不相交的路径更好。但传感器节点是随机部署的,发现不相交路径相对较难。相反,链路不相交路径（见图 8-1(b)）没有共享的链路,但可能包含共同的节点,链路不相交路径中共同节点的故障会导致经过它的所有路径失败,如图 8-1(b)中的节点 D 的故障导致两条路径失败。最后,部分不相交的路径（见图 8-1(c)）中不同路径之间可能共享多条链路或节点。任何链路或节点的故障会影响包含它的多条路径,部分不相交的路径构建相对容易。

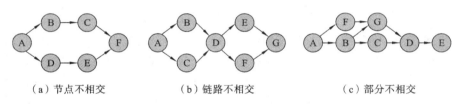

（a）节点不相交　　　　（b）链路不相交　　　　（c）部分不相交

图 8-1　路径不相交多路径路由

因为无线链路的动态变化,传感器节点资源受限,路径不相交是路径发现的一个基本准则。但仅考虑这一准则不一定能建立高质量路由,为此,研究人员提出了不同的路由成本函数以选择最佳路由。路由成本函数是根据无线链路和传感器节点的各种属性计算数据通过不同的路径的传输成本。根据应用程序的不同需求（如路径吞吐量最大化、最小化端到端的延迟、最大化网络寿命、平均流量分布）,成本函数应考虑路径长度、丢包率、延时和传感器节点的剩余能量等作为衡量参数。

2）路径选择和流量分布

多路径路由另一个应解决的重要问题是选择足够数量的路径进行数据传输。有些协议仅使用最佳路径进行数据传输,保持其他路径作为备份路径。有些多路径路由协议则利用多种并发路径提供可靠数据传输和负载均衡。而且,路径数量的选择对改善不同性能参数具有重要作用。实际上在单一信道的情况下,因为节点之间的干扰,同时使用所有路径不一定能提供更高的数据传输能力,只使用其中的部分路径进行传输可能更好。

选择好发送的路径之后,下一步应考虑如何在所选的路径分配网络流量。多路径路由的设计动机之一就是可以利用多种流量分配机制。例如,可以通过在数据传输过程中引入一定程度的数据冗余保证传输的可靠性;要提高吞吐量、数据传送率、延迟和寿命等性能,可以将整体流量分配给全部路径;要提高单条路径的利用率,应先计算该路径的最大容量再分配流量。

3) 路径维护

因为传感器节点的资源受限和无线链路动态变化,当路径出现故障时,需要进行路径重建,这是多路径维持阶段的主要任务。路径重建可以在以下三种情况下启动:① 当一个活动路径发生故障;② 当所有的活动路径发生故障;③ 当一定数量的活动路径出现故障。情况①的重建频率比其他两种方法更高,使用这种策略开销较大;情况② 所有的活动路径失败后,再执行路线发现过程,可能会显著降低网络性能;情况③提供了一种折中的方法。

3. 多路径路由的分类

根据网络结构来分类,多路径路由可分为平面多路径路由和层次多路径路由两种。在平面多路径路由中,所有的网络节点都具有相同的处理和数据传输能力。平面多路径路由简单、健壮性好,但是建立、维护路由的开销很大,数据传输跳数多,适合小规模网络。典型的平面多路径路由有 ReInForm、AOMDV、SMR 等。层次多路径路由是由若干控制节点和很多传输节点组成。整个网络按照一定的规则划分成多个簇,每个簇都有一个簇首来维护整个簇,簇成员的功能就相对简单,可以大大减少网络中控制信息的数量。当网络规模越来越大或者部分节点越来越多时,簇的分层结构就体现出自身的优势,具有明显的可扩充性,但是簇的维护开销大,算法复杂,对节点功能要求高。典型的层次多路径路由有 N-to-1、SCMR、H-SPREAD、HMRP 等。

根据应用要求来分类,多路径路由还可以分为能量感知多路径路由(如 AOMDV、EEMR),基于查询的路由(如 MPDD),基于可靠性的路由(如 MCMP、ECMP),基于地理位置路由(如 DGR、DCF、EECA)等。

以地理位置信息为基础的贪婪路由算法在整个数据传输中不需要建立端到端的基于全局链路状态的路由,不需要存储路由信息表,也不需要发送路由更新信息,只需要网络中每个节点准确地存储周围邻接点的状态信息,即节省能量的消耗、降低节点的内存处理要求,同时能提供很好的数据传输保证。接下来将介绍的两个路由都是基于地理位置的路由算法。

8.1.2　DGR 路由

方向地理路由 DGR(direction geographical routing) 是一种基于地理位置的多路径路由,是较早提出通过曲线多路传输数据的多路径路由。它解决了实时视频流传输带宽和能量限制问题,视频传感节点数据通过 FEC 编码,然后经多条路径传送到 Sink 节点。如图 8-2 所示,DGR 建立了 3 条路径,通过不同的邻居节点将视频流发送到 Sink 节点。

1. DGR 路由概述

DGR 中的路径数可根据应用程序要求指定,但路径数不能超过 Source 或 Sink 节

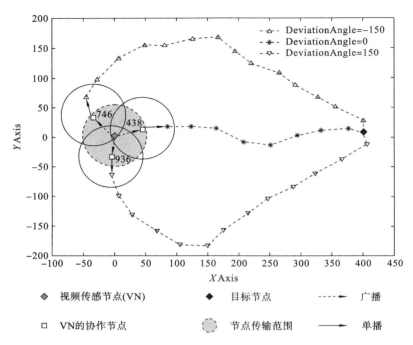

图 8-2　DGR 多路协议示意图

点的邻居节点数,否则会导致多路节点相交路径。

　　Source 节点首先将数据包经过 FEC 编码,如图 8-3 所示。将 $n-k$ 个冗余包加入以保护 k 个数据包,只要任意 k 个包接收成功,就可以重构整个数据包。

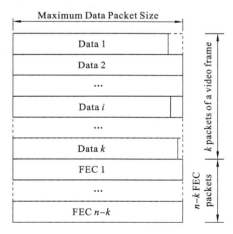

图 8-3　FEC 编码方案

　　假设 $n=5$,每条路径发送一个数据包,Source 按照一定的算法确定 5 个邻居节点,如指定最大偏离角度 DeviationAngle 为 180°(-180°到 180°,实际上是 Source 的 360°范围),路径之间间隔 60°,那么以 Source 到 Sink 的连线为中心线,5 条路径所在的度数分别是 0°、60°、120°、-60°、-120°。如图 8-4 所示,如果指定节点的传输距离为 R,那么可以计算出 5 个理想邻居节点的坐标。

　　Source 根据这 5 个理想坐标,依次选取距离这 5 个理想邻居节点最近的 5 个邻居

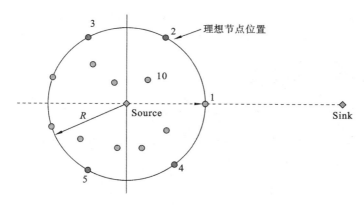

图 8-4 DGR 中 Source 广播理想邻居节点的选取

节点,然后将选取的邻居信息填写到数据包中广播发送。这是个很巧妙的设计,利用了无线通信的广播特征,分 n 次发送的话,实际上每个邻居节点也会有串扰的开销,而且花费的时间还长。

Source 邻居节点接收到 Source 的广播包后,读取包路径数,如果路径数为 5,则从字段 Source_1 到 Source_5 查找是否有自己的节点编号。如果没有,则表示没有被选中作为下一跳节点,丢弃该包。如果有,则在包中读取该编号对应的该路径的数据,接着构造数据包,根据 DGR 算法选择下一跳节点,然后发往下一跳,直至发送到 Sink 节点。

2. DGR 下一跳选择算法

DGR 的路径收缩,是根据公式

$$\alpha_{\mathrm{H}}=\left(\frac{\max[0,H_{\mathrm{s}}-H]}{H_{\mathrm{s}}}\right)^3\times\alpha$$

式中:α 是初始发送角度;H_{s} 是 Source 到 Sink 的跳数;H 表示当前跳数;α_{H} 表示第 H 跳的角度,形成的路径如图 8-5 所示。

$(H_{\mathrm{s}}-H)/H_{\mathrm{s}}$ 是小于 1 的,随着跳数 H 的增加,α_{H} 不断减小,当 $H=H_{\mathrm{s}}$,α_{H} 为 0 之后通过贪婪路由寻求最短路径发送到 Sink 节点。

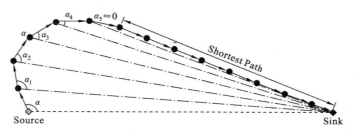

图 8-5 DGR 路径示意图

3. DGR 模型介绍

第 3 章模型中的 DGR 是 DGR 算法的简易实现,没有实现第一跳广播,具体 DGR 算法请参照第 8 章的模型。

1) DGR 包格式

DGR 中包括两种包格式:第一种包是 Source 向邻居节点广播时发送的 DATA_

BROADCAST 包;第二种包是邻居节点向 Sink 发送的 DATA 包。两种包格式如下。

（1）DATA_BROADCAST 数据包格式如图 8-6 所示。其参数说明如下。

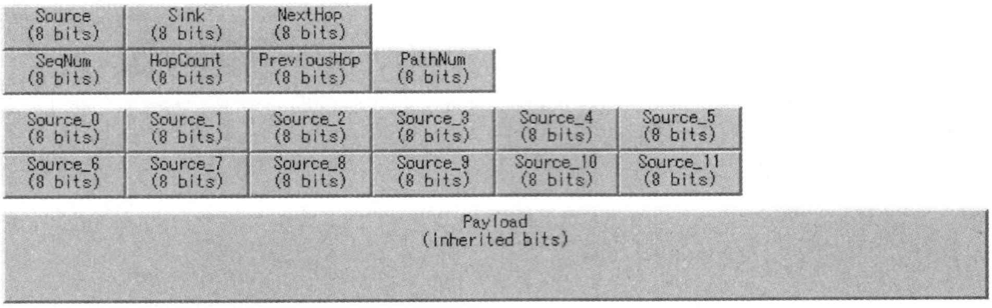

图 8-6　初始广播数据包格式

Source,Sink:源和目标节点的 ID 号。

SeqNum:Source 发送包序号,如果路径数(PathNum)为 5,那么这 5 个路径的 Seq-Num 是相同的。Source 下一次广播包时,SeqNum 加 1。

PathNum:路径数。

Source_0~Source_11:Source 选择的下一跳邻居节点 ID,这里是按照最多 12 条路径设置的,实际上使用的字段数由 PathNum 决定。比如 PathNum＝5,那么只用到 Source_0~Source_4。

Payload:广播数据包,里面包括所有路径的数据包。

（2）DATA 数据包格式如图 8-7 所示。其参数说明如下。

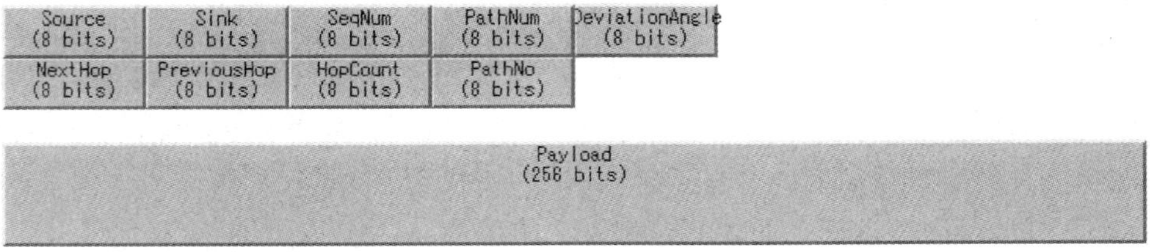

图 8-7　DATA 数据包格式

NextHop,PreviousHop:分别表示下一跳节点和前一跳节点,每个节点接收到数据包之后,将数据包中的 PreviousHop 更改成自己节点 ID,根据 DGR 下一跳算法选择下一跳节点 ID 并填入 NextHop 中。

PathNum:路径数。

PathNo:本条路径编号。

Payload:本条路径携带的数据,DATA_BROADCAST 中的 Payload 包括所有路径的数据包,注意两个的区别。

2）网络层进程关键代码

在第 3 章中介绍的 DGR 是一个 DGR 算法的简洁版,本章的 DGR 实现了第一跳的广播。进程模型图类似第 3 章基础模型图,不再赘述。下面介绍关键代码。

（1）构建广播包,在进程状态 NotifyAppDataSend 中,当 scheme_idx＝2 时,广播发送数据包,代码如下。

```
if (scheme_idx==2)
  pkptr=op_pk_create_fmt ("DATA_BROADCAST");
else
  pkptr=op_pk_create_fmt ("DATA");
...
if (scheme_idx==1){
    NextHopID=GeoRoutingNextHop(GlobalSinkX,GlobalSinkY);
}else if (scheme_idx==2){
    /* FindNeigh 在节点 360°范围计算 path_number 个理想节点,将理想节点坐标保存
    在 srcNP 数组中 */
    FindNeigh(0,MyID,MaxTxRange,srcNP);
    for(i=0; i<path_number; i++){ /* 将邻居设置到包域中 */
        char d[9]="Source_";
        char s[2];
        sprintf(s,"%d",i);
        strcat(d,s);
        /* 查找位置最接近的邻居 */
        srcNB[i]=GeoRoutingNextHop(srcNP[i].x,srcNP[i].y);
        /* 将邻居节点编号设置到对应的包域中 */
        op_pk_nfd_set(pkptr, d, srcNB[i]);
    }
    op_pk_nfd_set(pkptr, "PathNum", path_number);
    /* 广播发送 */
    NextHopID=MAC_BROADCAST_ADDR;
}else if(scheme_idx==3){
    NextHopID=GPSR_E_NextHop(GlobalSinkX,GlobalSinkY);
}
```

（2）节点接收到广播包中之后,在 ChkSeq 进程状态中检测自己是否在包域中的邻居列表中,代码如下。

```
Return_Flag=0;
...
if((scheme_idx==2)&&(D_HopCount==1)){/* DGR 路由,且为第一跳。*/
  D_MyPathNo=-1;
  for(i=0;i<D_PathNum;i++){ /* 循环查找 */
      if(MyID==PW_FistHop[i]){ /* PW_FirstHo 数组中保存选中的多个邻居编号 */
        D_MyPathNo=i;
        break;
      }
  }
  if(D_MyPathNo==-1){ /* 如果没找到,则说明没有被选中 */
    Return_Flag=1;/* 重置 Idle 的标识 */
    op_pk_destroy(pkptr);
  }
}
```

（3）被选中的普通节点在进程状态 GPSR 中组装 DATA 包，代码如下。

```
if (scheme_idx==1){/* GPSR */
    NextHopID=GeoRoutingNextHop(GlobalSinkX,GlobalSinkY);
}else if (scheme_idx==2){
    if(D_HopCount==1){/* 第一跳组装 DATA 包 */
        op_pk_destroy(pkptr);/* 因为要使用包指针,首先清除原来的包指针 */
        pkptr=op_pk_create_fmt ("DATA");
        op_pk_nfd_set(pkptr, "Source", GlobalSrcID);
        op_pk_nfd_set(pkptr, "Sink", GlobalSinkID);
        op_pk_nfd_set(pkptr, "SeqNum", D_SeqNum);
        /* 计算包发送角度 */
        D_DeviationAngle=D_MyPathNo * deviation_angle_step-srcTheta;
        if(D_DeviationAngle>deviation_angle_step * path_number/2) {
            D_DeviationAngle=D_DeviationAngle-
                            deviation_angle_step * path_number;
        }
        op_pk_nfd_set(pkptr, "DeviationAngle", D_DeviationAngle);
        op_pk_nfd_set(pkptr, "PathNum", D_PathNum);
        op_pk_nfd_set(pkptr, "PathNo", D_MyPathNo);
        op_pk_total_size_set (pkptr, SensoryDataSize);
    }
    NextHopID=DGR_NextHop(D_DeviationAngle,GlobalSinkX,GlobalSinkY);
}else if (scheme_idx==3){
    NextHopID=GPSR_E_NextHop(GlobalSinkX,GlobalSinkY);
}
```

（4）DGR 的关键代码是如何选择下一跳，代码如下。

```
int DGR_NextHop(double deviation_angle, double destination_x,
                double destination_y)
{
    double y_s; double x_s;                  /* 理想节点坐标 */
    double y_t_o;double x_t_o;               /* Sink 节点坐标 */
    double y_h_o;double x_h_o;               /* 本节点坐标 */
    double y_i_o;double x_i_o;               /* 邻居节点坐标 */
    double y_i; double x_i;                  /* 邻居节点虚拟坐标 */
    double DeltaDistance;
    double MinDeltaDistance;
    double alpha;
    double theta;
    FIN (int DGR_NextHop(double deviation_angle, double destination_x,
                double destination_y));   /* 源到目标的距离 */
    SrcToSinkDistance=sqrt(
            (GlobalSrcX-GlobalSinkX) * (GlobalSrcX-GlobalSinkX)
            +(GlobalSrcY-GlobalSinkY) * (GlobalSrcY-GlobalSinkY));
    /* 估计跳数 */
```

```
EstimatedHopNum=ceil(SrcToSinkDistance/MaxTxRange);
/* 得到偏离角度 */
alpha = deviation_angle * (EstimatedHopNum-D_HopCount)
       * (EstimatedHopNum-D_HopCount) * (EstimatedHopNum-D_HopCount)
       /EstimatedHopNum/EstimatedHopNum/EstimatedHopNum;
/* 得到理想坐标 */
x_s=MaxTxRange * cos(2 * PI_VALUE * alpha/360);
y_s=MaxTxRange * sin(2 * PI_VALUE * alpha/360);
MinDeltaDistance=MAX_VALUE;
if (NeighborNumber>0){
    for (k=0;k<NeighborNumber; k++){
        if (NeighborList[k]==GlobalSinkID){ /* 如果是目标节点 */
            NextHopIdx=k;
            break;
        }
        /* 求虚拟坐标 */
        y_t_o=destination_y;x_t_o=destination_x;
        y_h_o=my_y_pos; x_h_o=my_x_pos;
        y_i_o=NeighborListY[k];x_i_o=NeighborListX[k];
        theta=atan((y_t_o-y_h_o)/(x_t_o-x_h_o));

        if (x_h_o>x_t_o){ /* 如果目标节点在坐标,则角度翻转180° */
            theta=theta+PI_VALUE;
        }
        x_i=cos(theta) * (x_i_o-x_h_o)+sin(theta) * (y_i_o-y_h_o);
        y_i=cos(theta) * (y_i_o-y_h_o)-sin(theta) * (x_i_o-x_h_o);
        /* 到理想坐标的距离 */
        DeltaDistance=sqrt((x_s-x_i) * (x_s-x_i)
                          +(y_s-y_i) * (y_s-y_i) );

        if (DeltaDistance<MinDeltaDistance){
            MinDeltaDistance=DeltaDistance;
            NextHopIdx=k;
        }
    }
    NextHopEntry=NeighborList[NextHopIdx];
}else {
  op_sim_end("\r\n Amazing Error:No Neighbor! \n","","","");
}
FRET(NextHopEntry);
}
```

 有益提示 ⋯ 这里选择到理想坐标的最小距离的邻居节点被选择为下一跳节点,可以考虑改进节点选择算法,如考虑剩余能量。

3) 仿真结果

DGR 的运行结果图如图 8-8 所示。可以看到,Source 节点通过 5 条路径向 Sink 节点发送数据。

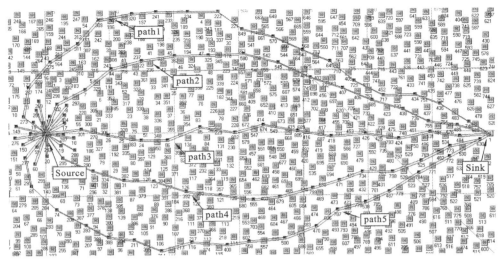

图 8-8 DGR 运行结果图

8.1.3 PW-DGR

传感器网络中由于存在一个特有的能量空洞现象,即在 Source 和 Sink 附近的节点由于需要频繁转发和 Overhearing,因而其能量消耗最高,称为 HotSpots。HotSpots 区域的节点由于能量消耗高而往往提前死亡,从而形成围绕 Source 和 Sink 的一个环形的死亡区域称为"Energy Holes",由此导致整个网络的死亡。因此,提高网络寿命的有效方法是减少 HotSpots 区域的能量消耗,应做到即使增加了非 HotSpots 区域的能量消耗也不影响网络寿命。有研究指出,网络寿命结束时,Source 和 Sink 外围区域节点还有较多的剩余能量,甚至剩余高达 90% 的能量。本节针对 DGR 中存在的 HotSpots 区域,提出了 PW-DGR 算法,改善了 DGR 中 Source 和 Sink 周围节点的能量利用效率。

1. PW-DGR 路由算法

研究者针对 DGR 路由算法中 Sink 附近节点容易耗尽能量的问题,提出了 PW-DGR 路由算法,Source 节点的数据不直接发往 Sink 节点,而是首先发送 Sink 周围的 Pair-Wise 节点,然后再转发给 Sink。Pair-Wise 节点是和 Source 发送路径角度对应的 Sink 周围的节点,如图 8-9 所示。其中,Hop 表示跳数,Range 表示一跳传输距离,Sink 节点坐标(x_{sink},y_{sink})。

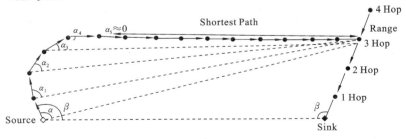

图 8-9 PW-DGR 3 Hop 路径示意图

源节点以角度 β 发送数据时,那么节点在 Sink 的角度是 $180° - \beta$,Source-Sink 直线反向对称的角度,在该角度线上的距离发送范围 R 处的节点,称之为 1 Hop 节点;同样,我们可以依次定义 2 Hop,3 Hop,4 Hop 节点。

Para-Wise 节点的坐标(x_{Hop},y_{Hop})为

$$x_{Hop} = x_{sink} + Hop * Range * \cos(180° - \beta)$$
$$y_{Hop} = y_{sink} + Hop * Range * \sin(180° - \beta)$$

图 8-9 所示的是 Source 首先将数据依据 DGR 路由协议发送到 Sink 的 3 Hop 节点,再利用 GRSR 最短路径算法发送到 Sink 节点。这样就保证了 Sink 周围接收数据节点不再局限在一个角度范围内。

2. Sink 周围节点能耗的问题

1) 节点定期休眠

对于 Source 周围一跳内节点,我们周期性选择一部分节点进入休眠以节省接收 Source 数据的开销和 Overhearing 的开销。

假设 Source 周围的邻居节点有 n 个,每次选择的节点数为 m 个,那么邻居节点轮流一遍的次数为 $\left\lceil \dfrac{n}{m} \right\rceil$。

2) 节点选择和发送路径延迟

同时,为了防止每次选择同样的 Cooperative node 节点,可在每次节点休眠结束时,重新选择节点。将目标点坐标较之前偏离一个角度。

为了防止 9 条路径之间的干扰,我们将 Cooperative node 按照和 Sink 的角度计算延时 delay Time,节点发送数据延迟一个 D_i 才发送数据,有

$$D_i = \frac{\delta}{360} * T_s$$

其中:T_s 为 Source 发送数据间隔;δ 表示以 Source 为中心第 i 个 Cooperative node 所处的角度。

为了防止一个节点重复用于多条路径,我们在每条经过的路径节点加上当前数据序列号标签(当前 9 个路径使用同一个序列号),那么下一条路径如果发现其邻居节点已经具有当前序列号标签时,就不再选择这个节点作为下一跳节点。

3) Cooperative code 节点选择

每次广播时,选择一跳 Cooperative Node 的根据有两个,一个是被选做 Cooperative Node 的次数 C,另一个是距离 D,即距离要发送目标的距离 D。这里我们以 $C^k * D$ 作为度量。$C^k * D$ 值越小,那么被选择作为 Cooperative Node 节点的可能越大。

Source 和 Cooperative node 节点的流程图如图 8-10 所示。

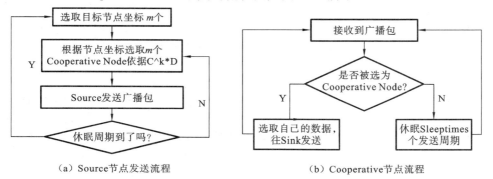

（a）Source节点发送流程   （b）Cooperative节点流程

图 8-10 Source 和 Cooperative node 节点流程图

8.1.4 多源单目标的多路径路由

本节提出了一种基于 B 样条曲线的多路径路由协调算法,应用于多个不同优先级和流量的源向 Sink 节点发送多媒体数据的应用。如图 8-11 所示,模型中有三个 Source 节点和一个 Sink 节点,每个 Source 节点通过 4 条路径向 Sink 发送数据。

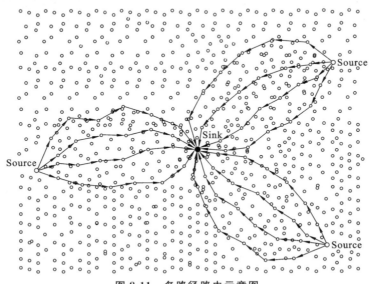

图 8-11　多路径路由示意图

1. 基于 B 样条的路径算法

B 样条曲线是一种非常灵活的曲线,其形状受相应的顶点控制。这里为每个样条曲线设置 4 个控制点,如图 8-12 所示。n_s 和 n_t 分别代表 Source 节点和 Sink 节点,弧线 sp 受点 n'_s、n_s、n_{cs}、n_{ct} 控制,弧线 pl 受 n_s、n_{cs}、n_{ct}、n_t 控制,弧线 lt 受 n_{cs}、n_{ct}、n_t、n'_t 控制。

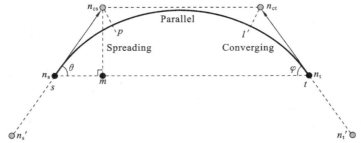

图 8-12　根据 B 样条曲线确定路由

具体计算如下面公式所示。

$$
\begin{cases}
S_{sp}(t) = \dfrac{1}{6}n'_s(1-t)^3 + \dfrac{1}{6}n_s(3t^3 - 6t^2 + 4) + \dfrac{1}{6}n_{cs}(-3t^3 + 3t^2 + 3t + 1) + \dfrac{1}{6}n_{ct}t^3 \\[2mm]
S_{pl}(t) = \dfrac{1}{6}n_s(1-t)^3 + \dfrac{1}{6}n_{cs}(3t^3 - 6t^2 + 4) + \dfrac{1}{6}n_{ct}(-3t^3 + 3t^2 + 3t + 1) + \dfrac{1}{6}n_t t^3 \\[2mm]
S_{lt}(t) = \dfrac{1}{6}n_{cs}(1-t)^3 + \dfrac{1}{6}n_{ct}(3t^3 - 6t^2 + 4) + \dfrac{1}{6}n_t(-3t^3 + 3t^2 + 3t + 1) + \dfrac{1}{6}n'_t t^3
\end{cases}
$$

式中:t 是从 0→1 变化的。

注意,公式是横坐标和纵坐标分别计算的。

在方案中,n_{cs}和n'_s基于点n_s对称,n_{ct}和n'_t基于点n_t对称。所以实际上只需要确定四个顶点n_s、n_t、n_{cs}、n_{ct},那么这条曲线即可确定。

n_{cs}的确定可以通过两个参数确定,第一个是角度θ,第二个是n_{cs}到m的线段长度。通过设置不同的角度θ和线段n_{cs}到n_s的长度,即可以形成多条路径,如图 8-13 所示。

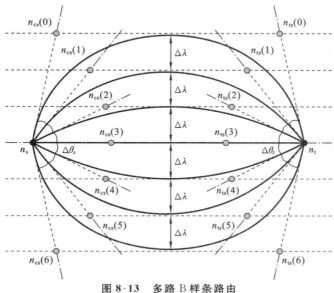

图 8-13 多路 B 样条路由

2. 多源-目标的 LOTUS 路由

考虑 Sink 节点位于地图的中央,多个 Source 节点同时发送数据的场景,这时需要考虑的问题有:

(1) Source 节点在 Sink 节点周边分布不均匀时,如何分布路径;

(2) Source 节点权重不同时,如何分布路径;

(3) Source 节点动态加入和退出。

3. LOTUS 流程描述

消息和包结构如表 8-1 所示,包都包含有包类型、序号、源 ID 和目标 ID 等内容,表中省略这些共同的字段值。

表 8-1 LOTUS 消息和包结构设计

包	源	目标	包 内 容	发 送 途 径
REQUEST	Source	Sink	(a) 优先级;(b) 流量;(c) 源坐标	最短路径
REQUEST_ACK	Sink	Source	(a) 开始角度;(b) 结束角度	最短路径
DATA	Source	Sink	(a) 决定路径的 n_s、n_t、n_{cs}、n_{ct} 四个节点坐标;(b) t 的序号;(c) 子路径号;(d) 数据等	B 样条多路发送
DATA_CANCEL	Source	Sink	Source ID	最短路径

1) Source 申请发送数据流程

(1) Source 节点初始化结束之后,设置自中断,触发 REQUEST 包的发送。除了初始化阶段,网络正常运行时也允许节点发送申请。

（2）所有 Souce 节点初始化 REQUEST 包,包里的字段有源的流量、源的优先级和源坐标,通过最短路径向 Sink 发送。

（3）Sink 在收到 REQUEST 包之后,按照 Source 相对 Sink 的角度从大到小插入 Source 节点队列中。设置自中断,因为有多个 Source 节点,中断时间要保证收到了所有 Source 节点的 REQUEST 消息之后才开始处理节点请求。

（4）Sink 处理 Source 节点队列,按照一定的算法(参照分配角度算法)计算节点权重,按照权重比例给队列中每个 Source 节点分配角度,然后依次发送 REQUEST_ACK 包给所有 Source 节点。

（5）所有 Source 接收到 REQUEST_ACK 包之后,开始发送数据。

2）Source 发送数据流程

（1）节点根据申请到的开始角度和结束角度开始发送数据,节点申请到的角度范围因为权重不同而大小不同。

（2）根据节点的流量指定发送的路径数(目前只是统一指定路径数,考虑根据节点流量和优先级选择路径数,比如 200 KB 一条路径)。

（3）按照 B 样条曲线算法,多路向 Sink 节点发送数据包。

3）Source 取消流程

（1）Source 节点不想再发送数据时,向 Sink 节点发送 DATA_CANCEL 消息。

（2）Sink 节点收到之后,将该节点从 Source 节点队列中删除,重新计算每个 Source 节点的权重和分配角度,然后向所有源节点发送 REQUEST_ACK。

（3）进入 Source 申请流程的步骤(4)和步骤(5)。

4. LOTUS 实现细节

1）Sink 端角度分配算法

为了减少无线信号的干扰,我们根据 Source 节点所占权重给每个节点分配了接收角度范围,使得节点之间路径不交叉。

首先,需要计算每个 Source 节点的权重,权重＝流量×优先级。然后,节点所能分配的角度范围＝节点权重/所有节点权重和×360。公式如下:

$$Q_i = P_i \times F_i$$

$$Q_{\text{total}} = \sum_{i=1}^{n} Q_i$$

$$\text{Angle}_i = \frac{Q_i}{Q_{\text{total}}} \times 360$$

式中:P_i 为第 i 个节点优先级;F_i 为第 i 个节点的流量;Q_i 为第 i 个节点权重;Q_{total} 表示所有节点权重和;Angle_i 表示第 i 个节点所分配角度范围。

2）角度分配先后次序的选择

因为 Source 节点分布不均匀,分配到的角度可能大小不等,而为了使负载均衡,需要使路径平均分布到 Sink 节点周围。因此,需要考虑角度分配次序。

我们定义坐标系是节点右边水平线的角度为 0,顺时针从小往大。考虑以下场景,1 个 Sink、3 个 Source,即 Src1、Src2、Src3。假设 Src1 和 Src3 权重都为 1,Src2 的权重为 2,如图 8-14、图 8-15 所示,那么分配方案有以下两种考虑。

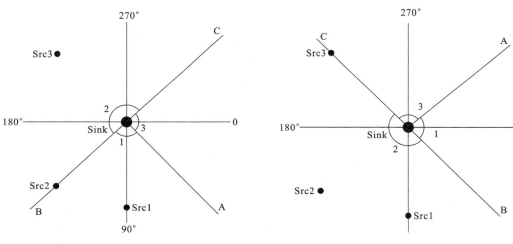

图 8-14　基于 Source 位置分配　　　　　　图 8-15　基于权重分配角度

（1）基于 Source 位置分配。

第一种分配方案是基于 Source 位置分配，Source 相对 Sink 角度越小，则越先分配，因 Src1 角度位于 90°，按照权重计算应该分配的角度为

$$\text{Angle}_1 = \frac{Q_1}{Q_{\text{total}}} = 1/(1+2+1) \times 360° = 90°$$

因为我们为 Src1 分配的角度范围为 45°～135°，而 Src2 的权重为 2，其角度为 180°，则分配的角度范围为 135°～315°。Src3 则为 315°～45°，如图 8-12 所示。这里虽然 Src1 位于自己的角度范围中间，但是 Src2 位于自己的角度范围一边，Src3 则完全不在自己的角度范围内。

（2）从权重最大节点开始分配。

考虑到权重越大的节点，分配的角度范围越大，为了照顾权重最大的节点，这里优先分配权重最大的节点。如图 8-15 所示，Src2 的分配范围是从 45°～225°，侵占了 Src1 的范围，而 Src1 的范围则是从 A 到 B，范围是 −45°～45°。

第二种方法考虑到 Src2 所占权重，实现了权重大节点获得优先的角度分配。实际中实现了这种算法。

（3）角度分配算法伪码。

```
Q_total=0;Q_max=0;sub_max=0;/* 初始化 */
For each Sourec i in Queue do
    Q_i=P_i * F_i
    Q_max=max(Q_i)
    sub-max=index of Q_max
    Q_total=sum(Q_i)
end for
/* 接下来按照权重百分比分配角度，首先考虑最大权重节点 */
Angle_max=Q_max/Q_total * 360
Angle_{begin of sub_max}=Angle_{sub-max}-Angle_max/2
Angle_{end of sub_max}=Angle_{sub-max}+Angle_max/2
```

```
/* 往后分配 */
Curr Angle_begin = Angle_begin of sub_max
Curr Angle_end = Angle_end of sub_max
for i = sub_max + 1 to size of (Queue) − 1
Q_i = P_i * F_i
Angle_i = Q_i / Q_total * 360
Angle_begin of i = Curr Angle_end
Angle_end of i = Angle_begin of i + Angle_i
Curr Angle_end = Angle_end of i
end for
/* 往前分配 */
for i = sub_max − 1 down to 0
Q_i = P_i * F_i
Angle_i = Q_i / Q_total * 360
Angle_end of i = Curr Angle_begin
Angle_begin of i = Angle_end of i − Angle_i
Curr Angle_begin = Angle_begin of i
end for
```

3）Source 端发送角度范围选择

对于 Source 来说，因为节点不一定位于所分配的角度范围中间，所以要考虑路径的发送角度范围。为了使 Source 节点之间发送路线不发生交叉，Source 发送角度范围是需要根据 Sink 端分配的接收角度来确定的。公式如下：

$$\text{Angle}_{Source} = \text{Angle}_{Sink} + 180°$$
$$\text{Angle}_{Source\_begin} = \text{Angle}_{Souce} - (\text{Angle}_{Sink\_begin} - \text{Angle}_{Sink})$$
$$\text{Angle}_{Source\_end} = \text{Angle}_{Souce} - (\text{Angle}_{Sink\_end} - \text{Angle}_{Sink})$$

如图 8-16，对于 Sink 来说，Src1 处于 Sink 的 90°角上，开始角度为 −45°，结束角度为 45°，$\text{Angle}_{Sink} = 90°$。相对于 Angle_{Sink} 的角度偏移则是 −135°～−45°。

对于 Src1 来说，$\text{Angle}_{Source} = \text{Angle}_{Sink} + 180° = 90° + 180° = 270°$，Sink 在 270°角上。根据 Sink 角度的偏差，我们选择 Src1 的开始角度为 270° − (−135°) = 405°，结束角度为 270° − (−45°) = 315°。发送曲线示意图如图 8-16 所示。

Src3 节点位于 Sink 节点的角度是 225°，分配角度范围为 225°～315°，则偏离角度为 0°～90°。对于 Src3 节点来说，Sink 位于其 225° + 180° = 405°，则其开始角度为 405° − 0° = 405°、结束角度为 405° − 90° = 315°。这里 Src1 和 Src3 的开始角度都是 405°、结束角度都是 315°只是一种巧合。

4）Source 端路径数和路径之间的角度确定

由于假设不同的 Source 节点安装的摄像头分辨率不一样，因此单位时间需要传送的数据量也不一样。为了使路径平衡，以每条路径包的大小限制在每次发送不超过 pk_{size}。这样需要发送的路径数可通过下面的公式计算，其中 F 代表流量。

$$\text{Path}_{num} = F / pk_{size}$$

用 AngleScope_{path} 表示每条路径之间的间隔角度。在边缘地带，分别留出 1/2 的

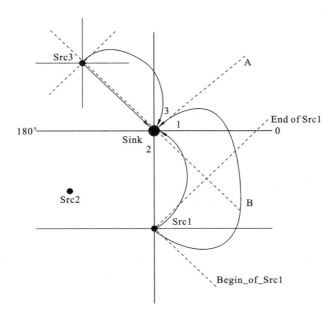

图 8-16　Source 发送角度范围的选择

$AngleScope_{path}$ 作为间隔,路径之间的间隔角度计算公式为

$$AngleScope_{path} = (Angle_{Source\_begin} - Angle_{Source\_end})/Path_{num}$$

$$Angle_{path\ of\ i} = Angle_{Source\_begin} - i \times AngleScope_{path} - 1/2 \times AngleScope_{path}$$

比如 Src1,一定时间内需要传输的流量为 600 KB,每个包的大小为 200 KB,假设每条路径都能充分满足延时要求,则需要的路径数为 600 KB/200 KB＝3。$AngleScope_{path}$＝(405°－315°)/3＝30°。根据公式,三条路径的角度分别是 390°、360°、330°。

5) LOTUS 中节点不相交路径的解决方案

在数据包中有序列号域 SeqNum,同时节点域中有 SeqNum 属性。

(1)节点接收到数据包之后,首先读取数据包中的 SeqNum 域值,如果大于当前节点的 SeqNum 属性,则将该数据包中的 SeqNum 域值设置为节点属性。

(2)当节点选择下一跳邻居时,读取邻居节点的 SeqNum 属性,只有属性值小于当前数据包中的编号 SeqNum 值的邻居节点才可以被选择为下一跳节点。

如图 8-17(a)所示,如节点 A 选择 C 为下一跳节点,将数据包发送到节点 C,则节点 C 将执行 SeqNum＝3 保存,当节点 B 要选择节点 C 作为邻居节点时,因为节点 B 的 SeqNum 不大于节点 C 的,则节点 C 不满足下一跳条件,继续选择其他节点作为自己的下一跳节点。这样保证了每个节点每一次只作为一条路径的节点,保证了节点不相交。

源节点再次发送数据时,如图 8-17(b)所示,数据包中的 SeqNum 值增加为 4,当节点 B 的要选择,节点 C 作为邻居时,节点 B 中的 SeqNum 为 4,节点 C 的 SeqNum 还是 3,因为节点 B 的 SeqNum 大于节点 C 的,所以可以选择节点 C 作为下一跳节点,节点 C 将保存 SeqNum＝4。这样节点 C 点将发送新的数据包。

通过这个机制保证了节点 C 每次只能作为一条路径的节点,保证了路径之间节点不相交。

6) 多路径之间干扰问题的解决方案

假设有 m 个源节点,每个源节点有 n 条路径向 Sink 发送数据,那么向 Sink 发送数

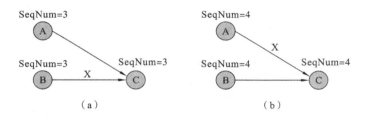

图 8-17　节点不相交路径

据的总路径数为 $m \times n$ 个。

假设所有源节点每隔 T 秒向 Sink 节点发送一次数据,也就是说每隔 T 秒,Sink 会从 $m \times n$ 个路径接收到数据。

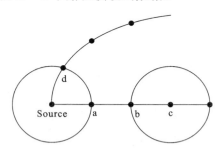

图 8-18　路径之间的干扰

为了防止两条路径上的节点互相干扰,如图 8-18 所示,假设 Source 发送的第一条路径沿着 a、b、c 发送,那么至少等节点发送到节点 c 时,Source 再次发送数据才不会造成干扰。从 Source 发送数据到节点 c,即 3 跳距离的延时,即每个时间片的间隔要大于 3 跳距离的时间。如果所有源节点路径相同,优先级和流量都相同的情况下有公式

$$T/(m \times n) > 3T_{hop}$$

因为 T_{hop} 时间固定,上面公式可以作为设置 T、m、n 的参考。

5. 模型介绍

1）头文件

在 wsn_constant.h 中添加数据发送周期常数,这个常数在应用层进程 Sensor 和网络层进程 network 都用到了。

```
#define TRANS_INTERVAL    0.5        /* 数据发送周期 */
```

在 wsn_intrpt_code.h 中添加中断码,代码如下。

```
#define SOURCE_READY_SEND_REQUEST_INTRPT_CODE
                        211 /* 源发送请求自中断 */
#define SOURCE_CANCEL_SEND_DATA_INTRPT_CODE
                        212 /* 源取消请求自中断 */
#define SINK_READY_REQUEST_ACK_INTRPT_CODE
                        213 /* 目标分配角度自中断 */
```

2）包格式

模型中提供了 5 种包类型,分别是 DATA 包、REQUEST 包、REQUEST_ACK 包、DATA_CANCEL 包、SENSED_DATA 包。

（1）DATA 包如图 8-19 所示,参数说明如下。

sX,sY,scX,scY,tcX,tcY,tX,tY:表示 s、sc、t、t 四个点的横坐标和纵坐标;

SeqDeltaT:这个值是不断累加的;

Source (8 bits)	Sink (8 bits)	SeqNum (8 bits)	PathNum (8 bits)
NextHop (8 bits)	PreviousHop (8 bits)	HopCount (8 bits)	SeqDeltaT (8 bits)
sX (8 bits)	sY (8 bits)	tcX (8 bits)	tcY (8 bits)
scX (8 bits)	scY (8 bits)	tX (8 bits)	tY (8 bits)
RangePerHop (8 bits)	DeviationAngle (8 bits)		
PathLength (8 bits)	EnergyPowerControl (8 bits)		
		Payload (inherited bits)	

图 8-19　DATA 包格式

PathNum：路径编号，多路发送时给每条路径编号；

SeqDeltaT：b 样条曲线求下一跳时用的一个序号；

RangePerHop：剩余每跳长度，根据剩余长度随时变化；

PathLength：计算路径长度；

EnergyPowerControl：计算每跳长度的累加和。

（2）REQUEST 包如图 8-20 所示，参数说明如下。

SeqNum (8 bits)	Priority (8 bits)	PreviousHop (8 bits)	NextHop (8 bits)
SourceID (16 bits)		SinkID (16 bits)	
Src_x (16 bits)		Src_y (16 bits)	
HopCount (8 bits)	PathLength (8 bits)	DataPkSize (16 bits)	
EnergyPowerControl (8 bits)			

图 8-20　REQUEST 包格式

Priority：优先级；

DataPkSize：Source 要发送数据包大小，这里假设源节点发送周期都一样。

（3）REQUEST_ACK 包如图 8-21 所示，主要参数说明如下。

begin_theta：对应 Source 的开始发送角度；

end_theta：对应 Source 的结束发送角度；

Src_x，Src_y：Source 节点的坐标。

（4）DATA_CANCEL 包如图 8-22 所示。

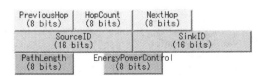

SeqNum (8 bits)	Priority (8 bits)	PreviousHop (8 bits)	NextHop (8 bits)
SourceID (16 bits)		SinkID (16 bits)	
Src_x (16 bits)		Src_y (16 bits)	
begin_theta (16 bits)		end_theta (16 bits)	
HopCount (8 bits)	PathLength (8 bits)	EnergyPowerControl (8 bits)	

图 8-21　REQUEST_ACK 包格式

PreviousHop (8 bits)	HopCount (8 bits)	NextHop (8 bits)
SourceID (16 bits)		SinkID (16 bits)
PathLength (8 bits)	EnergyPowerControl (8 bits)	

图 8-22　DATA_CANCEL 包格式

3）网络层进程模型

（1）网络层进程模型如图 8-23 所示。

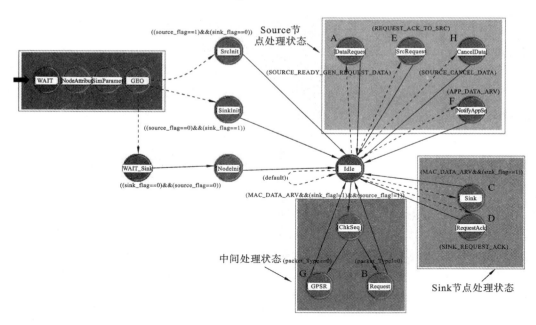

图 8-23　网络层进程模型

模型状态说明如表 8-2 所示。

表 8-2　模型状态说明表

状 态 名	操　作	转 移 条 件	编号
DataRequest	发送 DATA_REQUEST 包到 Sink 节点	SrcInit 发送的自中断进入	A
Request	处理非 DATA 类型的包,按照贪婪路由算法找出下一跳并发送	中间节点 MAC 层来的非 DATA 包进入	B
Sink	根据包类型不同做不同处理:RE-QUEST 包,两秒后自中断,进入 RequestAck 状态,将节点信息插入队列; DATA_CANCEL 包,则将节点从队列删除,DATA 包则做统计	到 Sink 节点的所有包	C
RequestAck	给源节点分配开始和结束角度,给源节点发送 REQUEST_ACK 包	接收到 Sink 发送的自中断	D
SrcRequestAck	通知 Sensor 节点发送数据	源节点接收到 Sink 的 RequestAck 包	E
NotifyAppSendData	将包按照指定的角度多路发送出去	接收到应用层包	F
GPSR	转发数据包	中间节点接收到数据包	G
CancelData	向 Sink 发送取消发送,同时向应用层发送取消消息	源节点定时触发	H

（2）头模块，在进程头模块中添加用于 Sink 节点保存源节点的结构，代码如下。

```
typedef struct
{
    int sourceID;           /* 源节点编号 */
    int seqNum;             /* 发送包的序号 */
    double theta;           /* 所处角度 */
    double begin_theta;     /* 分配开始角度 */
    double end_theta;       /* 分配结束角度 */
    int priority;           /* 优先级 */
    double src_x;           /* 横坐标 */
    double src_y;           /* 纵坐标 */
    int dataPkSize;         /* 数据包大小 */
}src_list_record;
```

（3）状态变量，在进程状态模块中添加变量，代码如下。

```
PrgT_List *        \Src_list;                  /* 源列表 */
src_list_record *  \src_list_record_ptr;       /* 源列表项指针 */
src_list_record *  \pre_src_ptr;               /* 源列表项指针 */
double             \NextIdealPointX;           /* 下一个理想节点横坐标 */
double             \NextIdealPointY;           /* 下一个理想节点纵坐标 */
int                \D_SeqDeltaT;               /* b样条曲线步进序号 */
double             \SrcthetaOfSink;            /* 从 Sink 端看源的角度 */
double             \SinkReceiveAngleFrom;      /* 从 Sink 端看源分配的开始角度 */
double             \SinkReceiveAngleEnd;       /* 从 Sink 端看源分配的结束角度 */
double             \Srctheta;                  /* 从 Source 端看源的角度 */
double             \SrcSendAngleFrom;          /* 从 Source 端看源分配的开始角度 */
double             \SrcSendAngleEnd;           /* 从 Source 端看源分配的结束角度 */
double             \AnglePerPathSend;          /* 发送路径间隔角度 */
double             \AnglePerPathReceive;       /* 接收路径间隔角度 */
double             \CurrentAngleSend;          /* 当前发送角度 */
double             \CurrentAngleReceive;       /* 当前接收角度 */
double             \CurrentDSend;              /* n_s 到 n_cs 的线段长度 */
double             \CurrentDReceive;           /* n_t 到 n_ct 的线段长度 */
...
```

4）关键代码

（1）根据 b 样条控制节点求下一跳理想节点的代码。

下面是已知 n_s、n_{cs}、n_{ct}、n_t 坐标，传输范围 range，步进数字 delta，序列号 seq，求一个理想节点的位置的函数代码。条件是下一个理想节点在 b 样条路径上，但不超过当前节点最大传输范围 range。函数返回 seq 和理想节点坐标（通过函数参数返回 NextIdealPointX、NextIdealPointY）。其中，seq 要写到数据包中，下一跳节点利用这个参数继续查找理想节点。代码如下。

```
int SDGR_GetNextIdealPoint(double sX, double sY, double scX, double scY
                          , double tcX, double tcY, double tX, double tY
                          , double delta, int seq, double range)
{
  double t=0;
  double stempX=0;  double stempY=0;
  double ttempX=0;  double ttempY=0;
  double dist=0;
  FIN(void SDGR_GetNextIdealPoint(double sX, double sY, double scX,
              double scY, double tcX, double tcY, double tX, double tY,
              double delta, int seq, double range));
  stempX=2 * sX-scX;
  stempY=2 * sY-scY;
  ttempX=2 * tX-tcX;
  ttempY=2 * tY-tcY;
  while(dist<=range){
      seq++;
      t=delta * seq;
      if(t<1){ / * 第一段 * /
          NextIdealPointX =stempX * 1.0/6.0 * (1-t) * (1-t) * (1-t)
                          +sX * 1.0/6.0 * (3 * t * t * t-6 * t * t+4)
                          +scX * 1.0/6.0 * (-3 * t * t * t+3 * t * t+3 * t+1)
                          +tcX * 1.0/6.0 * t * t * t;
          NextIdealPointY=stempY * 1.0/6.0 * (1-t) * (1-t) * (1-t)
                          +sY * 1.0/6.0 * (3 * t * t * t-6 * t * t+4)
                          +scY * 1.0/6.0 * (-3 * t * t * t+3 * t * t+3 * t+1)
                          +tcY * 1.0/6.0 * t * t * t;
      }else if((t>=1)&&(t<=2)){ / * 第二段,每段的系数不同 * /
          t=t-1;
          NextIdealPointX =sX * 1.0/6.0 * (1-t) * (1-t) * (1-t)
                          +scX * 1.0/6.0 * (3 * t * t * t-6 * t * t+4)
                          +tcX * 1.0/6.0 * (-3 * t * t * t+3 * t * t+3 * t+1)
                          +tX * 1.0/6.0 * t * t * t;
          NextIdealPointY =sY * 1.0/6.0 * (1-t) * (1-t) * (1-t)
                          +scY * 1.0/6.0 * (3 * t * t * t-6 * t * t+4)
                          +tcY * 1.0/6.0 * (-3 * t * t * t+3 * t * t+3 * t+1)
                          +tY * 1.0/6.0 * t * t * t;
      }else if((t>2)&&(t<=3)){ / * 第三段 * /
          t=t-2;
          NextIdealPointX =scX * 1.0/6.0 * (1-t) * (1-t) * (1-t)
                          +tcX * 1.0/6.0 * (3 * t * t * t-6 * t * t+4)
                          +tX * 1.0/6.0 * (-3 * t * t * t+3 * t * t+3 * t+1)
                          +ttempX * 1.0/6.0 * t * t * t;
```

```
                    NextIdealPointY = scY * 1.0/6.0 * (1-t) * (1-t) * (1-t)
                               + tcY * 1.0/6.0 * (3 * t * t * t-6 * t * t+4)
                               + tY * 1.0/6.0 * (-3 * t * t * t+3 * t * t+3 * t+1)
                               + ttempY * 1.0/6.0 * t * t * t;
                }else if(t>3){ /* 第三段之后 */
                    NextIdealPointX=GlobalSinkX;
                    NextIdealPointY=GlobalSinkY;
                    break;
                }
                /* 防止坐标跑到场景之外 */
                if (NextIdealPointX<0) NextIdealPointX=0;
                if (NextIdealPointY<0) NextIdealPointY=0;
                if(NextIdealPointX>MAX_WIDTH) NextIdealPointX=MAX_WIDTH;
                if(NextIdealPointY>MAX_HEIGHT) NextIdealPointY=MAX_HEIGHT;
                dist=SDGR_Distance(my_x_pos,my_y_pos,
                                   NextIdealPointX,NextIdealPointY);
            }
            FRET(seq);
}
```

（2）Sink 节点在收到 REQUEST 包后，将 Source 加入列中，并根据 Source 所处的角度排序，然后发送自中断进行角度分配，代码如下。

```
if(packet_Type==REQUEST){ /* 如果是请求包 */
    int sID,mypriority,seqNum;
    double mytheta,mysrcx,mysrcy;
    int bInserted=0;
    op_pk_nfd_access(pkptr,"SourceID",&sID);
    /* 判断是否在列表中 */
    for(i=0;i<op_prg_list_size (Src_list);i++){
        pre_src_ptr=(src_list_record *) op_prg_list_access (Src_list, i);
        if (pre_src_ptr->sourceID==sID) { /* 找到 */
            bInserted=1;
            break;
        }
    }
    if(bInserted==0){ /* 没有找到，则插入列表中 */
        src_list_record_ptr=
            (src_list_record *)op_prg_mem_alloc(sizeof(src_list_record));
        src_list_record_ptr->sourceID=sID;
        op_pk_nfd_access(pkptr,"SeqNum",&seqNum);
        src_list_record_ptr->seqNum=seqNum;
        op_pk_nfd_access(pkptr,"Src_x",&mysrcx);
        src_list_record_ptr->src_x=mysrcx;
        op_pk_nfd_access(pkptr,"Src_y",&mysrcy);
        src_list_record_ptr->src_y=mysrcy;
        /* 求相对于 Sink 的角度 */
```

```
mytheta＝atan2((mysrcy－my_y_pos),(mysrcx－my_x_pos)) * 180/PI_VALUE;
if (mytheta＜0) mytheta＋＝360;
src_list_record_ptr－＞theta＝mytheta;
src_list_record_ptr－＞begin_theta＝mytheta;
src_list_record_ptr－＞end_theta＝mytheta;
/* 优先级 */
op_pk_nfd_access(pkptr,"Priority",&mypriority);
src_list_record_ptr－＞priority＝mypriority;
/* 数据包大小 */
op_pk_nfd_access(pkptr,"DataPkSize",&Trans_packetsize);
src_list_record_ptr－＞dataPkSize＝Trans_packetsize;
/* 对插入的项进行排序,排序函数为 prg_theta_compare() */
op_prg_list_insert_sorted(Src_list,
                  src_list_record_ptr,prg_theta_compare);
/* 如果是第一个源节点,则发送 1 s 后中断,注意这里判断 Source 的 REQUEST
会在 1 s 之内全部到达 Sink 节点,时间要根据实际情况而定 */
if(bSendRequested＝＝v0){
  op_intrpt_schedule_self(op_sim_time()＋1,
                  SINK_READY_REQUEST_ACK_INTRPT_CODE);
  bSendRequested＝1;
}
}
}
```

> **小技巧……** 在 OPNET 中,允许用户给列表指定排序函数,此处将源节点根据所处角度进行排序,指定的函数代码如下。

```
int prg_theta_compare(const void * value1, const void * value2)
{
  double di,dj;
  FIN(prg_theta_compare(const void * value1, const void * value2));
  /* 按照角度进行排序 */
  di＝((src_list_record * )value1)－＞theta;
  dj＝((src_list_record * )value2)－＞theta;
  if (di ＜＝vdj){
    FRET (1);
  }else if (di ＞ dj){
    FRET (－1);
  }else{
    FRET(0);
  }
}
```

（3）Source 节点发送 DATA 的代码。

Source 接收到 Sink 回复的 REQUEST_ACK 包之后,提取给自己分配的角度范围,然后根据自己的路径数分配每条路径的角度,然后发送。代码如下。

```
/* Srctheta 为从 Sink 角度看 Source 所处的角度 */
/* src_receive_begin_angle,src_receive_end_angle 为从 Sink 看源的开始和结束角度 */
SinkMaxReceiveAngleFrom=src_receive_begin_angle;
SinkMaxReceiveAngleEnd=src_receive_end_angle;
SendAngleFrom=Srctheta －SinkMaxReceiveAngleFrom;
SendAngleEnd=Srctheta －SinkMaxReceiveAngleEnd;
/* 从源节点的角度计算 */
SendViewAngle=Srctheta+180;
SrcMaxSendAngleFrom=SendViewAngle+SendAngleFrom;
SrcMaxSendAngleEnd=SendViewAngle+SendAngleEnd;
/* 每条路发送和接收的角度 */
AngleChangePerPathSend=(SrcMaxSendAngleEnd
    －SrcMaxSendAngleFrom)/(NumberOfPaths－1);
AngleChangePerPathReceive=(SinkMaxReceiveAngleEnd
    －SinkMaxReceiveAngleFrom)/(NumberOfPaths－1);
/* 当前发送和接收的角度 */
CurrentAngleSend=SrcMaxSendAngleFrom+(i－1) * AngleChangePerPathSend;
CurrentAngleReceive=SinkMaxReceiveAngleFrom
                    +(i－1) * AngleChangePerPathReceive
/* 根据角度计算图 8-10 中的 n_s 到 n_cs 线段 */
CurrentDSend=MaxTxRange * (i－1－(path_number－1.0)/2.0)
                    /sin(2 * PI_VALUE * CurrentAngleSend/360.0);
if(CurrentDSend<=0) CurrentDSend=－CurrentDSend;
CurrentDReceive=MaxTxRange * (i－1－(path_number－1.0)/2.0)
                    /sin(2 * PI_VALUE * CurrentAngleReceive/360.0);
if(CurrentDReceive<=0) CurrentDReceive=－CurrentDReceive;

/* 计算下一跳理想节点位置 */
SDGR_GetControlPoints_LOTUS(my_x_pos, my_y_pos, GlobalSinkX, GlobalSinkY,
    CurrentAngleSend, CurrentAngleReceive, CurrentDSend, CurrentDReceive);
D_RangePerHop=MaxTxRange; /* 得到初始传输距离 */
/* 求到理想节点最近的 DelTa 值 */
D_SeqDeltaT=SDGR_GetNextIdealPoint(my_x_pos, my_y_pos,scontrolX, scontrolY,
    tcontrolX, tcontrolY, GlobalSinkX, GlobalSinkY, deltaT, 0, D_RangePerHop);
/* 根据理想节点坐标得到下一跳节点编号 */
NextHopID=QDGR_NextHop(D_RangePerHop);
/* 设置包域 */
op_pk_nfd_set(packet_pkptr, "sX", my_x_pos);
op_pk_nfd_set(packet_pkptr, "sY", my_y_pos);
    …
op_pk_nfd_set(packet_pkptr, "SeqDeltaT", D_SeqDeltaT);
op_pk_nfd_set(packet_pkptr, "RangePerHop", D_RangePerHop);
/* 设置下一跳 */
op_pk_nfd_set(packet_pkptr, "NextHop", NextHopID);
/* 发送 */
op_pk_send_delayed(packet_pkptr, 0, 0);
```

5）仿真结果

（1）设置源节点和目标节点的位置。

首先将 Sink 节点（1 号节点）移动到合适的位置，然后设置源节点，可以设置多个源节点，将节点的属性 source_flag 设置为 enabled 即可，如图 8-24 所示。

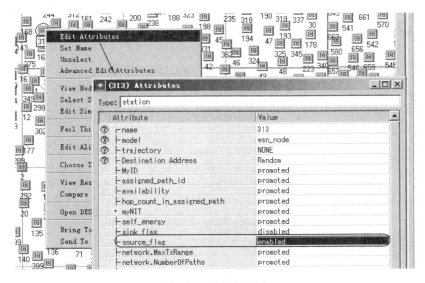

图 8-24 设置源节点

（2）仿真结果：模型仿真结果如图 8-25 所示，模型中显示的是 6 个 Source 节点，每个节点使用 5 条路径向 Sink 节点发送数据的抓图。因为显示的路径中还有控制包路径，所以图中显示的路径多于 5 条。

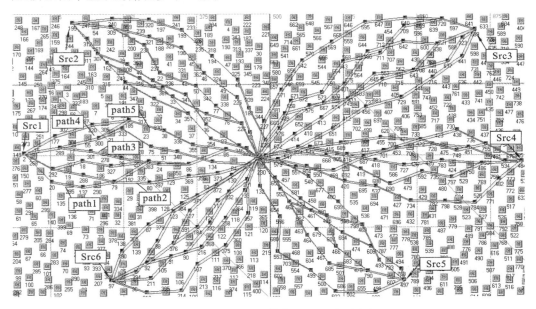

图 8-25 6 个 Source 节点向 Sink 发送数据

如图 8-26 所示，左边 Src1 节点优先级为 2，分配 180°范围。右边 Src2 和 Src3 的优先级为 1，只分配 90°范围。

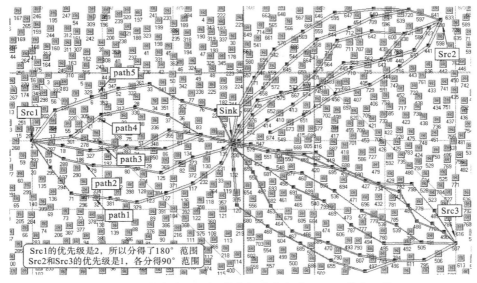

图 8-26 3 号左边 Source 节点权重为右边 Source 节点 2 倍

如图 8-27 所示，Src1 节点在中途取消发送数据之后，Src2 和 Src3 重新分配角度，可以看到其路径角度范围都扩大为 180°。

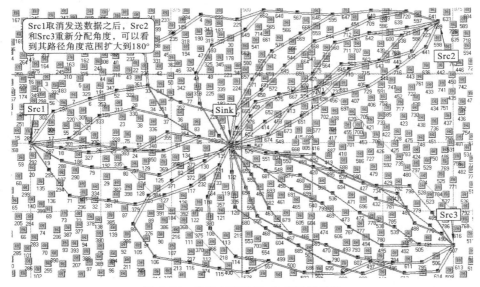

图 8-27 有节点取消后，角度重新分配

8.2 物联网骨干网仿真

8.2.1 物联网架构

物联网(internet of things，IoT)，指的是各类传感器和现有的互联网相互衔接的一门新技术。物联网利用传感器、RFID 等采集到物体动态之后，需要将感知的信息传

送出去,这可通过网络实时传送;现在,无处不在的无线网络已经覆盖了各个地方,在这种情况下,感知信息的传送变得非常现实;随后,利用云计算等技术及时对海量信息进行处理,真正达到了人与人的沟通和物与物的沟通。

设想的物联网架构由三个组件组成:终端网络、接入网络、应用和服务,如图 8-28 所示。

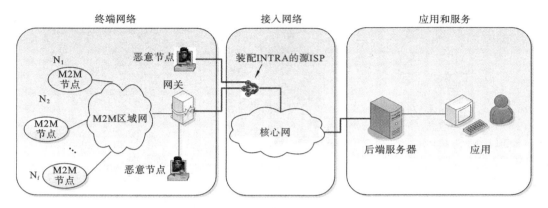

图 8-28　物联网架构

(1) 终端网络,用于物体感知和信息收集。

启动智能服务的第一步是收集环境信息。例如,传感器可用于持续监视人体生理活动、健康状态或活动模式;RFID 技术可以用于收集个人关键信息,随时存储在低成本的、随身携带的芯片中。

(2) 接入网络,用于信息传输和处理。

使用多种无线技术进行信息传输,如无线传感网、体域网(BAN)、WiFi、蓝牙、Zig-bee、GPRS、GSM、蜂窝网络和 3G 等。多种通信技术可使更多应用接入系统。

(3) 应用和服务。

M2M 通信的具体应用应根据用户的需求提高异构网络的带宽利用率、计算能力和能量效率。

8.2.2　网络模型

通常来说,物联网需要在终端网络收集用户感兴趣的数据,通过 WSN 网关、RFID 阅读器转发,数据进入接入网,最终传输到应用中。然而,恶意节点可能向网关或源 ISP 发动 DDos 攻击,为求简化,我们仅考虑恶意流量发送到源 ISP,耗费带宽和路由器的处理时间。

下面基于如下两种场景来研究 DDos 攻击对端到端延时性能的影响。

(1) 传统的方案是源 ISP 通过单路由器处理所有流量,如图 8-29 所示。

攻击节点 777 和网关节点的数据都通过路由器 1001,攻击节点发送恶意流量使路由器 1001 超载,从而使得合法的流量延时增加。

(2) 对源 ISP 采用"INTRA"机制,源 ISP 采用多服务器处理流量,如图 8-30 所示。

源节点 2 定期发送合法数据到 WSN 网关 1,地址 2.1.1.254。目的地是一个用户终端 403,地址是 2.8.1.88,数据率是每秒 5 个包,数据包为 1 KB。合法数据发送的路径为 2→1→1001→1002→1008→401→403。源 ISP 服务器是基于目的 IP 地址所在段

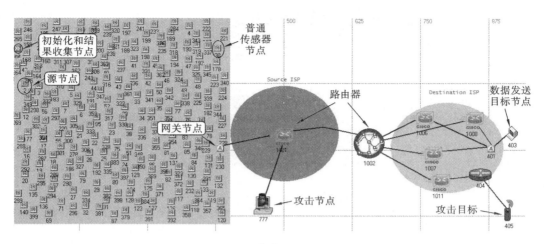

图 8-29 传统源 ISP 方案

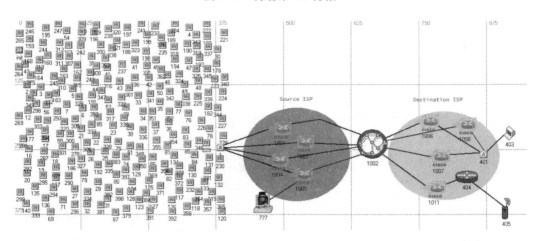

图 8-30 采用 INTRA 机制的动画示意图

转发数据。

攻击节点 777 向节点 405 发动 DDoS 攻击,包大小为 1000 b,周期为 0.0001 s。节点 405 的 IP 地址为 133.66.77.88。攻击路径为 777→1005→1002→1011→404→405。

因为恶意流量和合法流量通过不同的路由器发送,所以不会影响合法包的延时。如图 8-31 所示,虚线为传统的方案,因为受到 DDoS 攻击,延时一直在增加。而采用了 INTRA 方案之后,延时没有受影响。

8.2.3 模型实现

1. 全局变量

全局变量定义在模型 include 目录下的头文件中。在头文件 wsn_gloabl.h 中,全局变量代码如下。

```
int * Global_IPv4_Address_Table;        /* 全局 IP 地址列表 */
double victim_x_pos;                      /* 数据目标节点横坐标 */
double victim_y_pos;                      /* 数据目标节点纵坐标 */
```

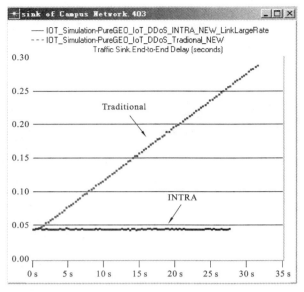

图 8-31   两种方案的数据延时对比

同时,在该文件中定义了路由表的基本结构,路由表为链表。每个结构有指向自己的指针。代码如下。

```
struct route {
    unsigned long int netprefix;        /*  网络前缀  */
    double router_x_pos;                 /*  横坐标  */
    double router_y_pos;                 /*  纵坐标  */
    int ObjId;                           /*  对应出口编号  */
    char current_link_name[32];          /*  连接链路名称  */
    struct route * nextunit;             /*  下一条路由表项  */
};
```

2. 数据包 DATA

模型中就一个数据包 DATA,包格式如图 8-32 所示。

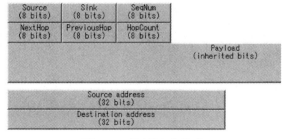

图 8-32   DATA 包格式

包中的 Source address 和 Destination address 字段分别表示源和目标的 IP 地址。当传感器节点将传感数据网骨干网发送时,将源和目标地址填入包中,然后发送出去。

3. 节点模型

模型中涉及 7 种节点模型,如表 8-3 所示。

表 8-3 节点模型列表

节点名称	模 型 名	备 注	主要子进程
init	wsn_result_collection	结果收集节点,负责收集结果和初始化	global_init ip_address_init ip_geo_routing
2-399	wsn_node_iot	普通传感节点,收集和转发传感数据	sensor 等
777	iot_ddos_attacker	攻击节点,发送 DDoS 攻击节点	set_ip_address,rnc,ip
403,405	iot_user_terminal	用户终端节点,接收数据	set_ip_address,sink,ip
1	wsn_gateway_iot	传感网网关节点,连接 ISP 其他路由器和用户终端	set_ip_address,rnc
1001, 1003-1011	router_R1	ISP 路由器节点,连接网关节点或其他 ISP 路由器或骨干网路由器	set_ip_address,rnc
1002	external_router_E2	骨干网路由器节点,连接不同 ISP 路由器	set_ip_address,rnc

4. 传感数据到 IP 网的发送

传感器网关节点(1)负责将传感数据发送到骨干网,其节点模型如图 8-33 所示。

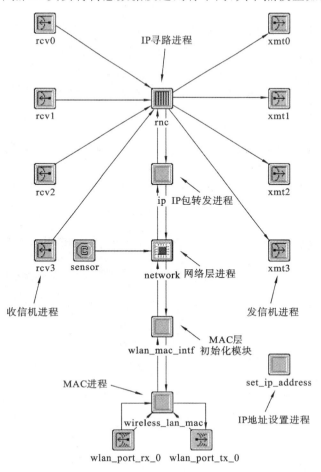

图 8-33 传感器网关节点模型

1) 传感器数据发送到网关节点

在第 3 章的基础模型中,Sink 节点的类型和其他节点没有区别,都是移动的传感器节点。但是在本模型中,Sink 节点的节点类型变为固定节点,节点初始邻居原来选择的都是移动节点,设置的代码在 SETNIT()函数中,现在节点类型改变了,需要修改SETNIT()函数,粗体字是修改的代码。代码如下。

```
void SetNIT(void)
{
  FIN (void SetNIT(void));
  /* 初始化邻居列表 */
  NeighborList=
          (int * )op_prg_mem_alloc(MAX_NEIGHBOR_NUMBER * sizeof(int));
  NeighborListX=
          (double * )op_prg_mem_alloc(MAX_NEIGHBOR_NUMBER * sizeof(double));
  NeighborListY=
          (double * )op_prg_mem_alloc(MAX_NEIGHBOR_NUMBER * sizeof(double));
  /* 初始化 */
  for (i=0; i<MAX_NEIGHBOR_NUMBER; i++){
      NeighborList[i]=-1;
      NeighborListX[i]=-1;
      NeighborListY[i]=-1;
  }
  /* 取得移动节点数,注意后面+1,是为 Sink 节点留的位置 */
  node_number= op_topo_object_count(OPC_OBJTYPE_NODE_MOB)+1;
  NeighborNumber=0;

  for ( i=0; i<node_number; i++){
      if (i==node_number -1){ /* 最后一个位置给 Sink,1 号节点 */
          other_node_objid =op_id_from_name(
                          op_topo_parent(op_topo_parent(op_id_self())),
                          OPC_OBJTYPE_NDFIX,"1");
      }else {
          other_node_objid= op_topo_object(OPC_OBJTYPE_NODE_MOB,i);
      }
      op_ima_obj_attr_get(other_node_objid,"name",&other_node_name);
      NeighborID= atoi(other_node_name);
      if (other_node_objid ! =node_objid){
          op_ima_obj_attr_get(other_node_objid,"x position",
                              &neighbor_x_pos);
          op_ima_obj_attr_get(other_node_objid,"y position",
                              &neighbor_y_pos);
          HopDistance= sqrt(pow(neighbor_x_pos-my_x_pos,2)
                          + pow(neighbor_y_pos-my_y_pos,2));
          if (HopDistance<MaxTxRange){
              NeighborList[NeighborNumber]= NeighborID;
              NeighborListX[NeighborNumber]= neighbor_x_pos;
              NeighborListY[NeighborNumber]= neighbor_y_pos;
```

```
            NeighborNumber++v;
        }
      }
   }
  FOUT;
}
```

2）将传感器数据发送到 IP 网

Sink 节点收到数据之后，将数据发送到节点的 IP 进程，IP 进程将数据封装之后发送到路由进程 rnc，然后由路由进程 rnc 转发出去。IP 进程 SendPkToBackbone 状态用于封装发送包。代码如下。

```
pkptr=op_pk_get(op_intrpt_strm());
op_pk_format(pkptr,pk_format);
/* 设置源地址 */
op_pk_nfd_set(pkptr,"Source address",my_ipv4_address_int);
/* 得到目标地址 */
op_ima_obj_attr_get(node_objid ,"Destination IP
                          Address",&dest_ip_address_string);
dest_ip_address_int=
         prg_ip_address_string_to_value(dest_ip_address_string);
/* 设置目标地址 */
op_pk_nfd_set(pkptr,"Destination address",dest_ip_address_int);
op_pk_send(pkptr,IP_SINK_OUT_STRM);
```

5. 寻路技术

1）IP 地址初始化

init 节点是全局初始化节点，其节点模型如图 8-34 所示。其中，global_init 为全局结果收集进程，在第 3 章已经介绍过。

图 8-34　init 节点模型

ip_address_init 进程用于 IP 地址全局变量初始化。代码如下。

```
MaxNodeNumber=1200;  /* 设置最大节点数 */
/* 初始化全局变量 IP 地址列表 */
Global_IPv4_Address_Table=(int *)op_prg_mem_alloc(1200 * sizeof(int));
for (i=0; i<MaxNodeNumber; i++){
    Global_IPv4_Address_Table[i]=0;
}
```

ip_geo_routing 进程用于设置最终目标节点的 x 和 y 坐标,该进程代码如下。

```
/* 得到我的节点 id */
node_objid＝op_topo_parent(op_id_self());
/* 取得节点 VictimID 属性值,该属性值里面设置数据目标节点编号,如 403 */
op_ima_obj_attr_get(node_objid, "Victim ID", &VictimID);
/* 寻找该节点 */
node_number＝op_topo_object_count(OPC_OBJTYPE_NODE_FIX);
for (i＝0; i<node_number; i++){
    other_node_objid＝op_topo_object(OPC_OBJTYPE_NODE_FIX,i);
    op_ima_obj_attr_get(other_node_objid,"name",&other_node_name);
    if (VictimID＝＝atoi(other_node_name)){ /* 找到该节点 */
    /* 将节点位置放到全局变量中 */
    op_ima_obj_attr_get(other_node_objid,"x position",&victim_x_pos);
    op_ima_obj_attr_get(other_node_objid,"y position",&victim_y_pos);
    }
}
```

有益提示 …　模型中提供了另一种寻址方式,不是通过 IP 地址分段寻找,而是将数据发送给地理位置距离目标节点最近的路由器。

2) IP 地址设置

表 8-3 所示的 7 种节点模型中,后面的 5 种节点都需要 IP 地址,都有共同的进程 set_ip_address,其中 4 个节点有 rnc 进程。典型进程为 route_R1 节点进程模型,如图 8-35 所示,节点依靠 set_ip_address 设置自己的 IP 地址。

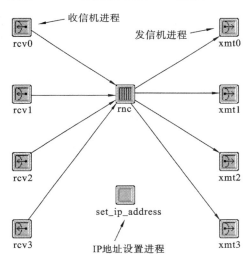

图 8-35　route_R1 节点模型

set_ip_address 进程模型如图 8-36 所示。

(1) 状态 ip_init 负责初始化变量,代码如下。

图 8-36　set_ip_address 进程模型图

```
/* 得到我的节点 ID */
node_objid=op_topo_parent(op_id_self());
/* 得到节点 name 属性,实际上就是表 8-1 中的节点名称 */
op_ima_obj_attr_get(node_objid, "name", &node_name);
/* 将 name 属性转换为整型,设置为 MyID */
MyID=atoi(node_name);
op_ima_obj_attr_set(node_objid,"MyID",MyID);

/* 取节点 station_no 属性到变量,终端节点根据这个得到自己的 IP 地址 */
if (op_ima_obj_attr_exists(node_objid,
        "Station No ( For IP Address Mapping )")==OPC_TRUE){
    op_ima_obj_attr_get(node_objid,
        "Station No ( For IP Address Mapping )",&station_no);
}
/* 取节点的 IP Network Prefix,其他路由节点根据这个属性得到自己的 IP 地址 */
if (op_ima_obj_attr_exists(node_objid,"IP Network Prefix")==OPC_TRUE){
    op_ima_obj_attr_get(node_objid,"IP Network Prefix",&network_prefix);
}
/* 取模型名称,不同节点模型,获得 IP 地址的方式不同 */
op_ima_obj_attr_get (node_objid, "model", node_model);
```

（2）状态 set_ip 设置自己的 IP 地址,代码如下。

```
if (strcmp(node_model,"external_router_E2")==0){
    /* external_router_E2 的 network_prefix 直接作为 IP 第一个字节,如节点 1002 的
    Network_prefix 为 2,其 IP 地址为 2.254.254.254 */
    ip_address_1st_prefix=network_prefix;
    ip_address_2nd_prefix=254;
    ip_address_3rd_prefix=254;
    ip_address_suffix=254;
}else if (strcmp(node_model,"router_R1")==0){
    /* router_R1 的 network_prefix 处理后放入 IP 前两个字节,如节点 1001 的
    Network_prefix 为 201,其 IP 地址为 2.1.254.254 */
    ip_address_1st_prefix=(int)(network_prefix/100);
    ip_address_2nd_prefix=network_prefix−ip_address_1st_prefix*100;
    ip_address_3rd_prefix=254;
    ip_address_suffix=254;
}else if (strcmp(node_model,"wsn_gateway_iot")==0){
    /* wsn_gateway_iot 的 network_prefix 处理后放入 IP 前三个字节,如节点 1 的
    Network_prefix 为 201001,其 IP 地址处理后为 2.1.1.254 */
```

```
    ip_address_1st_prefix=(int)(network_prefix/100000);
    network_prefix=network_prefix - ip_address_1st_prefix * 100000;
    ip_address_2nd_prefix=(int)(network_prefix/1000);
    ip_address_3rd_prefix=network_prefix - ip_address_2nd_prefix * 1000;
    ip_address_suffix=254;
}else {
    /* 其他类型节点如终端节点(iot_user_terminal)403,其 station_no 为 208,001,088,
    最终 IP 地址为 2.8.1.88;DDoS 攻击节点(iot_ddos_attacker)的 station_no 默认
    设置为 0,则其 IP 地址为 0.0.0.0 */
    ip_address_1st_prefix=(int)(station_no/100000000);
    station_no=station_no - (int)(station_no/100000000) * 100000000;
    ip_address_2nd_prefix=(int)(station_no/1000000);
    station_no=station_no - (int)(station_no/1000000) * 1000000;
    ip_address_3rd_prefix=(int)(station_no/1000);
    ip_address_suffix=station_no - (int)(station_no/1000) * 1000;
}
/* 将 4 个字节的整数写成 IP 地址格式 */
sprintf(my_ipv4_address_string,"%d.%d.%d.%d",
                    ip_address_1st_prefix,ip_address_2nd_prefix,
                    ip_address_3rd_prefix,ip_address_suffix);
/* 得到整型 IP 地址 */
my_ipv4_address_int=
            prg_ip_address_string_to_value(my_ipv4_address_string);
/* 放到全局 IP 地址数组中 */
Global_IPv4_Address_Table[MyID]=my_ipv4_address_int;
/* 设置到节点 ipv4 的属性中 */
if (op_ima_obj_attr_exists(node_objid,"IPv4 Address")==OPC_TRUE){
    op_ima_obj_attr_set(node_objid,"IPv4 ddress",my_ipv4_address_string);
}else {
    printf("IPv4 Address Writing ERROR!!! \n");
}
```

3) IP 寻路

　　rnc 进程也是节点共有进程最多的一个进程。进程模型如图 8-37 所示。其主要代码在图上标注的三个状态中,各状态功能如表 8-4 所示。

表 8-4　状态说明表

状　态　名	操　　作
Init1	变量初始化
Init2	初始化路由表,调用 route_table_init()函数
pk_send	寻路,转发数据包

　　(1) route_table_init()函数,该函数初始化路由表项。代码如下。

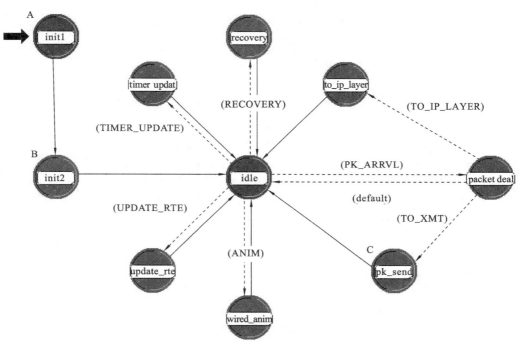

图 8-37 rnc 进程模型图

```
void route_table_init()
{
unsigned long int addr;
char xmt_name[32];
FIN(void route_table_init());
route_ptr0=route_header_ptr; /* 首先指向链表头 */
for(i=0;i<my_route_table_size;i++){
    sprintf(xmt_name,"xmt%d",i);
    /* 根据发射机名称查找发射机对象 ID */
    xmt_id=op_id_from_name(node_objid,OPC_OBJTYPE_PTTX, xmt_name);
    /* 得到发射机连接的链路个数 */
    topo_count=op_topo_assoc_count(xmt_id,
                    OPC_TOPO_ASSOC_OUT, OPC_OBJMTYPE_RECV);
    if (topo_count>0){
        /* 得到发射机连接的接收机 ID */
        remote_rcv_id=op_topo_assoc(xmt_id,
                OPC_TOPO_ASSOC_OUT, OPC_OBJMTYPE_RECV, 0);
        /* 得到接收节点 ID */
        connected_object_id=op_topo_parent(remote_rcv_id);
        op_ima_obj_attr_get ( /* 得到接收机对应的链路名称 */
                op_topo_connect (node_objid, connected_object_id,
                            OPC_OBJTYPE_LKDUP, 0),
            "name", assoc_link_name);
        /* 如果节点有 IP 地址属性 */
```

```
            if (op_ima_obj_attr_exists (connected_object_id,
                                "IPv4 Address")==OPC_TRUE)
        { /* 得到节点相关属性 */
            op_ima_obj_attr_get(connected_object_id,
                                "name", &other_node_name);
            op_ima_obj_attr_get(connected_object_id,
                                "model", &other_node_model);
            op_ima_obj_attr_get(connected_object_id,
                                "x position", &assoc_router_x_pos);
            op_ima_obj_attr_get(connected_object_id,
                                "y position", &assoc_router_y_pos);
            op_ima_obj_attr_get(connected_object_id,
                "IPv4 Address", &connected_object_ip_address_string);
            connected_object_ip_address_int=
                prg_ip_address_string_to_value(
                        connected_object_ip_address_string);
            /* 根据模型名称转换节点 IP 地址 */
            if (strcmp(other_node_model,"external_router_E2")==0){
                addr=(connected_object_ip_address_int)>>24;
            }else if ( (strcmp(other_node_model,"router_R1")==0){
                addr=(connected_object_ip_address_int)>>16;
            }else if (strcmp(other_node_model,"wsn_gateway_iot")==0){
                addr=(connected_object_ip_address_int)>>8;
            }else if(strcmp(other_node_model,"iot_user_terminal")==0){
                addr=connected_object_ip_address_int;
            }else if (strcmp(other_node_model,"iot_ddos_attcker")==0){
                addr=connected_object_ip_address_int;
            }else { /* 如果无法转换,则打印该节点和 IP 地址 */
                printf("Prefix parsing Error!!! node:%s,ip:%s\n",
                    other_node_name,connected_object_ip_address_string);
            }
        }
        /* 将找到的信息保存到路由表项中 */
        route_ptr0->netprefix=addr;
        route_ptr0->router_x_pos=assoc_router_x_pos;
        route_ptr0->router_y_pos=assoc_router_y_pos;
        route_ptr0->ObjId=i;
        strcpy(route_ptr0->current_link_name, assoc_link_name);
        /* 指针移到下一个路由表项 */
        route_ptr0=route_ptr0->nextunit ;
    } /* end of if */
} /* end of for */
FOUT;
}
```

（2）pk_send 状态查找路由表，找到最近的路由表项，将数据发送出去。代码如下。

```
pkptr=op_pk_get ( op_intrpt_strm( ) );
if (INTRA_routing_flag==OPC_FALSE){ /* 如果不根据路由表寻路 */
   ip_geo_routing(); /* 该函数根据地理位置寻路 */
}else if (INTRA_routing_flag==OPC_TRUE){ /* 根据路由表寻路 */
   /* 得到源地址和目标地址 */
   op_pk_nfd_get (pkptr,"Destination address",&dest_ip_addr_int);
   op_pk_nfd_get(pkptr,"Source address",&src_ip_addr_int) ;
   prg_ip_address_value_to_string(dest_ip_addr_int,dest_ip_addr_string);
   prg_ip_address_value_to_string(src_ip_addr_int,src_ip_addr_string);
   /* 得到目标地址的不同前缀 */
   ip_first_three_prefix=(dest_ip_addr_int )>>8 ;
   ip_first_two_prefix=ip_first_three_prefix>>8 ;
   ip_first_prefix=ip_first_two_prefix>>8 ;
   /* 是否找到路由项 */
   route_discover=OPC_FALSE;
   /* 指向路由表头 */
   temp_ptr=my_route_table_ptr;

   for ( i=0 ; i<=my_route_table_size -1; i++){
       /* 对比 IP 全地址 */
       if ( temp_ptr->netprefix==dest_ip_addr_int ){ /* 找到目标地址 */
           strcpy( assoc_link_name, temp_ptr->current_link_name);
           temp_ObjId=temp_ptr->vObjId ;
           next_hop_ip_int=dest_ip_addr_int;
           prg_ip_address_value_to_string( next_hop_ip_int,
                                        next_hop_ip_string);
           route_discover=OPC_TRUE;
           break ;
       }
       temp_ptr=temp_ptr->nextunit ;
   }
   if (route_discover==OPC_FALSE){ /* 如果没有找到,找前三个字节相符的 */
       temp_ptr=my_route_table_ptr ;
       for ( i=0 ; i<=my_route_table_size-1; i++){
           /* 对比前 3 个地址 */
           if ( temp_ptr->netprefix==ip_first_three_prefix){
               ...
               next_hop_ip_int=((ip_first_three_prefix)<<8)+254 ;
               ...
           }
           temp_ptr=temp_ptr->nextunit ;
       }
   }
```

```
if (route_discover==OPC_FALSE){ /* 如果没有找到,找前两个字节相符的 */
    temp_ptr=my_route_table_ptr ;
    for ( i=0 ; i<=my_route_table_size −1; i++){
        if ( temp_ptr−>netprefix==ip_first_two_prefix ){
            ...
            next_hop_ip_int=(ip_first_two_prefix)<<16)+(254<<8)+254 ;
            ...
        }
        temp_ptr=temp_ptr−>nextunit ;
    }
}
if (route_discover==OPC_FALSE){ /* 如果没找到,找第一个字节相符的 */
    temp_ptr=my_route_table_ptr ;
    for ( i=0 ; i<=my_route_table_size −1 ; i++){
        if ( temp_ptr−>netprefix==ip_first_prefix ){
            ...
            next_hop_ip_int=(ip _first_prefix)<<24)
                            +(254 * 256 * 256)+(254 * 256)+254 ;
            ...
        }
        temp_ptr=temp_ptr−>nextunit ;
    }
}
if (route_discover==OPC_FALSE){ /* 若没有找到,则打印错误信息 */
    if (op_prg_odb_ltrace_active("prefix")==OPC_TRUE){
        printf("Network Prefix not found!!! \n");
    }
}
/* 将包按照找到的端口发送出去 */
op_pk_send_delayed (pkptr,temp_ObjId, WIRED_LINK_PROP_DELAY);
/* 更新动画 */
token_did=op_anim_igp_macro_draw (vid, OPC_ANIM_RETAIN,token_mid, OPC_
ANIM_REG_A_STR, node_name,OPC_EOL);
/* 取消动画 */
op_intrpt_schedule_self(op_sim_time()+WIRED_LINK_PROP_DELAY,123);
```

（3）地理路由寻路函数 ip_geo_routing()，代码如下。

```
void ip_geo_routing()
{
  FIN (ip_geo_routing());
  temp_ptr=my_route_table_ptr ;
  MinDistance=MAX_VALUE; /* 初始化距离 */
  /* 查找路由表 */
  for ( i=0 ; i<=my_route_table_size -1 ; i++){
      temp_router_x_pos=temp_ptr->router_x_pos;
      temp_router_y_pos=temp_ptr->router_y_pos;
      /* 求路由表项到目标节点的地理距离 */
      DistanceToVictim=sqrt (pow(temp_router_x_pos-victim_x_pos,2)
                             +pow(temp_router_y_pos-victim_y_pos,2));
      if (DistanceToVictim<MinDistance){
          MinDistance=DistanceToVictim;
          /* temp_ObjId 中保存最小距离的端口 */
          temp_ObjId=temp_ptr->ObjId ;
      }
      temp_ptr=temp_ptr->nextunit;
  }
  FOUT;
}
```

9 半实物仿真

半实物仿真是网络设计和分析的有效手段,半实物仿真能将实物与仿真模型连接起来,是一种更接近实际的仿真实验技术,提供的仿真结果也更为可靠。半实物仿真能够对产品进行更为彻底、全面的测试,及时发现可能存在的问题和错误,从而有效地降低成本,提高效率。

9.1 入门实验

1. OPNET 仿真机制

当前流行的网络仿真软件包括 OPNET、NS3、OMNET++等,其中 OPNET 是商业化的仿真软件,支持从简单局域网到全球卫星网等各种通信系统仿真,有丰富的标准库模块。

OPNET 采用离散事件驱动的仿真机制,其中"事件"是指网络状态的变化。OPNET的仿真核心通过维护一个全局事件列表来确保每一事件都在正确的时刻执行正确的模块。按照全局事件列表,只有一个时间点上的所有事件都执行完毕后,仿真时间才向前推进,这样保证了仿真中所有的事件都按照应有的因果逻辑被正确执行。在建模层次管理上,OPNET 提供了三层建模机制来描述现实的系统,使得建模层次分明。

在仿真过程中,OPNET 以分组(packet)为基本通信单位来模拟实际物理网络中数据的流动。一个分组可以包含多个存储信息的分组域。在仿真的过程中,节点可以根据实际情况创建、修改、复制、发送或销毁分组。

2. OPNET SITL 接口

OPNET 提供了用于半实物仿真的 SITL 接口模块,SITL 向 OPNET 模块库增加了一个称为"SITL 网关节点"的特殊模型,用于连接外部硬件与仿真网络。SITL 接口模块是在 WinPcap 基础上进行二次开发的一款软件,在运行 OPNET 仿真的工作站对以太网卡上的数据包进行选择,将选出的 SITL 仿真数据包转发至 SITL 仿真进程,如图 9-1 所示。当接收到外部 IP 数据包时,OPNET 仿真核心首先去除这些数据包的以太网帧头,然后把解包出来的 IP 数据传递给仿真的其他部分。反之,当接收到内部 Ethernet packet 时,SITL 网关节点将 Ethernet 包头转换为 IP 包头,然后转发到现实网络中,这样就实现了仿真网络和现实网络的连接。

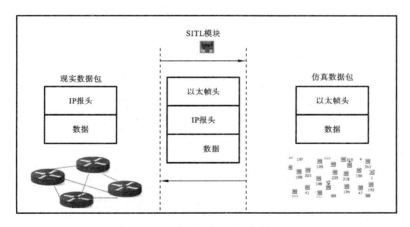

图 9-1 SITL 包转换示意图

当前版本的 SITL 接口主要是支持 IP 网络。SITL 三种配置方式分别是现实—仿真、现实—仿真—现实、仿真—现实—仿真。

3. 构建 SITL 仿真网络

图 9-2 的上半部分显示了一个传统 OPNET 仿真场景配置,现在保留虚拟网络,而用现实的工作站和服务器更换场景中虚拟的仿真工作站(client)和服务器(server),从而形成一个"现实—仿真—现实"半实物仿真结构。我们可以通过设置虚拟网络的各种参数(如增加数据包的延时或丢包),从而直观测试网络业务在不同网络条件下传输后的效果。

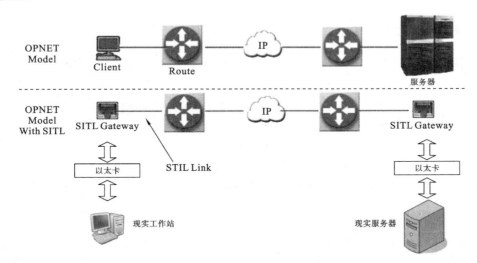

图 9-2 在传统 OPNET 仿真模型上增加 SITL 接口

从图 9-2 的下半部分可以看出,仿真场景中的虚拟工作站和服务器被 SITL 网关节点替代,两个 SITL 网关节点通过以太网卡与现实工作站和服务器相连。

9.1.1 网络模型建立

按图 9-3 所示建立网络模型,拖放一个 SITL 节点(sitl_virtual_gateway_to_real_

world)和 wkstn 工作站(ethernet_wkstn_adv),然后用链路(sitl_virtual_eth_link)连接起来。

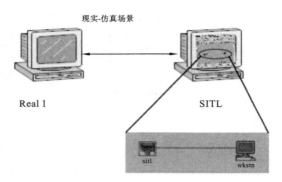

图 9-3 网络模型

9.1.2 设置 SITL 节点属性

设置 Network Adapter,选择你要使用的 NIC。

设置"Incoming Packet Filter String"为(arp or icmp) and ether src〈SOURCE_MAC_ADDRESS〉,其中〈SOURCE_MAC_ADDRESS〉为 Real 1 接口的 MAC 地址,将发送数据包到 SITL。

注意:这不是本地计算机运行 OPNET Modeler 的接口,这是保存在外部计算机(Real 1)上的接口。Real 1 能够连接到 SITL 接口上。

9.1.3 设置 wkstn 节点属性

展开 IP＞IP Host Parameters＞Interface Information,设置 Address 和 Subnet Mask。

● 这个地址在现实和仿真网络中必须是唯一的,也就是说不同于 Real 1 和 SITL computers 的地址。

● 这个地址必须与 Real 1 的地址在同一子网。

展开 Ethernet＞Ethernet Parameters,设置 Address 属性为 3(或大于 0 的单个数字)。一些真实系统不喜欢用 0 作为以太网地址,使用小数将有利于后面的调试。这个地址也应该是唯一的。

9.1.4 仿真结果分析

设置仿真参数时需注意:

(1) 将 Real-time execution ratio 设为 1;

(2) 将 Global Attributes＞Simulation Efficiency＞ARP Sim Efficiency 设为 Disabled;

(3) 可以使用 ltrace sitl 跟踪 SITL 相关信息。

在 Real 1 现实主机下 Ping 虚拟主机,结果如图 9-4 所示。仿真开始前,Ping 不通;仿真开始后,Ping 通。

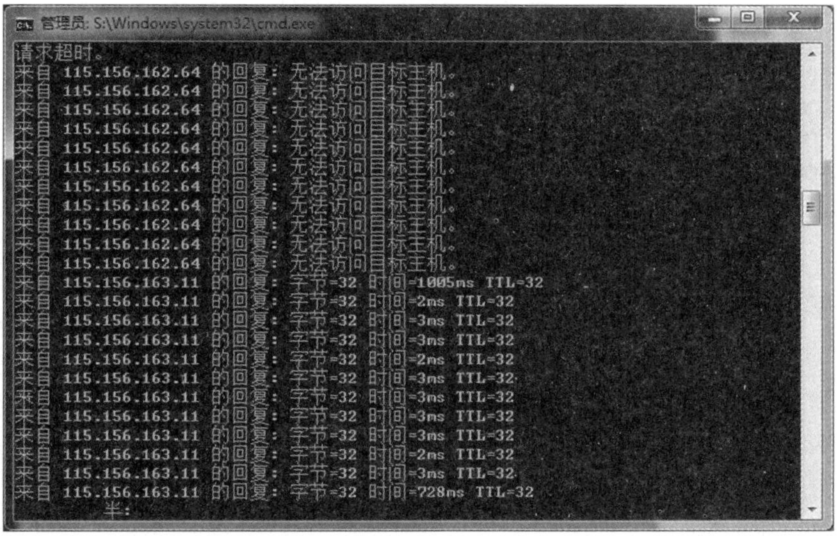

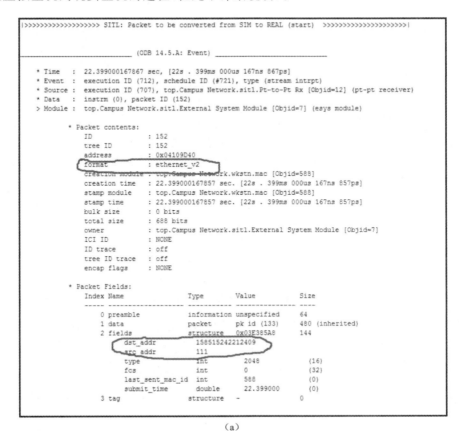

图 9-4 Real 1 现实主机下 Ping 虚拟主机的记录

　　详细的信息可以通过 ltrace sitl 跟踪得到，如图 9-5 所示的结果，可以了解到数据包从虚拟主机到现实主机的过程（在此不详细说明）。

(a)

图 9-5 数据包从 SIM 到 REAL 的过程

```
* Packet contents:
    ID              : 133
    tree ID         : 133
    address         : 0x04109DB0
    format          : ip_dgram_v4
    creation module : top.Campus Network.sitl.External System Module [Objid=7]
    creation time   : 22.399000167847 sec. [22s . 399ms 000us 167ns 847ps]
    stamp module    : top.Campus Network.sitl.External System Module [Objid=7]
    stamp time      : 22.399000167847 sec. [22s . 399ms 000us 167ns 847ps]
    bulk size       : 320 bits
    total size      : 480 bits
    owner           : top.Campus Network.sitl.External System Module [Objid=7]
    ICI ID          : NONE
    ID trace        : off
    tree ID trace   : off
    encap flags     : NONE

* Packet Fields:
    Index Name                    Type         Value            Size
    ----- -------------------     -----------  ---------------- ----
        0 fields                  structure    0x0049A188       160
                version           int          4                (4)
                orig_len          int          40      (16)
                ident             int          18409            (16)
                frag_len          int          40      (13)
                ttl               int          32               (8)
                src_addr          ip_addr      115.156.163.11   (32)
                dest_addr         ip_addr      115.156.162.64   (32)
                protocol          int          1 "icmp"         (8)
                frag              int          0                (0)
                offset            int          0                (12)
                tos               int          0                (6)
                CE                int          0                (1)
                ECT               int          0                (1)
                connection_class  int          0                (0)
                src_internal_addr int          0                (0)
                dest_internal_add int          Unset            (0)
                comp_method       comp_info    Not Used         (0)
                original_size     int          480     (0)
                Other fields take up the remaining 23 bits.
        1 options                 structure    -                0
        2 data                    packet       pk id (134)      0
        3 MPLS Shim Header         structure    -                0
        4 MPLS Info               structure    -                0
        5 field_5                 floating point 1,477,616,935.634 0
```

（b）

续图 9-5

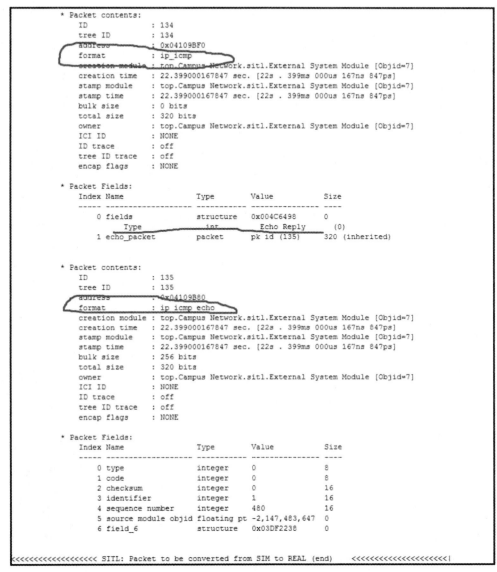

```
                  * Packet contents:
                     ID              : 134
                     tree ID         : 134
                     address         : 0x04109BF0
                     format          : ip_icmp
                     creation module : top.Campus Network.sitl.External System Module [Objid=7]
                     creation time   : 22.399000167847 sec. [22s . 399ms 000us 167ns 847ps]
                     stamp module    : top.Campus Network.sitl.External System Module [Objid=7]
                     stamp time      : 22.399000167847 sec. [22s . 399ms 000us 167ns 847ps]
                     bulk size       : 0 bits
                     total size      : 320 bits
                     owner           : top.Campus Network.sitl.External System Module [Objid=7]
                     ICI ID          : NONE
                     ID trace        : off
                     tree ID trace   : off
                     encap flags     : NONE

                  * Packet Fields:
                     Index Name             Type         Value            Size
                     ----- ---------------  ----------   --------------   ----
                        0 fields            structure    0x004C6498       0
                              Type              int          Echo Reply      (0)
                        1 echo_packet       packet       pk id (135)      320 (inherited)

                  * Packet contents:
                     ID              : 135
                     tree ID         : 135
                     address         : 0x04109B80
                     format          : ip_icmp_echo
                     creation module : top.Campus Network.sitl.External System Module [Objid=7]
                     creation time   : 22.399000167847 sec. [22s . 399ms 000us 167ns 847ps]
                     stamp module    : top.Campus Network.sitl.External System Module [Objid=7]
                     stamp time      : 22.399000167847 sec. [22s . 399ms 000us 167ns 847ps]
                     bulk size       : 256 bits
                     total size      : 320 bits
                     owner           : top.Campus Network.sitl.External System Module [Objid=7]
                     ICI ID          : NONE
                     ID trace        : off
                     tree ID trace   : off
                     encap flags     : NONE

                  * Packet Fields:
                     Index Name             Type         Value            Size
                     ----- ---------------  ----------   --------------   ----
                        0 type              integer      0                8
                        1 code              integer      0                8
                        2 checksum          integer      0                16
                        3 identifier        integer      1                16
                        4 sequence number   integer      480              16
                        5 source module objid floating pt -2,147,483,647   0
                        6 field_6           structure    0x03DF2238       0

<<<<<<<<<<<<<<<<<<< SITL: Packet to be converted from SIM to REAL (end)     <<<<<<<<<<<<<<<<<<|
```

(c)

续图 9-5

9.2 半实物仿真基础

9.2.1 SITL 网关

1. SITL 网关

在仿真中可以有不止一个 SITL 网关,一般每个 SITL 网关可以连接到不同的外部硬件,但多个 SITL 网关也可以连接到同一个外部硬件,使用不同的过滤器来区分到来的数据包。同样,由于 ARP 是用来解决 MAC 地址的,多个外部硬件可以连接相同的 SITL 网关。

因为网关模型接收以太网数据包,仿真中的每个 SITL 网关必须连接到到以太网工作站,或者路由器或交换机的以太网接口。

SITL 网络模型的属性如表 9-1 所示。

表 9-1　SITL 网络模型的属性

属　　性	描　　述
Filter String	指定可以通过仿真的数据包类型。必须使用标准的 Berkeley Packet Filter(BPF)格式
Network Adapter	发送和接收数据包的网络适配器。该属性将显示适配器名称、MAC 地址、IP 地址等

2. Filter Strings

过滤规则是基于 tcpdump packet capture filters 语法的,常见的语法规则如下。

"udp":接收 UDP 数据包。

"udp[2:2]==2047":接收目的端口为 2047 的 UDP 数据包(i. e., offset of 2 bytes；field size of 2 bytes)。

"ether src 8:0:20:9a:8:a0":仅仅接收来自 MAC 地址为 8:0:20:9a:8:a0 的以太网数据包。

"tcp":接收 TCP 数据包。

"icmp[0]==8":接收 code 为 8 的 ICMP 数据包(i. e., echo request)。

"icmp[0]==0":接收 code 为 0 的 ICMP 数据包(i. e., echo reply)。

"ip":表示用 IP 数据报接收数据包。

示例一

通过 Ping 请求和回复数据包:(icmp and (icmp[0]==8 or icmp[0]==0))

示例二

阻止 OPNET license 端口 a、b 和 c 的数据包:

not (udp [2:2]==2047 or udp [2:2]==2123 or udp [2:2]==2345)

9.2.2　包转换

包转换(packet translation)过程如下:当数据包接收时,无论是现实的还是仿真的,SITL 都试图定义它的格式,即它所属的协议类型,然后找到合适的转换函数去执行。这个是使用 test 函数完成的,它在到来的数据包中寻找特定的数据包格式。一旦找到合适的转换函数,就执行它。由于协议通常是嵌套的,数据包也通常是嵌套的,每个转换函数完成一级嵌套然后递归调用其他函数去转换其有效载荷。

1. 包转换细节

(1) **Conversion Descriptor Block**:在转换过程中最重要的数据结构。作为大多数函数(如转换函数、test 函数)的参数传递如下。

```
typedef struct Sitl_Conversion_Descriptor_Block
{
SitlT_Translation_Direction    direction;
    Packet *                sim_pk_ptr;
    unsigned char *         real_pk_ptr;
    unsigned int            real_pk_size;
    unsigned int            real_pk_offset;
    unsigned int            max_conv_level;
    unsigned int            max_conv_level_passthrough;
    unsigned int            cur_conv_level;
    unsigned int            drop_unsup_packets;
    unsigned char *         user_data_ptr;
    void *                  current_tfe_ptr;
    int                     passthrough;
    int                     link_layer_type;
    int                     next_protocol;
    VosT_uInt8              BSS_IS [6];
    Packet *                sim_pk_ptr_arr [SITL_MAX_CONV_LEVEL];
    unsigned char *         real_pk_ptr_arr [SITL_MAX_CONV_LEVEL];
    } SitlT_SCDB;
```

（2）**test 函数**：各字段的细节如下。

direction：该字段描述转换的方向，定义如下。

```
typedef enum {
    SITL_TRANSLATION_DIRECTION_REAL_TO_SIM=0;
    SITL_TRANSLATION_DIRECTION_SIM_TO_REAL=1;
    } SitlT_Translation_Direction；
```

sim_pk_ptr：指向仿真数据包的指针，可以作为 sim-to-real 转换的输入参数或者 real-to-sim 转换的输出参数。

real_pk_ptr：它将保存指向 sim-to-real 转换的输入实际数据包的指针和指向存储器区域的指针，以接收用于 sim-to-real 转换的实际数据包；它始终由 SITL 设置，除非是非常特殊的情况，否则不应更改它。

real_pk_size：保存真实数据包的大小，由 SITL 设置，不做处理。

real_pk_offset：该字段保存从实际分组开始的偏移，在该偏移处转换接下来将处理数据。它是在 sim 的情况下读取下一个数据的地方，或者是在 sim-to-real 情况下写入数据的地方。随着翻译过程的进行，应该增加此参数。

drop_unsup_packets：该属性告诉 SITL 是否丢弃不能从现实到虚拟转换的数据包。0 表示 SITL 将无格式地封装数据包，1 表示 SITL 将丢弃所有它不能转换的数据包。

（3）**转换函数**：做现实的数据包转换，表示如下。

```
int sitl_translation_function (SitlT_SCDB * scdb_ptr)
```

转换函数必须通过 SITL 注册,下面予以介绍。

(4) **函数注册**:所有的转换函数和测试函数都需要注册,built-in 函数通过初始化函数 op_pk_sitl_packet_translation_init()注册。你需要使用 p_pk_sitl_register_translation_function()来注册自定义函数。

当你注册一个转换函数时,需要指明:

- 转换的方向;
- 转换函数的指针;
- 相关联的测试函数的指针。

同样可以指定基本的数据包格式。

(5) **测试函数**:测试函数用于确定数据包的包格式,形式如下。

```
int sitl_translation_test (SitlT_SCDB * scdb_ptr)
```

返回 true/false,表明数据包通过/未通过测试。

(6) **转换入口指针**:转换过程开始于两个入口指针函数,一个是 real-to-sim 转换,一个是 sim-to-real 转换。这些函数必须声明,但是不需要注册,也无须有相应的测试函数。它们通常最先被调用,这些函数由 SITL 网关节点的两个属性指定:

```
From Real Packet Translation Function
To Real Packet Translation Function
```

SITL 提供两个内置函数用作标准转换函数的入口指针,分别是 op_pk_sitl_from_real_all_supported()和 op_pk_sitl_to_real_all_supported()。如果自定义转换函数,可以使用这些内置的入口指针。一旦注册了自己的转换函数,将在适当的时机调用它们。但是你需要创建 wrapper 函数调用内置入口指针,因为它们必须被自定义的模块外部显示,需要做 EXPORT 声明,wrapper 形式如下:

```
DLLEXPORT int my_from_real_all_supported (SitlT_SCDB * scdb_ptr)
    {
    int   result;
    FIN (my_from_real_all_supported (scdb_ptr));
    result＝op_pk_sitl_from_real_all_supported (scdb_ptr);
    FRET (result);
    }
DLLEXPORT int my_to_real_all_supported (SitlT_SCDB * scdb_ptr)
    {
    int   result;
    FIN (my_to_real_all_supported(scdb_ptr));
    result＝op_pk_sitl_to_real_all_supported (scdb_ptr);
    FRET (result);
    }
```

(7) **初始化函数**:在真正的转换过程开始之前需要一些初始化,至少要完成转换函数和测试函数的注册,形式如下:

```
int sitl_translation_initialization（void）
```

返回 success 或 failure。

SITL 为内置转换处理提供初始化函数 op_pk_stil_packet_translation_init()。该函数注册所有的内置转换和测试函数。如果是自定义的转换函数，应该在自己的初始化函数中调用这个函数。如果转换函数完全替换了 SITL 提供的转换函数，则无须在初始化函数中调用内置初始化函数。

2. SITL 转换函数

（1）注册函数 op_pk_sitl_register_translation_function() 原型如下：

```
int op_pk_sitl_register_translation_function (
    SitlT_Translation_Direction direction,
    SitlT_Translation_Function translation_func,
    SitlT_Translation_Test translation_test,
    const char * base_packet_format, int priority);
```

（2）SITL 支持的仿真包格式如下：

① ethernet_v2；

② ip_dgram_v4；

③ arp_v2；

④ tcp_seg_v2；

⑤ ip_icmp_echo；

⑥ udp_dgram_v2；

⑦ rip_message2；

⑧ ospf_hello_v2；

⑨ ospf_dbase_desc_v2；

⑩ ospf_is_request_v2；

⑪ ospf_is_update_v2；

⑫ ospf_is_ack_v2。

3. 自定义包转换函数

（1）新建一个外部源文件，该文件必须包含 sitl_packet_translation. h，并定义如下功能。

① 转换/测试函数。

② 一个 real-to-sim 包转换入口指针，在 Windows 环境下必须使用关键字 DLLEXPORT 外部声明函数符号。下面是原型：

```
DLLEXPORT int
    my_real_to_simulated_packet_translation(SitlT_SCDB * scdb_ptr)
```

③ 一个 sim-to-real 包转换入口指针。原型：

```
DLLEXPORT int
    my_simulated_to_real_packet_translation(SitlT_SCDB * scdb_ptr)
```

④ 一个初始化函数。原型：

```
DLLEXPORT int
    my_translation_initialization_function (void)
```

（2）编译源文件。

（3）将文件与 project 相关联（File>Declare External File）。

（4）在 SITL 网关节点，编辑下面属性指定外部模块名称和自定义函数：

① From Real Packet Translation Function；

② To Real Packet Translation Function；

③ Translation Initialization Function。

```
# include <opnet. h>
# include <udp_dgram_sup. h>
# include "winsock. h"
# include "sitl_packet_translation. h"
/* 根据 RFC 1889 和 3550 的实际 RTP 分组结构 */
typedef struct SitlT_RTP_Header {
    OpT_uInt8      V_P_X_CC；
    OpT_uInt8      M_PT；
    OpT_uInt16     sequence_number；
    OpT_uInt32     timestamp；
    OpT_uInt32     SSRC_identifier；
    } SitlT_RTP_Header；
# define SITL_RTP_HEADER_LENGTH 12
# define RTP_PORT_NUMBER 6980
int sitl_translate_from_real_to_simulated_rtp (SitlT_SCDB * scdb_ptr)；
int sitl_translate_from_simulated_to_real_rtp (SitlT_SCD * scdb_ptr)；
int sitl_test_from_real_to_simulated_rtp (SitlT_SCDB * scdb_ptr)；
/* 下面声明为 DLLEXPORT 的三个函数需要在 SITL 节点上设置为需要进行转换的
属性。初始化函数使用 SITL 注册 RTP 转换函数。*/
DLLEXPORT int sitl_translation_initialization_rtp(void)
    {
    FIN (sitl_translation_initialization_rtp ())；
    op_pk_sitl_packet_translation_init();
    op_pk_sitl_register_translation_function (
        SITL_TRANSLATION_DIRECTION_REAL_TO_SIM，   // 声明
        sitl_translate_from_real_to_simulated_rtp，    // 转换函数
        sitl_test_from_real_to_simulated_rtp，         // 测试函数
        "udp_dgram_v2"，                              // 基本包格式
        10)；                                          // 优先级
    op_pk_sitl_register_translation_function (
        SITL_TRANSLATION_DIRECTION_SIM_TO_REAL，   // 声明
        sitl_translate_from_simulated_to_real_rtp，    // 转换函数
```

```
            sitl_test_from_real_to_simulated_rtp,       // 测试函数
            "udp_dgram_v2",                              // 基本包格式
            10);                                         // 优先级
    FRET (1);
    }
DLLEXPORT int sitl_from_real_all_supported_rtp (SitlT_SCDB * scdb_ptr)
    {
    int   result;
    FIN (sitl_from_real_all_supported_rtp (scdb_ptr));
    result=op_pk_sitl_from_real_all_supported (scdb_ptr);
    FRET (result);
    }
DLLEXPORT int sitl_to_real_all_supported_rtp (SitlT_SCDB * scdb_ptr)
    {
    int result;
    FIN (sitl_to_real_all_supported_rtp(scdb_ptr));
    result=op_pk_sitl_to_real_all_supported (scdb_ptr);
    FRET (result);
    }
/* 此功能通过查找特定签名来测试 RTP 转换功能对给定数据包的适用性。*/
int sitl_test_from_real_to_simulated_rtp (SitlT_SCDB * scdb_ptr)
    {
    UdpT_Dgram_Fields * udp_dgram_fd_ptr=OPC_NIL;
    FIN (sitl_test_from_real_to_simulated_rtp (scdb_ptr));
    op_pk_nfd_access (scdb_ptr->sim_pk_ptr, "fields", &udp_dgram_fd_ptr);
    FRET (udp_dgram_fd_ptr->dest_port==RTP_PORT_NUMBER);
    }
/* 此功能实现 RTP 数据包从现实到模拟的转换。*/
int sitl_translate_from_real_to_simulated_rtp (SitlT_SCDB * scdb_ptr)
    {
    SitlT_RTP_Header * rtp_hdr_ptr=OPC_NIL;
    Packet * rtp_sim_ptr=OPC_NIL;
    Packet * rtp_sim_data_ptr=OPC_NIL;
    unsigned char * data_ptr=OPC_NIL;
    int options, sequence_number, timestamp, SSRC_identifier, data_size;
    FIN (translate_from_real_to_simulated_rtp (scdb_ptr));
    /* 得到指向真实数据包的指针。*/
    rtp_hdr_ptr=(SitlT_RTP_Header * )(scdb_ptr->real_pk_ptr+scdb_ptr->real_pk
_offset);
    /* 创建模拟 RTP 数据包。*/
    rtp_sim_ptr=op_pk_create_fmt ("sitl_rtp");
    /* 从真实数据包中获取字段并将其设置在模拟数据包中。*/
    options=(rtp_hdr_ptr->M_PT)<<8 | (rtp_hdr_ptr->V_P_X_CC);
    op_pk_nfd_set (rtp_sim_ptr, "options", options);
```

```
    sequence_number＝ntohs (rtp_hdr_ptr->sequence_number);
    op_pk_nfd_set (rtp_sim_ptr, "sequence_number", sequence_number);
    timestamp＝ntohl (rtp_hdr_ptr->timestamp);
    op_pk_nfd_set (rtp_sim_ptr, "timestamp", timestamp);
    SSRC_identifier＝ntohl (rtp_hdr_ptr->SSRC_identifier);
    op_pk_nfd_set (rtp_sim_ptr, "SSRC_identifier", SSRC_identifier);
    /* 使现实数据包读指针。*/
    scdb_ptr->real_pk_offset＋＝SITL_RTP_HEADER_LENGTH;
    /* 获取 RTP 有效负载并将其放入结构字段中的未格式化数据包中。*/
    data_size＝scdb_ptr->real_pk_size - scdb_ptr->real_pk_offset;
    data_ptr＝op_prg_mem_alloc (data_size);
    op_prg_mem_copy (scdb_ptr->real_pk_ptr＋scdb_ptr->real_pk_offset, data_ptr,
data_size);
    rtp_sim_data_ptr＝op_pk_create (0);
    op_pk_fd_set_ptr (rtp_sim_data_ptr, 0, data_ptr, data_size＊8, op_prg_mem_copy
_create, op_prg_mem_free, data_size);
    op_pk_nfd_set (rtp_sim_ptr, "data", rtp_sim_data_ptr);
    /* 使现实数据包读指针。*/
    scdb_ptr->real_pk_offset＋＝data_size;
    /* 保存新转换的模拟数据包。*/
    scdb_ptr->sim_pk_ptr＝rtp_sim_ptr;
    /* 返回成功指示。*/
    FRET (1);
    }
/* 此功能实现了 RTP 数据包从模拟到现实的转换。*/
int sitl_translate_from_simulated_to_real_rtp (SitlT_SCDB＊ scdb_ptr)
    {
    SitlT_RTP_Header＊ rtp_hdr_ptr＝OPC_NIL;
    Packet＊ udp_dgram_pkptr;
    Packet＊ rtp_sim_ptr＝OPC_NIL;
    Packet＊ rtp_sim_data_ptr＝OPC_NIL;
    unsigned char＊ data_ptr;
    int options, sequence_number, timestamp, SSRC_identifier, data_size;
    FIN (translate_from_simulated_to_real_rtp (scdb_ptr));
    /* 获取指向现实数据包内存区域开头的指针。*/
    rtp_hdr_ptr＝(SitlT_RTP_Header＊)(scdb_ptr->real_pk_ptr＋scdb_ptr->real_pk
_offset);
    /* 获取模拟 UDP 和 RTP 数据包指针。*/
    udp_dgram_pkptr＝scdb_ptr->sim_pk_ptr;
    op_pk_nfd_get_pkt (udp_dgram_pkptr, "data", &rtp_sim_ptr);
    /* 从模拟包中获取包字段。*/
    op_pk_nfd_get (rtp_sim_ptr, "options", &options);
    op_pk_nfd_get (rtp_sim_ptr, "sequence_number", &sequence_number);
    op_pk_nfd_get (rtp_sim_ptr, "timestamp", &timestamp);
```

```
op_pk_nfd_get (rtp_sim_ptr, "SSRC_identifier", &SSRC_identifier);
/* 在现实数据包中设置包字段。*/
rtp_hdr_ptr->V_P_X_CC=options & 0x00FF;
rtp_hdr_ptr->M_PT=(options & 0xFF00)>>8;
rtp_hdr_ptr->sequence_number=htons(sequence_number);
rtp_hdr_ptr->timestamp=htonl(timestamp);
rtp_hdr_ptr->SSRC_identifier=htonl(SSRC_identifier);
/* 使现实数据包写指针。*/
scdb_ptr->real_pk_offset+=SITL_RTP_HEADER_LENGTH;
/* 从模拟数据包中获取数据包有效负载并将其复制到实际数据包。*/
op_pk_nfd_get_pkt (rtp_sim_ptr, "data", &rtp_sim_data_ptr);
data_size=op_pk_total_size_get (rtp_sim_data_ptr)/8;
op_pk_fd_get_ptr (rtp_sim_data_ptr, 0, (void**)&data_ptr);
op_prg_mem_copy (data_ptr, scdb_ptr->real_pk_ptr+scdb_ptr->real_pk_offset,
data_size);
/* 使现实数据包写指针。*/
scdb_ptr->real_pk_offset+=data_size;
/* 释放模拟数据包内存。*/
op_prg_mem_free (data_ptr);
op_pk_destroy (rtp_sim_ptr);
scdb_ptr->sim_pk_ptr=OPC_NIL;
/* 返回成功指示。*/
FRET (1);
}
```

9.3 WLAN 半实物仿真

9.3.1 网络模型

打开 OPNET,选择菜单 File→Model Files→Add Model Directory,如图 9-6 所示。然后弹出选择目录窗口,将 C:\Users\HUST\Desktop\MobiCaching 添加到 OPNET模型目录中。

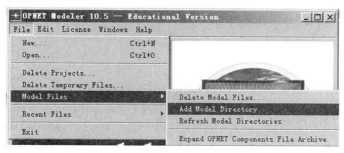

图 9-6　添加模型目录

接下来打开模型,如图 9-7 所示。

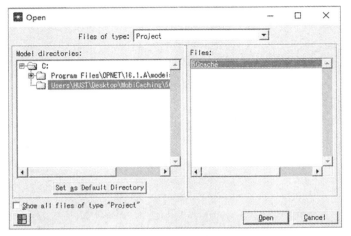

图 9-7　打开模型

打开之后的模型如图 9-8 所示。默认打开的是 Campus Network 子网的 SITL_test 场景。

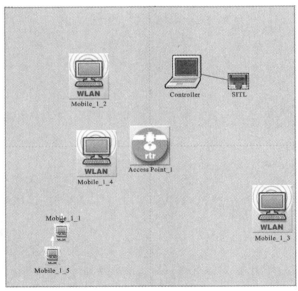

图 9-8　SITL_test 场景模型

1. 网络参数

模型中的移动节点(WLAN workstation)随机部署在网络区域,其他具体网络参数如表 9-2 所示。

2. 移动节点设计与部署

打开 OPNET Modeler 16.0 软件,开始创建网络模型。

打开 Object Palette,在 Search by name 中输入 wlan_wkstn_adv,将此 wlan workstation model 拖到编辑窗口,如图 9-9 所示。

创建一个 wlan workstation 节点█。

表 9-2 网络参数表

参 数 设 置	描 述	数 值
NetworkX	网络场景长度	100 m
NetworkY	网络场景宽度	100 m
total_number_nodes	移动节点总数量	10 个
wlan_data_rate	MAC 传输速率	1Mb/s
MAX_TRANSMISSION_RANGE	传输半径(默认值)	40 m(可更改)
MAX_NEIGHBOR_NUMBER	最大邻居数(默认值)	48 个(可更改)

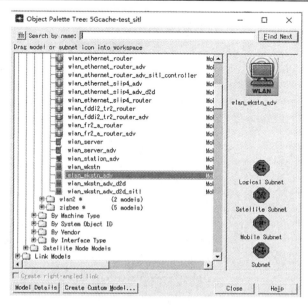

图 9-9 打开 Object Palette

单击鼠标右键打开 Edit Attributes 面板,按照图 9-10 所示的参数修改节点名字、运动路径。

图 9-10 打开 Edit Attributes 面板

选择 Advanced 复选框,此时弹出 Advanced Attributes 面板如图 9-11 所示。

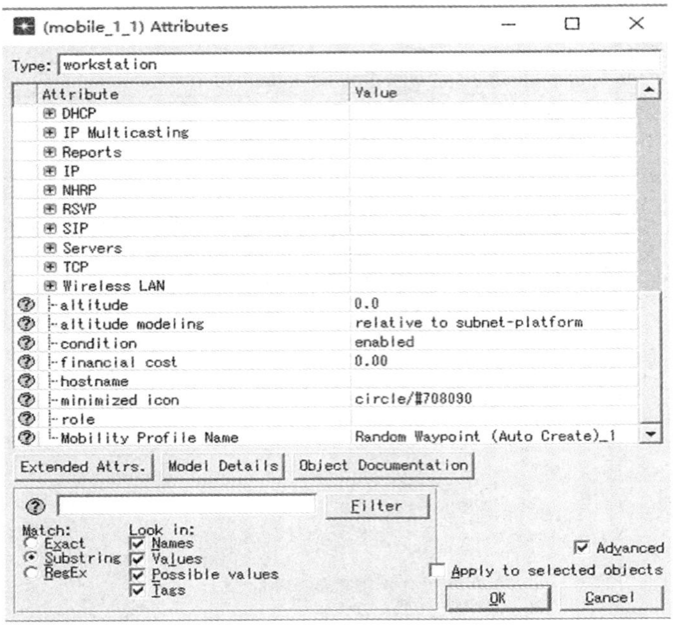

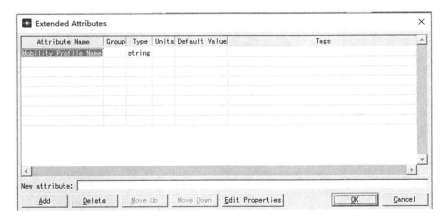

图 9-11   Advanced Attributes 面板

单击"Extended Attrs."按钮,弹出 Extended Attributes 面板,添加如图 9-12 所示的属性(属性名、类型)。

图 9-12   Extended Attributes 面板

双击打开 mobile_1_1 节点模型,此时还是标准的 wlan workstation 节点模型,如图 9-13 所示。

单击"Create Processor"按钮,在编辑窗口添加一个进程模块,如图 9-14 所示。

(1) 选择 File→New…,在下拉列表中选择 Process Model,单击"OK"按钮,打开进程编辑器。

(2) 单击"Create State"按钮,创建 5 个状态,并按照图 9-15 所示进行重命名(右键选择 Set Name)。

(3) 依次选择 init、Gen、HandleData、HandleC 状态,右键选择 Make State Forced。

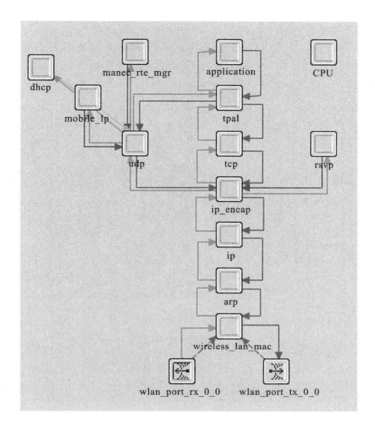

图 9-13 wlan workstation 节点模型

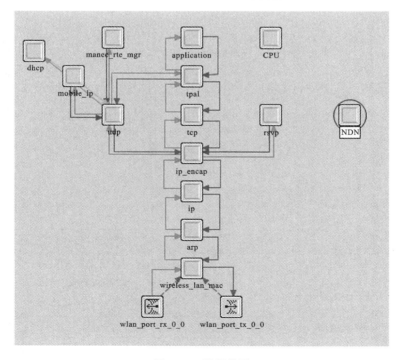

图 9-14 进程模型

（4）单击"Create Transition"按钮，创建 states 间的状态转移连接，依次选中图9-15 中的 3 条虚线，右键选择 Edit Attributes，在 conditions 属性值输入图 9-15 中对应的状态转移条件。

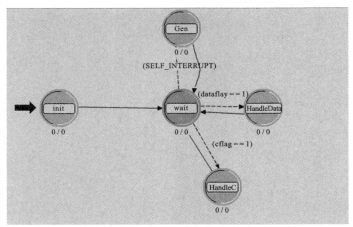

图 9-15　状态模型

单击"Create State Variables"按钮，打开后显示如图 9-16 所示的空白状态变量表。

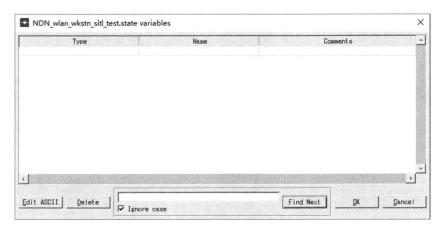

图 9-16　状态变量表

按表 9-3 所示添加状态变量，分别填写数据类型、变量名、含义，或打开 Edit ASCII 面板定义变量。

表 9-3　主要变量

数据类型	变量名	含义
Objid	my_objid	/＊ 周围模块的对象标识符 ＊/
Objid	my_node_objid	/＊ 周围节点的对象标识符 ＊/
Objid	my_subnet_objid	/＊ 周围子网的对象标识符 ＊/
int	higher_layer_proto_id	/＊ IP 分配的协议 ID ＊/
Ici ＊	ip_encap_req_ici_ptr	/＊ 与发送到 ip_encap 的数据包关联的 ici ＊/
Stathandle	traf_delay	

续表

数据类型	变　量　名	含　　义
Stathandle	traf_sent_bps	
Stathandle	traf_rcvd_bps	
Stathandle	traf_sent_pps	
Stathandle	traf_rcvd_pps	
char	my_ccnx_dir[512]	
char	source_addr[32]	
int	file_interval_time	
int	stop_request_time	
int	start_request_time	
int	time_out	
int	pk_size	
int	ndn_bool	
int	max_data_rate	
int	adapt_bool	
Stathandle	data_total_bits_sent	
Stathandle	data_total_bits_received	
Stathandle	request_total_bits_sent	
Stathandle	request_total_bits_received	
int	my_ccnx_dir_int	
int	Server_IP_list[1000]	
int	ads[1000][2]	
int	dataflag	
int	cflag	
int	ndnbrdflag	
Packet *	pkptr	
char	pk_format[32]	
int	seq	

此时 Edit ASCII 面板的代码如下所示（也可直接根据下面的代码定义状态变量）。

```
/* 周围模块的对象标识符。*/
Objid      \my_objid；
/* 周围节点的对象标识符。*/
Objid      \my_node_objid；
/* 周围子网的对象标识符。*/
Objid      \my_subnet_objid；
/* IP 分配的协议 ID */
int        \higher_layer_proto_id；
```

```
/* ici 与发送到 ip_encap 的数据包相关联。*/
Ici *               *ip_encap_req_ici_ptr;
Stathandle          traf_delay;
Stathandle          traf_sent_bps;
Stathandle          traf_rcvd_bps;
Stathandle          traf_sent_pps;
Stathandle          traf_rcvd_pps;
char my_ccnx_dir[512];
char source_addr[32];
int file_interval_time;
int stop_request_time;
int start_request_time;
int time_out;
int pk_size;
int ndn_bool;
int max_data_rate;
int adapt_bool;
Stathandle data_total_bits_sent;
Stathandle data_total_bits_received;
Stathandle request_total_bits_sent;
Stathandle request_total_bits_received;
int my_ccnx_dir_int;
int Server_IP_list[1000];
int ads[1000][2];
int dataflag;
int cflag;
int ndnbrdflag;
Packet * pkptr;
char pk_format[32];
int seq;
```

右键单击"init"状态,选择 Edit Enter Execs,并定义如下函数:

(1) 定义初始化状态变量函数;

(2) 定义全局性的协议调度函数;

(3) 定义数据包流信息读取函数。

```
/* 初始化此模型使用的状态变量。*/
ip_traf_gen_dispatcher_sv_init ();

/* 从 IP 获取更高层协议 ID,并在全局注册表中注册此进程。*/
ip_traf_gen_dispatcher_register_self ();

/* 读入流量信息。*/
ip_traf_gen_packet_flow_info_read ();
```

右键单击"init"状态,选择 Edit Exit Execs,并定义中断函数:

```
op_intrpt_schedule_self (op_sim_time ()＋file_interval_time, 0);
```

右键单击"Gen"状态,选择 Edit Enter Execs,代码如下。

```
Packet      * pkt_ptr;
char    dest_address_str [IPC_ADDR_STR_LEN];
Custom_DS      * ds_ptr;
Packet      * tmp_ptr;
int    len;
tmp_ptr＝op_pk_create_fmt ("S_DATA");
pkt_ptr＝op_pk_create_fmt ("DATA");
ds_ptr＝(Custom_DS  * ) op_prg_mem_alloc (sizeof (Custom_DS));
strcpy(ds_ptr->name,"testing");
op_pk_nfd_set (tmp_ptr, "Payload", ds_ptr, op_prg_mem_copy_create,
op_prg_mem_free, sizeof (Custom_DS));
len＝strlen(ds_ptr->name);
/* 打印出跟踪信息。 */
if (LTRACE_RPG_ACTIVE)
{
    ip_address_print (dest_address_str, ip_address_create("192.0.1.2"));
    op_prg_odb_print_major ("Sending a packet to the address",
                            dest_address_str, OPC_NIL);
}
op_pk_nfd_set (pkt_ptr, "Source", 1);
op_pk_nfd_set (pkt_ptr, "Sink", 2);
op_pk_nfd_set (pkt_ptr, "SeqNum", seq);
op_pk_nfd_set (pkt_ptr, "NextHop", 1);
op_pk_nfd_set (pkt_ptr, "PreviousHop", 3);
op_pk_nfd_set (pkt_ptr, "Payload", tmp_ptr);
/* 在 ici 中设置目标地址。 */
op_ici_attr_set (ip_encap_req_ici_ptr, "dest_addr", ip_address_create("192.0.1.2"));
op_ici_attr_set (ip_encap_req_ici_ptr, "Type of Service", 0);
/* 安装 ici。 */
op_ici_install (ip_encap_req_ici_ptr);
pk_size＝(len＋8) * 8;
op_pk_total_size_set (pkt_ptr, pk_size);
op_pk_send_forced (pkt_ptr, 0);
op_stat_write (traf_sent_bps, pk_size);
op_stat_write (traf_sent_bps, 0.0);
op_stat_write (traf_sent_pps, 1.0);
op_stat_write (traf_sent_pps, 0.0);
/* 卸载 ici。 */
op_ici_install (OPC_NIL);
op_intrpt_schedule_self (op_sim_time ()＋file_interval_time, 0);
seq＋＋;
```

右键单击"wait"状态,选择 Edit Exit Execs,并根据中断类型创建包/数据率函数如下。

```
/* 获取中断类型。这将用于确定这是否是从 ip_encap 生成数据包的自我中断或流中
断。*/
intrpt_type=op_intrpt_type ();
dataflag=0;
cflag=0;
ndnbrdflag=0;
if (intrpt_type==OPC_INTRPT_STRM)
{
    pkptr=op_pk_get (op_intrpt_strm());
    op_pk_format (pkptr, pk_format);
    if (strcmp(pk_format, "zigbee_data")==0 ){
        dataflag=1;
        /* 获取数据包中的字段值。*/

        /* 统计收到的数据 pk。*/
    }else{
        if (strcmp(pk_format, "DATACENTER")==0 ){
            cflag=1;
        }else if (strcmp(pk_format, "ndn_ad_pk")==0 ){
            ndnbrdflag=1;
        }
        /* 统计接收到的 msg 包。*/
    }
}
```

右键单击"HandleData"状态,选择 Edit Enter Execs,并定义获取数据包函数如下。

```
Ici *              ip_encap_ind_ici_ptr;
char               src_address_str [IPC_ADDR_STR_LEN];
IpT_Addresss       rc_address;
double             pksize;
/* 获取数据包附带的 ip_encap_ind_v4。*/
ip_encap_ind_ici_ptr=op_intrpt_ici ();
if (LTRACE_RPG_ACTIVE)
{
    op_ici_attr_get (ip_encap_ind_ici_ptr, "src_addr", &src_address);
    ip_address_print (src_address_str, src_address);
    op_prg_odb_print_major ("Received a packet from",
                            src_address_str, OPC_NIL);
}
/* 销毁 ici。*/
op_ici_destroy (ip_encap_ind_ici_ptr);
/* 获取数据包并且销毁它。*/
pksize=(double) op_pk_total_size_get (pkptr);
```

```
op_stat_write (traf_rcvd_bps, pksize);
op_stat_write (traf_rcvd_bps, 0.0);
op_stat_write (traf_rcvd_pps, 1.0);
op_stat_write (traf_rcvd_pps, 0.0);
op_stat_write (traf_delay, op_sim_time () - op_pk_creation_time_get (pkptr));
op_pk_destroy (pkptr);
```

右键单击"HandleC"状态,选择 Edit Enter Execs,并定义获取数据包函数如下。

```
Ici *                ip_encap_ind_ici_ptr;
char                 src_address_str [IPC_ADDR_STR_LEN];
IpT_Address                 src_address;
int ack;
double                 pksize;
/ * 获取数据包附带的 ip_encap_ind_v4。 * /
ip_encap_ind_ici_ptr = op_intrpt_ici ();
if (LTRACE_RPG_ACTIVE)
{
op_ici_attr_get (ip_encap_ind_ici_ptr, "src_addr", &src_address);
ip_address_print (src_address_str, src_address);
op_prg_odb_print_major ("Received a packet from", src_address_str, OPC_NIL);
}
/ * 销毁 ici。 * /
op_ici_destroy (ip_encap_ind_ici_ptr);
op_pk_nfd_access (pkptr, "Ack", &ack);
printf("Mobile node receive pk from dc, Ack=%d\n", ack);
pksize = (double) op_pk_total_size_get (pkptr);
op_stat_write (traf_rcvd_bps, pksize);
op_stat_write (traf_rcvd_bps, 0.0);
op_stat_write (traf_rcvd_pps, 1.0);
op_stat_write (traf_rcvd_pps, 0.0);
op_stat_write (traf_delay, op_sim_time () - op_pk_creation_time_get (pkptr));
op_pk_destroy (pkptr);
```

选择 File → Save as 保存此进程模型,如图 9-17 所示,命名为 NDN_wlan_wkstn_sitl,然后关闭进程模型编辑窗口。

打开 wlan_wkstn 节点模型编辑窗口,右键单击"NDN_device"进程模型,单击"Edit Attribute"按钮,重命名 NDN 进程模型,并为其选择进程模型类型,且定义为刚才创建的 sitl 进程模型,如图 9-18 所示。

单击"Create Packet Steam"按钮,从 ip_encap 到 NDN_device 进程之间分别画两条包流,如图 9-19 所示。

保存节点模型,命名为 wlan_wkstn_adv_d2d_sitl。

为 Mobile_1_1 节点设置节点类型,在 Advanced Attributes 面板中更改 model 属性值,在弹出的 Choose Mobile Node Model 面板中选择 wlan_wkstn_adv_d2d_sitl,单击"OK"按钮,如图 9-20 所示。

至此,移动节点模型搭建完毕。可复制粘贴该模型以创建多个移动节点,并自定义

图 9-17 保存进程模型

图 9-18 选择进程模型

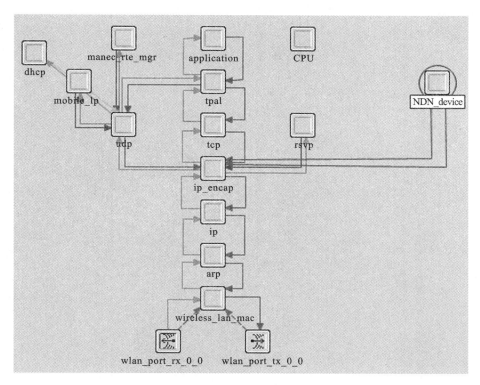

图 9-19 添加包流

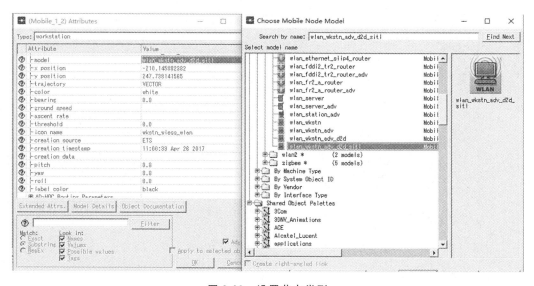

图 9-20 设置节点类型

其运动轨迹。

3. Controller 节点设计与部署

（1）新建进程模型：File→New→Process Model。

（2）单击"Create State"按钮，在 Edit Panel 中创建 5 个状态，分别命名为 wait_ip_ address_setup、init、SendPkToIn、idle、SendPkToOut。

（3）对 wait_ip_address_setup 进行如下操作：右键→Make State Unforced；右键→Make Initial State。

（4）对 idle 状态进行如下操作：右键→Make State Unforced。

（5）单击"Creat Transition"按钮，按图 9-21 所示为各状态创建状态转移曲线；并对图中虚线所示的 3 个状态转移设置转移条件（右键单击转移曲线→输入 condition 对应的状态值），分别为 FROM_UDP、FROM_IP、default。

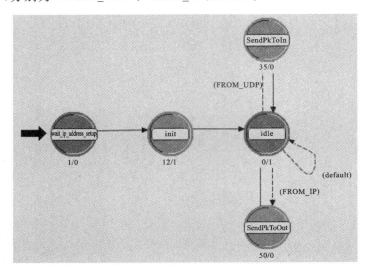

图 9-21　进程模型

右键单击"wait_ip_address_setup"状态，选择 Edit Enter Execs，并定义中断函数如下。

```
op_intrpt_schedule_self(op_sim_time()+0.001,0);
```

右键单击"init"状态，选择 Edit Enter Execs，代码如下。

```
ip_traf_gen_dispatcher_sv_init();
ip_traf_gen_dispatcher_register_self();
for(i=0;i<255;i++){
    myDelay[i].sendTime=0;
    myDelay[i].recvTime=0;
}
recvAckNum=0;
```

右键单击"idle"状态，选择 Edit Enter Execs，代码如下。

```
ip_encap_req_ici_ptr=op_ici_create("udp_command_v3");
```

右键单击"SendPkToIn"状态，选择 Edit Enter Execs，代码如下。

```
pkptr=op_pk_get(op_intrpt_strm());
op_pk_format(pkptr,pk_format);
if (strcmp(pk_format,"DATACENTER")==0){
    op_pk_nfd_access(pkptr, "Ack", &D_SeqNum);
}
```

```
ici_ptr＝op_ici_create ("ip_encap_req_v4");
op_ici_attr_set (ici_ptr, "dest_addr", ip_address_create("192.0.1.10"));
op_ici_attr_set (ici_ptr, "Type of Service", 0);
op_ici_install (ici_ptr);
op_pk_total_size_set (pkptr, 8 * 2);
op_pk_send_forced (pkptr, IP_OUT_STRM);
op_ici_install (OPC_NIL);
```

右键单击"SendPkToOut"状态，选择 Edit Enter Execs，代码如下。

```
Ici *          ip_encap_ind_ici_ptr;
char           src_address_str [IPC_ADDR_STR_LEN];
IpT_Address src_address;
double         pksize;
pkptr＝op_pk_get(op_intrpt_strm());
op_pk_nfd_access(pkptr, "SeqNum", &D_SeqNum);
myDelay[D_SeqNum].sendTime＝op_sim_time();
pksize＝(double) op_pk_total_size_get (pkptr);
op_stat_write (traf_rcvd_bps, pksize);
op_stat_write (traf_rcvd_bps, 0.0);
op_stat_write (traf_rcvd_pps, 1.0);
op_stat_write (traf_rcvd_pps, 0.0);
op_stat_write (traf_delay, op_sim_time () - op_pk_creation_time_get (pkptr));
/* 获取数据包附带的 ip_encap_ind_v4。 */
ip_encap_ind_ici_ptr＝op_intrpt_ici ();
if (LTRACE_RPG_ACTIVE)
{
    op_ici_attr_get (ip_encap_ind_ici_ptr, "src_addr", &src_address);
    ip_address_print (src_address_str, src_address);
    op_prg_odb_print_major ("Received a packet from",
                            src_address_str, OPC_NIL);
}
/* 销毁 ici。 */
op_ici_destroy (ip_encap_ind_ici_ptr);
op_ici_attr_set (ip_encap_req_ici_ptr, "local_port", 12347);
op_ici_attr_set (ip_encap_req_ici_ptr, "rem_port", 12347);
op_ici_attr_set(ip_encap_req_ici_ptr,"rem_addr",ip_address_create("115.156.163.
235"));
op_ici_attr_set(ip_encap_req_ici_ptr,"src_addr",ip_address_create("115.156.162.
112"));
op_ici_attr_set (ip_encap_req_ici_ptr, "connection_class", 1);
op_ici_install (ip_encap_req_ici_ptr);
op_pk_send_forced (pkptr, UDP_OUT_STRM);
op_ici_install (OPC_NIL);
```

选择 File → Save as 保存此进程模型，命名为 NDN_UDP_Direct，如图 9-22 所示，然后关闭进程模型编辑窗口。

打开 Object Palette，在 Search by name 里输入 wlan_ethernet_router_adv，将此节

图 9-22　保存进程模型

点模型拖到编辑窗口。右键单击属性窗口,icon name 选择为(Icon Palette→chassis 中的)tele_commuter. chassis。双击打开节点模型,标准的 wlan_ethernet_router_adv 节点模型内部结构如图 9-23 所示。

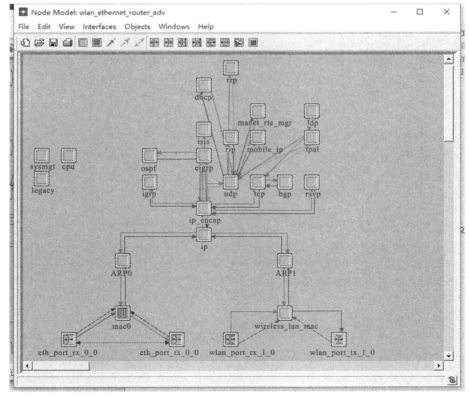

图 9-23　打开节点模型内部结构

单击"Create Processor"按钮,在 Node Model 编辑面板上创建一个进程模块,并将其命名为 NDN_udp,选择其进程模型为 NDN_UDP_Direct,如图 9-24 所示。

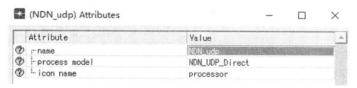

图 9-24 NDN_udp 进程模块

单击"Create Packet Stream"按钮,为 NDN_udp 模块和 udp 模块,NDN_udp 模块和 ip_encap 模块创建包流曲线,如图 9-25 所示。

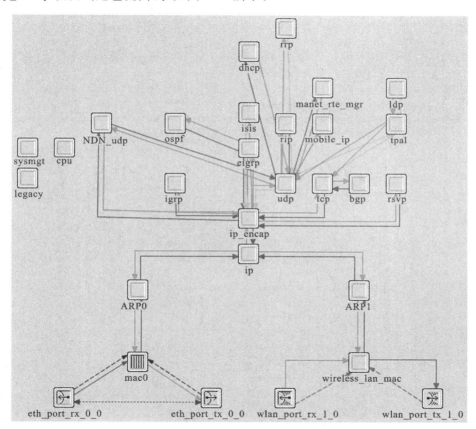

图 9-25 创建包流曲线一

单击 File→Save as 保存此节点模型,命名为 wlan_ethernet_router_adv_sitl_controller,如图 9-26 所示,然后关闭编辑窗口。

单击鼠标右键选择 节点模块,更改图 9-27 所示各属性值:name 为 Controller;model 为 wlan_ethernet_router_adv_sitl_controller;设置 Extanded Attrs. →[Etnernet]mac0.MAC Parameters...值为 promoted。

至此,Controller 模型创建完毕。

4. SITL 模型部署与连接

首先,单击 按钮,打开 Object Palette,在 Search by name 里输入 sitl_virtual_

图 9-26　保存节点模型

图 9-27　(Controller)Attributes 面板

gateway_to_real_world,将此节点模型"SITL"拖到编辑窗口。单击鼠标右键选择 Edit Attribute(Advanced),根据图 9-28 所示更改各属性值。

单击 按钮,打开 Object Palette,在 Search by name 里输入 sitl_virtual_eth_link,单击此 link 模型,在编辑窗口中:先单击 Controller 后,单击 SITL,创建从 Controller 到 SITL 的链路,如图 9-29 所示。

至此,SITL 模块的创建与部署,以及 Controller 与 SITL 模块之间的链路搭建完成。

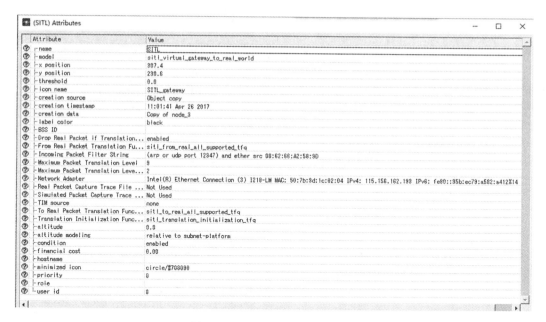

图 9-28　（SITL）Attributes 面板

5. Access Point 节点设计与部署

（1）新建进程模型：File→New→Process Model。

（2）单击"Create State"按钮，在 Edit Panel 中创建
2 个状态，分别命名为 init、wait。

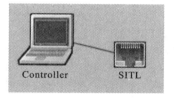

图 9-29　创建链路

（3）对 init 状态作如下操作：右键→Make State
Unforced；右键→Make Initial State。

（4）单击"Creat Transition"按钮，为各状态创建状态
转移曲线如图 9-30 所示；并对图中虚线所示的 2 个状态转移设置转移条件（右键单击转
移曲线→输入 condition/executive 对应的状态值），分别为：SELF_INTERRUPT/ip_traf_
gen_generate_packet()、STREAM_INTERRUPT/ ip_traf_gen_packet_destroy()。

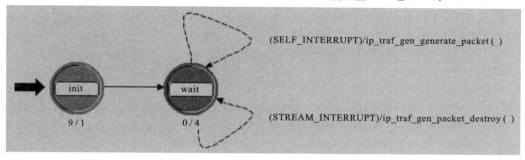

图 9-30　创建状态转移曲线

右键单击"init"状态，选择 Edit Enter Execs，并定义如下函数。

```
/* 初始化此模型使用的状态变量。*/
ip_traf_gen_dispatcher_sv_init ();
```

```
/* 从 IP 获取更高层协议 ID,并在全局注册表中注册此进程。*/
ip_traf_gen_dispatcher_register_self ();
/* 读入流量信息。*/
ip_traf_gen_packet_flow_info_read ();
```

右键单击"init"状态,选择 Edit Exit Execs,代码如下。

```
op_intrpt_schedule_self (op_sim_time ()+start_request_time+rand()%10,0);
```

右键单击"wait"状态,选择 Edit Exit Execs,代码如下。

```
/* 获取中断类型。这将用于确定这是否是从 ip_encap 生成数据包的自我中断或流中
断。*/
intrpt_type=op_intrpt_type ();
```

单击 File → Save as 保存此进程模型,命名为 NDN_traf_request_and_receive_pdf _dist,如图 9-31 所示,然后关闭进程模型编辑窗口。

图 9-31　保存进程模型

打开 Object Palette,在 Search by name 里输入 wlan_ethernet_slip4_adv,将此节点模型拖到编辑窗口。双击打开节点模型,标准的 wlan_ethernet_slip4_adv 节点模型内部如图 9-32 所示。

单击"Create Processor"按钮,在 Node Model 编辑面板上创建一个进程模块,并将其命名为 NDN_process,选择其进程模型为 NDN_traf_request_and_receive_pdf_dist,并根据图 9-33 所示属性值进行设置。

单击"Create Packet Stream"按钮,为 NDN_process 模块和 ip_encap 模块创建包流曲线,如图 9-34 所示。

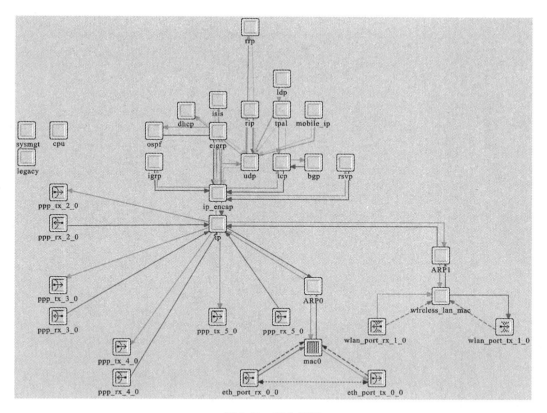

图 9-32　节点模型

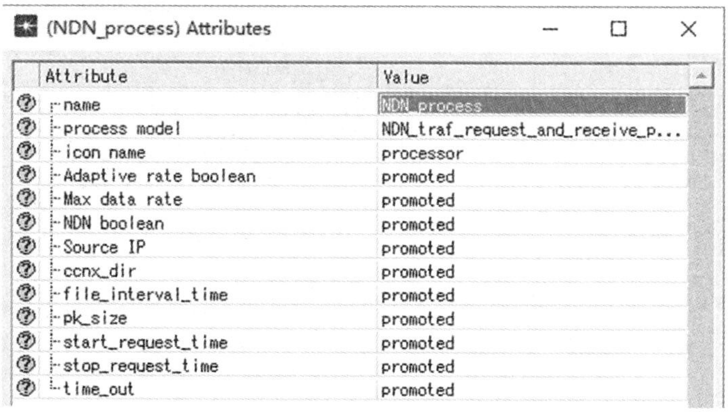

图 9-33　属性设置

　　单击 File→Save as 保存此节点模型，命名为 wlan_ethernet_slip4_adv_d2d，如图
9-35所示，然后关闭编辑窗口。

　　右键 节点模块，更改图 9-36 所示的各属性值：name 为 Access Point_1；model 选
择为 wlan_ethernet_slip4_adv_d2d。

　　并使用 Extended Attrs，添加 NDN_process 的相关属性，根据图 9-37 所示设置属
性值。

　　至此，Controller 模型创建完毕。WLAN 半实物仿真网络模型搭建完毕。

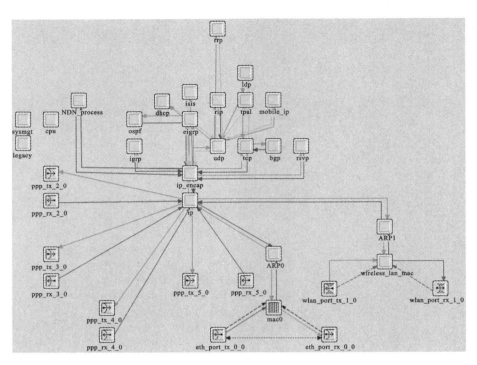

图 9-34　创建包流曲线二

图 9-35　保存节点模型

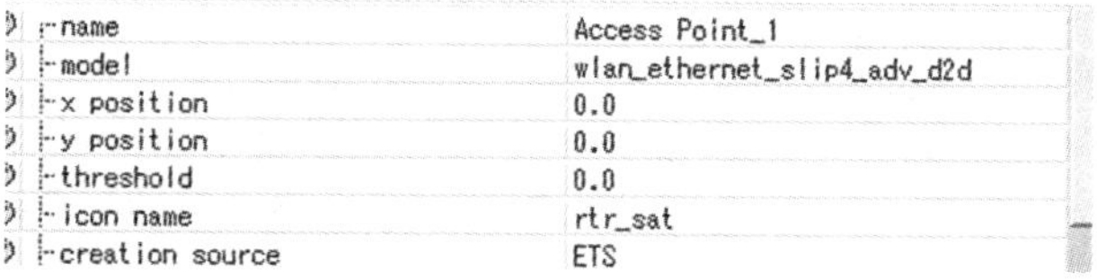

图 9-36　更改属性值

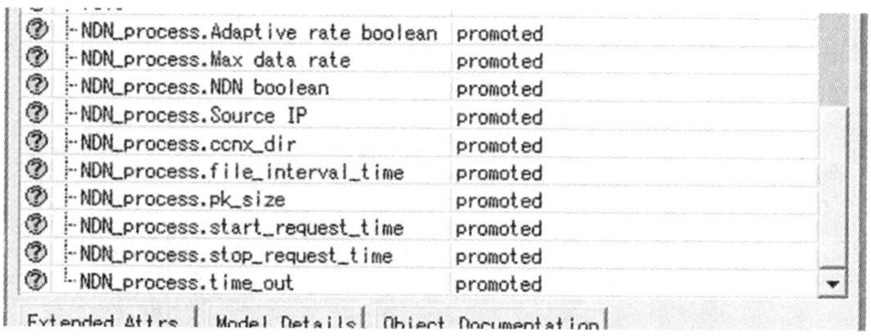

图 9-37　设置 NDN_process 相关属性

9.3.2　WLAN 工作站与现实数据中心的交互

1. UDPServer 编码与实现

数据中心安装有 eclipse,采用 JAVA 编写 UDPServer 程序,以接收来自 OPNET 半实物仿真平台的数据包,并发送反馈数据包给移动节点。UdpServer. java 代码如下。

```java
package com. server;

import java. util. Timer;
import com. controlpkt. ControlTask;
import io. netty. bootstrap. Bootstrap;
import io. netty. buffer. PooledByteBufAllocator;
import io. netty. channel. ChannelFuture;
import io. netty. channel. ChannelInitializer;
import io. netty. channel. ChannelOption;
import io. netty. channel. epoll. EpollChannelOption;
import io. netty. channel. epoll. EpollDatagramChannel;
import io. netty. channel. epoll. EpollEventLoopGroup;

public class UdpServer {
    private static final int port=12347;
    private static final String host="115. 156. 163. 235";

    public static void main(String[] args) throws Exception{
        int workerThreads=4;
        Bootstrap bootstrap=new Bootstrap()
                . group(new EpollEventLoopGroup(workerThreads))
                . channel(EpollDatagramChannel. class)
                . option(ChannelOption. ALLOCATOR,
```

```
PooledByteBufAllocator. DEFAULT)
. option(EpollChannelOption. SO_REUSEPORT, true)
. handler(new ChannelInitializer<EpollDatagramChannel>() {

        @Override
        protected void initChannel(EpollDatagramChannel ch) throws Exception{
            ch. pipeline(). addLast(new UdpServerHandler());}
    });

        ChannelFuture future;
        for(int i=0; i<workerThreads; ++i)
        {
            future=bootstrap. bind(host, port). await();
            if(! future. isSuccess()){
                throw new Exception(String. format("Fail to bind on [host=%s, port
=%d].", host, port), future. cause());
            }
        }
        /* new Timer(). schedule(new PingTask(), 6000); */
        /* new Timer(). schedule(new ControlTask(), 6000); */
    }
}
```

其中，初始化管道及相关数据处理在 UdpServerHandler. java 中进行，代码如下。

```
package com. server;

import java. io. File;
import java. io. FileOutputStream;
import org. apache. log4j. Logger;
import com. controlpkt. BasePkt;
import com. parse. ChannelMap;
import com. parse. MapUtil;
import com. parse. ParseUtil;
    import com. parse. SrcIPMap;
    import io. netty. buffer. ByteBuf;
    import io. netty. buffer. Unpooled;
    import io. netty. channel. ChannelHandlerContext;
    import io. netty. channel. SimpleChannelInboundHandler;
    import io. netty. channel. socket. DatagramPacket;

public class UdpServerHandler extends SimpleChannelInboundHandler<DatagramPacket
>{
    /* 获得当前类的日志对象，参数为该类的 class。*/
    private Logger log=Logger. getLogger(getClass());
    File file;
    FileOutputStream out=null;
    String filename="test. txt";
    ParseUtil parseUtil=ParseUtil. getInstance();

    @Override
    protected void channelRead 0(ChannelHandlerContext ctx, DatagramPacket packet)
throws Exception {
```

```java
        String cid=ctx.channel().id().asShortText();
        ByteBuf buf=(ByteBuf) packet.copy().content();
        byte[] req=new byte[buf.readableBytes()];
        buf.readBytes(req);
        System.out.println("Channel id is "+cid);
        System.out.println("Sender ip: "+packet.sender().getAddress().toString()
+", Port: "+packet.sender().getPort());
        String src=new String(req, 0, 1);
        int clientId=req[0];
        ChannelMap.add(clientId, ctx.channel());
        SrcIPMap.add(clientId, packet.sender());
        if(req[2]==1){
            filename=new String(req, 8, req.length - 8);
            file=new File(req[0]+"_"+filename);
            if(! file.exists())
                file.createNewFile();
            out=new FileOutputStream(file);
            MapUtil.addOut(src, out);
        }else{
            out=MapUtil.getOut(src);
            parseUtil.ParseFromBytes(req);
            MapUtil.addCount(src);
            if(MapUtil.getCount(src) % 20==0){
                int count=MapUtil.getCount(src);
                log.info("Received "+count+" packets from node "+req[0]);
            }
        }
        System.out.println("Msg received from source: "+req[0]+", seq: "+req[2]+"\n");
        byte[] answer=new byte[2];
        answer[0]=req[2]; answer[1]=req[0];
        ctx.writeAndFlush(new DatagramPacket(
                Unpooled.copiedBuffer(answer), packet.sender()));
    }

    @Override
    public void channelActive(ChannelHandlerContext ctx) throws Exception {
        String cid=ctx.channel().id().asShortText();
        System.out.println("Channel id is "+cid);
        super.channelActive(ctx);
    }

    @Override
    public void channelReadComplete(ChannelHandlerContext ctx) throws Exception {
        super.channelReadComplete(ctx);
    }

    @Override
    public void exceptionCaught(ChannelHandlerContext ctx, Throwable cause) throws
Exception {
        cause.printStackTrace();
        ctx.close();
    }
}
```

2. WLAN 工作站与 DataCenter 交互

（1）打开 Xshell 4.0→新建会话→输入主机地址与端口号→确定。

（2）会话重命名→输入用户名→输入主机密码。

（3）连接成功→跳至 eclipse neon 所在目录（cd /home/luwang/eclipse）→运行 eclipse（./eclipse），如图 9-38 所示。

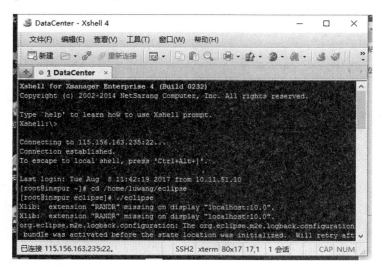

图 9-38   连接数据中心

（4）在打开的 eclipse 编辑窗口中单击"Run"按钮，运行 UdpServer 程序，server 端运行界面如图 9-39 所示。

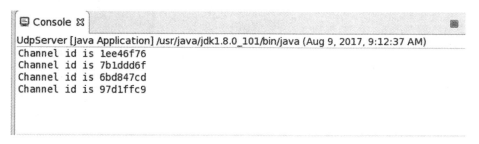

图 9-39   server 端运行结果

（5）单击 ![按钮] 按钮运行 OPNET 端的 WLAN 网络→按图 9-40 所示进行实验参数设置→Run。

（6）由图 9-41、图 9-42 所示的 OPNET 和 eclipse 运行输出可知，WLAN 工作站与 DataCenter 交互成功。

其中，Mobile_1_2 的 IP 地址为 192.0.1.10，Controller 的 IP 地址为 192.0.1.2。

数据流：Mobile_1_2 向 Controller 发送数据包，Controller 通过与半实物接口（SITL）与数据中心交互，接收到数据中心返回的 Ack 后，将其发送给 Mobile_1_2。

3. 仿真结果分析

Mobile_1_2 每隔 5 s 发送一个数据包，仿真时间为 1 min。

（1）Mobile_1_2 发送的数据量与 Controller 接收的数据量一样，如图 9-43 所示。

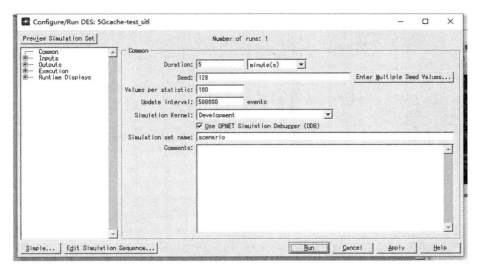

Configure/Run DES: 5Gcache-test_sitl
Preview Simulation Set
Number of runs: 1
Common
Inputs
Outputs
Execution
Runtime Displays
Common
Duration: 5
minute(s)
Seed: 128
Enter Multiple Seed Values...
Values per statistic: 100
Update interval: 500000
events
Simulation Kernel: Development
Use OPNET Simulation Debugger (ODB)
Simulation set name: scenario
Comments:
Simple...
Edit Simulation Sequence...
Run
Cancel
Apply
Help

图 9-40 实验参数设置

Console
Model
Progress
* Packet Fields:
Index Name Size I Type Value
0 Ack 8 integer 59
1 Source 8 integer 1
|<<<<<<<<<<<<<<<<<<<<< SITL: Packet converted from REAL to SIM (end) <<<<<<<<
Receive a packet from Data Center
Mobile node receive pk from dc, Ack = 59
| Simulation Completed - Collating Results.
| Events: Total (22,012); Average Speed (73 events/sec.)
| Time : Elapsed (5 min. 0 sec.); Simulated (5 min. 0 sec.)
| DES Log: 9 entries
| Reading network model.

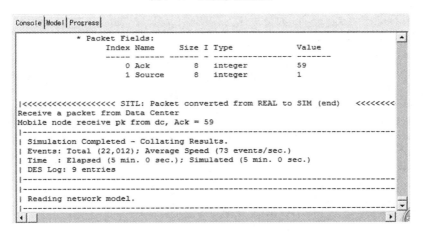

图 9-41 OPNET 端运行结果

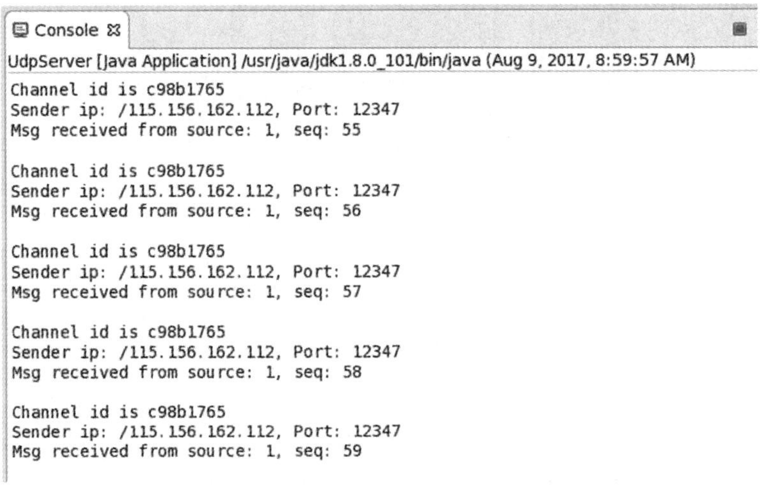

Console
UdpServer [Java Application] /usr/java/jdk1.8.0_101/bin/java (Aug 9, 2017, 8:59:57 AM)
Channel id is c98b1765
Sender ip: /115.156.162.112, Port: 12347
Msg received from source: 1, seq: 55
Channel id is c98b1765
Sender ip: /115.156.162.112, Port: 12347
Msg received from source: 1, seq: 56
Channel id is c98b1765
Sender ip: /115.156.162.112, Port: 12347
Msg received from source: 1, seq: 57
Channel id is c98b1765
Sender ip: /115.156.162.112, Port: 12347
Msg received from source: 1, seq: 58
Channel id is c98b1765
Sender ip: /115.156.162.112, Port: 12347
Msg received from source: 1, seq: 59

图 9-42 eclipse 端运行结果

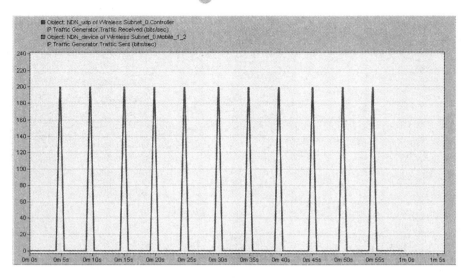

图 9-43 Mobile_1_2 **发送数据量与** Controller **接收数据量**

（2）Mobile_1_2 发送的数据量与 Mobile_1_2 接收到数据中心返回的数据量一致，只是数据包大小不同，如图 9-44 所示。

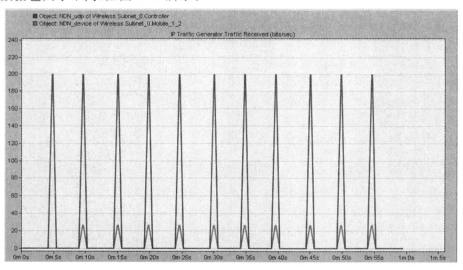

图 9-44 Mobile_1_2 **发送数据量与其接收到数据中心返回数据量**

可以看到，Controller 正确接收了 Mobile_1_2 发送的数据，并将其发送至数据中心，数据中心返回的数据包也经过 Controller 传送给了 Mobile_1_2。

9.4 Wireless 半实物仿真

9.4.1 网络模型设计

网络模型设计主要包括 WSN 网、传输网络和云数据中心这三个部分。在模型中，传感数据通过实际的 Internet 网络传输到云数据中心，因为我们实际上无法控制数据包在广域网的传输，而且这方面有很多的研究。所以这里我们不做研究，只关注 WSN 网和云数据中心这两个部分的实现。

1. 软件定义 WSN

因为 WSN 中传感器的资源有限，所以特别关注节点的能量消耗。传感节点的数据转发、接收，路由计算和数据聚合等工作都会消耗能量，其中数据发送和接收是节点耗能的一个重要组成部分。因此，需要在传感器的多次传输中，选择剩余能量较高的节点转发数据。但在实际应用中，传感节点多数依靠固定路由转发数据，使得某些节点的能量过早耗尽。另外，链路和节点失效会使得路由变化更为频繁，这是无线路由和有线路由区别最大的部分，也是我们软件定义物联网时需要重点考虑的部分。

传感网的节点根据执行类型分为源节点、中继节点和 Sink 节点等三种。考虑到中继节点也可能作为源节点，因此又可分为普通节点（包括源节点和中继节点）和 Sink 节点两个部分来说明。Sink 节点除了能为原来的传感网接收数据之外，还可以作为网关节点（以下称 WSN 网关节点），将所收集到数据发送到传输网络；同时，将传输网络中发送的控制指令发送到目标节点。因为所有控制指令都要经过 WSN 网关节点下发到源节点，所以 WSN 网关节点可对传感网的整体流量和 QoS 进行控制。

以前的研究中，SDN-WSN 简单实现了 OpenFlow 协议，有专门的控制节点，但是没有介绍控制层的路由实现。我们实现的软件定义 WSN 架构是借用 SDN 的思想，基于现有 WSN 框架，在网关节点和普通节点上使用软件实现了控制层程序，通过自己定义的协议（任务包）实现了软件定义 WSN 的功能。我们的协议不仅实现了控制传感节点的路由算法，还实现了控制传感器的采集数据类型（传感器平台共享多个传感器时）、采集时间和频率。大规模传感器节点的部署参考本书第 3 章。如图 9-45 所示，本节讨论基于大规模传感器网络的设计实现。

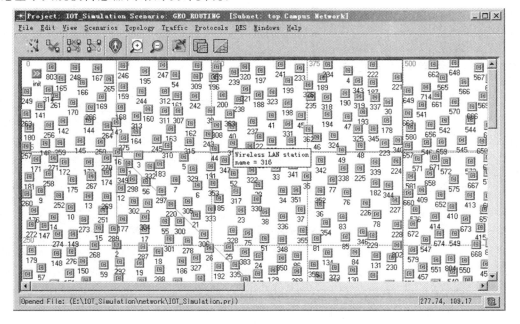

图 9-45　大规模传感器网络模型

2. 软件定义云数据中心

由于数据中心具有大规模互联网服务的稳定性和高效性等特性,常以浪费能源为代价,因此节能一直是数据中心研究中不容忽视的问题。

对于数据中心来说,假设每个业务需求需要一个虚拟机,需要研究如何减少冗余和节能的问题。应用层研究数据中心的应用程序的数据需求,比较应用程序中是否有重叠的业务需求,共享传感任务数据;同时,监视应用程序的需求,根据需求启动虚拟机,实时关闭暂未使用的虚拟机以节省能耗。控制层通过 SDN 而具备掌握全局信息的能力,通过关闭暂时没有流量的端口和暂未使用的设备以节省能耗。

根据描述的架构,我们使用 OPNET 建立了 SDN-CPS(Healthcare)的半实物仿真模型,如图 9-46 所示。左侧虚线方框内为 OPNET 仿真无线传感网模型,运行在 Simulation Server 上。在 Simulation Server 模型上经过 OPENT 半实物仿真接口 SITL 连接到实际网络中,中间经过传输网络,最后到达云数据中心,云数据中心运行多个应用。

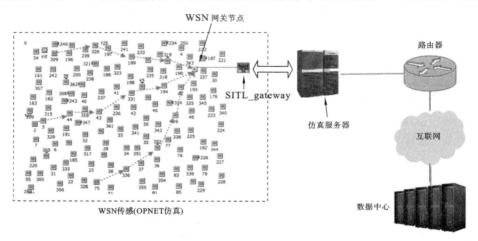

图 9-46 基于 OPNET 的 Wireless 半实物模型

9.4.2 南向接口设计

在 SDN-CPS(Healthcare)中,控制层通过南向接口控制硬件层。在模型中,硬件包括 WSN 网、传输网络和云数据中心等三个部分。对应这三个部分需要建立相应的控制程序。传输网络中的 SDN 已经有许多相关研究,这里我们假设传输网控制器使用独立的 OpenFlow 协议控制其中的(支持 SDN 的)交换机,不做深入探讨。

1. 云数据中心的南向接口设计

在云数据中心,我们实现可控制层程序,云数据中心的控制程序的功能如下。

(1) 使用 OpenFlow 协议,执行控制层协议,控制交换机操作。

(2) 节省能耗:数据中心的交换机能耗分为两个部分,固定能耗和动态能耗。动态能耗和可使用的端口有关系,将限制不用的端口关闭或转为休眠模式,可以节省数据中心能耗。如 Cisco Nexus 2224TP 的动态能耗占到全负荷时能耗的 50%,充分提高现有活动的交换机和链路的利用率,关闭不再使用的交换机也可降低能耗。

2. WSN 的南向接口设计

在传统的 WSN 中，WSN 节点可以向 WSN 网关节点发送数据，WSN 网关节点只能向 WSN 节点发送控制消息。WSN 节点的采集参数不可修改，路由算法固定不变，我们分别在 WSN 网关节点和 WSN 普通节点中添加了控制层，WSN 网关节点会根据实际情况，将采集参数和路由算法写到任务包并通过控制消息和普通节点进行交互。普通节点中控制层程序保存任务列表（类似于 FlowTable）。普通节点中的采集参数和路由算法都是可变的。

3. WSN 网关节点控制程序实现

WSN 网关节点处理云数据中心的控制指令的步骤如下。

（1）WSN 网关节点接收到从云数据中心发送的控制命令，这些命令带有如下参数：目标区域，传感数据类型，检测时间段，检测频率，延时，可靠性。

（2）WSN 网关节点中有整个 WSN 的全局视图，根据目标区域要求，计算出符合传感类型距离最近的节点作为源节点。同时，根据云数据发送和到达参数选择相应的路由算法。根据约定的格式把路由算法写入任务包，具体可参看任务包路由算法说明。

（3）为了全网负载均衡，WSN 网关节点需要根据源节点负载对其发送角度进行调整，源节点向 WSN 网关节点发送程序时，每个节点都可以分多径进行传输，比如有 3 个源节点，每个节点 5 条路，则总数为 15 个路径。WSN 网关节点上的控制程序根据源节点的使用情况动态设置这些路径，然后将设置好的路径填写到任务包中并发送到源节点。这种实现方式使得 WSN 网关节点段的控制程序比较复杂，而且每次有新的任务来临时，都可能需要重新计算所分配的路径。为了简化计算，WSN 网关节点只计算每个源节点承担的应用流量，然后根据源节点承担流量的比例为其分配某一个角度范围；承担流量的比例越大，所分配的角度范围越大。因此，承担任务较大的源节点就可以将转发的路径分布到更大的范围，从而使得整体能耗均衡，以延长 WSN 的网络寿命。

（4）WSN 网关节点将相应的参数填写到传感节点任务包中，发送到各源节点中，同时 WSN 网关节点将节点任务保存起来。每次有一条新的任务或者一个任务结束，都会触发 WSN 网关节点重新计算每个源节点的发送角度并发送任务包给每个源任务节点。

4. WSN 软件定义任务包

WSN 软件定义任务包是 WSN 网关节点往源节点发送的包接口，包结构如图 9-47 所示。其中传感器参数有 SensorType、TimeBegin、TimeEnd、Freq；路由算法参数有 AngleBegin、AngleEnd、Path、R_k、R_Energy、R_Distance、R_Delay。各个包域说明如下。

TaskID：唯一标识任务 ID。

Src：指需要传输数据的源节点编号。

SensorType：表示传感类型，当一个传感平台上有多个传感器时使用。

TimeBegin 和 TimeEnd：指定每日需要传输的时间段，我们将最小单位设置为 10 min。每日最大为 $24\times60/10=144$。比如 TimeBegin$=36$ 表示每日 6:00AM 开始测试数据。当 TimeBegin 和 TimeEnd 都为 0 时，则表示删除该任务。

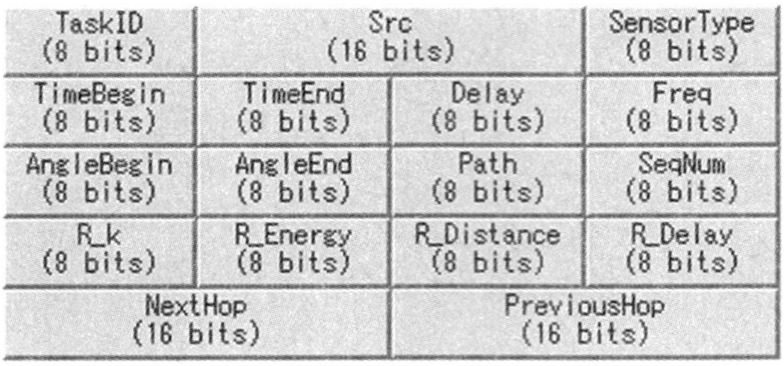

图 9-47　传感节点任务包结构

Delay：延时要求，这个要求与 WSN 的传输半径有关。当传感节点数据包发出时，带有 Delay 字段的数据包，其中间转发节点可根据这个字段动态调整。当节点延时要求比较松时，可以指定距离较近的邻居节点或者延迟发送；反之，则选择距离较远的邻居节点发送。

Freq：表示发送数据周期，最小单位为 1 min。

AngleBegin 和 AngleEnd：表示该任务发动的角度范围。

Path：表示发送路径，因为在源节点和 WSN 网关节点之间可以多径传送多径发送数据，有时为了避免路径传送次数过多导致能量消耗过大，或者为了避免相近的节点相互干扰，需要指定路径传送。因为涉及多径发送，这里使用每个 bit 表示一条路径。通常来说，Path 值由 WSN 网关节点指定；如果为 0，则由传感节点控制程序根据能源均衡情况自己选定。

R_k、R_Energy、R_Distance、R_Delay：这四个包域是选择下一跳节点算法的设定参数。其中，R_k 为参数值，因为选择下一跳节点基本上要考虑的参数为剩余能量、距离和延时这三个参数。R_Energy、R_Distance、R_Delay 分别表示能量、距离和延时的幂值。

比如，当 R_k＝1.5，R_Energy＝1，R_Distance＝－2，R_Delay＝0 时，下一跳节点选择的路由算法可以解析为

$$f = 1.5 \times \frac{e}{d^2} \times \tau^0 \tag{9-1}$$

式中：τ 为包的延时要求，τ 的幂值为 0 表示忽略了延时要求；d 为到理想节点距离；e 为节点剩余能量。这样路由算法的参数就写入任务包内部，网关节点可以随时改变路由算法的参数。

从这个任务包可以看到，网关节点可以通过这个任务包控制普通节点的多项参数，包括采集数据类型（当传感器平台融合多个传感类型时）、采集时间、频率和路由参数（发送角度范围、路径，以及选择下一跳的算法参数），体现了软件定义 WSN 的思想。

5. 源节点控制程序

当应用分发的任务包到达源节点时，源节点中的控制器将任务存储在本地列表中。这个列表类似于 SDN 中的 FlowTable，但又比 FlowTable 多了传感器的参数。

当节点将任务保存在任务列表中之后，节点上的控制程序每分钟都要检测是否需要检测环境数据。其检查程序流程如图 9-48 所示。首先遍历 Task 列表，检查每一个 Task，如果发现某个 Task 的时间段的发送周期已到，则查看是否已经有保存起来的该

传感类型的 job,没有的话则保存为一个单独的 job,有的话则检查是否需要合并。属于同一 Delay 和 Path 的 Task 可以合并为一个 job。最后遍历结束,输出并执行 job 列表,并按照列表指定的参数采集数据。

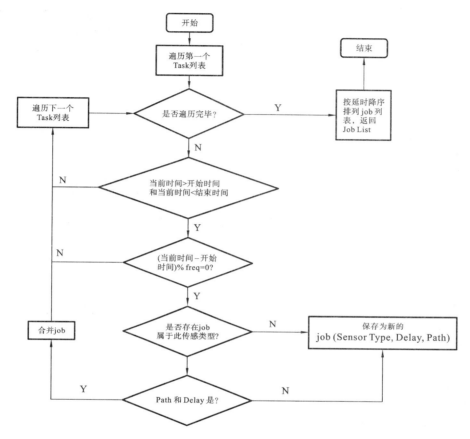

图 9-48 传感器节点控制器处理流程

采集数据结束之后,源节点根据 job 列表指定的路由参数开始发送数据。其中 AngleBegin 和 AngleEnd 指定了发送的角度范围,Path 参数指定了是否采用多径传输,下一跳参数则指定了下一跳选择算法。找到下一跳节点之后,将路由参数并入数据包发送给下一跳节点,下一跳节点转发数据包直到发送到网关节点。网关节点最后将数据通过广域网发送到云数据中心。

6. 邻居节点的剩余能量发现

节点在选择下一跳节点时,考虑的因素除了距离、延时之外,还要考虑节点剩余能量,获知邻居节点的剩余能量可以通过以下几种方式。

(1) 通过互相之间的定期通知来实现。这种方法的优点是可以比较精确地通知到邻居节点,缺点是需要定期广播数据。

(2) 通过添加控制节点来实现。在 WSN 中设置多个控制节点,每个控制节点负责一定区域节点的能量均衡,在节点转发时,推荐剩余能量较高的节点作为转发节点。实现这种方法的难点在于控制节点和当前转发数据的节点视角范围不一样,不一定能推荐最优节点给转发节点。

这里我们提出一种不用设置专门控制层节点,让转发节点使用软件估算邻居节点能量的方法。

因为节点耗能最高的部分是发送数据,当某节点 A 的邻居节点 B 发送数据时,如果是广播包,则 A 可以直接收到;如果不是广播包,这个包可以被 A 在 MAC 层偷听(overhear)到,MAC 层检测到这个包不是发给本节点,则不再往上层发送。

这里我们修改了 MAC 协议,将 Overhear 到 B 的数据包也发送到统计进程中进行统计,传给上层网络层作为选择路由时使用。这样节点 A 根据数据包计算节点 B 的发送能耗的公式为

$$e_S = e_{fix} + e_{unit} \times p_{size} \tag{9-2}$$

$$e_{send} = \sum e_{broadcast} + \sum e_S \tag{9-3}$$

式中:e_{fix} 为发送数据包的固定能耗;e_{unit} 为单位能耗,p_{size} 为包大小。这样就得到节点 B 单次发送数据的能耗了。$e_{broadcast}$ 为 B 广播一次的能耗(计算公式类似于 e_S),如式(9-3)所示。这样,节点 A 将每次接收到邻居节点 B 的广播包能量和 Overhear 的包能量累加,就可以得到邻居节点 B 的发送能量了,从而形成每个邻居的发送能量列表,如表 9-4 所示。这样,节点 A 就可以根据邻居节点的剩余能量和距离选择下一跳转发数据的节点。

表 9-4　邻居节点参数表

节 点 编 号	节点横坐标	节点纵坐标	节点已发送能量
节点 B	150	261	0.07
节点 C	160	253	0.04
⋮	⋮	⋮	⋮

9.4.3　北向接口设计

北向接口负责控制层与各种业务应用之间的通信,应用层各项业务通过编程方式调用所需网络抽象资源,掌握全网信息,方便用户对网络配置和应用部署等业务的快速推进。应用层通过北向接口 API 和控制层进行交互,这里分为数据中心和传感网两个方面说明。

1. 云数据中心北向接口设计

云计算应用层程序的一个重要功能就是协调不同应用需求,不同应用可能向传感网同一区域提出不同的采集需求,这些采集需求可能有所重叠。比如两种应用 A 和 B 都需要检测某个用户 ECG 数据。A 应用要求 5 min 一次,B 应用要求 30 min 一次,显然应用 B 可以利用应用 A 的数据,而不需要将此需求发送给 WSN。这样就减少了 WSN 的重复数据采集和传输。实际上在控制中心存储了应用 A 和应用 B 的需求。但是只下发了应用 A 的需求到 WSN 中。对于 WSN 来说,并不知道所检测的是哪个应用数据。当然有可能两个应用的数据周期并不成倍数,比如应用 A 要求 5 min 一次,应用 B 要求 7 min 一次,这样的需求我们交给 WSN 中的源节点控制程序去处理。

一个新的业务需求在云数据中心生成的步骤如下。

（1）用户（如医生）需要查看某个患者的某项参数，比如患者 A 的脑电图数据，端到端延时为 5 s，间隔为 10 min，时间是 15：00—17：00。用户通过系统下达了新任务，同时设定了任务的优先级。

（2）新任务到达云数据中心的应用层，应用层向控制层索取当前虚拟机和业务需求列表，寻求当前空闲的虚拟机，如果没有新的虚拟机可用，将启动新的虚拟机，通过控制层将该任务指派给虚拟机。

（3）物理层虚拟机接收到新的任务之后，将该任务通过预先指定的格式通过传输网发送到传感网。

云数据中心的北向接口设计了 3 个 API，分别介绍如下。

（1）应用层操作虚拟机运行参数函数 OperateCloudVM，该函数发送到控制层，控制层根据不同参数完成对虚拟机的新建、删除和查询操作，并将结果返回给应用层。

（2）应用层索取应用需求列表中的索取函数 OperateCloudTask，控制层根据不同参数对任务进行新建、删除和查询操作，并将结果返回给应用层，这个函数会触发数据中心向 WSN 发送对应的业务请求。

（3）应用层根据当前业务需求向控制层下达新任务命令函数 AppNewTask，并指定任务对应的虚拟机。

2. 传感网的北向接口实现

传感网北向接口和控制层的接口函数有如下三种。

（1）应用层向控制层查询传感网参数函数 RequestWSNParam，包括传感网节点个数、分布情况、节点平均剩余能耗等。

（2）应用层向控制层查询传感网承担的业务 RequestWSNTask，控制层接收到该函数后，返回所有业务列表，包括承担每个业务的源节点参数。

（3）应用层对业务需求的设置函数 SetWSNTask。当业务需求从云数据中心传到 WSN 网关节点时，位于 WSN 网关节点的应用层首先接收到该业务需求，然后应用层向控制层查询任务列表，将现有任务通过该函数插入一个新的任务，当然也可以修改或删除一个任务，然后控制层将新的任务指定给 WSN 网关节点。

9.4.4　模型实现

1. WSN 网关节点设计

1）OPNET 节点模型

WSN 网关节点作为 WSN 和外界信息交互的节点，需要能够兼容 WSN 的无线通信协议和传输网的 IP 协议，这里我们设计了 WSN 网关节点的 OPNET 模型，如图9-49所示。

图 9-49 中，模型由左边的 WSN Node 节点模型和右边的 Ethernet workstation 节点模型结合，图中的灰色粗虚线为 WSN 的数据流，经过源节点多跳到达网关节点后，再经过 wireless_lan_mac 层、wlan_mac_intf 层、network 和 IoT 层，封装为 UDP 包，经过 IP 协议栈转发出去。

黑色粗虚线为控制流，控制流和数据流的方向相反，从云数据中心，经过传输网到达网关节点之后，网关节点将控制流的 IP 包转化成相应的 WSN 包，经过 WSN 协议栈

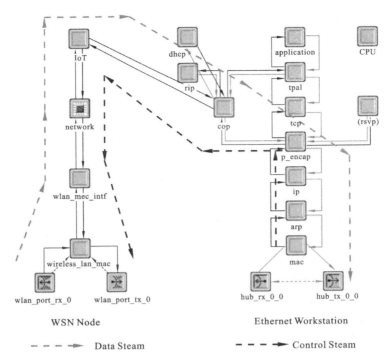

图 9-49 WSN 网关节点模型

转发,然后多跳发送给源节点。

2) IoT 进程模型

IoT 进程模型如图 9-50 所示。SendPkToWSN 状态负责接收 Internet 上的 UDP 包,然后提取对应的包域,将其转换为 OPNET 内部包格式。SendPKToBackbone 状态则负责将 OPNET 内部包封装为 UDP 包发送到 Internet 上。

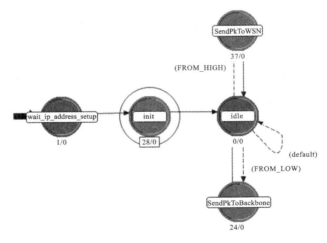

图 9-50 IoT 进程模型

因为 IoT 进程封装的包是基于 UDP 之上的,因此搭建自定义应用层协议栈,通过 UDP 协议逐层封装,先需要对该应用层进行相关初始化,如获取与 UDP 协议栈进行包流通信时的流索引号,获取本节点的端口号及 IP 地址等。代码如下。

```
/* 初始化 ICI,设置 UDP 端口号。*/
ip_encap_req_ici_ptr=op_ici_create ("udp_command_v3");
op_ici_attr_set (ip_encap_req_ici_ptr, "local_port", port_num);
op_ici_install (ip_encap_req_ici_ptr);
ip_module_data_ptr=ip_support_module_data_get (my_node_objid);
/* 查找到 UDP 模块对象编号。*/
op_prg_list_init (&proc_record_handle_list);
oms_pr_process_discover (OPC_OBJID_INVALID,
        &proc_record_handle_list,
    "node objid", OMSC_PR_OBJID,my_node_objid,
    "protocol",OMSC_PR_STRING,"udp",OPC_NIL);
process_record_handle=(OmsT_Pr_Handle) op_prg_list_remove
    (&proc_record_handle_list, OPC_LISTPOS_HEAD);
oms_pr_attr_get (process_record_handle, "module objid", OMSC_PR_OBJID, &udp_
objid);
/* 向 UDP 进程发送远程中断,注册端口号。*/
op_intrpt_force_remote (UDPC_COMMAND_CREATE_PORT, udp_objid);
```

UDP 模块接到 UDPC_COMMAND_CREATE_PORT 中断之后,在列表中建立一条新的索引,将对应的端口和流连接起来,当收到新的数据包到来信息时,再根据新建立的索引将包发送到对应的模块中。

该协议栈与 UDP 层进行通信主要通过 ICI 指针"udp_command_v3"通告 UDP 层所用的端口号及接收端的 IP 地址等信息。当应用层收到 UDP 包之后,读取 udp_command_v3 的 ICI 里的远程端口号作为回传的目的端口;发送包时,则在 udp_command_v3_ICI 里填充本地 IP 地址及目的 IP 地址,本地端口号及目的端口号,最后将该 ICI 与包绑定后发送出去。

3) IoT 与 UDP 进程通信

IoT 进程与 UDP 进程之间通信时,为了让 UDP 进程知道将数据包发往 IoT 进程进行处理,需要进行协议登记。主要代码在 IoT 进程初始化里的 ip_traf_gen_dispatcher_register_self()函数中。

```
static void
ip_traf_gen_dispatcher_register_self (void)
{
    char              proc_model_name [128];
    OmsT_Pr_Handle    own_process_record_handle;
    Prohandle         own_prohandle;
    /* 从 IP 获取更高层协议 ID,并在模型范围的流程注册表中注册此流程以供下层
    发现。*/
    FIN (ip_traf_gen_dispatcher_register_self ());
    /* 将 RPG 注册为 IP 层上的更高层协议,并检索自动分配的协议 ID。*/
    higher_layer_proto_id=IpC_Protocol_Unspec;  /* 未定协议类型 */
    /* 登记协议。*/
    Ip_Higher_Layer_Protocol_Register ("ip_traf_gen", &higher_layer_proto_id);
```

```
/* 获取进程模型名称和进程句柄。*/
op_ima_obj_attr_get (my_objid, "process model", proc_model_name);
own_prohandle＝op_pro_self ();
/* 在模型范围的进程注册表中注册此进程。*/
own_process_record_handle＝(OmsT_Pr_Handle) oms_pr_process_register
(my_node_objid, my_objid, own_prohandle, proc_model_name);
/* 将 protocol 属性设置为我们在 Ip_Higher_Layer_Protocol_Register 中使用的相
同字符串。这对 ip_encap 发现这个过程是必要的。同时设置模块对象 ID。*/
oms_pr_attr_set (own_process_record_handle,
          "protocol", OMSC_PR_STRING, "ip_traf_gen",
          "module objid",OMSC_PR_OBJID,my_objid,
          OPC_NIL);
IoT_create_udp_rcv_port(12347);
FOUT;
}
```

主要用到了 OMS 中 Process Registry 的两个函数,如表 9-5 左列所示。

表 9-5 Process Registry 函数

Entry 函数	Query 函数
oms_pr_process_register()	oms_pr_process_discover()
oms_pr_attr_set()	oms_pr_attr_get()

下面是注册 UDP 端口的代码,用来通过 ICI 通知 UDP 要发送包的端口。

```
static int
IoT_create_udp_rcv_port (int port_num)
{
    int                    ind;
    OmsT_Pr_Handle         process_record_handle;
    /* 通过 UDP 进程注册应用的接收端口。*/
    FIN (IoT_create_udp_rcv_port (port_num));
    /* 发出 CREATE_PORT 命令。*/
    ip_encap_req_ici_ptr＝op_ici_create ("udp_command_v3");
    op_ici_attr_set (ip_encap_req_ici_ptr, "local_port", port_num);
    op_ici_install (ip_encap_req_ici_ptr);
    ip_module_data_ptr＝ip_support_module_data_get (my_node_objid);
    /* 获得 UDP 进程模型的 process registry。*/
    op_prg_list_init (&proc_record_handle_list);
    oms_pr_process_discover (OPC_OBJID_INVALID, &proc_record_handle_list,
    "node objid",OMSC_PR_OBJID,     my_node_objid,
        "protocol",     OMSC_PR_STRING,     "udp",
        OPC_NIL);
    process_record_handle＝(OmsT_Pr_Handle) op_prg_list_remove (&proc_record_
    handle_list, OPC_LISTPOS_HEAD);
```

```
/* 获得 UDP 模块对象 ID。*/
oms_pr_attr_get (process_record_handle, "module objid", OMSC_PR_OBJID,
&udp_objid);
/* 重要的一句。*/
op_intrpt_force_remote (UDPC_COMMAND_CREATE_PORT, udp_objid);
/* 从 ici 获取状态指示。*/
op_ici_attr_get (ip_encap_req_ici_ptr, "status", &ind);
FRET (ind);
}
```

如图 9-51 所示，在 NDN 模型中，以 NDN_workstation_pdf_dist 节点模型为例。

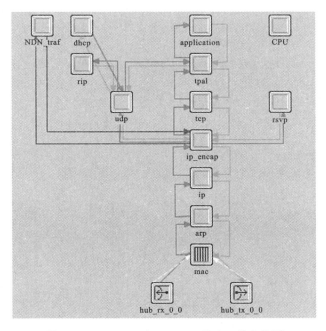

图 9-51　NDN_workstation_pdf_dist 节点模型

和前文一样，NDN_traf 进程模块需要协议注册，就是少了 IoT_create_udp_rcv_port(12347)。

```
static void
ip_traf_gen_dispatcher_register_self (void)
    {
    char                proc_model_name [128];
    OmsT_Pr_Handle          own_process_record_handle;
    Prohandle               own_prohandle;
    FIN (ip_traf_gen_dispatcher_register_self ());
    higher_layer_proto_id=IpC_Protocol_Unspec;
    Ip_Higher_Layer_Protocol_Register ("ip_traf_gen", &higher_layer_proto_id);
    op_ima_obj_attr_get (my_objid, "process model", proc_model_name);
    own_prohandle=op_pro_self ();
    /* 在模型范围的进程注册表中注册此进程。*/
```

```
own_process_record_handle=(OmsT_Pr_Handle) oms_pr_process_register
(my_node_objid, my_objid, own_prohandle, proc_model_name);
oms_pr_attr_set (own_process_record_handle,
           "protocol", OMSC_PR_STRING, "ip_traf_gen",
           "module objid",OMSC_PR_OBJID,my_objid,
           OPC_NIL);
FOUT;
}
```

2. WSN 网络层与 IoT 层进程数据包跟踪

1）网络层进程数据包跟踪

（1）找到源节点。

（2）跟踪源节点到 NotifyAppSendData 状态。

（3）跟踪到 GPSR 状态，看到节点 MyID 变化，持续跟踪可以了解数据包经过的节点路径。

（4）当下一跳节点是 1 时（即 Sink 节点），这时可跟踪到 Sink 状态。

（5）在 Sink 状态，节点将数据包发送到 1 端口，查看节点连接状态如图 9-52 所示。

```
op_pk_send(pkptr,1);
network [1] —> IoT [1]
```

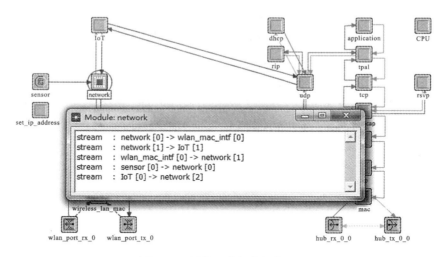

图 9-52　网络层进程数据包跟踪

（6）说明数据包传到了 IoT 层，如图 9-52 所示。

2）IoT 层进程数据包跟踪

（1）在 SendPkToBackbone 状态捕捉数据包。

```
op_pk_send_forced (pkptr, 1);
stream     :  IoT [1]—>udp [4]
```

（2）数据包传到了 UDP 层，如图 9-53 所示。

（3）在 SendPkToWSN 状态捕捉数据包。

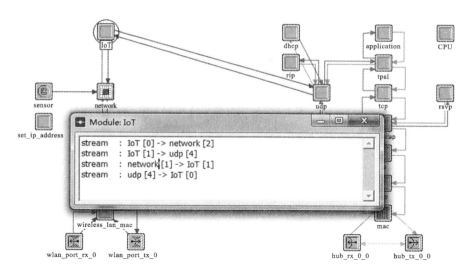

图 9-53　IoT 层进程数据包跟踪

（4）在控制台 ODB 使用 ltrace sitl 跟踪 SITL 数据包的一些信息如下。

① 从 SIM 发送数据包，可以看到最开始不知道的目的 MAC 地址，如图 9-54 所示。

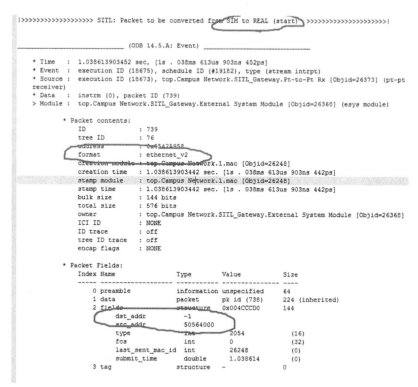

图 9-54　SIM 发送数据包

② 数据中心返回它的 MAC 地址，如图 9-55 所示。

③ 发送数据包，可以看到数据包一层一层封装的过程，如图 9-56 所示。

④ 数据中心返回数据包（只包含 Ack），如图 9-57 所示（省略部分细节）。

图 9-55　数据中心返回 MAC 地址

9.4.5　仿真实验

设置 WSN 仿真参数如表 9-6 所示。

表 9-6　WSN 仿真参数

参　　数	值
Network Size	375 m×375 m
Topology mode	Randomized
Total sensor node	140
Data Rate at Mac Layer	2 Mb/s
Transmission range of sensor node	40～70 m

1. 多应用的多径设计

当多个应用在某个时间集中使用某个区域或者某个 Source 时,该 Source 使用多条路径向目标节点发送任务,每条路径的分配根据任务的延时需求进行分配,比如 delay 较小的任务通过中间的直线路径进行传送;反之,端到端延时需求不严格的,可以绕路进行发送。图 9-58 所示的为节点运行之后的发送途径。源节点有 309、2 和 75,其中 309 节点承担了 4 个应用的任务,2 节点和 75 节点分别只承担了一个应用任务,每个任务的流量一样,总的角度范围设置为 180°。

从图中可以看到,309 节点发送到 WSN 网关节点的 4 条路径分布在 120°范围内,

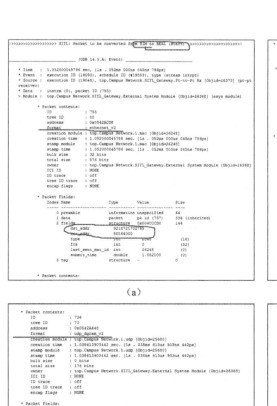

图 9-56　数据包封装过程

而 2 节点和 75 节点则各占到 30°,通过分配给它们的角度发送了数据。这样 309 节点承担的应用能够均匀分布在所分配的角度范围,避免了它因为经过的转发节点过多而过早耗尽能量,从而延长了 WSN 的生存时间。

　　我们设置每条路径的传感器测试频率为 0.5 s,发送数据包大小为 1 k,仿真了单路和多径传输的 WSN 的寿命,如图 9-59 所示。可以看到 SDN-CPS(Healthcare)采用多径传输,使整个网络的能耗分布更均衡,其网络寿命显著超过了传统的单路传输的网络寿命。

```
* Packet contents:
    ID             : 759
    tree ID        : 84
    address        : 0x0542A4F8
    format         : DATACENTER
    creation module : top.Campus Network.SITL_Gateway.External System Module [Objid=26368]
    creation time  : 1.056999206543 sec. [1s . 056ms 999us 206ns 543ps]
    stamp module   : top.Campus Network.SITL_Gateway.External System Module [Objid=26368]
    stamp time     : 1.056999206543 sec. [1s . 056ms 999us 206ns 543ps]
    bulk size      : 0 bits
    total size     : 8 bits
    owner          : top.Campus Network.SITL_Gateway.External System Module [Objid=26368]
    ICI ID         : NONE
    ID trace       : off
    tree ID trace  : off
    encap flags    : NONE

* Packet Fields:
    Index Name              Type         Value         Size
    =====================================================
       0 Ack                integer         1             8
```

图 9-57   数据中心返回 Ack 数据包

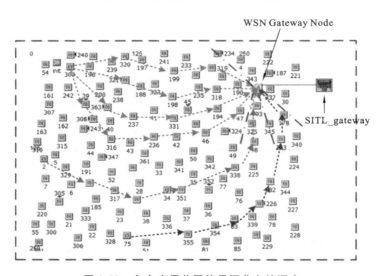

图 9-58   多个应用共同使用源节点的调度

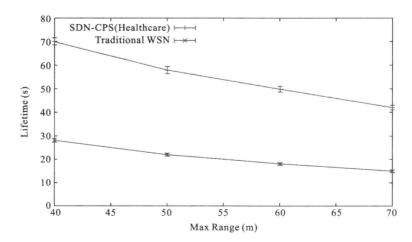

图 9-59   网络寿命对比

2. 应用级数据共享

我们设置两种应用 A 和 B 都需要检测用户 ECG。A 应用要求每 5 分钟一次,B 应用要求每 15 分钟一次。仿真时间为 24 小时。

在传统的 WSN 情况下,应用 A 和 B 的数据都会检测发送。而在 SDN-CPS (Healthcare)中,因为应用 A 的数据包括应用 B 的数据,因此只需要在云数据中心将应用 A 的数据做筛选发给应用 B 即可。从而节省了传送应用 B 所需的能量。两种情况运行的 WSN 能耗的结果如图 9-60 所示,可以看到在应用级数据共享的情况下,SDN-CPS(Healthcare)比传统的 WSN 的能耗大为减少。

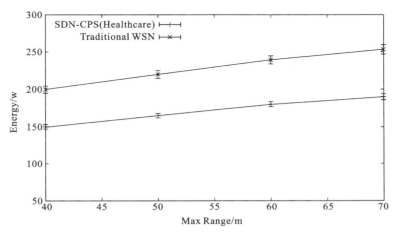

图 9-60 能耗对比

3. 传感平台共享

这里我们对 SDN-CPS(Healthcare)共享传感器的情况进行了仿真,对比了四种传感平台共享方案的耗能情况。

假设在无线传感网中检查患者的生理数据、运动数据和环境数据,生理数据包括体温、血压、血糖和 ECG,环境数据包括外界温度、噪声和湿度。每个数据都有相应的传感器进行检测。每个应用的取样速率如表 9-7 所示。每个应用可以集成的 4 种平台如表 9-8 所示。

表 9-7 传感网取样频率(min)

参 数	频率(min)	大小(kb)	参 数	频率(min)	大小(kb)
Body temperature	5	1	Gyroscope	1	10
Blood pressure	15	1	Temperature	5	1
Blood glucose	120	1	Humidity	5	1
ECG	5	2	Noise	5	40
Accelerometer	1	5			

表 9-8   四种传感平台共享方案

共享模式	传 感 平 台	数量
S1	Every Parameter have a Sensor Platform	5
S2	[Body temperature],[Blood pressure], [ECG],[Accelerometer, Gyroscope],[Temperture, Humidity],[Noise]	4
S3	[Body temperature, Blood pressure], [ECG],[Accelerometer, Gyroscope],[Temperture, Humidity, Noise]	2
S4	[Body temperature, Blood pressure, ECG, Accelerometer, Gyroscope][Temperature, Humidity, Noise]	1

这 4 种平台分别表示了不同的集成情况,S1 表示需要 5 个传感平台检测数据进行发送。S2 则需要 4 个传感平台发送数据。S3、S4 分别需要 2、1 个传感平台发送数据。为求公正,我们选择距离 WSN 网关节点相同距离的节点进行对比,仿真时间为 24 小时。仿真结果如图 9-61 所示,从图中可以看到从 S1 到 S4 传感节点的共享程度越高,消耗的能量越小。

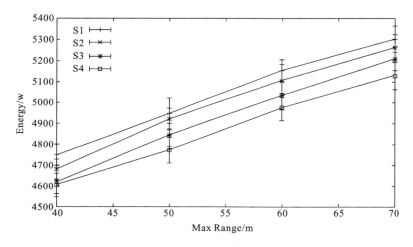

图 9-61   不同共享方案能耗对比

10

窄带蜂窝物联网仿真

10.1 NB-IoT 发展简介

窄带蜂窝物联网(narrow-band internet of things,NB-IoT)是 3GPP 为智能电表、环境监测等以传感和数据采集为目标的应用场景提出的一种新型 LPWA 技术,具有海量连接、超低功耗、广域覆盖与深度覆盖、信令与数据相互触发等优势,同时也具备良好的通信网络支撑,因此拥有广阔的发展前景[17]。图 10-1 详细介绍了 NB-IoT 的主要特性,NB-IoT 能够满足在 180 kHz 的传输带宽下支持覆盖增强(提升 20 dB 的覆盖能力)、超低功耗(5 Wh 电池可供终端使用 10 年)、巨量终端接入(单扇区可支持 50000 个连接)的非延时敏感(上行延时可放宽到 10 s 以上)的低速业务(支持单用户上下行至少 160 b/s)需求。

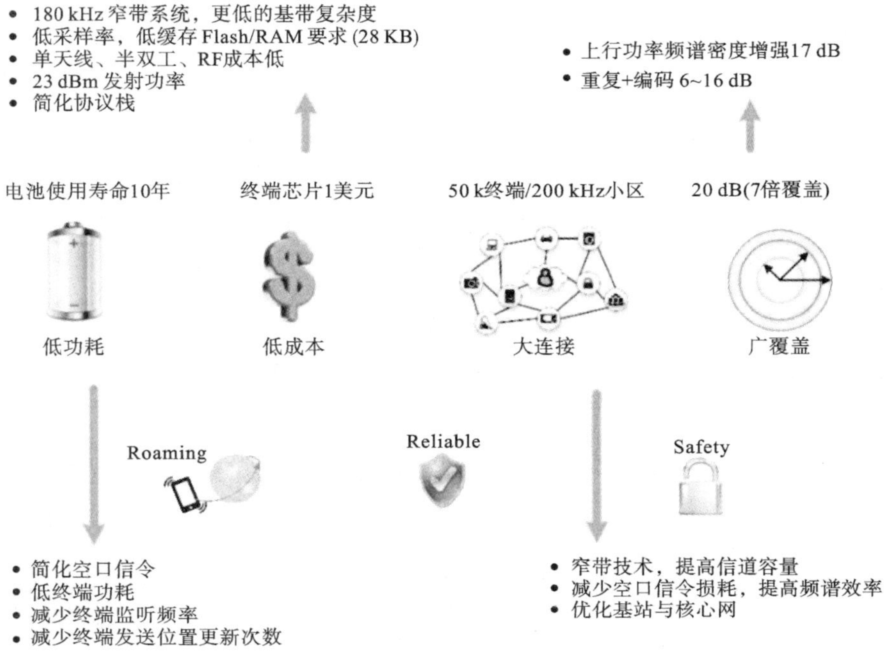

- 180 kHz 窄带系统,更低的基带复杂度
- 低采样率,低缓存 Flash/RAM 要求 (28 KB)
- 单天线、半双工、RF成本低
- 23 dBm 发射功率
- 简化协议栈

- 上行功率频谱密度增强17 dB
- 重复+编码 6~16 dB

电池使用寿命10年   终端芯片1美元   50 k终端/200 kHz小区   20 dB(7倍覆盖)

低功耗   低成本   大连接   广覆盖

Roaming   Reliable   Safety

- 简化空口信令
- 低终端功耗
- 减少终端监听频率
- 减少终端发送位置更新次数

- 窄带技术,提高信道容量
- 减少空口信令损耗,提高频谱效率
- 优化基站与核心网

图 10-1 NB-IoT 的主要特性

由于 NB-IoT 将采用现有的 LTE 功能,包括 numerologies、downlink orthogonal frequency-division multiple-access (OFDMA)、uplink single-carrier frequency-division multiple-access (SC-FDMA)、channel coding、rate matching、interleaving 等针对物理层和空口高层、接入网以及核心网进行改进和优化,以满足上述预期目标。因此可以重复使用相同的硬件设施,也可以共享频谱资源而不存在兼容性问题。这就允许我们使用现有的基础设施低成本、快速地部署 NB-IoT。对于较新的设备站点,可以通过软件升级来支持 NB-IoT。然而,旧设备可能无法同时支持 LTE 和 NB-IoT,需要进行硬件升级。在这种情况下,可以在现有的单元站点逐步升级到 NB-IoT 的情况下,分阶段地进行 NB-IoT 部署,而无需升级所有站点上的硬件。这样逐步部署 NB-IoT,直到所有站点都完成升级。通过这种方法,NB-IoT 模块可以逐步部署到 LTE 核心网络中,这使得所有的网络服务,如身份验证、安全、策略、跟踪和计费等都得到了充分支持。这将显著降低开发全规格网络所需的时间。此外,现有的 LTE 设备和软件供应商也将大大减少开发 NB-IoT 产品的时间。3GPP 的物联网工作项目的规范阶段于 2015 年 9 月开始,核心规范在 2016 年 6 月完成。

10.1.1 NB-IoT 物理层特性

NB-IoT 系统支持 3 种操作模式:独立操作模式、保护带操作模式及带内操作模式,如图 10-2 所示。独立操作模式是利用目前 GSM/EDGE 无线接入网(GERAN)系统占用的频谱,替代已有的一个或多个 GSM 载波;保护带操作模式则是利用目前 LTE 载波保护带上没有使用的资源块;带内操作模式利用的是 LTE 载波内的资源块。

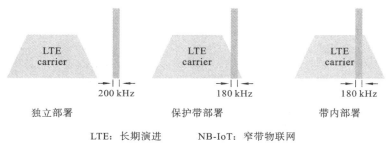

独立部署   保护带部署   带内部署

LTE:长期演进   NB-IoT:窄带物联网

图 10-2 NB-IoT 支持的 3 种操作模式

10.1.2 NB-IoT 下行链路

NB-IoT 系统下行链路的传输带宽为 180 kHz,采用了与现有 LTE 相同的 15 kHz 的子载波间隔,下行多址方式(采用正交频分多址(OFDMA)技术)、帧结构(时域由 10 个 1 ms 子帧构成 1 个无线帧,但每个子帧在频域只包含 12 个连续的子载波)和物理资源单元等也都尽量沿用了现有 LTE 的设计。

针对 180 kHz 下行传输带宽的特点以及满足覆盖增强的需求,NB-IoT 系统缩减了下行物理信道类型,重新设计了部分下行物理信道、同步信号和参考信号,包括重新设计了窄带物理广播信道(NPBCH)、窄带物理下行共享信道(NPDSCH)、窄带物理下行控制信道(NPDCCH)、窄带主同步信号(NPSS)/窄带辅同步信号(NSSS)和窄带参考信号(NRS);不支持物理控制格式指示信道(子帧中起始 OFDM 符号根据操作模式和系统信息块 1(SIB1)中的信令指示);不支持物理混合重传指示信道(采用上行授权来进行窄带物理上行共享信道(NPUSCH)的重传);在下行物理信道上引入了重复传输机制,通过重复传输的分集增益和合并增益来提升解调门限,更好地支持下行覆盖增强。

为了解决增强覆盖下的资源阻塞问题(例如,为了按最大 20 dB 覆盖提升需求,在带内操作模式下,NPDCCH 需要 200～350 ms 重复传输,NPDSCH 需要1200～1900 ms 重复传输,如果资源被 NPDCCH 或 NPDSCH 连续占用,将会阻塞其他终端的上/下行授权或下行业务传输),引入了周期性的下行传输间隔。

10.1.3 NB-IoT 上行链路

NB-IoT 系统上行链路的传输带宽为 180 kHz,支持 2 种子载波间隔:3.75 kHz 和 15 kHz。对于覆盖增强场景,3.75 kHz 子载波间隔比 15 kHz 子载波间隔可以提供更大的系统容量,但是,在带内操作模式场景下,15 kHz 子载波间隔比 3.75 kHz 子载波间隔有更好的 LTE 兼容性。

上行链路支持单子载波和多子载波传输,对于单子载波传输,子载波间隔可配置为 3.75 kHz 或 15 kHz;对于多子载波传输,采用基于 15 kHz 的子载波间隔,终端需要指示对单子载波和多子载波传输的支持能力(如通过随机接入过程的 msg1 或 msg3 指示)以便基站选择合适的方式。无论是单子载波还是多子载波,上行都是基于单载波频分多址(SC-FDMA)的多址技术。对于 15 kHz 子载波间隔,NB-IoT 上行帧结构(帧长和时隙长度)和 LTE 相同,如图 10-3 所示;对于 3.75 kHz 子载波间隔,如图 10-4 所示,NB-IoT 重新定义了一个 2 ms 长度的窄带时隙,一个无线帧包含 5 个窄带时隙,每个窄带时隙包含 7 个符号,并在每个时隙之间预留了保护间隔,用于最小化 NB-IoT 符号和 LTE 探测参考信号(SRS)之间的冲突。

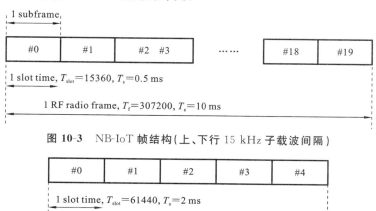

图 10-3 NB-IoT **帧结构(上、下行 15 kHz 子载波间隔)**

图 10-4 NB-IoT **帧结构(上行 3.75 kHz 子载波间隔)**

NB-IoT 系统也缩减了上行物理信道类型,重新设计了部分上行物理信道,包括重新设计了窄带物理随机接入信道(NPRACH)、NPUSCH;不支持物理上行控制信道(PUCCH)。

为了更好地支持上行覆盖增强,NB-IoT 系统在上行物理信道上也引入了重复传输机制。由于 NB-IoT 终端的低成本需求,配备了较低成本晶振的 NB-IoT 终端在连续长时间的上行传输时,终端功率放大器的热耗散导致发射机温度变化,进而导致晶振频率偏移,严重影响到终端上行传输性能,降低数据传输效率。为了纠正这种频率偏移,NB-IoT 中引入了上行传输间隔,让终端在长时间连续传输中可以暂时停止上行传输,并且利用这段时间切换到下行链路,利用 NPSS/NSSS NRS 信号进行同步跟踪以及频偏补偿,通过一定时间补偿后(比如频偏小于 50 Hz),终端将切换到上行继续传输。

10.2　NB-IoT 模型的搭建

实现 NB-IoT 的部署与功能,是我们目前迫切渴望的目标。为了验证在未来真实世界中大规模部署 NB-IoT 网络的可行性,使用 OPNET 网络仿真平台搭建 NB-IoT 的网络架构是一个相对可行的方案。使用 LTE 的基础设施,对 NB-IoT 的物理层进行设计和实现,就可以快速搭建一个 NB-IoT 的网络架构。

10.2.1　NB-IoT 网络架构

NB-IoT 的目标业务场景绝大部分为小分组传输,一般没有条件提供长时间、连续的信道质量变化指示,因此 NB-IoT 没有设计动态链路自适应方案,而是通过设计不同的覆盖等级,根据终端所处的覆盖等级选取数据传输的调制与编码策略(MCS)及重复传输次数,实现了半静态链路自适应。MCS Index 如表 10-1 所示。常见的 3 种覆盖等级为常规覆盖(normal coverage)、增强覆盖(robust coverage)和极远覆盖(extreme coverage),分别对应 144 dB、154 dB 和 164 dB 3 种链路损耗(minimum coupling loss,MCL)。

表 10-1　MCS 索引表

MCS 索引(I_{MCS})	调制模式	TBS 索引(I_{TBS})	MCS 索引表(I_{MCS})	调制模式	TBS 索引(I_{TBS})
0	QPSK	0	15	16QAM	14
1	QPSK	1	16	16QAM	15
2	QPSK	2	17	64QAM	15
3	QPSK	3	18	64QAM	16
4	QPSK	4	19	64QAM	17
5	QPSK	5	20	64QAM	18
6	QPSK	6	21	64QAM	19
7	QPSK	7	22	64QAM	20
8	QPSK	8	23	64QAM	21
9	QPSK	9	24	64QAM	22
10	16QAM	9	25	64QAM	23
11	16QAM	10	26	64QAM	24
12	16QAM	11	27	64QAM	25
13	16QAM	12	28	64QAM	26
14	16QAM	13			

NB-IoT 网络架构主要分为如下所述的 5 个部分。

(1) NB-IoT 终端:支持各行业的 IoT 设备接入,只需要安装相应的 SIM 卡就可以接入到 NB-IoT 的网络中。

（2）NB-IoT 接入网：即 NB-IoT 基站，主要是指运营商已架设的 LTE 基站（eNodeB），从部署方式来讲，主要有 Section III 介绍的 3 种方式。

（3）NB-IoT 核心网：通过 NB-IoT 核心网就可以将 NB-IoT 基站和 NB-IoT 云平台进行连接。

（4）NB-IoT 云平台：在 NB-IoT 云平台可以完成各类业务的处理，并将处理后的结果转发到垂直行业中心或 NB-IoT 终端。

（5）垂直行业中心：垂直行业中心既可以获取到本中心的 NB-IoT 业务数据，也可以完成对 NB-IoT 终端的控制。

NB-IoT 的网络架构如图 10-5 所示。为了测试 NB-IoT 网络的覆盖范围，将整个网络从远程到近程划分为 4 个区域，并根据表 10-1 所示的 MCS index table 分别选择 4 MCSs（MCS 0、MCS 9、MCS 20 和 MCS28）作为每个区域的调制和编码策略，并以 MCS index ID 作为区域 ID。在每个区域内，我们部署了不同数量的 NB-IoT 终端，即 UE(user equipment)，代表不同移动用户携带的设备，这些设备以各区域内的本机 ID 进行命名。网络内所有的用户设备均与 NB-IoT 基站（改进的 LTE 基站，eNodeB）进行通信。图 10-6 给出了 NB-IoT eNodeB 模型，图 10-7 给出了 Lte_enb_as 的进程模型，图 10-8 给出了 Lte_as 的部分属性设置。

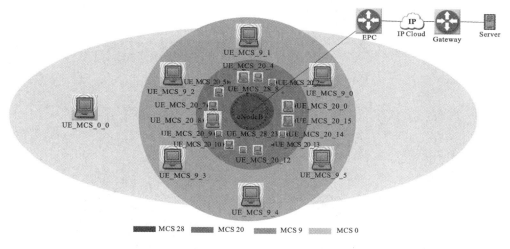

图 10-5　NB-IoT 网络架构

10.2.2　用户设备上行数据传输的过程及相关参数

UE 完成一次上行数据传输需要经历 NPRACH（narrow-band physical random access channel）数据传输请求、NPDCCH（narrow-band physical downlink control channel）反馈应答和 NPUSCH(narrow-band physical uplink shared channel)数据传输三个步骤，如图 10-9 所示。在此过程中，MCS 通过 PDCCH 被下发给 UEs，UEs 根据 MCS 值查表得到调制方式和 TBS(transmission block size)，进行下行解调或上行调制，而 UEs 连接的相应基站则根据 MCS 进行下行调制和上行解调。并且，当且仅当 NPRACH 数据传输请求被成功接收、有充足的 NPDCCH 资源对数据传输请求进行应

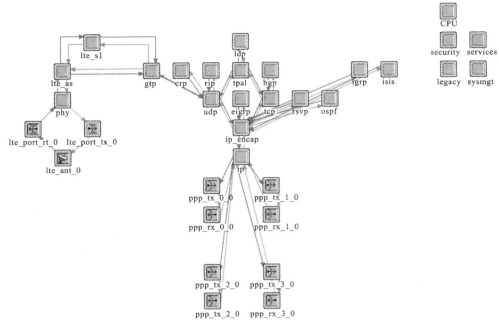

图 10-6　NB-IoT eNodeB 进程模型

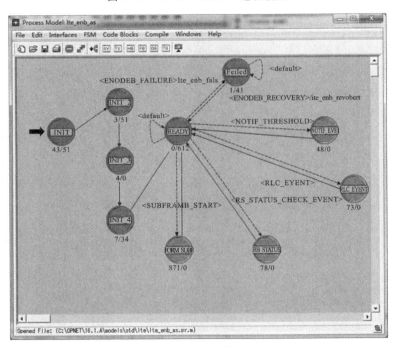

图 10-7　Lte_enb_as 的进程模型

答、有充足的 NPUSCH 资源承载此次数据业务量时，eNodeB 才会响应 UE 的上行数据传输请求，然后经由 NB-IoT 的核心网（evolved packet core，EPC）向 NB-IoT 云平台（IP Cloud）卸载数据处理或计算任务，或从 Server 获取数据。

表 10-2 列出了模拟过程中需要考虑的重要参数的值。选择这些值是为了反映 NB-IoT 网络的真实实现，并且考虑了先前的研究工作。模拟运行多次，呈现的结果是

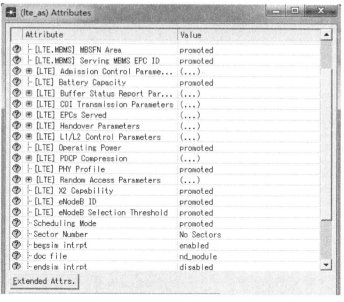

图 10-8　Lte_as 的部分属性设置

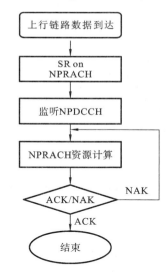

图 10-9　NB-IoT 上行数据传输流程及相关的物理信道

这些运行结果的平均值。

表 10-2　仿真参数

元　　素	属　　性	值
EPS 承受定义	QoS 类标识符	1（GBR）
	分配保留优先权	2
	上行链路最低比特率	32 Kb/s
	下行链路最低比特率	96 Kb/s
	上行链路最大比特率	32 Kb/s
	下行链路最大比特率	384 Kb/s

续表

元 素	属 性		值
物理层配置	UL SC-FDMA 信道	基频	1920 MHz
		带宽	0.2/3/5/10/15/20 MHz
		循环前缀类型	每个槽 7 个符号
	DL OFDMA 信道	基频	2110 MHz
		带宽	0.2/3/5/10/15/20 MHz
		循环前缀类型	每个槽 7 个符号
eNodeB	故障/恢复规范时间		200 s
UEs	电池容量		5
	最大传输功率		10 mW
	调制和编码方案索引		0/9/20/28
	运行功率		101

10.2.3 NB-IoT 中应用层的设置

在完成了 NB-IoT 的网络架构搭建以及用户设备上行数据传输分析的过程后,将 Ftp 应用作为仿真的一个实际场景进行设置(因为这个不是本章研究的重点,所以就采用了系统默认的 Ftp 参数),属性设置如图 10-10 所示。

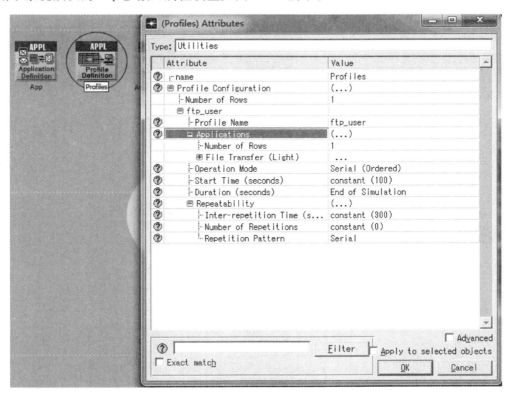

图 10-10 属性设置

部分应用层文件处理代码如下。

```
gna_profile_parser ()
    {
    Objid              profile_comp_objid;
    int               num_of_profiles;
    int               profile_index;
GnaT_Profile_Desc *   profile_desc_ptr;

    /* 此函数读取与类别名称"Profiles"对应的对象,并调用函数以读取配置文件的各
个字段。*/
    FIN (gna_profile_parser());

my_objid＝op_id_self ();

    /* 获取事务配置文件的复合对象。*/
    op_ima_obj_attr_get (my_objid, "Profile Specification", &profile_comp_objid);

    /* 查找事务配置文件中的条目数。*/
    num_of_profiles＝op_topo_child_count (profile_comp_objid, OPC_OBJTYPE_GENERIC);

    /* 调用配置文件解析器,以读取每个配置文件。*/
    for (profile_index＝0; profile_index ＜ num_of_profiles; profile_index＋＋)
        {
profile_desc_ptr＝gna_profile_desc_parser (profile_comp_objid, profile_index);

/* 在全局注册表中输入配置文件,其中第一个条目是配置文件的名称,第二个条目是
配置文件结构的指针。*/
oms_data_def_entry_insert ("Profile Descriptions", profile_desc_ptr-＞profile_name_ptr,
profile_desc_ptr);
}


    FOUT;
    }
```

10.2.4 仿真实验结果与分析

我们首先对比了 NB-IoT 网络与不同带宽下的 LTE 网络的延时和信道利用率,如
图 10-11 所示。由于 NB-IoT 的带宽较窄,其特性决定了最大数据率为 66.7 Kb/s,而
LTE 的数据率随带宽的变化可达 200 Kb/s～100Mb/s。

$$T_{\text{total}} = T_{\text{sent}} + T_{\text{tran}} + T_{\text{queue}} + T_{\text{proc}}$$

$$= \frac{L_{\text{frame}}}{v_{\text{sent}}} + \frac{L_{\text{channel}}}{v_{\text{tran}}} + T_{\text{queue}} + T_{\text{proc}} \tag{10-1}$$

$$\text{Utilization}_{\text{channel}} = \frac{L_{\text{frame}}}{v_{\text{sent}} \times C_{\text{sent}}} \tag{10-2}$$

式中：T_{sent} 表示发送延时(s)；L_{frame} 表示数据帧长度(b)；v_{sent} 表示发送速率(b/s)；T_{tran} 表示传播延时(s)；$L_{channel}$ 表示信道长度(m)；v_{tran} 表示电磁波在信道上的传播速率(m/s)；T_{total} 表示总延时(s)；T_{queue} 表示排队延时(s)；T_{proc} 表示处理延时(s)；$Utilization_{channel}$ 表示信道利用率；C_{sent} 表示发送周期(s)。

因此，根据公式(10-1)可知，在发送的数据帧长度固定的情况下，NB-IoT 的发送延时更长，如图 10-11(a)所示。但这样的延时结果仍然满足了 3GPP 规定的上行延时不高于 10 s 的要求。而当发送周期一定时，根据公式(10-2)，信道利用率与发送延时成正比，因此 NB-IoT 网络与 3 MHz、5 MHz、10 MHz、15 MHz 和 20 MHz 带宽下的 LTE 网络相比，其 PUSCH 利用率、PDSCH 利用率和 PDCCH 利用率更高，达到了 40%、42% 和 57%，如图 10-11(b)、图 10-11(c)、图 10-11(d)所示。

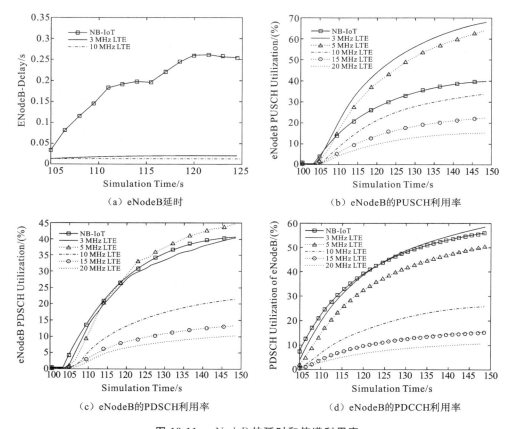

图 10-11　eNodeB 的延时和信道利用率

图 10-12 展示了 NB-IoT eNodeB 的吞吐量，约为 1 百万 bits/s，比 3 MHz、5 MHz、10 MHz、15 MHz 和 20 MHz 带宽下的 LTE 网络的吞吐量要小很多。侧面验证了 NB-IoT 的数据率更低，更适合服务于智能抄表、智能监测等低速率业务。图 10-13 展示了从 eNodeB 到 EPC 的 Queuing delay。排队延时与 eNodeB 缓存容量、服务器速度、队列长度和 EPC 分组到达速率有关。在本实验中，eNodeB 缓存容量、服务器速度、队列长度一定。而 NB-IoT 网络的接收流量速率更低，如图 10-13(a)所示，约为 30 万 bytes/s，是 20MHz 带宽下 LTE 网络的 25%。因此，NB-IoT 网络的排队延时比

3 MHz、5 MHz、10 MHz、15MHz 和 20 MHz 带宽下的 LTE 网络的排队延时更低,约为 0.1 ms,比常见的 20 MHz 带宽下的 LTE 网络产生的 0.24 ms 排队延时有了显著提升,如图 10-13(b)所示。与发送延时和传播延时相比,如此低的 Queuing 延时在总延时的计算中甚至可以忽略不计。

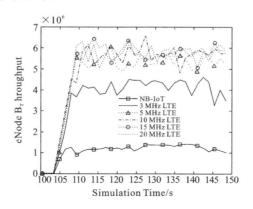

图 10-12　eNodeB 的吞吐量

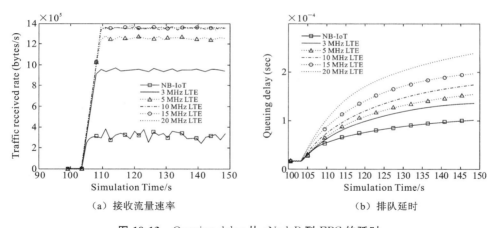

（a）接收流量速率　　　　　　　　　　（b）排队延时

图 10-13　Queuing delay 从 eNodeB 到 EPC 的延时

　　图 10-14 所示为 NB-IoT 网络与 20 MHz 带宽下的 LTE 网络的覆盖范围对比实验结果。本文从远程到近程划分的四个区域内分别选择了一个 UE,即 UE_MCS_0_0、UE_MCS_9_0、UE_MCS_20_0、UE_MCS_28_0,测试它们在 NB-IoT 和 LTE 网络运行过程中是否接收到 Ftp 业务流。由于 NB-IoT 的带宽比 LTE 网络的窄,因此其每秒接收到的 traffic bytes 比 LTE 网络少。如图 10-14(a)、图 10-14(b)所示,在两个远程区域内部署的 UEs 只有在 NB-IoT 网络中才能与 eNodeB 进行通信;而在距离 eNodeB 较近的两个区域内,不管是 NB-IoT 网络还是 LTE 网络,UEs 都能与 eNodeB 进行实时通信,如图 10-14(c)、图 10-14(d)所示。这是因为 NB-IoT 在下行物理信道上引入了重复传输机制,通过重复传输的分集增益和合并增益来提升解调门限,更好地支持下行覆盖增强。为了解决增强覆盖下的资源阻塞问题,引入了周期性的下行传输间隔,因此 UEs 接收到的 Ftp 业务流呈现周期性变化。

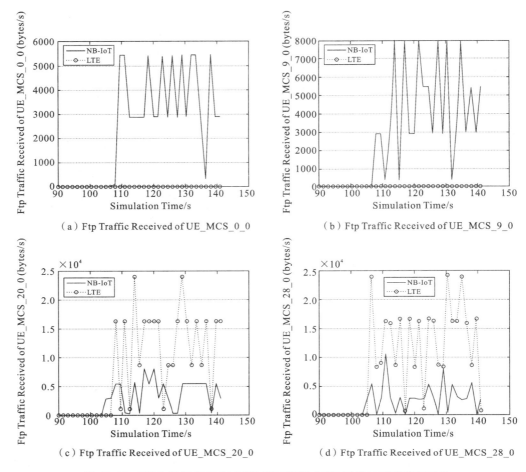

（a）Ftp Traffic Received of UE_MCS_0_0

（b）Ftp Traffic Received of UE_MCS_9_0

（c）Ftp Traffic Received of UE_MCS_20_0

（d）Ftp Traffic Received of UE_MCS_28_0

图 10-14 NB-IoT 网络与 20 MHz 带宽下的 LTE 网络的覆盖范围对比

10.3 NB-IoT 中敏感型设备延时优化算法

在 NB-IoT 网络中，对于用户设备接入基站进行业务请求，首先要考虑的是 NPRACH（narrowband physical random access channel）中传输的 preamble 请求，即 random access procedure。然而，当多个用户同时请求相同的 preamble 时，preamble 冲突就发生了，若网络中出现多处 preamble 冲突，并存在海量用户请求 NPRACH 资源，势必造成网络拥塞，此时将会出现大量随机接入失败，网络将会出现长时间的延迟。为了提升网络的 QoS 和用户的 QoE，随机接入优化模型的提出迫在眉睫。

3GPP 针对 M2M 网络中大量设备接入可能造成的接入网络拥塞问题，确定了以下几种备选方案：

（1）Access Class Barring Schemes；

（2）Separate RACH Resources for MTC；

（3）Dynamic allocation of RACH Resources；

（4）MTC Specific Backoff Scheme；

（5）Slotted Access;

（6）Pull Based Scheme。

但上述解决方案都不能从随机接入延时方面考虑,为延时敏感型设备提供高效可靠的随机接入。因此,本节提出了 RADB(random access with differentiated barring)以解决上述问题。

1. NPRACH 特性

由于传统的 LTE PRACH(physical random access hannel)的带宽为 1.08 MHz,超过了 NB-IoT 上行链路的 180 kHz 带宽限制,因此 NB-IoT 重新设计了随机接入信道,命名为 NPRACH。1 个 NPRACH preamble 由 4 个 symbol groups 组成,每个 symbol group 又由 1 个 CP(cyclic prefix)和 5 个 symbol 组成。长度为 66.67 μs (format 0)的 CP 适用于半径为 10 km 的 cell,而长度为 266.7 μs (format 1)的 CP 适用于半径为 40 km 的 cell,这就达到了覆盖增益的目的。每个 symbol 的值固定为 1,在 3.75 kHz 的子载波间隔(symbol duration 为 266.67 μs)上进行调制。其中,每个 symbol group 的调频索引不同。但 NPRACH preamble 的波形遵循 single-tone 跳频。图 10-15 展示了 NPRACH frequency hopping 的一个案例。为了支持覆盖增益,1 个 NPRACH preamble 将允许重复使用高达 128 次。

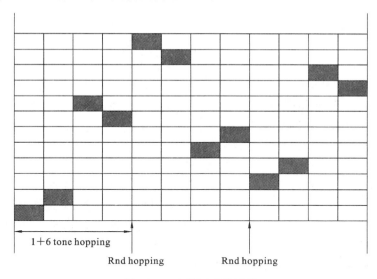

图 10-15　NPRACH 跳频

2. Random Access

针对覆盖增强需求,NB-IoT 系统采用了基于覆盖等级的随机接入;终端根据测量到的信号强度判断当前所处的覆盖等级,并根据相应的覆盖等级选择合适的随机接入资源,发起随机接入。为了满足不同覆盖等级下的数据传输要求,基站可以给每个覆盖等级配置不同的重复次数、发送周期等,例如,处于较差覆盖等级下的终端需要使用更多的重复次数来保证数据的正确传输,但同时为了避免较差覆盖等级的终端占用过多的系统资源,可能需要配置较大的发送周期。

物联网终端数量巨大,需要有效的接入控制机制来保证控制终端的接入和某些异常上报数据的优先接入。NB-IoT 系统的接入控制机制充分借鉴了 LTE 系统的扩展接入限制(EAB)机制(SIB14)和随机接入程序的 Backoff 机制,并通过在 MIB-NB 中广播是否使能接入控制的指示降低终端尝试读取的 SIB14-NB 的功耗。

在 NB-IoT 中,随机接入用于建立无线链路和调度请求时的初始接入等多个方面。其中,随机接入的一个主要目标是实现上行链路同步,这对于保持上行链路的正交性有着非常重要的作用。类似于 LTE 的随机接入机制,基于竞争的 NB-IoT 随机接入程序包括以下四个步骤:

(1) UE(user equipment)发送一个随机接入 preamble;

(2) Network 将传输一个随机接入响应(其中包含定时的提前指令和上行链路资源调度)供 UE 在第三步中使用;

(3) UE 使用可用资源在网络中广播其身份标识;

(4) Network 传输冲突解决信息以解决由于多个 UE 在第一步发送相同的随机接入 preamble 产生的冲突。

为了更好地服务于不同覆盖等级,并有不同程度 path loss 的 UEs,NB-IoT 网络将在 cell 内配置多达 3 种不同的 NPRACH 资源配置。在每一种配置中,每个 basic random access preamble 都有一个给定的重复值用于重复使用。UE 会测量自身的下行接收信号功率以估计其覆盖等级,并使用网络配置的 NPRACH 资源为其估计的覆盖等级发送 random access preamble。为了便于在不同场景下部署 NB-IoT 网络,NB-IoT 允许在时频资源网格下灵活配置 NPRACH 资源,具体参数如下。

(1) Time domain:NPRACH resource 具有周期性,表示一段时间内 NPRACH resource 的开始时间。

(2) Frequency domain:频率分布(取决于子载波偏移)以及子载波数量。

在早期的 NB-IoT 现场实验和部署中,部分 UE 不支持 multi-tone 传输。因此,在上行链路传输调度之前,网络需要知道 UE 的 multi-tone 传输能力。此外,在随机接入程序的第一步中,UE 应该表明其是否支持 multi-tone 传输,以便网络能在随机接入程序的第三阶段实现上行链路传输调度。具体来说,网络按频域将 NPRACH 子载波划分成两组非重叠集合。在随机接入程序的第三步中,UE 可以选择这两个集合中的一个来发送其 random access preamble 信号,以表明其是否支持 multi-tone 传输。

总之,UE 通过测量下行链路信号接收功率来确定其覆盖等级。在读取 NPRACH 资源配置的系统信息之后,UE 就可以进行 NPRACH 资源配置并设定评估其覆盖水平和 random access preamble 传输功率需要的重传次数。此时,UE 就可以在 NPRACH 资源的一个周期内连续重复传输 basic single-tone random access preamble。

但是,在单个周期内连续重传 single-tone random access preamble 有可能导致 preamble 请求冲突,大量冲突会延长请求和响应时间(即随机接入延时变长),网络将不可避免地陷入拥塞。海量的设备接入请求将对接入网的无线接入能力带来巨大的挑战,接入网拥塞主要关注于小区范围的过载问题。假设大量的设备同时接入一个小区,这将急剧增加该小区接入信道的冲突概率,如不及时控制将造成小区彻底瘫痪。

10.3.1　传统的拥塞解决方案 Access Class Barring Schemes

为了解决数据拥塞问题,我们很自然地想到基站选择和负载均衡策略,可用来处理大规模数据的并发请求问题。

Duan 等人提出了在蜂窝 M2M(machine-to-machine) 网络中产生大量接入请求而导致网络拥塞的解决方案,即 dynamic ACB(access class barring)method。图 10-16 展示了他们提出的 ACB method,主要步骤如下。

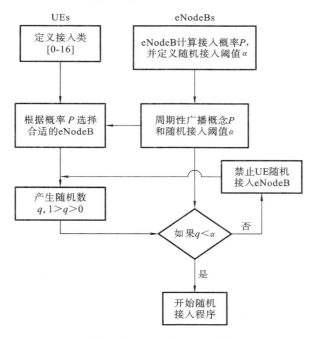

图 10-16　ACB method **图**

(1) eNodeB 基于数据包到达率和传输速率评估其随机接入冲突概率 P。而 Access class barring 参数 α 则取决于 PRACH 状态(preamble 点数和当前 preamble 数量)。

(2) Every eNodeB 周期性的广播冲突概率 P 和 AC barring 参数 α。

(3) UEs 根据最大接入成功概率选择相应的 eNB 并进行连接与通信。

(4) Each UE 都将产生一个随机数 $q,1>q>0$,并遵循 ACB 机制开始/禁止随机接入程度,即当且仅当 $q<\alpha$ 时,UE 能成功开始随机接入程度。

10.3.2　RADB 相较于 ACB 的优势

在本节提出的 delay-aware ACB scheme 中,将传统的 ACB scheme 所提出的冲突概率、随机数产生机制、ACB parameter α 以及接入判别算法进行了具体定义和改进,如下文所示。

我们将 NB-IoT 网络中的设备分为 Class A 和 Class B 两类,其中 Class A 表示延时敏感性设备(渴求低数据传输延时的设备),Class B 表示非延时敏感性设备(能够容忍较长数据传输延时的设备)。我们将 NPRACH period T 分为 t 个时隙,并采用下式定义 UEs 在每个时隙 t 内产生的随机数 $q_{(t)}$,有:

$$\begin{cases} q_{A(t)}=0, & t=0,1,2,\cdots,T \\ q_{B(t)}\in(0,1), & t=0,1,2,\cdots,T \end{cases}$$

针对 eNodeB 中定义的 preamble,我们假定其总数为 S,而当前 preamble 请求数为

x，则信道冲突概率为 P，有：

$$P = 1 - \left(1 - \frac{1}{S}\right)^{x-1}$$

当 $P = 1 - \left(1 - \frac{1}{S}\right)^{x-1} < 0.1$ 时，我们认为信道冲突概率较小，即随机接入成功率较高。在这种情况下，我们设 x 的最大值为 X，表示保证随机接入成功时的最大 preamble 请求数。我们令 Class A 的设备数为 N_A，Class B 的设备数为 N_B，即总设备数为 $N = N_A + N_B$，而成功接入设备数可表示为 $N_S = N_A + \alpha N_B$。此时，动态 ACB parameter ∂ 可按下式进行设置：

$$\partial = \begin{cases} 1, & N < X \\ \dfrac{X - N_A}{N_B}, & N > X > N_A \\ 0, & N_A > X \end{cases}$$

由于 $q_{A(t)} = 0$（不随 t 的变化而改变），因此 $q_{A(t)} \leqslant \partial$，即 Class A 中的设备具有优先开始随机接入程序的权利。而只有当 preamble 总数还有冗余时（preamble 总数大于 Class A 中请求 preamble 的设备数），Class B 中的设备才有机会接入 eNodeB。

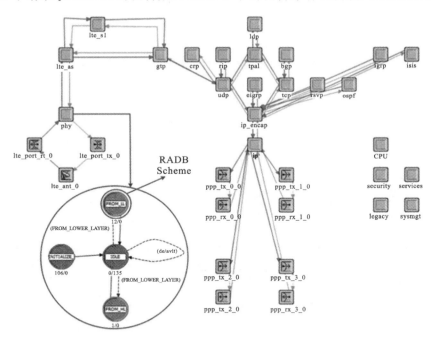

图 10-17　RADB 进程模型

如图 10-17 所示，在 NB-IoT 中的网络架构中，eNode 节点中 phy 进程模型中使用了 RADB 算法，伪代码如下。

Algorithm 1 Delay-Aware ACB Scheme
　Input：Class A：delay-sensitive devices；Class B：non-sensitive devices；
　Procedure：
　　for $(t=0, t<T, ++t)${

Delay-sensitive devices generate a parameter $q_{A(t)} == 0$;

Non-sensitive devices randomly generate a parameter $q_{B(t)}$;

if ($N < X$){

　　$\partial = 1$;

　　ALL devices are not barred in current period and can randomly select preambles;

　　$N = N - N_t$;

}

else if ($N_A < X$){

　　$\partial = \dfrac{X - N_A}{N_B}$;

Delay-sensitive devices will not be barred in current period and can randomly select preambles;

　　If (N_t is non-sensitive device & $q_{B(t)} < \partial$){

　　　　N_t can start random access procedure and select preambles;

　　}

　　$N_s = N_A + \partial N_B$;

　　$N_A = N_A - N_{At}$ or $N_B = N_B - N_{Bt}$;

}

else if ($N_A > X$){

　　$\partial = 0$;

Only delay-sensitive devices will not be barred in current period and can randomly select preambles. Non-sensitive devices will be barred in current period.

}

}

10.3.3　RADB 与 ACB 算法实验对比

　　我们首先对比了拥有不同数量设备的 NB-IoT 网络在 RADB 算法和阈值 α 为 0.2 和 0.8 的传统的 ACB scheme 下的接入成功率。当设备数量小于 150 时，α 为 0.2 的 ACB scheme 表现良好。但随着设备数量的增加，动态调整阈值的 RADB 算法表现出了强大的随机接入控制力，有效保障了延时敏感型设备能够最大限度地成功接入网络，如图 10-18 所示。

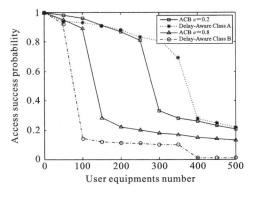

图 10-18　接入成功率

　　图 10-19 给出了拥有 350 个移动设备的 NB-IoT 网络中，采用不同随机接入模式产生的接入延时对比结果，包括 RADB 算法和阈值 α 为 0.2，0.4，0.6，0.8 的传统 ACB scheme。可以看出阈值 α 为 0.8 的 ACB scheme 延时最高（α 为 0.6 的次高），这表示此时有大量设备接入网络中，将极大地增加信道冲突的概率，极易造成网络拥塞。不过，虽然 α 为 0.2 和 0.4 的 ACB scheme 延时很低，但此时网络中能够成功接入 eNodeB 的设备数过少，因此造成网络的不稳定性。反观 RADB 算法，由于其动态阈值的设置使

得网络能较早进入稳定状态,因此有效控制了网络延时。

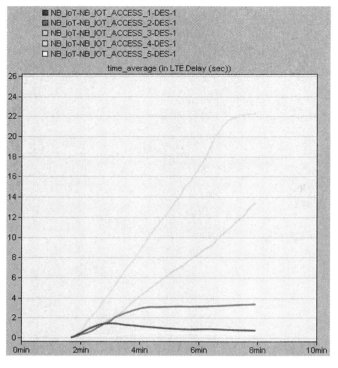

图 10-19　接入延时

图 10-20 给出了拥有 350 个移动设备的 NB-IoT 网络中,采用不同随机接入模式产生的网络负载对比结果。一个系统的吞吐量(承压能力)与 request 对 CPU 的消耗、外

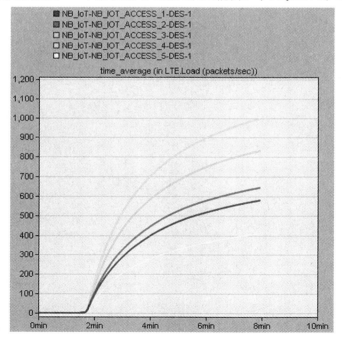

图 10-20　eNodeB 负载

部接口、I/O 等紧密关联。单个 reqeust 对 CPU 消耗越高,外部系统接口、I/O 影响速度越慢,系统吞吐能力越低;反之,越高。可以看出,当 ACB scheme α 为 0.8 时,由于接入延时较长,基站响应速度很慢,因此网络吞吐量很低。而当 ACB scheme α 为 0.2 时,虽然接入延时较短,但接入设备也相对较少,网络吞吐量也不高。而本书提出的 RADB 算法由于控制了网络延时,满足了延时敏感型设备对网络的需求,因此网络吞吐量也得到了保障。

11

无线网络缓存仿真

11.1 无线网络缓存

我们使用 OPNET 模拟了 5G 网络中应用内容中心网络仿真场景,仿真结果表明边缘缓存以及本地协作缓存可以实现较高的命中率,有效地减少了用户获取内容的延迟,同时减少了 5G 的核心网网络流量,降低了 eNode 的能耗。

11.1.1 内容中心网络

不同于传统的以主机地址为中心的 TCP/IP 网络体系结构,CCN 采用的是以信息为中心的网络通信模型,CCN 忽略 IP 地址的作用,甚至只是将其作为一种传输标识。CCN 在网络中用对数据命名代替了对物理实体的命名,网络中内建存储功能,用来缓存经过的数据包,以加快其他用户访问缓存数据包的响应时间,可减少网络中的流量。如图 11-1 所示。

图 11-1 OSI 和 CCN 网络模型对比

CCN 体系结构的外形和 TCP/IP 网络的非常相似,细腰部分为将 IP 替换为内容块,原来的 IP 层下移,IP 不再作为关键的细腰部分出现。

由于内容的幂律分布效应(用户需求的内容集中在少量内容上),通过在 5G 移动前传和回传网络中配置 CCN 内容缓存,移动用户相同内容的服务需求可以很容易地满足,无需来自移动运营商网络外部远程资源的多余传输。这样,重复流量负荷可大幅度消除。

CCN 网络的数据传输是由接收端(即内容的请求者)驱动的。内容请求者以向网络发送兴趣包(interest packet,intpk)的方式请求内容,兴趣包里含有请求内容的命名。路由器记录收到兴趣包的接口,并且通过查找转发信息库(forwarding information base,FIB)转发兴趣包。

在 CCN 架构中,一个 CCN 节点的基本操作是类似于一个 IP 节点的操作。CCN 节点基于平面(face)接收和发送包。CCN 中有两种类型的包,分别是兴趣包(intpk)和数据包(datapk)。CCN 节点接收到兴趣包,如果本身无与之匹配的内容包,CCN 节点会将其转发到其他平面(face)。转发过程中,兴趣包的路径将被记录;当兴趣包到达存有所请求内容的 CCN 节点后,该节点将发送数据包到前一个路由器;然后依照转发路径,将数据包发送到最原始的请求节点。

一般来说,CCN 节点包括两个数据表和一个缓存(cache),分别是:

(1) 转发信息库(forwarding information base,FIB),用来存储转发的服务器列表;

(2) 未匹配兴趣库(pending interest table,PIT),用来存储未匹配的兴趣包;

(3) 内容缓存(content store,CS)。

当 CCN 节点接收到兴趣包后,查找的顺序依次为 CS、PIT 和 FIB。首先查找内容缓存(CS),如果有与之匹配的内容,则向对方发送数据包,否则它将搜索 PIT 库;如果 PIT 库中已经有匹配的内容,它为 PIT 添加一个源需求项,如果 PIT 库无此内容,则为 PIT 库添加一条新记录。接下来,CCN 节点将根据 FIB 库中记录的服务器列表转发兴趣包,直到最后在某个服务器找到需要的数据包。如图 11-2(a)所示。

当数据包顺着发送路径返回时,首先查看 PIT 是否还有此需求,如果没有则将数据包丢弃,如果有则 CCN 节点将数据包保存到 CS 中,如图 11-2(b)所示。内容在路由器中保存的时间有一定期限,过期数据将被清除出缓存。当 CS 内容存储满之后,它按照一定的替换策略替换掉旧的内容。近期最少使用(least recently used,LRU)算法、最不常使用(least frequently used,LFU)算法和先进先出(first in first out,FIFO)算法是几个常用的替换策略。

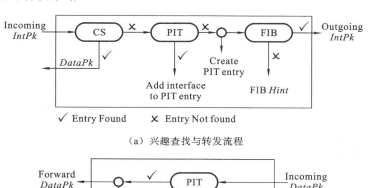

(a)兴趣查找与转发流程

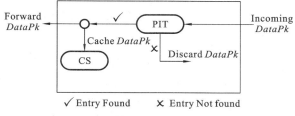

(b)数据查找与转发流程

图 11-2 典型的 CCN 流程

11.1.2　无线 D2D 网络中的缓存

一些流行的视频经常被移动用户重复请求,触发了设备到设备(D2D)通信的兴起。通过使用 D2D 链路,相近的移动设备共享缓存内容,无需通过基站通信以减少通信成本和延迟。随着用户终端硬件性能的增强,移动手机也具有潜在的存储和计算能力。

在支持 D2D 的蜂窝网络中,移动用户数据请求并获取内容有以下三种方式:

(1) 内容可以从本地 cache;

(2) D2D 网络;

(3) 蜂窝网络。

不同方式所消耗的代价不同,其中经由蜂窝网络获取内容的代价通常为通信代价,通过 D2D 网络获取内容的代价包括通信延时代价和协作代价,其远小于蜂窝网络的通信代价。

因而,提出一种协作缓存的方式,在 D2D 范围内没有获取到内容时,可通过邻近节点再次广播,尽量在小蜂窝内的协作设备上获取内容,或本地获取到内容,从而减少总的通信代价和回程负载。

11.2　仿真模型建立

使用 OPNET 16.1 实现 CCN 协议和基于 D2D 的协作缓存模型的仿真,使用的 CCN 模型与目前的 Internet 兼容,CCN 覆盖了 IP 层,将 CCN 处理模块集成到所有网络节点中。如 WLAN 移动工作站,无线接入点 AP、WiMAX BS、内容服务器和 IP 云,最终实现了蜂窝网络中 CCN 的协作缓存模型仿真。

11.2.1　缓存模型概述

在创建网络之前,我们要熟悉该网络模型各节点的功能。该网络模型中包含无线工作站、无线接入点 AP、宏基站 MBS、IP_cloud、内容服务器 Server 等五种类型的节点模型(图 11-3 中箭头所指示)。在该网络中,无线网络使用的是 wlan 802.11g 无线技术,接入网部分使用 WiMax 宽带无线接入技术,通过回程链路连接至骨干网,再通过有线链路连接到核心网络以及内容服务器。

基于 CCN 实现的节点模型,我们在 OPNET 上建立了基于 CCN 的 5G 模型,它是如图 11-3 所示的 Wlan 与 WiMax 的混合仿真架构,仿真网络有 3 个小区(cell),每个小区都有 AP 节点和 5 个无线工作站点(mobile stations,MSs)。

该网络模型的主要功能是实现基于 D2D 的无线协作缓存模型,其中的各种设备都具有一定的存储和计算能力,且有不同的开销。例如用户移动设备可利用本身的硬件设备实现本地缓存的能力,开销比较小,而小基站或宏基站则需要部署额外的硬件设备来支持额外的存储和计算资源,需要一定的开销,因而需充分利用终端设备本身的存储和计算能力,设计一种缓存策略尽可能地使得本地缓存命中率最大,从而减少对宏基站的内容需求,这样不仅可以降低宏基站的资源开销,还有效减少了回程负载和能量

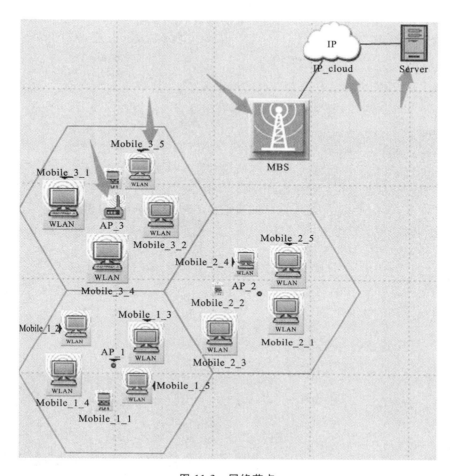

图 11-3　网络节点

消耗。

1. 数据流

在该网络模型中,移动终端不断地发出兴趣包请求,请求内容服从帕累托原理(Pareto principle),即 80% 的用户共同需求的内容只占 20%。刚开始的时候各设备均没有缓存内容,随着兴趣包的请求转发和数据包的沿路返回,各节点设备不断更新本地 PIT 表并根据一定的缓存策略判断数据包是否被缓存,由此不断更新本地 CS 内容。

各设备节点的基本数据处理流程介绍如下。当节点接收到兴趣包后,查找的顺序依次为 CS、PIT 和 FIB。首先查找 CS,如果有匹配的内容,则向对方发送数据包,否则它将搜索 PIT 库;如果 PIT 库中已经有匹配的内容,它为 PIT 添加一个源需求项,如果 PIT 库无此内容,则为 PIT 库添加一条新记录。接下来,将根据 FIB 库中记录的服务器列表转发兴趣包,直到最后在某个服务器找到需要的数据包。当数据包顺着发送路径返回时,CCN 节点首先查看 PIT 是否还有此需求,如果没有则将包丢弃,如果有则将数据包保存到 CS 中。内容在节点中保存的时间有一定期限,过期数据将被清除出缓存。当 CS 内容存储满之后,它将按照一定的替换策略替换掉旧的内容。为了尽可能地通过 D2D 方式使得内容在移动终端匹配,应在移动终端和小蜂窝无线接入点 AP 中增加对兴趣包的判断功能。如果本地没有匹配,首先判断兴趣包被转发的次数,如果小于一定次数,我们将兴趣包进行广播,否则将根据 FIB 库中的列表转发此兴趣包,如此操作可增加终端缓存的匹配率。

2. 功能介绍

无线工作站的功能是:作为兴趣包的请求源,有一定的本地缓存能力,可以不断发送兴趣包请求,对接收的数据包进行缓存和替换以提高内容匹配率,还可以记录兴趣包响应时间。

无线接入点 AP 的功能是:有一定的缓存能力。对于兴趣包,本地响应命中,或继续广播兴趣包、或转发兴趣包到基站。对于数据包,根据 PIT 进行数据包转发,并根据缓存策略进行缓存或替换。记录本地匹配率和流量负载。

宏基站 MBS 的功能是:有一定的缓存能力。对于兴趣包,本地响应命中或转发兴趣包到核心网。对于数据包,根据 PIT 进行数据包转发,并根据缓存策略进行缓存或替换。记录本地匹配率和流量负载。

IP_cloud 的功能是:发挥路由的作用,数据包或兴趣包的路由中转。

内容服务器 Server 的功能是:请求内容的提供者,定期广播其信息到整个网络,其他节点接收到该信息后建立 FIB 库。

11.2.2　快速网络部署

(1) 新建一个 project,打开 Topology→Deploy Wireless Network…,使用 Wireless Network Deployment 快速部署一个无线网络,如图 11-4 所示。按照步骤依次进行网络配置。

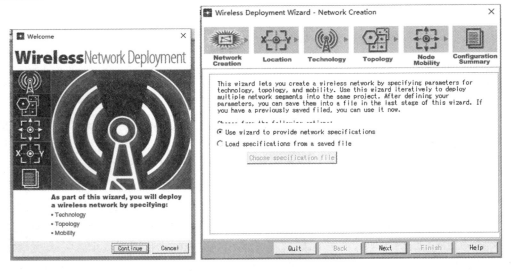

图 11-4　无线网络部署向导

(2) 选择的 Technology 为 WLAN,协议使用 802.11 g,数据率为 24 Mb/s,如图 11-5 所示。接着配置网络 Topology,如图 11-6 所示。

(3) 选择 3 个小区,小区范围为 500 m,移动节点随机部署,接着选择 Access Point 和 Mobile Node 的节点模型,个数和命名前缀等,如图 11-7 所示。

(4) 接入点 AP 选择 wimax_ss_wlan_router_adv 节点模型,移动节点选择 wlan_

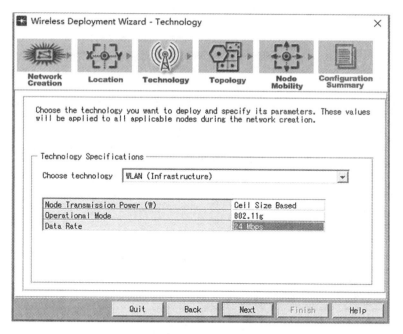

图 11-5　网络技术的配置

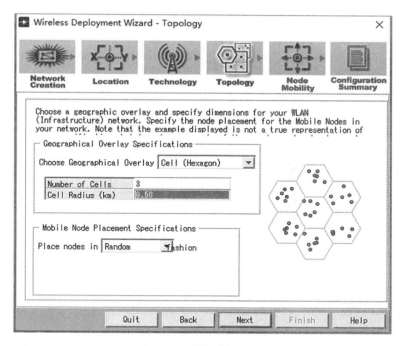

图 11-6　网络拓扑的配置

wkstn_adv 节点模型,每个小区设置 5 个移动工作站,接着依次选择下一步,完成网络部署,得到如图 11-8 所示网络结构。

(5)选择宏基站 MBS 节点和核心网网络设备。单击 Open Object Palette,弹出 Object Palette Tree 窗口,在搜索框中搜索 wimax,找到 wimax_bs_router_adv 节点模型,如图 11-9 所示,单击该节点模型将其拖放至之前部署的网络场景中。

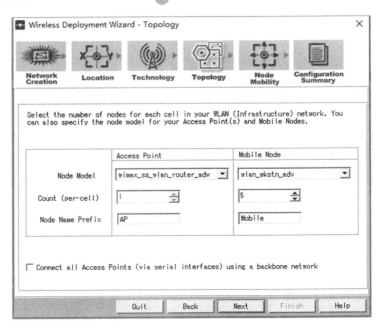

图 11-7　网络节点模型的选择

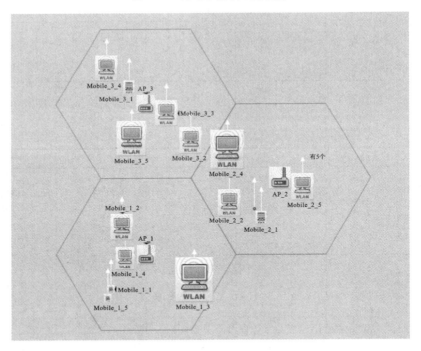

图 11-8　快速部署的无线网络拓扑

以相同的方法找到 ip32_cloud 和 ppp_server_adv 节点模型,将其拖放至网络场景中,如图 11-10 所示。

对新增加的三个节点依次单击鼠标右键选择 Set Name,分别将其重命名为 MBS、IP_cloud 和 Server。

(6)选择适当的链路模型连接 MBS、IP_cloud 和 Server。我们选择 PPP_DS3 链路

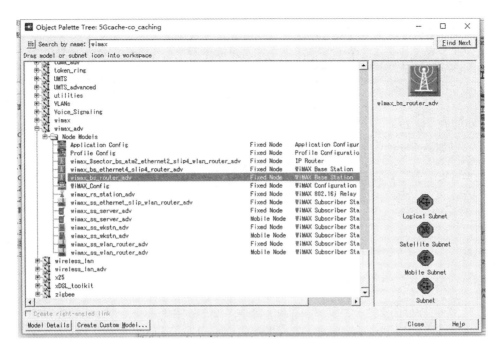

图 11-9 节点模型的选择

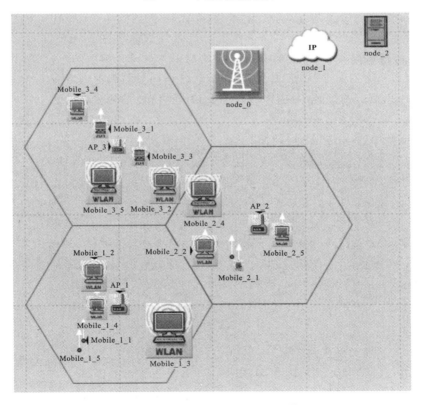

图 11-10 新增三个节点的网络拓扑图

模型,如图 11-11 所示。

单击所选择的链路模型,在网络场景中连接 MBS 和 IP_cloud、IP_cloud 和 Server,

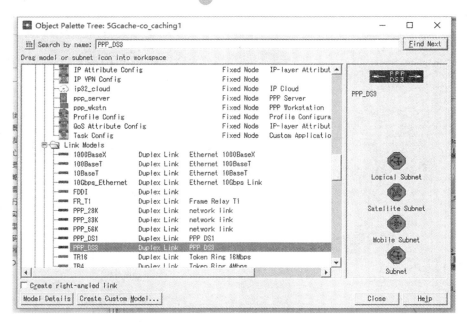

图 11-11　链路模型的选择

然后单击鼠标右键结束该过程。

（7）选择网络配置对象，在 Object Palette 中找到 Wimax Config 和 RX Group Config 对象，将其拖放至网络中，并分别重命名为 WiMAX_Config 和 RX_Group，初步搭建的网络场景图如图 11-12 所示。

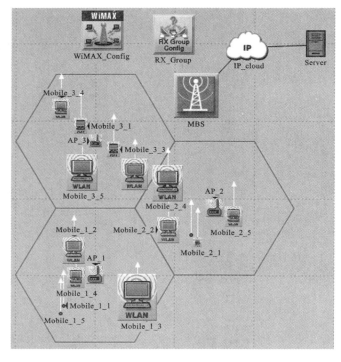

图 11-12　初步搭建的网络场景图

至此,初步的网络模型已搭建好,下面我们将搭建各节点模型。

11.2.3　模型文件说明

我们对模型中的文件进行直观分类,根据类别把文件放到不同的文件夹里。这些类别可在模型目录 MobiCaching 中看到。表 11-1 所示的是模型文件分类说明。

表 11-1　模型文件分类说明

类　别　名	说　　明
include	头文件类别,包括模型中的全局变量、仿真结果等头文件
mobinodes	节点模型类别,包括集成了 CCN 模块的无线工作站节点模型 wlan_wkstn_adv _d2d、无线接入点 AP 节点模型、宏基站 MBS 节点模型和内容服务器节点模型等
packet	包模型类别,包括兴趣包 interest_pk、数据包 response_data、服务器广播包 server_info 等
process	进程模型类别,包括各节点模型的进程模型
results	结果收集类别,模型性能参数仿真结果保存到该目录下多个文本文件中
StoreServer	数据库文件

11.2.4　全局变量

全局变量保存在 include 目录下的 file_path. h 中,主要是一些文件指针变量,用于记录整个仿真的中间过程,方便对网络行为进行观察和分析。变量说明如表 11-2 所示。

表 11-2　全局变量表

变　量　名　称	类　　型	说　　明
for_rtt_file	FILE *	记录数据包的往返延时
for_size_file	FILE *	记录接收数据包大小
for_resent_file	FILE *	记录节点数据包重传次数
for_track_req_file	FILE *	记录节点兴趣包请求
for_track_hit_file	FILE *	记录缓存命中过程
for_track_delete_file	FILE *	记录缓存替换过程
for_track_popular_file	FILE *	记录缓存内容的流行度变化
for_track_cache_file	FILE *	记录数据包的缓存过程

11.3　包结构

主要包结构如图 11-13 所示。

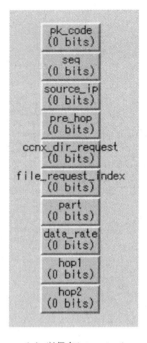

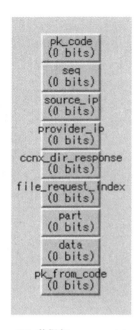

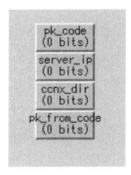

（a）兴趣包interest_pk　　　　　（b）数据包response_data　　　　（c）广播包server_info

图 11-13　主要包结构

包说明如表 11-3 所示。

表 11-3　包列表

包　索　引	包　　名	说　　明
0	interest_pk	兴趣包,可能由用户发往具有缓存能力的节点(如果未找到,应保存用户需求,等到得到内容之后给用户回复)。 或者中间缓存节点发往 Server
1	response_data	数据包,缓存节点内容回复包,可能由中间缓存节点发往用户。 或者 Server 发送给中间缓存节点
2	server_info	广播包,服务器广播包

11.3.1　兴趣包 interest_pk

打开 OPNET Modeler16.1 软件,开始创建新的包模型。

（1）选择 File→New…,在下拉列表中选择 Packet Format,单击 OK 按钮,打开包格式编辑器。

（2）单击 Create New Field 工具按钮 ⬚ ,然后将光标移到编辑窗口中,单击鼠标左键,接着单击右键,这时一个新的包域出现在编辑窗口中。

（3）设置包域的属性。选定包域,点击鼠标右键,从弹出的对话框中选择 Edit Attribute,再从弹出的属性设置对话框中,按图 11-14 所示设置属性值,然后单击 OK 按钮。

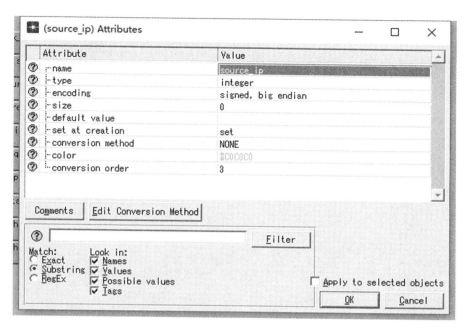

图 11-14　包域的属性窗口

这时定义好的包域名称和大小会在编辑窗口中显示,按相同的方式依次设置所有包域,最终定义的包结构如图 11-13(a)所示。其中,所有字段的 size 值都设为 0;把 set at creation 设为 set,能保证该包域在创建时指定默认值。

(4) 选择 File→Save…,保存文件,将包格式命名为 interest_pk。

(5) 关闭包编辑器。

包中的参数说明如表 11-4 所示。

表 11-4　interest_pk **参数说明**

参　数　名	说　明
pk_code	包类型编号
seq	包序号
source_ip	兴趣请求源节点 IP
pre_hop	兴趣包上一跳
ccnx_dir_request	请求 ccnx 目录
file_request_index	请求文件编号
part	请求文件段编号
data_rate	请求文件大小
hop1	兴趣包第一次广播
hop2	兴趣包第二次广播

11.3.2　数据包 response_data

数据包创建过程参考兴趣包的创建过程,定义的包结构如图 11-13(b)所示,包中的参数说明如表 11-5 所示。

表 11-5　response_data **参数说明**

参 数 名	说 明
pk_code	包类型编号
seq	包序号
source_ip	兴趣请求源节点 IP
provider_ip	内容提供者 IP
ccnx_dir_response	响应的 ccnx 目录
file_request_index	响应文件编号
part	响应文件段编号
data	响应文件大小
pk_from_code	数据包来源类型

11.3.3　广播包 server_info

广播包创建过程参考兴趣包的创建过程,定义的包结构如图 11-13(c)所示,包中的参数说明如表 11-6 所示。

表 11-6　server_info **参数说明**

参 数 名	说 明
pk_code	包类型编号
server_ip	服务器 IP
ccnx_dir	服务器 ccnx 目录
pk_from_code	广播包来源类型

11.4　节点模型

节点模型包括集成了 CCN 模块的无线工作站节点模型 wlan_wkstn_adv_d2d、无线接入点 AP 节点模型、宏基站 MBS 节点模型和内容服务器节点模型等四种类型。下面分别介绍这几种节点模型。

标准的无线工作站 wlan_wkstn_adv 节点模型如图 11-15 所示,为了实现无线网络的缓存策略,以内容中心网络的体系架构为基础(参考 11.1 节所介绍的 CCN 体系架构,见图 11-1),在 IP 层之上构建 CCN 节点,如图 11-16 所示。由图 11-16 可以看到,在 ip_encap 上添加了 NDN_device,用于处理 NDN 协议。其他节点模型中都添加了一个类似进程处理 NDN 协议。

1. 创建 NDN_device 到 ip_encap 模型的包流

具体过程如下:

(1)在网络场景中,双击无线工作站节点,进入 wlan_wkstn_adv 节点模型编辑窗口。

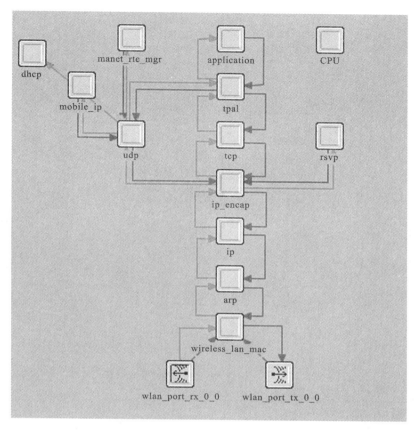

图 11-15   标准的无线工作站 wlan_wkstn_adv 节点模型

（2）新建一个进程模块。在工具栏选择 Create Processor 图标■，单击该图标，然后将鼠标箭头移动到节点模型中适当的位置单击，再单击鼠标右键结束该过程；在新建的进程模块上单击鼠标右键，选择 Set Name，将其命名为 NDN_device。

（3）创建包流，将新建的进程模块与 ip_encap 相连。在工具栏选择 Create Packet Stream 图标✗，单击该图标，然后将鼠标箭头移动到相应进程模块，依次单击选择包流的起点和终点即可。这里我们创建了两个包流，分别从 ip_encap 流向 NDN_device，从 NDN_device 流向 ip_encap，如图 11-16 所示。

（4）查看包流的连接情况。选中 NDN_device 进程模块，单击鼠标右键，从弹出的菜单中选择 Show Connectivity。这时会弹出一个描述 NDN_device 与 ip_encap 之间的包流与连接关系的列表，如图 11-17 所示。

（5）最后将节点模型另存为 wlan_wkstn_adv_d2d。

下面将详细介绍该节点模型核心进程模块 NDN_device。

2. NDN_device 进程模型创建

在 wlan_wkstn_adv_d2d 节点模型中，NDN_device 进程模块通过包流与 ip_encap 进程模块相连。因为每个包的到达都触发 NDN_device 进程的一次中断，NDN_device 进程接收到中断信息后将从休眠状态（wait 非强制状态）激活，并执行代码处理包。

该进程模型主要实现 CCN 协议，如兴趣包如何产生、转发、命中，以及数据包如何

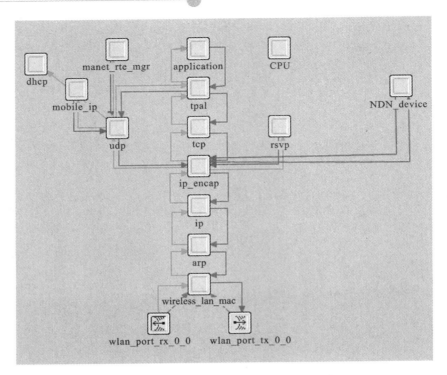

图 11-16　wlan_wkstn_adv_d2d 节点模型

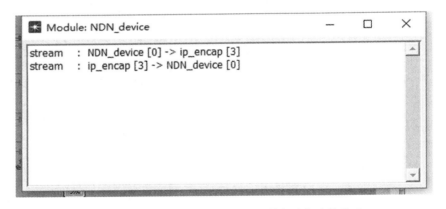

图 11-17　NDN_device 与 ip_encap 的包流与连接关系

被缓存和替换,等等。兴趣包的创建,以及对接收到的兴趣包、数据包和服务器广播包的处理等,是该 wkstn 节点的核心进程。

1) NDN_device 进程模型的创建过程

(1) 在 File→New…,下拉列表中选择 Process Model,单击 OK 按钮,打开节点模型编辑器。

(2) 单击创建状态"Create State"按钮⊜,然后将光标移到编辑窗口中,单击鼠标左键,接着单击鼠标右键,放置一个状态并将其命名为 wait。

(3) 创建初始化状态。单击创建状态"Create State"按钮⊜,然后将光标移到编辑窗口中,单击鼠标左键,接着单击鼠标右键,放置一个状态并将其命名为 init。然后在该状态上单击鼠标右键,选择 Make State Forced,将该状态变为强制状态;接着单击鼠标右键选择 Make Initial State,即选择该状态为初始状态,可看到 → 指向该状态。

(4) 创建产生兴趣包的状态。单击创建状态"Create State"按钮 █,然后将光标移到编辑窗口中,单击鼠标左键,接着单击鼠标右键,放置一个状态并将其命名为 Gen。在该状态上单击鼠标右键,选择 Make State Forced,将该状态变为强制状态。

(5) 按照步骤(1)~(4)依次创建处理兴趣包,处理服务器广播包和处理数据包的状态,将其都设置为强制状态,并分别重命名为 HandleInterest、HandleSrvInfo、HandleData。

(6) 由于 HandleInterest、HandleSrvInfo、HandleData 这三个状态都是用来处理数据流中断的,只是针对不同的数据包类型做不同的处理,因而将其归为一类,创建一个 Annotation 将这三个状态进行标注。在进程窗口菜单处选择 Edit—>Open Annotation Palette,出现 Annotation 编辑框,如图 11-18 所示。

图 11-18　Annotation 窗口

单击框形图标,然后将光标移到编辑窗口中;单击鼠标左键选择起点,再次单击鼠标左键选择终点,接着单击鼠标右键结束。可随意拖放框形的位置和大小,将其覆盖这三个状态,接着选择该 Annotation 对象,单击鼠标右键选择 Edit Attributes,弹出属性设置窗口,如图 11-19 所示,将 color 属性设置为♯FF8000。

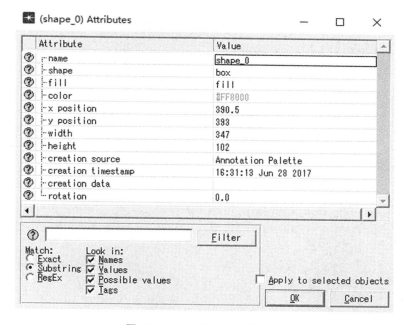

图 11-19　Attributes 属性设置

2) 建立状态转移

(1) 单击创建状态转移"Create Transition"按钮 █,为 wait 状态创建一个流向 Gen 状态再回到自身的状态转移。

(2) 在 wait 流向 Gen 的转移线上单击鼠标右键,从弹出的菜单中选择 Edit Attributes,然后将转移的 condition 属性改为 GEN_INT。单击 OK 关闭转移属性对话框。

（3）根据步骤（1）、（2），依次设置 HandleInterest、HandleSrvInfo、HandleData 的状态转移，转移条件分别为 intflag==1，srvflag==1，dataflag==1。

建立的进程模型如图 11-20 所示。

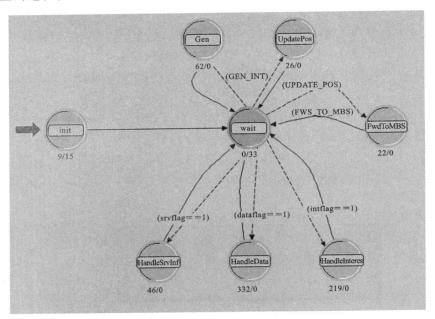

图 11-20　NDN_device 进程模型

3）定义转移条件的宏

（1）单击头块编辑"Edit Header Block"按钮▣，在弹出的头块编辑对话框中输入定义宏的代码。

```
# define   SELF_INTERRUPT (OPC_INTRPT_SELF==intrpt_type)
# define   STREAM_INTERRUPT (OPC_INTRPT_STRM==intrpt_type)
# define   BROADCAST_SERVER_CODE 2001
# define   GEN_INT_CODE   2002
# define   UPDATE_POS_CODE 2003
# define   FWS_TO_MBS_CODE 2004
# define   BROADCAST_SERVER (op_intrpt_type()==OPC_INTRPT_SELF && op
           _intrpt_code()==BROADCAST_SERVER_CODE)
# define   GEN_INT (op_intrpt_type()==OPC_INTRPT_SELF && op_intrpt_code()
           ==GEN_INT_CODE)
# define   UPDATE_POS (op_intrpt_type()==OPC_INTRPT_SELF && op_intrpt_
           code()==UPDATE_POS_CODE)
# define   FWS_TO_MBS (op_intrpt_type()==OPC_INTRPT_SELF && op_intrpt_
           code()==FWS_TO_MBS_CODE)
```

保存并关闭头块编辑对话框。

GEN_INT 条件判断 NDN_device 进程接收的中断类型是否为自中断，且中断码是否为 GEN_INT_CODE，如果都满足，进程将从 wait 状态进入 Gen 状态。

　　类似地,FWS_TO_MBS 条件判断 NDN_device 进程接收的中断类型是否为自中断,且中断码是否为 FWS_TO_MBS_CODE,如果都满足,进程将从 wait 状态进入 FwdToMBS 状态。

　　(2) 在 wait 状态的出口代码处,进行数据流中断和数据包类型的判断。双击 wait 状态的下半部,进入 wait 状态的出口代码编辑窗口,代码如下。

```
/* 获取中断类型。*/
intrpt_type=op_intrpt_type ();
intflag=0;
srvflag=0;
dataflag=0;
/* 如果为数据流中断,判断数据包类型。*/
if (intrpt_type==OPC_INTRPT_STRM)
{
/* 获取中断流数据包。*/
pkptr=op_pk_get (op_intrpt_strm());
/* 获取数据包格式。*/
op_pk_format (pkptr, pk_format);
if (strcmp(pk_format, "interest_pk")==0 ){
    intflag=1;
    /* 获取包中字段的值。*/

    /* 统计数据包的接收数量。*/
}else{
if (strcmp(pk_format, "server_info")==0 ){
        srvflag=1;
    }else if (strcmp(pk_format, "response_data")==0){
        dataflag=1;
    }
    /* 统计信息包的接收数量。*/
}

}
```

　　通过三个状态变量 intflag、srvflag 和 dataflag 进行不同数据流中断的判别。如果中断类型为数据流中断,且包格式为 interest_pk,说明 NDN_device 进程接收到 interest_pk 兴趣包,那么 intflag 值变为 1,满足转移条件 intflag==1,因而进程将从 wait 状态转移到 HandleInterest 状态;如果包格式为 server_info,说明接收到 server_info 服务器广播包,srvflag 的值变为 1,满足转移条件 srvflag==1,因而进程将从 wait 状态转移到 HandleSrvInfo 状态。

　　进程模型状态的创建和状态之间的条件转移已完成。进程状态说明如表 11-7 所示。

表 11-7　NDN_wlan_wkstn_traf **进程状态说明表**

状 态 名	操　作	转 移 条 件
wait	无	接收到 GEN_INT 自中断进入 Gen 状态,或数据流中断后根据出口执行代码判断数据类型进入相应的状态
init	初始化变量,注册模块	自动进入 wait
Gen	产生兴趣包	接到 GEN_INT 中断进入 Gen 状态,结束后回到 wait 状态
HandleInterest	处理接收到的兴趣包,按 CS→PIT→FIB 的顺序依次进行处理	接收到 ip_encap 数据流中断,且数据包格式为 interest_pk,即接收到底层传来的兴趣包,进入 HandleInterest 状态,结束后回到 wait 状态
HandleData	处理接收到的数据包,按 PIT→CS 的顺序依次处理	接收到 ip_encap 数据流中断,且数据包格式为 response_data,即接收到底层传来的数据包,进入 HandleData 状态,结束后回到 wait 状态
HandleSrvInfo	处理接收到的服务器广播包	接收到 ip_encap 数据流中断,且数据包格式为 server_info,即接收到底层传来的服务器广播包,进入 HandleSrvInfo 状态,结束后回到 wait 状态

4)完善进程模型的属性设置

(1)保存进程模型,将其命名为 NDN_wlan_wkstn_traf。

(2)在进程模型菜单栏,打开 Interfaces→Model Attributes,在弹出的对话框中设置进程模型属性值,如图 11-21 所示。其属性说明如表 11-8 所示。

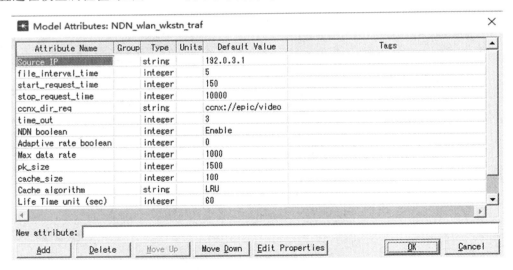

图 11-21　NDN_wlan_wkstn_traf **进程模型属性设置**

5)将进程模型指定给节点模型

(1)打开 wlan_wkstn_adv_d2d 节点模型,在 NDN_device 进程上单击鼠标右键,从弹出的菜单中选择 Edit Attributes,将 process model 的属性值改为 NDN_wlan_wkstn_traf,单击 OK 按钮关闭属性对话框。

表 11-8 NDN_wlan_wkstn_traf **进程模型属性说明**

属　　性	说　　明
Source IP	源 IP
file_interval_time	节点请求数据包时间间隔
start_request_time	节点开始请求时间
stop_request_time	节点请求结束时间
ccnx_dir_req	节点请求的 ccnx 目录
time_out	数据包超时时间
NDN boolean	节点是否缓存数据
Adaptive rate boolean	数据率是否动态自适应
Max data rate	最大数据率
pk_size	数据包大小
cache_size	缓存空间大小
Cache algorithm	缓存算法
Life Time unit（sec）	缓存内容生命周期

（2）保存 wlan_wkstn_adv_d2d 节点模型，完成 Wkstn 节点模型创建。

6）将进程模型的属性提升到节点模型

在这个模型中，需要把进程模型的属性提升到节点模型，并将属性重命名，这样方便直接对每个节点进行不同的属性设置，过程如下。

（1）在节点模型编辑器窗口，打开 Interfaces→Node Interfaces，弹出 Node Interfaces 对话框。

（2）单击"Rename/Merge…"按钮，在 Unmodified Attributes 栏中找到要更名的属性，如图 11-22 所示，框中属性都需要进行更名，然后单击　　≫　　按钮。

（3）在 Promotion Name 文本栏中输入新的名字，如图 11-23 所示，并设置属性的 Promotion Group 为 NDN fields。

完成以上过程后，可以直接在网络模型中选中需要配置属性的 Wkstn 节点，单击鼠标右键选择 Edit Attributes，在弹出的属性设置窗口中可以看到属性组 NDN_fields，以及在 NDN_wlan_wkstn_traf 进程模型中设置的属性，如图 11-24 所示。

下面将介绍主要的数据结构和各状态的关键代码。

3. 数据结构

1）转发信息库（forwarding information base，FIB）

　　　　int ads[10][2]

存储 10 个服务器，每个服务器存储的信息有 IP 和对应的 ccnx_dir_int（目录名称对应的整数）。

2）未匹配兴趣库（pending interest table，PIT）存储未匹配的兴趣包

节点保存用户需求、url、IP。

```
int  content_ip[50000][100]  --[i][0]ccnx [i][1]content [i][2]part [i][3~99]ip
```

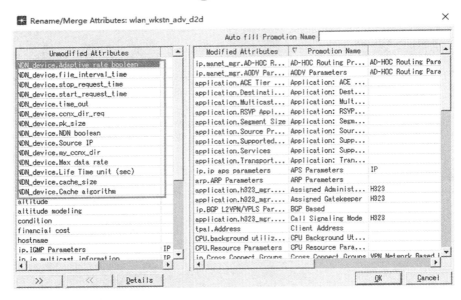

图 11-22 Rename/Merge 属性窗口

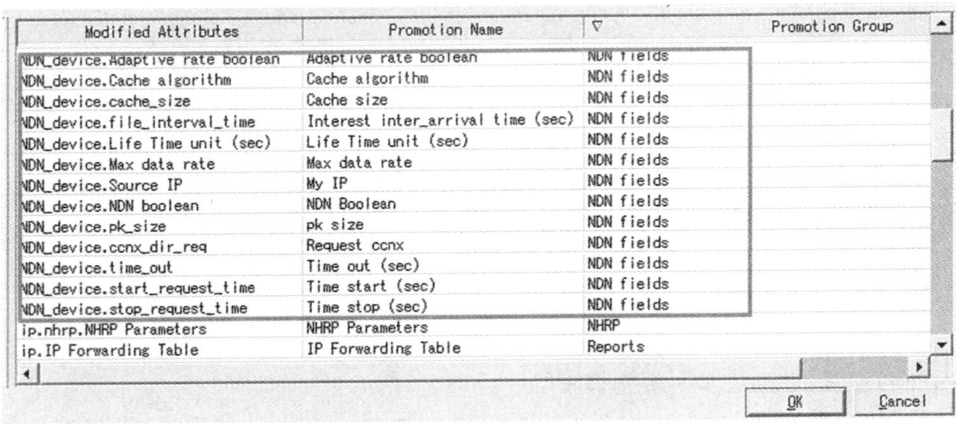

图 11-23 原属性名与重命名后的属性名

对于 content_ip 数组来说，第 0 个元素记录请求目录，第 1 个元素记录需求内容，第 2 个元素记录需求内容的 fragment ID，第 3 个元素到第 99 个元素记录请求了该内容的用户 IP 地址。

当来一个新的兴趣包且没有与之匹配的内容时，有这样的代码：

```
content_ip[i][0]=ccnx_req
content_ip[i][1]=file_req
content_ip[i][2]=part_req
content_ip[i][3]=rcvSrcIP
```

3) 内容缓存(content cache)

```
intcache[10000][6]
```

即 10000 条内容，每条内容的记录为：

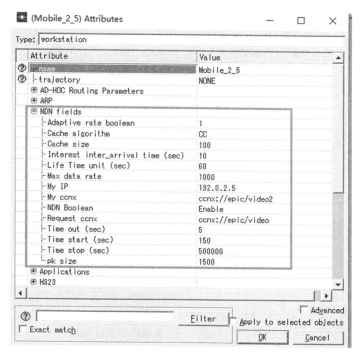

图 11-24 Wkstn 节点模型属性设置窗口

[ccn_dir][content][part][Fsize_res][time][counter] [0] [1] [2] [3] [4] [5]

其中[5]项是该内容文件被索求次数,[4]项表示最后索求时间。

4）流行度记录数组

popular_table[500000][3]
500000 条记录,每条记录[0-2]为内容索引信息,[3]为发送次数:
[0] ccnx [1]content [2][part] [3][counter]

数据结构的初始化代码如下。

```
/* ads[10][2] :[server_IP][CCNx_dir] */
for (i=0; i<10; i++)
    for (j=0; j<2; j++)
        ads[i][j]=0;


/* cache[10000][6] */
/* [ccn_dir][content][part][Fsize_res][time][counter] */
/* [0][1] [2][3][4][5] */


for (i=0; i<10000; i++)
    for (j=0; j<6; j++)
        cache[i][j]=0;
```

```
/* popular_table[50000][4] —— [0]ccnx [1]content [2][part] [3][counter] */
for (i=0; i<50000; i++)
{
    popular_table[i][0]=0;
    popular_table[i][1]=0;
    popular_table[i][2]=0;
    popular_table[i][3]=0;
}

/* content_ip[50000][100] —— [i][0]ccnx [i][1]content [i][2]part [i][3~99]ip */
for (i=0; i<50000; i++)
    for (j=0; j<100; j++)
        content_ip[i][j]=0;
```

4. 关键代码

1）状态变量说明

NDN_device 主要状态变量说明，如表 11-9 所示。

表 11-9　NDN_device 主要状态变量说明表

变量名	类型	说明
pkptr	Packet*	包指针，在发送数据时指 NDN 层数据包，在 wait 状态下指接收到 ip_encap 层的数据包
ndn_bool	Boolean	是否使用 NDN 协议
adapt_bool	Boolean	是否使用数据率自适应
cache_full	int	缓存是否已满
cache_size	int	缓存空间大小
cache_vol	int	缓存容量
check_time	int	自中断判断时间
content_int	int	内容名称对应的整数
current_datarate	int	当前数据率
file_interval_time	int	文件请求时间间隔
file_received_bool	int	是否收到请求的文件
interest_from_all_MSs	int	移动终端请求兴趣包的数目
interest_satisfied_at_ms	int	移动终端命中的兴趣包数目
max_data_rate	int	最大数据率
pkcode_index	int	数据包类型索引
section_track	int*	记录内容分段传输
seq	int	兴趣包发送序号
count_resent_stat	Stathandle	重传次数统计量

续表

变　量　名	类　　型	说　　明
data_total_bits_received	Stathandle	数据总接收量
data_total_bits_sent	Stathandle	数据总发送量
hitting_cache_stathandle	Stathandle	缓存命中统计
request_file_index_stat	Stathandle	文件请求索引统计
request_total_bits_received	Stathandle	兴趣包总接收量
request_total_bits_sent	Stathandle	兴趣包总发送量
total_bits_cached	Stathandle	总缓存量
traf_delay	Stathandle	兴趣包响应延时

2) 登记协议类型

新定义的 CCN 协议需要登记,这样 wlan_wkstn_adv_d2d 节点模型中的 ip_encap 进程就知道 NDN 包要发给 NDN_device 进程进行处理。

(1) 登记协议类型通过 ip_traf_gen_dispatcher_register_self 函数来指定,代码如下。

```
ip_traf_gen_dispatcher_register_self (void)
{
char                    proc_model_name [128];
OmsT_Pr_Handle          own_process_record_handle;
Prohandle               own_prohandle;
FIN (ip_traf_gen_dispatcher_register_self ());
    higher_layer_proto_id=IpC_Protocol_Unspec; /* 未定协议类型 */
/* 登记协议 */
Ip_Higher_Layer_Protocol_Register ("ip_traf_gen",
                        &higher_layer_proto_id);

op_ima_obj_attr_get (my_objid, "process model", proc_model_name);
own_prohandle=op_pro_self ();
own_process_record_handle=(OmsT_Pr_Handle) oms_pr_process_register
    (my_node_objid, my_objid, own_prohandle, proc_model_name);
oms_pr_attr_set (own_process_record_handle,
            "protocol",              OMSC_PR_STRING, "ip_traf_gen",
            "module objid",          OMSC_PR_OBJID,my_objid,
            OPC_NIL);
FOUT;
}
```

(2) 设置包的目的 IP 地址:NDN 节点位于 ip_encap 的上层,它通过 ici 通知 ip_encap 要发送的包的地址,代码如下。

```
...
/* 广播发送 */
op_ici_attr_set (ip_encap_req_ici_ptr, "dest_addr",
    ip_address_create("255.255.255.255"));
op_ici_attr_set (ip_encap_req_ici_ptr, "Type of Service", 0);
op_ici_install (ip_encap_req_ici_ptr);
op_pk_send_forced (pkt_ptr, 0);
op_ici_install (OPC_NIL);
...
```

（3）在 ip_encap 中则解析 ici，获得目标地址，代码如下。

```
...
ui_iciptr=op_intrpt_ici();
op_ici_attr_get(ul_iciptr,"dest_addr",&ipv4_addr);
...
```

3）init 状态关键代码

（1）init 状态主要完成模块注册和变量初始化，如表 11-7 所示。双击 init 状态入口代码执行处，在代码编辑窗口中输入如下内容。

```
/*  模型状态变量初始化。*/
ip_traf_gen_dispatcher_sv_init ();
/*  登记协议类型。*/
ip_traf_gen_dispatcher_register_self ();
/*  属性变量设置。*/
ip_traf_gen_packet_flow_info_read ();
```

（2）在 Function Block 中完成函数的实现，登记协议类型前文已经介绍，下面列出的是主要变量初始化代码。

```
static void
ip_traf_gen_dispatcher_sv_init (void)
{
FIN (ip_traf_gen_dispatcher_sv_init ());
my_objid          =op_id_self ();
my_node_objid       =op_topo_parent (my_objid);
my_subnet_objid    =op_topo_parent (my_node_objid);
ip_encap_req_ici_ptr=op_ici_create ("ip_encap_req_v4");
/* 统计量注册。*/
traf_delay= op_stat_reg ("IP Traffic Generator.Delay (secs)", OPC_STAT_INDEX_
NONE, OPC_STAT_LOCAL);
data_total_bits_sent= op_stat_reg ("IP Traffic Generator.Data Total bits sent", OPC_
STAT_INDEX_NONE, OPC_STAT_LOCAL);
```

```
data_total_bits_received=op_stat_reg ("IP Traffic Generator. Data Total bits received",
OPC_STAT_INDEX_NONE, OPC_STAT_LOCAL);
request_total_bits_sent=op_stat_reg ("IP Traffic Generator. Request Total bits sent",
OPC_STAT_INDEX_NONE, OPC_STAT_LOCAL);
request_total_bits_received=op_stat_reg ("IP Traffic Generator. Request Total bits re-
ceived", OPC_STAT_INDEX_NONE, OPC_STAT_LOCAL);
data_total_bits_request=op_stat_reg ("IP Traffic Generator. Data Total bits request",
OPC_STAT_INDEX_NONE, OPC_STAT_LOCAL);

……

count_resent_stat=op_stat_reg ("IP Traffic Generator. Count Resent Interest pk", OPC_
STAT_INDEX_NONE, OPC_STAT_LOCAL);

FOUT;
}
```

以上代码主要完成统计量注册，还需要在进程模型中声明统计量。从 NDN_wlan_wkstn_traf 进程模型的 Interfaces 菜单中选择 Local Statistics，即局部统计量，如图 11-25所示。

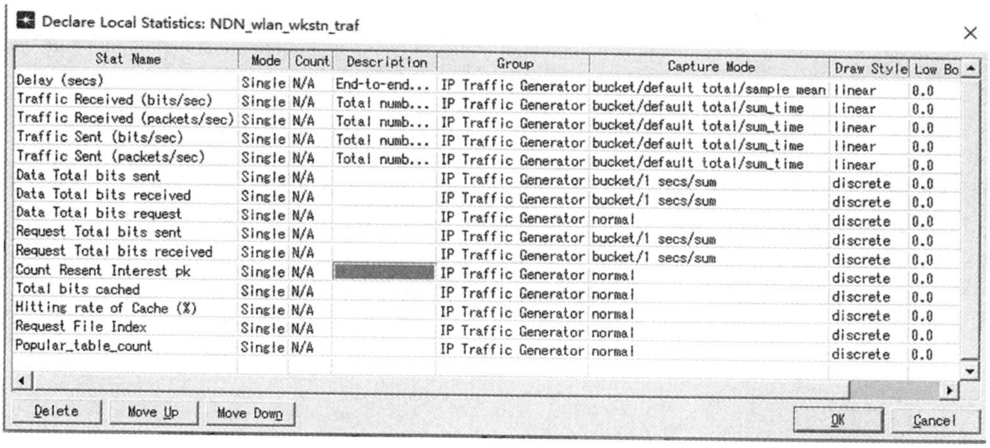
Declare Local Statistics: NDN_wlan_wkstn_traf

Stat Name	Mode	Count	Description	Group	Capture Mode	Draw Style	Low Bo
Delay (secs)	Single	N/A	End-to-end...	IP Traffic Generator	bucket/default total/sample mean	linear	0.0
Traffic Received (bits/sec)	Single	N/A	Total numb...	IP Traffic Generator	bucket/default total/sum_time	linear	0.0
Traffic Received (packets/sec)	Single	N/A	Total numb...	IP Traffic Generator	bucket/default total/sum_time	linear	0.0
Traffic Sent (bits/sec)	Single	N/A	Total numb...	IP Traffic Generator	bucket/default total/sum_time	linear	0.0
Traffic Sent (packets/sec)	Single	N/A	Total numb...	IP Traffic Generator	bucket/default total/sum_time	linear	0.0
Data Total bits sent	Single	N/A		IP Traffic Generator	bucket/1 secs/sum	discrete	0.0
Data Total bits received	Single	N/A		IP Traffic Generator	bucket/1 secs/sum	discrete	0.0
Data Total bits request	Single	N/A		IP Traffic Generator	normal	discrete	0.0
Request Total bits sent	Single	N/A		IP Traffic Generator	bucket/1 secs/sum	discrete	0.0
Request Total bits received	Single	N/A		IP Traffic Generator	bucket/1 secs/sum	discrete	0.0
Count Resent Interest pk	Single	N/A		IP Traffic Generator	normal	discrete	0.0
Total bits cached	Single	N/A		IP Traffic Generator	normal	discrete	0.0
Hitting rate of Cache (%)	Single	N/A		IP Traffic Generator	normal	discrete	0.0
Request File Index	Single	N/A		IP Traffic Generator	normal	discrete	0.0
Popular_table_count	Single	N/A		IP Traffic Generator	normal	discrete	0.0

Delete　Move Up　Move Down　OK　Cancel

图 11-25　声明局部统计量

(3) 获取节点属性值的代码如下：

```
static void
ip_traf_gen_packet_flow_info_read (void)
{
int i,j;
int sum_char;
Packet * pk_temp;

FIN (ip_traf_gen_packet_flow_info_read (void));
```

```
for (i=0; i<512; i++)
    my_ccnx_dir[i]=0;

op_ima_obj_attr_get (my_objid, "Source IP", source_addr);
op_ima_obj_attr_get (my_objid, "cache_size", &cache_size);
op_ima_obj_attr_get (my_objid, "file_interval_time", &file_interval_time);
op_ima_obj_attr_get (my_objid, "pk_size", &pk_size);

……

op_ima_obj_attr_get (my_objid, "Adaptive rate boolean", &adapt_bool);
op_ima_obj_attr_get (my_objid, "Cache algorithm", cache_algorithm);
op_ima_obj_attr_get (my_objid, "Life Time unit (sec)", &life_time_unit);
……
FOUT;
}
```

4) Gen 状态关键代码

(1) Gen 状态主要是产生兴趣包,代码如下:

```
/* 判断隔多长时间自中断。*/
if (file_interval_time >=time_out)
check_time=time_out;
else
check_time=file_interval_time;

if ((start_request_time <=op_sim_time ()) && (op_sim_time () <=stop_request_time))
op_intrpt_schedule_self (op_sim_time ()+check_time, GEN_INT_CODE);
delta_time=op_sim_time () - time_create_pk ;
/* 接收到数据,且到了文件请求时间间隔,则发送兴趣包。*/
if ((file_received_bool==1) && (delta_time >=file_interval_time))
{
seq++;
count_resent=0;
op_stat_write(count_resent_stat, count_resent) ;
section_track[interest_section]=current_datarate;

gen_interest_packet ();
FOUT;
}
/* 否则,没有收到数据,且超时,重新发送兴趣包。*/
else if ((file_received_bool==0) && (delta_time >=time_out))
{
count_resent++;
op_stat_write(count_resent_stat, count_resent) ;
/* 如果使用数据率自适应,当重传次数多于 2 次,当前数据率减半。*/
```

```
if ((adapt_bool==1)&&(content_size>(max_file_size/4)))
{
    if (count_resent<=2) current_datarate=content_size ;
    else if((2<count_resent)&&(count_resent<=5)) current_datarate=content_size/2;
    else current_datarate=content_size/4 ;
}

if (adapt_bool==0)　current_datarate=content_size;

if (section_track[interest_section] > current_datarate)
    section_track[interest_section]=current_datarate;

gen_interest_packet ();
FOUT;
}
```

　　以上代码涉及了兴趣包发送和超时,以及数据率的自适应等逻辑处理过程,发送兴趣包在函数 gen_interest_packet()中,打开 Function Block,gen_interest_packet()的实现如下。

```
static void gen_interest_packet (void)
{
    ……
FIN (gen_interest_packet ());
/* 创建兴趣包,并设置字段。*/
pkt_ptr=op_pk_create_fmt ("interest_pk");
op_pk_fd_set_int32 　(pkt_ptr, pkcode_index, 0, OPC_FIELD_SIZE_UNCHANGED);
……
op_pk_fd_set_int32 　(pkt_ptr, code0_file_request_index, content_int, OPC_FIELD_
                     SIZE_UNCHANGED);
op_pk_fd_set_int32 　(pkt_ptr, code0_part_index, interest_section, OPC_FIELD_SIZE_
                     UNCHANGED);
op_pk_fd_set_int32 　(pkt_ptr, code0_data_rate, current_datarate, OPC_FIELD_SIZE_
                     UNCHANGED);
……
op_pk_total_size_set (pkt_ptr, pk_size);
/* 记录统计量。*/
op_stat_write (request_total_bits_sent, pk_size);
op_stat_write (data_total_bits_request, current_datarate * pk_size);
……
/* 在本地查找。*/
file_found=0;
for (i=0;i<cache_size;i++)
    if ((cache[i][0]==ccnx_req_int) && (cache[i][1]==content_int) && (cache
[i][2]==interest_section))
    {
```

```
          file_found＝1;
          ……
          file_received_bool＝1;
          op_stat_write (traf_delay, op_sim_time () - time_send_pk);
          ……
          read_a_line_trace ();
          i＝500001;
      }
/* 若未找到,则广播兴趣包 PK。*/
if (file_found＝＝0){
/* 广播兴趣包。*/
op_ici_attr_set (ip_encap_req_ici_ptr, "dest_addr", ip_address_create ("255.255.255.255"));
op_ici_attr_set (ip_encap_req_ici_ptr, "Type of Service", 0);
op_ici_install (ip_encap_req_ici_ptr);
op_pk_send (pkt_ptr, 0);
op_ici_install (OPC_NIL);


file_received_bool＝0;
……
}
FOUT;
}
```

（2）无线工作站节点兴趣包的请求内容来自某数据库（见 storeClient.txt 文件），下面是其部分内容。

```
0http://24.media.tumblr.com/avatar_f57ddc61ea5f_16.png  119809  1
1http://25.media.tumblr.com/avatar_0ad494b533cf_16.png  115768  21
2http://cdn.api.twitter.com/1/users/show.json? [229404GfI5wApCuZGyCeBU]
201413  1
……
```

每行代表一次兴趣请求,每个条目依次代表序列号、请求 URL、请求内容对应的整数、请求文件的大小。共 40 多万条请求记录。

（3）Wkstn 节点每次发出兴趣包请求时,从数据库中读取一行,代码如下:

```
if (NULL＝＝(fcStore＝fopen("C:\\Users\\hust\\Desktop\\MobiCaching\\store-
Client.txt","rt")))
op_sim_end("WARNING !!! Trace File not Found !!! \n","","","");
if (fgets(line, 4000, fcStore)! ＝NULL)
{
sscanf(line,"%d %s %d %d",&seq_id,&content_str,&content_int,&content_size);
……
}
```

（4）无线工作站对不同包的操作说明如表 11-10 所示。

表 11-10　无线工作站对不同包的处理

包来源类型	处　理
服务器广播包	构建 FIB 库,记录服务器 IP 和内容目录
兴趣包	如果接收到 interest_pk 包,首先更新 Popular_table,然后寻找 CS 库,如果找到则更新 cache 的计数和时间,回复 response_data 数据包;如果找不到,就在 PIT 库中查找,增加一条兴趣包请求记录,然后判断兴趣包被转发次数,如果小于 2 次,则广播兴趣包,否则转发兴趣包到宏基站 MBS
数据包	如果收到自己请求的数据包,接收并统计延时等,否则从 PIT 找到用户 IP,给用户发送内容回复包;保存该内容包到 cache 中,更新 popular_table,如果 cache 已满,按照一定的策略进行替换

11.5　仿真模型分析

11.5.1　收集统计量并配置仿真

1. 收集统计量

在仿真的过程中,需要收集我们自定义的统计量。

(1) 在项目编辑器工作区需要收集统计量的节点处,单击鼠标的右键,从弹出的快捷菜单中选择 Choose Individual DES Statistics,打开变量收集对话框。

(2) 打开 Module Statistics 列表,选中 NDN_device 下所有的统计量,如图 11-26 所示。单击 OK 关闭对话框。

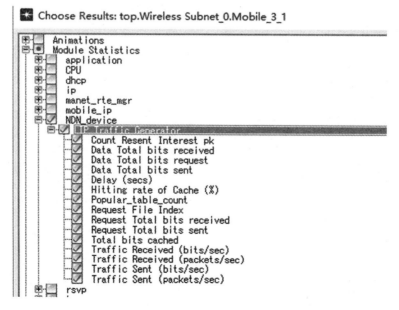

图 11-26　选择自定义统计量

（3）保存项目文件。

2. 配置仿真

（1）仿真参数配置如表 11-11 所示。

表 11-11　仿真参数设置

名　称	属　性	值
WAN	服务器链接	1000 BaseX
Server	CCN root	ccnx:// epic/video/
	发布根名的时间间隔	100 seconds
	视频文件的数量（$\mid F\mid$）	500000 files
	视频文件（F）	1 Mb
	包大小	1024 bits
UEs	CCN 目录	ccnx:// epic/video/
	基于流行度的文件	Pareto 分布
	开始时间	100＋random(10) seconds
	结束时间	20000 seconds
	IntPk 外部到达时间	5＋random(2) seconds
	DataPk 超时	2 seconds
	Buffer size	0.05％/0.1％/0.15％/0.2％/0.25％/0.3％ $\mid F\mid$
	Wireless interface	802.11g @ 54Mb/s
	Routing protocol	Ad-hoc（AODV）
AP，MBS	相关缓存大小	0.05％/0.1％/0.15％/0.2％/0.25％/0.3％
	更换策略	LRU/MPC/CC
	流行度阈值（P_{th}）	5
	命中率结果采样率	0.1 Hz
	MBS PHY Profile	WirelessOFDMA 20 MHz
	AP PHY Profile	802.11g @ 54Mb/s

（2）节点属性设置如表 11-12 所示。

表 11-12　各节点主要属性设置

名　称	属　性		值
Aps(1-3)	IF0	地址	10.10.10.1;10.10.10.2;10.10.10.3
		路由协议	AODV
	IF1	地址	192.0.1.10;192.0.2.10;192.0.3.10
		路由协议	AODV
	BSS ID		1,2,3
	AP 功能		ALL Disabled

续表

名　　　称	属　　　性		值
MBS	IF32	地址	10.10.10.10
		路由协议	AODV
UEs	AD-HOC 路由参数		AODV
	IP 地址	Mobile_1_1～Mobile_1_5	192.0.1.1～192.0.1.5
		Mobile_2_1～Mobile_2_5	192.0.2.1～192.0.2.5
		Mobile_3_1～Mobile_3_5	192.0.3.1～192.0.3.5
Server	IP 地址		20.20.20.10

11.5.2　仿真结果分析

仿真时间设置为 21000 s,我们使用了 500000 条内容,所有文件设置为 1 Mb,那么所有文件的大小为 500000 Mb,缓存的大小依次设置为 100 M,300 M,500 M,800 M 和 1000 M,分别是 0.02%,0.06%、0.1%、0.16% 和 0.2%。所有移动工作站发送兴趣包的间隔为 5 s,NDN 节点接收的总兴趣包个数为 5×3×21000/5＝63000。仿真结果如图 11-27 所示。

1) 缓存容量对缓存命中率的影响

图 11-27 评估了不同缓存策略对缓存命中率的影响。缓存容量分别设置为 0.02%、0.06%、0.1%、0.16% 和 0.2%。从仿真结果可以看出,随着缓存容量的增加,缓存命中率也随之增加,但两者并不是线性关系,当缓存容量增加到 0.16% 后,提高缓存容量对增加缓存命中率帮助不大。

2) 缓存替换策略对缓存命中率的影响

图 11-28 对比了三种不同缓存替换策略下的缓存命中率,即随机缓存策略,LRU 缓存策略和协作缓存策略(CC)。在协作缓存策略中,每个用户设备的缓存被分为两个部分——特征部分和共享部分,其中特征部分缓存本地请求内容,共享部分缓存 D2D 网络中共同的请求内容,从而实现 D2D 协作。在进行内容替换时,来自蜂窝网的内容在特征部分进行内容查找和替换,来自 D2D 网络的内容则在共享部分进行查找和替换。

图 11-28 展示了在不同缓存容量下不同替换策略的缓存命中率表现。我们可以看到随机替换策略下的缓存命中率最低,而协作缓存替换策略下的缓存命中率最高。另外,缓存容量几乎不影响替换策略的性能优劣关系,选择一个优异的缓存替换策略至关重要。

3) 不同缓存策略对服务器负载的影响

如果缓存策略的命中率越高,那么转发到服务器的兴趣包越少,服务器的负载将会降低。图 11-29 展示了不同缓存替换策略的服务器负载对比。结果显示,CC 替换策略低于其他两种,接近于 15.4 Mb/s。

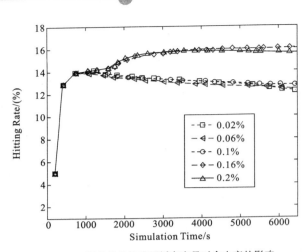

（a）随机替换策略下缓存容量对命中率的影响

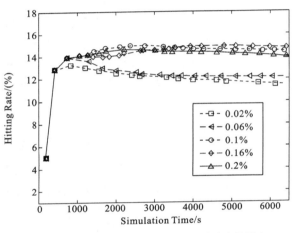

（b）协作缓存策略下缓存容量对命中率的影响

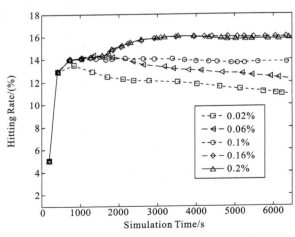

（c）LRU替换策略下缓存容量对命中率的影响

图 11-27　缓存容量对缓存命中率的影响

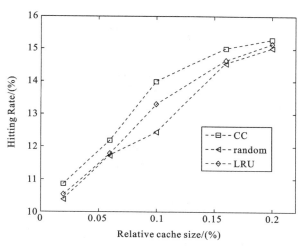

图 11-28　缓存替换策略对缓存命中率的影响

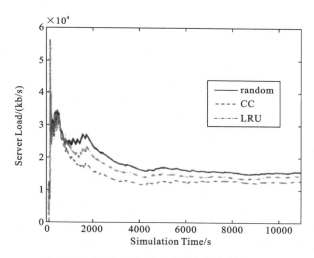

图 11-29　不同缓存策略对服务器负载的影响

参 考 文 献

［1］陈敏.认知计算导论［M］.武汉:华中科技大学出版社,2017.

［2］Chen M,Gonzalez S,Vasilakos A,et al. Body area networks:A survey［J］. Mobile networks and applications,2011,16(2):171-193.

［3］Chen M, Hao Y. Task offloading for mobile edge computing in software defined ultra-dense network［J］. IEEE Journal on Selected Areas in Communications,2018,36(3):587-597.

［4］Chen M,Mao S,Liu Y. Big data:A survey［J］. Mobile Networks and Applications,2014,19(2):171-209.

［5］Chen M. Towards smart city:M2M communications with software agent intelligence［J］. Multimedia Tools and Applications,2013,67(1):167-178.

［6］Chen M,Wan J,González S,et al. A survey of recent developments in home M2M networks［J］. Communications Surveys & Tutorials,IEEE,2014,16(1):98-114.

［7］Chen M,Gonzalez S,Leung V,et al. A 2G-RFID-based e-healthcare system［J］. Wireless Communications,IEEE,2010,17(1):37-43.

［8］Chen M,Gonzalez S,Zhang Q,et al. Code-centric RFID system based on software agent intelligence［J］. IEEE Intelligent Systems,2010 (2):12-19.

［9］Chen M,Lai C F,Wang H. Mobile multimedia sensor networks:architecture and routing［J］. EURASIP Journal on Wireless Communications and Networking,2011,2011(1):1-9.

［10］Chen M,Kwon T,Choi Y. Energy-efficient differentiated directed diffusion (EDDD) in wireless sensor networks［J］. Computer Communications,2006,29(2):231-245.

［11］Chen M,Qiu M,Liao L,et al. Distributed multi-hop cooperative communication in dense wireless sensor networks［J］. The Journal of Supercomputing,2011,56(3):353-369.

［12］Chen M,Kwon T,Mao S,et al. Reliable and energy-efficient routing protocol in dense wireless sensor networks［J］. International Journal of Sensor Networks,2008,4(1):104-117.

［13］Chen M,Gonzalez S,Leung V C M. Applications and design issues for mobile agents in wireless sensor networks［J］. Wireless Communications,IEEE,2007,14(6):20-26.

［14］Chen M,Yang L T,Kwon T,et al. Itinerary planning for energy-efficient agent communications in wireless sensor networks［J］. Vehicular Technology,IEEE Transactions on,2011,60(7):3290-3299.

［15］Chen M,Leung V C M,Mao S,et al. Directional geographical routing for real-time video communications in wireless sensor networks［J］. Computer Communications,2007,30(17):3368-3383.

［16］陈敏.OPNET 网络仿真［M］.北京:清华大学出版社,2004.

［17］Chen M,Miao Y,Hao Y,et al. Narrow band internet of things［J］. IEEE Access,2017,5:20557-20577.

［18］Chen M, Miao Y, Jian X, at al. Cognitive-LPWAN:Towards intelligent wireless services in hybrid low power wide area networks［J］. IEEE Trans. Green Commuications and Networking,2018. DOI:10.1109/TGCN.2018.2873783.

［19］Wang X, Chen M. Cache in the air:Enabling the green multimedia caching and delivery for the 5G network［J］, IEEE Communications Magazine, 2014, 52(2):131-139.

［20］Chen M, Hao Y, Hu L, et al. Edge-CoCaCo:Towards joint optimization of computation, caching and communication on edge cloud［J］. IEEE Wireless Communications, 2018, 25(3):21-27.

[21] 刘云浩. 物联网导论[M]. 北京：科学出版社，2010.

[22] 陈敏，李勇. 软件定义 5G 网络——面向智能服务 5G 移动网络关键技术探索[M]. 武汉：华中科技大学出版社，2017.

[23] 陈敏，黄铠. 认知计算与深度学习[M]. 北京：机械工业出版社，2017.

[24] Hwang K，Chen M. Big Data Analytics for Cloud/IoT and Cognitive Computing[M]. U. K. ：Wiley，2017.